EUL VERLAG

Reallokation von Funktionen in grenzüberschreitend tätigen Konzernen

Eine Analyse der Ausgestaltung und Wirkung der Regelungen des Außensteuergesetzes

Inaugural-Dissertation

zur Erlangung des Grades

Doctor oeconomiae publicae (Dr. oec. publ.)

an der Ludwig-Maximilians-Universität München

Dipl.-Kfm. Axel von Bredow, MBR

Referent:

Univ.-Prof. Dr. Dr. Manuel R. Theisen

Korreferent:

Univ.-Prof. Dr. Dr. h.c. Wolfgang Ballwieser

Promotionsabschlussberatung: 09. Februar 2011

Reihe: Steuer, Wirtschaft und Recht · Band 308

Herausgegeben von vBP StB Prof. Dr. Johannes Georg Bischoff, Wuppertal, Dr. Alfred Kellermann, Vorsitzender Richter (a. D.) am BGH, Karlsruhe, Prof. (em.) Dr. Günter Sieben, Köln, und WP StB Prof. Dr. Norbert Herzig, Köln

Dr. Axel von Bredow

Reallokation von Funktionen in grenzüberschreitend tätigen Konzernen

Eine Analyse der Ausgestaltung und Wirkung der Regelungen des Außensteuergesetzes

Mit einem Geleitwort von Univ.-Prof. Dr. Dr. Manuel René Theisen, Ludwig-Maximilians-Universität München

EUL VERLAG

Bibliografische Information der Deutschen Nationalbibliothek

Die Deutsche Nationalbibliothek verzeichnet diese Publikation in der Deutschen Nationalbibliografie; detaillierte bibliografische Daten sind im Internet über <http://dnb.d-nb.de> abrufbar.

Dissertation, Ludwig-Maximilians-Universität München, 2011

ISBN 978-3-8441-0024-2
1. Auflage März 2011

JOSEF EUL VERLAG GmbH
Brandsberg 6
53797 Lohmar
Tel.: 0 22 05 / 90 10 6-6
Fax: 0 22 05 / 90 10 6-88
E-Mail: info@eul-verlag.de
http://www.eul-verlag.de

Bei der Herstellung unserer Bücher möchten wir die Umwelt schonen. Dieses Buch ist daher auf säurefreiem, 100% chlorfrei gebleichtem, alterungsbeständigem Papier nach DIN 6738 gedruckt.

Geleitwort

Im Rahmen der Unternehmensteuerreform 2008 hat der deutsche Gesetzgeber zur Gegenfinanzierung zahlreicher steuerlicher Begünstigungen die Erfassung von stillen Reserven bei der grenzüberschreitenden Funktionsverlagerung erstmals einer gesonderten Regelung unterworfen. Mit der Gesamtbewertung der verlagerten Funktion will der Gesetzgeber nach eigener Einschätzung sicher stellen, dass im Inland erwirtschaftete Bemessungsgrundlagenteile, die auf Grund der Bewertungs- und Ansatzvorschriften des nationalen Steuerrechts während des laufenden Geschäftsbetriebes nicht erfasst werden, beim Grenzübergang endgültig und abschließend einer Besteuerung unterworfen werden; er will damit das Steuersubstrat, soweit es im Inland gebildet wurde, letztendlich auch möglichst umfassend einer inländischen Besteuerung unterwerfen. Hierzu schaffte er ein speziell entworfenes, pauschalierendes Verfahren, den sogenannten Transferpaketansatz bei grenzüberschreitender Verlagerung von Funktionen.

Die aktuelle Thematik hat sich mein akademischer Schüler und langjähriger Assistent an meinem Lehrstuhl, Axel von Bredow, ausgewählt und damit ein sowohl betriebswirtschaftlich als auch steuerrechtlich brisantes Sujet zum Thema seiner wissenschaftlichen Analyse gemacht. Die betriebswirtschaftliche Brisanz des Themas liegt zum einen in der erstmalig aus steuerlichen Gründen notwendigen Erfassung und Bewertung grenzüberschreitender Funktionsverlagerungen in Konzernunternehmungen, die zumindest bislang als Restrukturierungs- oder Umorganisationsmaßnahmen regelmäßig keinerlei unmittelbare steuerliche Implikationen und Konsequenzen zur Folge hatten. Die steuerrechtliche Herausforderung des Themas liegt namentlich in dem nationalen Alleingang des deutschen Gesetzgebers, einen solchen Funktionsübergang als Zeitpunkt für die Realisierung und Besteuerung der im Inland potenziell erarbeiteten bzw. gebildeten stillen Reserven auszuwählen. Wie bei allen grenzüberschreitenden Vorgängen bedürfte es auch hier einer internationalen Abstimmung zur Vermeidung potenzieller Doppelbesteuerungen, die durch die Einführung des Kapitels 9 in die OECD-Verrechnungspreisrichtlinien zumindest angestrebt wird.

Insgesamt verfolgt der Verfasser ein beachtlich ambitioniertes Projekt, das er nicht nur aus steuerrechtlicher Sicht darstellt, sondern auch insbesondere in den quantitativen Auswirkungen für ausgewählte Länder und Grenzübergänge analysiert. Mit der engagierten und thematisch aktuellen Untersuchung liegt eine beeindruckende, eigenständige wissenschaftliche Leistung vor. Mit größter Sorgfalt und Akribie, umfangreichen technischen Kenntnissen sowie einem intensiven steuerrechtlichen Problembewusstsein hat Axel von Bredow das national begründete, aber international bedeutende Thema der Besteuerung von Funktionsverlagerungen über die Grenze aufbereitet und dargestellt. Er analysiert dazu nicht nur die thematischen Grundlagen aus der laufenden Diskussion, sondern entwickelt darüber hinaus einen eigenständigen Ansatz zur Quantifizierung im Rahmen einer Vorteilhaftigkeitsanalyse sowie einer Steuersensitivitätsanalyse.

Die erforderliche, weiterführende Diskussion des Themas wird auf die mit dieser wissenschaftlichen Analyse gewonnenen Ergebnisse und Erkenntnisse in der Unternehmens- und der Konzernpraxis in vielfacher Weise zurückgreifen können und müssen. Ich wünsche der Arbeit die verdiente Aufmerksamkeit und Rezeption in der Steuerpraxis wie der sie begleitenden Diskussion in der betriebswirtschaftlichen Steuerlehre.

Pago-Pago, 10.02.2011 Univ.-Prof. Dr. Dr. *Manuel René Theisen*

Vorwort

Die vorliegende Arbeit entstand während meiner Tätigkeit als wissenschaftlicher Mitarbeiter am Lehrstuhl für Allgemeine Betriebswirtschaftslehre, Betriebswirtschaftliche Steuerlehre und Steuerrecht der Ludwig-Maximilians-Universität München. Sie wurde im Wintersemester 2010/2011 von der Fakultät für Betriebswirtschaft unter dem Titel „Reallokation von Funktionen in grenzüberschreitend tätigen Konzernen – Eine Analyse der Ausgestaltung und Wirkung der Regelungen des Außensteuergesetzes" als Dissertation angenommen. Die Arbeit berücksichtigt den Gesetzesstand, die Rechtsprechung und Literatur bis einschließlich Dezember 2010.

Mein ganz besonderer Dank gilt meinem verehrten akademischen Lehrer und Doktorvater, Herrn Prof. Dr. Dr. *Manuel René Theisen*, der die Arbeit von Anfang an unterstützt hat und mir die Möglichkeit eingeräumt hat, an seinem Lehrstuhl als wissenschaftlicher Mitarbeiter tätig zu werden. Für das mir entgegengebrachte Vertrauen, die mir gewährten Freiheiten und für die sehr gute und konstruktive Zusammenarbeit, die wesentlich zum Gelingen dieser Arbeit beigetragen haben, bin ich ihm sehr dankbar. Herrn Prof. Dr. Dr. h.c. *Wolfgang Ballwieser* danke ich für die bereitwillige Übernahme des Korreferats.

Ganz herzlich danke ich Herrn Dr. *Martin Raßhofer*, MBR, Herrn Dipl.-Kfm. *Michael Polaschek*, MBR und Herrn Dipl.-Kfm. *Andreas Krenzin*, StB, die große Teile des Manuskripts einer intensiven kritischen Prüfung unterzogen haben. Sie standen trotz vielfältiger eigener Verpflichtungen stets als engagierte Diskussionspartner zur Verfügung. Ihre scharfsinnige Kritik und die konstruktiven Anregungen haben mich bei der Erstellung der Arbeit stets vorangetrieben. Herrn Dr. *Sebastian Schöll*, MBR, StB, danke ich für unermüdliche Motivation, Herrn Dr. R*ichard Schmidtke* für gewinnbringende Diskussionen rund um das Thema Funktionsverlagerung. Mein ganz besonderer Dank gilt Frau *Beate Kahn,* die mit leidenschaftlicher Hingabe das Ziel verfolgte, meine Arbeit von orthografischen Fehlern zu befreien.

Für die Unterstützung bei der Recherche, der Literaturbeschaffung und der Durchsicht des Manuskriptes möchte ich den studentischen Hilfskräften des Lehrstuhls, insbesondere Herrn Dipl.-Kfm. *Simon Busch*, Herrn *Jann-Boje Meinecke* und Herrn *Marc Schöffmann* (B.Sc.) danken.

Für den uneingeschränkten persönlichen Rückhalt, vollstes Verständnis und größte Geduld während meines Promotionsvorhabens bedanke ich mich herzlichst bei meiner Familie und insbesondere meiner Verlobten *Vroni*, die mit ihrer aufmunternden und fröhlichen Art eine unermessliche emotionale Stütze war.

München, im Februar 2011 *Axel von Bredow*

Inhaltsübersicht

1 Reallokation von Funktionen aus steuerlicher Sicht ... 1

2 Abgrenzung des Anwendungsbereiches der Berichtigung von Einkünften nach dem Außensteuergesetz ... 9

3 Notwendigkeit und Fremdvergleichskonformität eines Transferpaketansatzes bei Funktionsverlagerungen ... 35

4 Tatbestandsvoraussetzungen einer Funktionsverlagerung ... 53

5 Steuerliche Konsequenzen einer Funktionsverlagerung ... 125

6 Quantitative Steuerwirkungsanalyse ... 189

7 Schlussbetrachtung ... 239

Inhaltsverzeichnis

Geleitwort ... V

Vorwort ... VII

Inhaltsübersicht ... IX

Inhaltsverzeichnis ... XI

Abbildungsverzeichnis ... XIX

Tabellenverzeichnis ... XXIII

Abkürzungsverzeichnis ... XXV

Symbolverzeichnis ... XXXI

1 Reallokation von Funktionen aus steuerlicher Sicht ... 1

1.1 Problemstellung ... 1

1.2 Zielsetzung und Vorgehensweise ... 7

2 Abgrenzung des Anwendungsbereiches der Berichtigung von Einkünften nach dem Außensteuergesetz ... 9

2.1 Notwendigkeit der Einkünfteabgrenzung im grenzüberschreitend tätigen Konzern ... 9

2.2 Nationale Korrekturvorschriften ... 10

2.2.1 Verdeckte Gewinnausschüttung ... 10

2.2.2 Verdeckte Einlage ... 12

2.2.3 Berichtigung von Einkünften nach dem Außensteuergesetz ... 15

2.2.4 Konkurrenzverhältnis ... 19

2.3 Abkommensrechtliche Korrekturvorschriften und Verrechnungspreisrichtlinien der OECD ... 23

2.4 Einkünfteabgrenzung nach dem Fremdvergleichsgrundsatz ... 28

2.4.1 Unabhängigkeit der Geschäftspartner ... 28

2.4.2 Vergleichbarkeit der Verhältnisse ... 29

2.4.3 Kenntnis aller wesentlichen Umstände ... 30

2.5 Zwischenfazit ... 32

3 Notwendigkeit und Fremdvergleichskonformität eines Transferpaketansatzes bei Funktionsverlagerungen ... 35

3.1 Steuerliche Erfassung der Funktionsverlagerung vor der Unternehmensteuerreform 2008 ... 35

3.1.1 Grundlagen ... 35

3.1.2 Die Überführung von Teilbetrieben oder Einzelwirtschaftsgütern ... 38

3.1.3 Konsequenz der Teilbetriebsvoraussetzung ... 41

3.2 Steuerliche Erfassung der Funktionsverlagerung nach der Unternehmensteuerreform 2008 ... 43

3.2.1 Gesamtbewertung mittels des Transferpaketansatzes ... 43

3.2.2 Inhalt des Transferpaketes ... 44

3.2.3 Fremdvergleichskonformität des Transferpaketansatzes ... 47

3.2.4 Konsequenz des Transferpaketansatzes ... 52

4 Tatbestandsvoraussetzungen einer Funktionsverlagerung ... 53

4.1 Überblick über die Tatbestandsvoraussetzungen ... 53

4.2 Funktion ... 54

4.2.1 Grundlagen ... 54

4.2.2 Betriebswirtschaftliche Definition des Funktionsbegriffes ... 55

4.2.3 Definition des Funktionsbegriffes im Außensteuergesetz und in der Funktionsverlagerungsverordnung ... 60

4.2.3.1 Bündel gleichartiger Aufgaben und organischer Teil des Unternehmens ... 60

4.2.3.2 Abgrenzung der Funktion zum Teilbetrieb ... 63

4.2.3.3 Funktion als Träger eines Geschäfts- oder Firmenwertes ... 69

4.2.3.4 Existenz der Funktion beim abgebenden Unternehmen ... 74

4.2.4 Identifizierung von Funktionen in Unternehmen ... 76

4.2.4.1 Maßgebliche Aggregationsstufe einer Funktion ... 76

4.2.4.2 Funktion als Verlagerungsgegenstand ... 83

4.2.4.3 Abhängigkeit der Aggregationsstufe von der betrieblichen Organisationsstruktur ... 86

4.2.5 Rückgriffmöglichkeit auf Einheiten des externen oder internen Rechnungswesens ... 87

4.2.5.1 Segmente ... 88

4.2.5.2 Zahlungsmittelgenerierende Einheiten ... 89

4.2.5.3 Profit Center ... 92

4.2.6 Abgrenzung der Funktion zur „activity“ im Sinne der OECD-Verrechnungspreisrichtlinien ... 95

4.2.7 Zwischenfazit ... 98

4.3 Verlagerung der Funktion ... 100

4.3.1 Einstellung oder Einschränkung der Funktionsausübung im Inland ... 100

4.3.2 Funktionsverdoppelung ... 103

4.3.3 Kriterien zur Bestimmung der Einschränkung der Funktionsausübung ... 105

4.3.4 Funktionsverdoppelung trotz Einschränkung der Funktionsausübung ... 106

4.3.5 Zwischenfazit ... 109

4.4 Übergang von Wirtschaftsgütern und sonstigen Vorteilen sowie der damit verbundenen Chancen und Risiken ... 109

4.4.1 Transferpaketbetrachtung ... 109

4.4.2 Kumulativer Übergang von Wirtschaftsgütern und sonstigen Vorteilen 111

4.4.3 Funktionsabspaltung und Verlagerung von Routinefunktionen 112

4.4.4 Beweislasterleichterung bei der Funktionsabspaltung und der Verlagerung von Routinefunktionen 117

4.4.5 Zwischenfazit 120

4.5 Weitere Ausnahmen vom Anwendungsbereich der Funktionsverlagerung 121

4.6 Konsequenz der Ausgestaltung der Tatbestandsvoraussetzungen 122

5 Steuerliche Konsequenzen einer Funktionsverlagerung 125

5.1 Verrechnungspreismethoden und deren Stufenverhältnis 125

5.2 Grundlagen des hypothetischen Fremdvergleichs 128

5.3 Ermittlung der Gewinnpotenziale aus der Funktionsausübung 131

5.3.1 Kapitalisierungszeitraum 131

5.3.2 Isolierung und Prognose der finanziellen Überschüsse 137

5.3.3 Kapitalisierungszinssatz 143

5.3.4 Anwendbare Bewertungsverfahren 146

5.4 Ermittlung des Grenzpreises des funktionsabgebenden Unternehmens 147

5.4.1 Gewinnpotenzial der Funktion im Inland und Steuerlast aus der Funktionsveräußerung 147

5.4.2 Berücksichtigung von Verlagerungskosten 149

5.4.3 Handlungsalternativen bei der Verlagerung gewinnbringender Funktionen 151

5.4.4 Handlungsalternativen bei der Verlagerung verlustbringender Funktionen 157

5.5 Ermittlung des Grenzpreises des funktionsaufnehmenden Unternehmens 161

5.6 Aufteilung des Einigungsbereiches 165

5.7 Möglichkeiten zum Ansatz von Einzelverrechnungspreisen 170

5.8 Nachträgliche Preisanpassung 177

5.9 Konsequenz der Ausgestaltung der Rechtsfolgen 187

6 Quantitative Steuerwirkungsanalyse 189

6.1 Aufbau der Untersuchung 189

6.2 Zusammensetzung des Steuervorteils einer Funktionsverlagerung 193

6.3 Ermittlung des Steuervorteils einer Funktionsverlagerung 199

6.4 Sensitivitätsanalyse des Steuervorteils einer Funktionsverlagerung 206

6.4.1 Ermittlung der Ausgangssituation 206

6.4.2 Steuersatzeffekt 209

6.4.3 Zeiteffekt 218

6.4.4 Bemessungsgrundlageneffekt 225

6.5 Einfluss der Besteuerung auf die Vorteilhaftigkeit einer Funktionsverlagerung 227

6.6 Ergebnisse 236

7 Schlussbetrachtung 239

Anhang 243

I. Indifferenz zwischen der Fortführung und der Verlagerung einer gewinnbringenden Funktion 243

II. Indifferenz zwischen der Liquidation und der Verlagerung einer gewinnbringenden Funktion 244

III. Grenzpreis des funktionsabgebenden Unternehmens unter Berücksichtigung der Steuerlast aus der Funktionsveräußerung und der Verlagerungskosten 245

IV. Herleitung der Bedingungen für einen negativen Grenzpreis unter Annahme der Liquidation einer gewinnbringenden Funktion in Abhängigkeit von LE_i ... 246

V. Herleitung der Bedingungen für einen negativen Grenzpreis unter Annahme der Fortführung einer gewinnbringenden Funktion in Abhängigkeit von GWP_i ... 249

VI. Indifferenz zwischen der Fortführung und der Verlagerung einer verlustbringenden Funktion ... 253

VII. Indifferenz zwischen der Liquidation und der Verlagerung einer verlustbringenden Funktion ... 254

VIII. Herleitung der Bedingungen für einen positiven Grenzpreis unter Annahme der Fortführung einer verlustbringenden Funktion in Abhängigkeit von GWP_i ... 255

IX. Herleitung der Bedingungen für einen positiven Grenzpreis unter Annahme der Liquidation einer verlustbringenden Funktion in Abhängigkeit von LE_i ... 258

X. Indifferenz zwischen der Fortführung des Unternehmens ohne und mit Aufnahme der Funktion ... 260

XI. Indifferenz zwischen der Fortführung des Unternehmens ohne und mit Aufnahme der Funktion – ausgeübt durch eine Tochterkapitalgesellschaft – aus Sicht der nationalen Mutterkapitalgesellschaft ... 261

XII. Erhebliche positive Abweichung der tatsächlichen von der erwarteten Gewinnentwicklung ... 262

XIII. Erhebliche positive Abweichung der tatsächlichen von der erwarteten Gewinnentwicklung mit angepasstem inländischen Grenzpreis ... 264

XIV. Erhebliche negative Abweichung der tatsächlichen von der erwarteten Gewinnentwicklung ... 266

XV. Formale Darstellung des Steuervorteils einer Funktionsverlagerung ... 269

XVI. Formale Darstellung des ausländischen Indifferenzsteuersatzes in Abhängigkeit des Steuervorteils einer Funktionsverlagerung ... 270

XVII. Steuersatzeffekt ... 273

XVIII. Zeiteffekt ... 280

XIX. Bemessungsgrundlageneffekt ... 285

XX. Formale Darstellung der Bruttokapitalwerte aus der Funktionsausübung ... 286

XXI. Formale Darstellung des ausländischen Indifferenzsteuersatzes in Abhängigkeit der Vorteilhaftigkeit einer Funktionsverlagerung ... 288

XXII. Vorteilhaftigkeit einer Funktionsverlagerung ... 292

Literaturverzeichnis ... 295

Rechtsprechungsverzeichnis ... 319

I. Rechtsprechung des Bundesfinanzhofs ... 319

II. Rechtsprechung der Finanzgerichte ... 322

Quellenverzeichnis ... 323

I. Deutsche Gesetze ... 323

II. Änderungsgesetze ... 324

III. Europäische Quellen ... 324

IV. Doppelbesteuerungsabkommen ... 324

V. Internationale Rechnungslegungsstandards ... 324

Abbildungsverzeichnis

Abbildung 1: Verdeckte Gewinnausschüttung bei Funktionsverlagerungen 12

Abbildung 2: Verdeckte Einlage bei Funktionsverlagerungen 13

Abbildung 3: Berichtigung von Einkünften nach dem Außensteuergesetz bei Funktionsverlagerungen 18

Abbildung 4: Konkurrenzverhältnis der Korrekturnormen 19

Abbildung 5: Anwendungsbereich der Regelungen des Außensteuergesetzes 22

Abbildung 6: Kaufpreisaufteilung infolge von Unternehmenszusammenschlüssen 42

Abbildung 7: Transferpaketansatz und funktionsanteiliger Geschäfts- oder Firmenwert 52

Abbildung 8: Tatbestandsvoraussetzungen einer Funktionsverlagerung 53

Abbildung 9: Funktionale und divisionale Organisationsstruktur 58

Abbildung 10: Abgrenzung von Teilbetrieben und Funktionen 65

Abbildung 11: Gegenüberstellung der Merkmale von Teilbetrieben und Funktionen 68

Abbildung 12: Mögliche Aggregationsstufen einer Funktion 76

Abbildung 13: Verlagerung einer Funktion 78

Abbildung 14: Substitution einer Funktion 79

Abbildung 15: Klassifizierung der Funktionssubstitution bei hoher Aggregationsstufe 80

Abbildung 16: Klassifizierung der Funktionssubstitution bei niedriger Aggregationsstufe 81

Abbildung 17: Fortführung der Funktion im Inland 82

Abbildung 18: Funktionseinschränkung ohne Funktionsverlagerung 84

Abbildung 19: Vergleich einer „activity“ mit einer Funktion 97

Abbildung 20: Abgrenzung der Funktion im Sinne des AStG 99

Abbildung 21: Formen von Funktionsverlagerungen aus betriebswirtschaftlicher Sicht 102

Abbildung 22: Inhalt des Transferpaketes ... 110

Abbildung 23: Fehlender Übergang eines Transferpaketes bei Funktionsabspaltungen und Verlagerungen von Routinefunktionen ... 117

Abbildung 24: Tatbestandsvoraussetzungen und Formen von Funktionsverlagerungen ... 122

Abbildung 25: Anwendungsreihenfolge der Verrechnungspreismethoden ... 125

Abbildung 26: Ermittlung des Transferpaketpreises bei Funktionsverlagerungen ... 129

Abbildung 27: Bestimmung eines Preises aus dem Einigungsbereich ... 167

Abbildung 28: Voraussetzungen einer nachträglichen Preisanpassung ... 178

Abbildung 29: Neuer und alter Einigungsbereich bei erheblicher Gewinnabweichung ... 180

Abbildung 30: Erhebliche positive Abweichung der Gewinnentwicklung in Abhängigkeit von α ... 181

Abbildung 31: Erhebliche positive Abweichung der Gewinnentwicklung bei niedrigem α ... 182

Abbildung 32: Erhebliche positive Abweichung der Gewinnentwicklung in Abhängigkeit von x ... 183

Abbildung 33: Erhebliche positive Abweichung der Gewinnentwicklung bei fixem und angepasstem inländischen Grenzpreis ... 184

Abbildung 34: Preisanpassung bei erheblicher negativer Gewinnentwicklung ... 185

Abbildung 35: Nominale Unternehmensteuersätze im internationalen Vergleich ... 192

Abbildung 36: Aufteilung des Einigungsbereiches ... 204

Abbildung 37: Steuervorteil einer Funktionsverlagerung in Abhängigkeit des Hebesatzes ... 210

Abbildung 38: Steuervorteil einer Funktionsverlagerung in Abhängigkeit des ausländischen Steuersatzes ... 211

Abbildung 39: Gegenüberstellung der Wirkung der Variation des Hebesatzes und des ausländischen Steuersatzes ... 212

Abbildung 40: Ausländischer Indifferenzsteuersatz in Anhängigkeit des Hebesatzes ... 213

Abbildung 41: Steuervorteil einer Funktionsverlagerung in Anhängigkeit des Anteils der Buchwerte am Transferpaketpreis 215

Abbildung 42: Steuervorteil einer Funktionsverlagerung in Abhängigkeit des Anteils der stillen Reserven in immateriellen Wirtschaftsgütern 216

Abbildung 43: Gegenüberstellung der Wirkung der Variation des Anteils der Buchwerte am Transferpaketpreis und des Anteils der stillen Reserven in immateriellen Wirtschaftsgütern......................................217

Abbildung 44: Ausländischer Indifferenzsteuersatz in Abhängigkeit des Anteils der Buchwerte am Transferpaketpreis und des Anteils der stillen Reserven in immateriellen Wirtschaftsgütern......................................218

Abbildung 45: Steuervorteil einer Funktionsverlagerung in Abhängigkeit des Zinssatzes..220

Abbildung 46: Veränderung der Komponenten des Steuervorteils in Abhängigkeit des Zinssatzes..221

Abbildung 47: Steuervorteil einer Funktionsverlagerung in Abhängigkeit der Nutzungsdauer des Geschäfts- oder Firmenwertes...............................222

Abbildung 48: Gegenüberstellung der Wirkung der Parameter des Zeiteffekts..........224

Abbildung 49: Ausländischer Indifferenzsteuersatz in Abhängigkeit der Nutzungsdauer des Geschäfts- oder Firmenwertes und des Kapitalisierungszinssatzes 225

Abbildung 50: Relativer Steuervorteil einer Funktionsverlagerung bei fehlender Anerkennung des Transferpaketpreises im Ausland............................226

Abbildung 51: Gegenüberstellung der Bruttokapitalwerte aus der Funktionsausübung 230

Abbildung 52: Relativer Vorteil einer Funktionsverlagerung in Abhängigkeit der Verhandlungsmacht und der Zahlungsmittelüberschüsse aus der Funktionsausübung im Ausland..231

Abbildung 53: Relativer Vorteil einer Funktionsverlagerung bei fehlender Anerkennung des Transferpaketpreises im Ausland............................233

Abbildung 54: Ausländischer Indifferenzsteuersatz in Abhängigkeit der Zahlungsmittelüberschüsse aus der Funktionsverlagerung im Ausland 234
Abbildung 55: Potenzielle Zielländer in Abhängigkeit der Zahlungsmittelüberschüsse aus der Funktionsausübung im Ausland 235
Abbildung 56: Veränderung des relativen Steuervorteils einer Funktionsverlagerung infolge einer Erhöhung der Ausgangswerte der Einflussfaktoren um 20 % 236
Abbildung 57: Erhebliche negative Abweichung der Gewinnentwicklung bei fixem und angepasstem inländischen Grenzpreis 268
Abbildung 58: Einigungsbereich in Abhängigkeit des Hebesatzes 273
Abbildung 59: Einigungsbereich in Abhängigkeit des ausländischen Steuersatzes 273
Abbildung 60: Einigungsbereich in Abhängigkeit des Anteils der Buchwerte am Transferpaketpreis 277
Abbildung 61: Einigungsbereich in Abhängigkeit des Anteils der stillen Reserven in immateriellen Wirtschaftsgütern 278
Abbildung 62: Einigungsbereich in Abhängigkeit der Nutzungsdauer des Geschäfts- oder Firmenwertes 281
Abbildung 63: Einigungsbereich in Abhängigkeit der Nutzungsdauer der immateriellen Wirtschaftsgüter 281

Tabellenverzeichnis

Tabelle 1: Tatbestandsvoraussetzungen der Korrekturnormen 20

Tabelle 2: Nachweis der Funktionseinschränkung durch Durchschnittsbetrachtung 108

Tabelle 3: Bedingungen für die Fortführung oder Liquidation gewinnbringender Funktionen 153

Tabelle 4: Fremdvergleichskonforme Grenzpreise für gewinnbringende Funktionen 155

Tabelle 5: Fremdvergleichskonforme Grenzpreise für verlustbringende Funktionen 159

Tabelle 6: Erhebliche positive Abweichung der Gewinnentwicklung in Abhängigkeit von α 263

Tabelle 7: Erhebliche positive Abweichung der Gewinnentwicklung in Abhängigkeit von x 263

Tabelle 8: Erhebliche positive Abweichung der Gewinnentwicklung bei fixem und angepasstem inländischen Grenzpreis 265

Tabelle 9: Erhebliche negative Abweichung der Gewinnentwicklung bei fixem und angepasstem inländischen Grenzpreis 268

Tabelle 10: Steuervorteil einer Funktionsverlagerung in Abhängigkeit des Hebesatzes 274

Tabelle 11: Steuervorteil einer Funktionsverlagerung in Abhängigkeit des ausländischen Steuersatzes 275

Tabelle 12: Gegenüberstellung der Wirkung der Variation des Hebesatzes und des ausländischen Steuersatzes 276

Tabelle 13: Ausländischer Indifferenzsteuersatz in Anhängigkeit des Hebesatzes 276

Tabelle 14: Steuervorteil einer Funktionsverlagerung in Anhängigkeit des Anteils der Buchwerte am Transferpaketpreis 277

Tabelle 15: Steuervorteil einer Funktionsverlagerung in Abhängigkeit des Anteils der stillen Reserven in immateriellen Wirtschaftsgütern 278

Tabelle 16: Gegenüberstellung der Wirkung der Variation des Anteils der Buchwerte am Transferpaketpreis und des Anteils der stillen Reserven in immateriellen Wirtschaftsgütern 279

Tabelle 17: Ausländischer Indifferenzsteuersatz in Abhängigkeit des Anteils der Buchwerte am Transferpaketpreis und des Anteils der stillen Reserven in immateriellen Wirtschaftsgütern 279

Tabelle 18: Steuervorteil einer Funktionsverlagerung in Abhängigkeit des Zinssatzes 280

Tabelle 19: Steuervorteil einer Funktionsverlagerung in Abhängigkeit der Nutzungsdauer des Geschäfts- oder Firmenwertes 282

Tabelle 20: Steuervorteil einer Funktionsverlagerung in Abhängigkeit der Nutzungsdauer der immateriellen Wirtschaftsgüter 283

Tabelle 21: Gegenüberstellung der Wirkung der Parameter des Zeiteffekts 284

Tabelle 22: Ausländischer Indifferenzsteuersatz in Abhängigkeit der Nutzungsdauer des Geschäfts- oder Firmenwertes und des Kapitalisierungszinssatzes 284

Tabelle 23: Relativer Steuervorteil einer Funktionsverlagerung bei fehlender Anerkennung des Transferpaketpreises im Ausland 285

Tabelle 24: Gegenüberstellung der Bruttokapitalwerte aus der Funktionsausübung 292

Tabelle 25: Relativer Vorteil einer Funktionsverlagerung in Abhängigkeit der Verhandlungsmacht und der Zahlungsmittelüberschüsse aus der Funktionsausübung im Ausland 293

Tabelle 26: Relativer Vorteil einer Funktionsverlagerung bei fehlender Anerkennung des Transferpaketpreises im Ausland 293

Tabelle 27: Ausländischer Indifferenzsteuersatz in Abhängigkeit der Zahlungsmittelüberschüsse aus der Funktionsverlagerung im Ausland 294

Abkürzungsverzeichnis

a. A.	anderer Auffassung
Abs.	Absatz
Anm.	Anmerkung
AO	Abgabenordnung
AStG	Außensteuergesetz
Aufl.	Auflage
BB	Betriebsberater (Zeitschrift)
Bearb.	Bearbeiter
BewG	Bewertungsgesetz
BFH	Bundesfinanzhof
BFH/NV	Sammlung der Entscheidungen des Bundesfinanzhofes, die nicht in der amtlichen Sammlung des Bundesfinanzhofes veröffentlicht werden
BGBl	Bundesgesetzblatt
BilMoG	Bilanzrechtsmodernisierungsgesetz
BMF	Bundesministerium der Finanzen
BMG	Bemessungsgrundlage
BR-Drs.	Bundesratsdrucksache
Bs.	Beschluss
bspw.	beispielsweise
BStBl	Bundessteuerblatt
BT-Drs.	Bundestagsdrucksache
Buchst.	Buchstabe
BW	Buchwert / Buchwerte
CAPM	Capital Asset Pricing Model
CF	Cash Flow
CGU	Cash Generating Unit
DB	Der Betrieb (Zeitschrift)
DBA	Doppelbesteuerungsabkommen
DBW	Die Betriebswirtschaft (Zeitschrift)

DCF .... Discounted Cash Flow
DStR .... Deutsches Steuerrecht (Zeitschrift)

EB .... Einigungsbereich
EFG .... Entscheidungen der Finanzgerichte (Zeitschrift)
EL .... Ergänzungslieferung
ErbStG .... Erbschafts- und Schenkungssteuergesetz
EStG .... Einkommensteuergesetz
ET .... European Taxation (Zeitschrift)
EWG .... Einzelwirtschaftsgut / Einzelwirtschaftsgüter / Europäische Wirtschaftsgemeinschaft
E&Y .... Ernst & Young

F .... Funktion
FB .... Finanz Betrieb (Zeitschrift)
FG .... Finanzgericht
Fn. .... Fußnote
FP .... Fremdvergleichspreis
FR .... Finanz-Rundschau (Zeitschrift)
FVerl .... Funktionsverlagerung
FVerlV .... Funktionsverlagerungsverordnung
F&E .... Forschung und Entwicklung

GE .... Geldeinheiten
gem. .... gemäß
GewStG .... Gewerbesteuergesetz
GG .... Grundgesetz
GmbHR .... GmbH-Rundschau (Zeitschrift)
GoF .... Geschäfts- oder Firmenwert
GP .... Grenzpreis
GrS .... Großer Senat

Habil. .... Habilitation
HGB .... Handelsgesetzbuch

HS	Halbsatz
h. M.	herrschende Meinung
IAS	International Accounting Standards
IBFD	International Bureau of Fiscal Documentation
IDW	Institut der Wirtschaftsprüfer in Deutschland e. V.
IFRS	International Financial Reporting Standards
immat.	immateriell
INTERTAX	International Tax Review (Zeitschrift)
IntGA	internationale Gewinnabgrenzung
IStR	Internationales Steuerrecht (Zeitschrift)
IWB	Internationale Wirtschafts-Briefe (Zeitschrift)
i. d. F.	in der Fassung
i. e.	id est
i. S. d.	im Sinne des
i. V. m.	in Verbindung mit
KoR	Fachzeitschrift für internationale und kapitalmarktorientierte Rechnungslegung (Zeitschrift)
KStG	Körperschaftsteuergesetz
M	Mutterkapitalgesellschaft
MV	Market Value
m. E.	meines Erachtens
m. w. N.	mit weiteren Nachweisen
ND	Nutzungsdauer
NV	nicht veröffentlicht
nwb	Neue Wirtschafts-Briefe (Zeitschrift / Verlag)
n. F.	neue Fassung
OECD	Organisation for Economic Cooperation and Development
OECD-MA	Musterabkommen der OECD zur Vermeidung der internationalen Doppelbesteuerung

OECD-MK	Musterkommentar zum Musterabkommen der OECD zur Vermeidung der internationalen Doppelbesteuerung
OECD-RL	Verrechnungspreisrichtlinien der OECD
o. Jg.	ohne Jahrgang
RBF	Rentenbarwertfaktor
RegE	Regierungsentwurf
Rdnr.	Randnummer
RFH	Reichsfinanzhof
RGBl	Reichsgesetzblatt
RIW	Recht der Internationalen Wirtschaft (Zeitschrift)
rkr.	rechtskräftig
Rn.	Randnummer
RStBl	Reichssteuerblatt
Rz.	Randziffer
S.	Satz / Seite / Standard
s.	siehe
Schr.	Schreiben
SolZG …………...	Solidaritätszuschlagsgesetz
SR	Status Recht (Zeitschrift)
StR	stille Reserven
StuB	Steuern und Bilanzen (Zeitschrift)
StuW	Steuer und Wirtschaft (Zeitschrift)
StVergAbG	Steuervergünstigungsabbaugesetz
T	Tochterkapitalgesellschaft
TNI	Tax Notes International (Zeitschrift)
TP	Transferpaket / Transferpaketpreis
TW	Teilwert
Tz.	Textziffer
UK	United Kingdom / Vereinigtes Königreich
UmwStG	Umwandlungssteuergesetz

UN-MA	Musterabkommen der Vereinten Nationen zur Vermeidung der internationalen Doppelbesteuerung
US-GAAP	US- Generally Accepted Accounting Principles
US-MA	Musterabkommen der USA zur Vermeidung der internationalen Doppelbesteuerung
Ubg	Die Unternehmensbesteuerung (Zeitschrift)
Univ.	Universität
UnStRefG	Unternehmensteuerreformgesetz
Urt.	Urteil
v.	vom
vE	verdeckte Einlage
vGA	verdeckte Gewinnausschüttung
vgl.	vergleiche
WG	Wirtschaftsgut
WiSt	Wirtschaftswissenschaftliches Studium (Zeitschrift)
WPg	Die Wirtschaftsprüfung (Zeitschrift)
ZGE	Zahlungsmittelgenerierende Einheit
ZfB	Zeitschrift für Betriebswirtschaft
Zfbf	Schmalenbachs Zeitschrift für betriebswirtschaftliche Forschung
ZfhF	Zeitschrift für handelswissenschaftliche Forschung (ab 1946 zfbf)
zugl.	zugleich

Symbolverzeichnis

α	Verhandlungsmacht des funktionsaufnehmenden Unternehmens
β	Abschreibungsmöglichkeit der immateriellen Einzelwirtschaftsgüter
BW_F	Buchwerte der funktionseigenen Wirtschaftsgüter
γ_1	Abschreibungsmöglichkeit des originären Geschäfts- oder Firmenwertes aus der Funktionsausübung im Inland
γ_2	Abschreibungsmöglichkeit der Differenz zwischen dem Transferpaketpreis und dem originären Geschäfts- oder Firmenwert aus der Funktionsausübung im Inland
CF	Zahlungsmittelüberschüsse aus der Funktionsausübung
CF_a	Zahlungsmittelüberschüsse aus der Funktionsausübung im Ausland
CF_i	Zahlungsmittelüberschüsse aus der Funktionsausübung im Inland
EB	Einigungsbereich
EB^{alt}	alter Einigungsbereich ohne erhebliche Gewinnabweichung
EB^{neu}	neuer Einigungsbereich bei erheblicher Gewinnabweichung
FP_{mat}	Summe der Fremdvergleichspreise der materiellen Einzelwirtschaftsgüter
FP_{imat}	Summe der Fremdvergleichspreise der immateriellen Einzelwirtschaftsgüter
GoF_F	derivativer funktionsanteiliger Geschäfts- oder Firmenwert
GoF_a^{orig}	originärer Geschäfts- oder Firmenwert aus der Funktionsausübung im Ausland
GP_a	Grenzpreis des funktionsaufnehmenden Unternehmens
GP_i	Grenzpreis des funktionsabgebenden Unternehmens
GP_a^{alt}	alter Grenzpreis des funktionsaufnehmenden Unternehmens
GP_i^{alt}	alter Grenzpreis des funktionsabgebenden Unternehmens
GP_a^{neu}	neuer Grenzpreis des funktionsaufnehmenden Unternehmens
GP_i^{neu}	neuer Grenzpreis des funktionsabgebenden Unternehmens
GWP_a	Gewinnpotenzial aus der Funktionsausübung des funktionsaufnehmenden Unternehmens
GWP_a^{oAFA}	Gewinnpotenzial aus der Funktionsausübung des funktionsaufnehmenden Unternehmens ohne Berücksichtigung von Abschreibungen
GWP_i	Gewinnpotenzial aus der Funktionsausübung des funktionsabgebenden Unternehmens

h	Gewerbesteuerhebesatz
i	Kapitalisierungszinssatz nach Unternehmensteuern
LE_i	Liquidationserlös der Funktion im Inland
LG_i	Liquidationsgewinn der Funktion im Inland
n	Nutzungsdauer
n_{BW}	Nutzungsdauer der funktionseigenen Wirtschaftsgüter
n_F	Nutzungsdauer der Funktion
n_{GoF}	Nutzungsdauer des Geschäfts- oder Firmenwertes
n_{imat}	Nutzungsdauer der immateriellen Wirtschaftsgüter
n_{mat}	Nutzungsdauer der materiellen Wirtschaftsgüter
n_{TP}	Nutzungsdauer des Transferpaketes
RBF	Rentenbarwertfaktor
s_a^u	Unternehmensteuersatz im Ausland
s_i^u	Unternehmensteuersatz im Inland
$s^{VorFVerlRel}$	relativer Steuervorteil der Funktionsverlagerung
S_a^F	Steuerbelastung aus der Funktionsausübung im Ausland
S_i^F	Steuerbelastung aus der Funktionsausübung im Inland
S_i^{FVerl}	Steuerbelastung aus der Verlagerung der Funktion
$S^{VorFVerl}$	Steuervorteil der Funktionsverlagerung
SK_i^{FVerl}	Schließungskosten der Funktion im Inland bei Verlagerung
SK_i^L	Schließungskosten der Funktion im Inland bei Liquidation
SK_i^Δ	Differenz aus den Schließungskosten der Funktion im Inland bei Liquidation und den Schließungskosten der Funktion im Inland bei Verlagerung
StR_F	Stille Reserven der Funktion
TK_i	Transaktionskosten der Funktionsverlagerung im Inland
TP	Transferpaketpreis der Funktion
TP^{alt}	alter Transferpaketpreis der Funktion
TP^{neu}	neuer Transferpaketpreis der Funktion
VK_i	Verlagerungskosten der Funktionsverlagerung im Inland
x	Größe des Einigungsbereiches in Prozent des inländischen Grenzpreises
z	Zahlungsmittelüberschüsse aus der Funktionsausübung im Ausland in Prozent der Zahlungsmittelüberschüsse im Inland

1 Reallokation von Funktionen aus steuerlicher Sicht

1.1 Problemstellung

Multinationale Unternehmen müssen aus betriebswirtschaftlichen Gründen ihre Strukturen ständig überdenken und aktuellen Entwicklungen anpassen. Gründe, die zu einer Restrukturierung in einem grenzüberschreitend tätigen Konzern führen können, sind beispielsweise die Zentralisierung bestimmter Tätigkeiten, die Kapazitätsauslastung, die Markt- und Kundennähe, die Optimierung der Logistik oder die Ausnutzung von Preisgefällen und Standortvorteilen.[1] Eine Möglichkeit der Restrukturierung besteht darin, Aufgabenbereiche – sogenannte betriebliche Funktionen – innerhalb des Konzerns von einer rechtlichen Einheit auf eine andere verbundene rechtliche Einheit grenzüberschreitend zu verlagern.[2]

Die steuerlichen Aspekte einer Reallokation von Funktionen in grenzüberschreitend tätigen Konzernen müssen in die Entscheidungsfindung einer Restrukturierung einbezogen werden, da Steuerrechtsnormen mit einer Liquiditäts- und Renditewirkung einhergehen und deshalb die relative und absolute Vorteilhaftigkeit bestehender Handlungsalternativen beeinflussen können.[3] Die Vorteilhaftigkeit einer Funktionsverlagerung wird durch die Steuerbelastung der Funktionsausübung im Inland, die Steuerbelastung der Funktionsausübung im Ausland und die Steuerbelastung des Verlagerungsvorgangs beeinflusst.[4]

---

1 Vgl. mit weiteren Beispielen *Kuckhoff, H./Schreiber, R.*, Betriebsprüfung (Teil I), 1999, S. 322 sowie *Borstell, T./Jamin, C.*, Verlagerung, 2008, S. 772; *Stuffer, W./Hiller, N.*, Introduction, 2009, S. 3. In der Regel ist das Zielland einer Funktionsverlagerung durch außersteuerliche Gründe vorgegeben. Besteht jedoch eine gewisse Freiheit bei der Wahl des Ziellandes, können steuerliche Aspekte, wie bspw. ein grenzüberschreitendes Steuersatzgefälle, ausschlaggebend für die Entscheidung sein. Vgl. *Raupach, A.*, Besteuerung, 1998, S. 128; *Baumhoff, H./Bodenmüller, R.*, Verlagerung, 2003, S. 346. Die Nutzung eines zwischenstaatlichen Steuersatzgefälles zur Steuerbarwertminimierung sieht *Theisen* als grundlegende Aufgabe der internationalen Steuerplanung in Konzernen. Vgl. *Theisen, M. R.*, Konzern, 2000, S. 595 f.

2 Vgl. *Kuckhoff, H./Schreiber, R.*, Betriebsprüfung (Teil I), 1999, S. 322; *Eisele, F.*, Funktionsverlagerung, 2003, S. 1; *Bodenmüller, R.*, Funktionsverlagerungen, 2004, S. 1.

3 Vgl. *Wagner, F. W./Dirrigl, H.*, Steuerplanung, 1980, S. 33 f.; *Schneider, D.*, Steuerwirkung, 2002, S. 20; *Spengel, C.*, Unternehmensbesteuerung, 2003, S. 59; *Fischer, L./Kleineidam, H.-J./Warneke, P.*, Steuerlehre, 2005, S. 251 f.; *Ballwieser, W./Kruschwitz, L./Löffler, A.*, Unternehmensbewertung, 2007, S. 765.

4 Vgl. *Serg, O.*, Funktionsverlagerungen, 2006, S. 252; *Schreiber, U.*, Besteuerung, 2008, S. 804-813; *Scheffler, W.*, Steuerlehre, 2009, S. 542-553.

Eine Steuerbelastung aus der Verlagerung entsteht, wenn Wirtschaftsgüter, die stille Reserven enthalten, im Rahmen der Verlagerung übertragen werden. Die Aufdeckung und Besteuerung der stillen Reserven im Ansässigkeitsstaat des funktionsabgebenden Unternehmens ist sichergestellt, da die Verrechnungspreise der übertragenen Wirtschaftsgüter, die der Besteuerung zugrunde gelegt werden, eine Gewinnabgrenzung zwischen den Konzerneinheiten zur Folge haben müssen, die einer Gewinnabgrenzung zwischen fremden Dritten entspricht (Fremdvergleichsgrundsatz).[1] Sofern die von den Konzerneinheiten vereinbarten Verrechnungspreise einem Fremdvergleich nicht standhalten, greifen steuerliche Korrekturnormen, die eine fremdvergleichskonforme Gewinnabgrenzung für steuerliche Zwecke sicherstellen sollen.[2]

Der Fremdvergleichsgrundsatz ist in den jeweiligen Artikeln 9 des OECD-MA, des UN-MA und des US-MA enthalten und somit das international anerkannte Prinzip für die Gewinnabgrenzung zwischen rechtlich selbstständigen Einheiten eines grenzüberschreitend tätigen Konzerns.[3] Durch die Gewinnabgrenzung nach dem Fremdvergleichsgrundsatz sollen einerseits die Besteuerungsansprüche der beteiligten Staaten gegenüber dem international tätigen Konzern zutreffend realisiert und andererseits eine wirtschaftliche Doppel- oder Mehrfachbesteuerung[4] gleicher wirtschaftlicher Vorgänge vermieden werden.[5]

Obwohl die Gewinnabgrenzung nach dem Fremdvergleichsgrundsatz international anerkannt ist und die Mitgliedsländer der OECD sich auf Verrechnungspreisrichtlinien geeinigt haben, die den Fremdvergleichsgrundsatz konkretisieren und von jedem Mitgliedsland bei der Bestimmung von Verrechnungspreisen berücksichtigt werden soll-

---

1 Vgl. *Theisen, M. R.*, Konzern, 2000, S. 587; *Kaminski, B.*, Verrechnungspreisermittlung, 2001, S. 8; *Frotscher, G.*, Steuerrecht, 2009, Rz. 571. Fremdvergleichsgrundsatz ist die deutsche Übersetzung des „arm's length principle".

2 Zu den verschiedenen nationalen und internationalen Korrekturvorschriften vgl. Kapitel 2, S. 9.

3 Im deutschen Steuerrecht ist der Fremdvergleichsgrundsatz in § 1 Abs. 1 S. 1 AStG kodifiziert.

4 Eine wirtschaftliche Doppelbesteuerung liegt vor, wenn ein Einkommens- oder Vermögensteil im gleichen Besteuerungszeitraum bei mehreren Steuersubjekten (in unterschiedlichen Staaten) der Besteuerung unterliegt; eine juristische Doppelbesteuerung liegt im Gegensatz dazu vor, wenn das Steuerobjekt bei einem Steuersubjekt mehrfach der Besteuerung unterliegt. Vgl. *Jacobs, O. H.*, Unternehmensbesteuerung, 2007, S. 3 sowie ausführlich zum Begriff der Doppelbesteuerung *Schaumburg, H.*, Internationales Steuerrecht, 1998, S. 585-591.

5 Vgl. *Theisen, M. R.*, Grundlagen, 1990, S. 22; *Kaminski, B.*, Verrechnungspreisermittlung, 2001, S. 12; *Scheffler, W.*, Unternehmensteuerreform, 2008, S. 135; *OECD*, Transfer Pricing Guidelines, 2010, Tz. 4.

ten,[1] ist eine einheitliche Gewinnabgrenzung aus folgenden Gründen nicht sichergestellt: Zum einen besteht die Möglichkeit, dass die beteiligten Staaten bei der Interpretation und der Umsetzung des Fremdvergleichsgrundsatzes unterschiedliche Kriterien anwenden;[2] zum anderen sehen die Mitgliedstaaten der OECD zum Teil in den – von ihnen vereinbarten – Verrechnungspreisrichtlinien lediglich eine Art Minimalkonsens, von dem zur Sicherung des eigenen Steueraufkommens durch unilaterale Maßnahmen abgewichen werden kann.[3] Da die konfliktfreie Aufteilung der Besteuerungsansprüche nur dann möglich ist, wenn beide beteiligten Staaten den vom Unternehmen angesetzten Verrechnungspreis als angemessen und fremdvergleichskonform ansehen, besteht auf Grund von Interpretationsunterschieden bei der Auslegung des Fremdvergleichsgrundsatzes und unilateraler Maßnahmen das Risiko einer Doppelbesteuerung.[4] Erachtet entweder der Staat, aus dem die Funktion hinaus verlagert wird, den angesetzten Verrechnungspreis als zu niedrig oder der Staat, in den die Funktion hinein verlagert wird, den Verrechnungspreis als zu hoch, führt eine einseitige Berichtigung des Verrechnungspreises durch die jeweilige Finanzverwaltung zu einer Doppelbesteuerung der verbundenen Unternehmen.

Die Anwendung des Fremdvergleichsgrundsatzes im Rahmen von Funktionsverlagerungen wurde in den Jahren 2008-2010 grundlegend reformiert. In der Vergangenheit mussten die an einer Funktionsverlagerung beteiligten Unternehmen und die Steuerverwaltungen eine fremdvergleichskonforme Vergütung der Funktionsverlagerung aus den allgemeinen Verrechnungspreisrichtlinien der OECD, die eine gesonderte Anwendung des Fremdvergleichsgrundsatzes auf jedes einzelne Geschäft vorsehen, ableiten.[5] Die

---

1 Vgl. *OECD*, Transfer Pricing Guidelines, 2010.

2 Vgl. *Jacobs, O. H.*, Unternehmensbesteuerung, 2007, S. 670. *Rasch* stellt fest, dass die Staaten in ihren uni- und bilateralen Maßnahmen zur Einkunftsabgrenzung zwar auf den Fremdvergleichsgrundsatz zurückgreifen, diesen aber regelmäßig unterschiedlich interpretieren und konkretisieren. Vgl. *Rasch, S.*, Konzernverrechnungspreise, 2001, S. 7. Zusätzlich zur Anwendung unterschiedlicher Kriterien nennt *Theisen* die Unbestimmtheit der Verrechnungspreise als Ursache für eine Doppelbesteuerung, da nur in Ausnahmefällen einwertige Verrechnungspreise für Lieferungs- und Leistungsbeziehungen bestehen. Vgl. *Theisen, M. R.*, Konzern, 2000, S. 591 u. 465-475. *Bauer* weist zudem auf die Doppelbesteuerungsgefahr auf Grund von Differenzen in der Auslegung der Verrechnungspreisrichtlinien hin. Vgl. *Bauer, M. E.*, Verrechnungspreise, 2000. S. 34 f.

3 Vgl. *Oestreicher, A.*, Gewinnabgrenzung, 2003, S. 29; *Jacobs, O. H.*, Unternehmensbesteuerung, 2007, S. 671.

4 Vgl. *Kaminski, B.*, Verrechnungspreisermittlung, 2001, S. 7 f. u. 12; *Scheffler, W.*, Steuerlehre, 2009, S. 452.

5 Vgl. *OECD*, Transfer Pricing Guidelines, 2010, Tz. 1.42.

steuerliche Behandlung einer Funktionsverlagerung basierte in Deutschland deshalb bis einschließlich 2007 auf dem Grundsatz, dass alle Wirtschaftsgüter, die im Rahmen einer Funktionsverlagerung übertragen werden, einzeln verrechnet werden.[1]

Im Jahr 2008 wurde – im Rahmen des Unternehmensteuerreformgesetzes 2008[2] – der Tatbestand der grenzüberschreitenden Funktionsverlagerung im deutschen Außensteuergesetz kodifiziert.[3] Nach der Auslegung des Fremdvergleichsgrundsatzes im Außensteuergesetz muss der Fremdvergleichspreis für eine Funktionsverlagerung nun – anstelle einer Einzelbewertung der übergehenden Wirtschaftsgüter – durch eine Gesamtbewertung der Funktion ermittelt werden. Die Bewertung der Funktion als Ganzes wird als Transferpaketansatz bezeichnet. Im August 2008 folgte eine Rechtsverordnung – die sogenannte Funktionsverlagerungsverordnung (FVerlV)[4] –, die eine einheitliche Anwendung der Vorschriften des AStG und deren Übereinstimmung mit den internationalen Grundsätzen zur Einkunftsabgrenzung sicherstellen soll.[5] Im Oktober 2010 veröffentlichte das *BMF* das Schreiben „Verwaltungsgrundsätze Funktionsverlagerung".[6]

Im Juli 2010 wurden schließlich die OECD-Verrechnungspreisrichtlinien um ein Kapitel 9 ergänzt, das den Titel „Transfer Pricing Aspects of Business Restructurings" trägt.[7] In den neuen Richtlinien wird an dem Grundsatz festgehalten, für jede einzelne Transaktion einen Fremdvergleich durchzuführen.[8] Sofern allerdings eine „activity" Gegenstand einer Reorganisation im grenzüberschreitend tätigen Konzern ist, wird deren Gesamtbewertung zur Bestimmung des Fremdvergleichspreises in Betracht gezogen.[9]

---

1 Zur steuerlichen Behandlung der Funktionsverlagerung vor der Unternehmensteuerreform vgl. insbesondere *Kuckhoff, H./Schreiber, R.*, Betriebsprüfung (Teil I), 1999; *Kuckhoff, H./Schreiber, R.*, Betriebsprüfung (Teil II), 1999; *Eisele, F.*, Funktionsverlagerung, 2003; *Bodenmüller, R.*, Funktionsverlagerungen, 2004; *Serg, O.*, Funktionsverlagerungen, 2006.

2 Unternehmensteuerreformgesetz 2008 vom 14.08.2007, BGBl I 2007, S. 1912.

3 S. § 1 Abs. 3 S. 9-13 AStG.

4 Funktionsverlagerungsverordnung (FVerlV) vom 12.08.2008, BGBl I 2008, S. 1680.

5 In § 1 Abs. 3 S. 13 AStG wurde das Bundesministerium der Finanzen ermächtigt, eine Verordnung zur Anwendung des Fremdvergleichsgrundsatzes zu erlassen. Rechtsverordnungen sind Rechtsnormen, die von der Exekutive erlassen werden und in der Regel der Zustimmung des Bundesrates bedürfen. Vgl. *Lang, J.*, Rechtsanwendung, 2010, Rz. 6.

6 Vgl. *BMF*, Verwaltungsgrundsätze Funktionsverlagerung, Schr. v. 13.10.2010.

7 Vgl. *OECD*, Transfer Pricing Guidelines, 2010, Kapitel 9.

8 Vgl. *OECD*, Transfer Pricing Guidelines, 2010, Tz. 9.81.

9 Vgl. *OECD*, Transfer Pricing Guidelines, 2010, Tz. 9.94. Für einen Vergleich der Begriffe „activity" und Funktion vgl. Kapitel 4.2.6, S. 95.

Vor der Veröffentlichung des Kapitels 9 der OECD-Verrechnungspreisrichtlinien kritisierten Wissenschaft[1] und Praxis[2] die Änderungen im Außensteuergesetz, da sie in der Gesamtbewertung einer Funktion eine Abkehr vom international anerkannten Fremdvergleichsgrundsatz sahen und deshalb von einer erhöhten Gefahr der Doppelbesteuerung bei Funktionsverlagerungen ausgingen. Nach der Einführung des 9. Kapitels stellt sich nun die Frage, ob die geäußerte Kritik Bestand hat und in der nationalen Vorschrift zur Gesamtbewertung einer Funktion tatsächlich eine unilaterale Maßnahme zu sehen ist, deren Interpretation des Fremdvergleichsgrundsatzes von der international anerkannten Interpretation der OECD abweicht und ein erhöhtes Doppelbesteuerungsrisiko begründet.

Infolge einer Doppelbesteuerung werden die Gewinne eines international tätigen Konzerns nicht einmal – im In- oder Ausland – besteuert, sondern zweimal – sowohl im Inland als auch im Ausland. Eine Doppelbesteuerung infolge einer Funktionsverlagerung führt somit bei den Unternehmen zu einer finanziellen Mehrbelastung, die deren Konkurrenzfähigkeit auf ausländischen Märkten beeinträchtigt und betriebswirtschaftlich sinnvollen Umstrukturierungen entgegenstehen kann.[3]

Die Fremdvergleichskonformität der Regelungen des Außensteuergesetzes und somit das Doppelbesteuerungsrisiko einer Funktionsverlagerung kann getrennt für verschiedene Problembereiche geprüft werden. Zunächst stellt sich die Frage, wann grundsätzlich eine Gesamtbewertung eines Verlagerungsgegenstandes fremdvergleichskonform ist. Darauf aufbauend muss die Frage beantwortet werden, welche Arten von Restrukturierungen infolge der Ausgestaltung der Tatbestandsvoraussetzungen in den Anwen-

---

1 Vgl. *Frotscher, G.*, Funktionsverlagerung, 2008, S. 54 f. u. 57; *Scheffler, W.*, Unternehmensteuerreform, 2008, S. 139; *Oestreicher, A.*, Funktionsverlagerung, 2009, S. 80 u. 95; *Hey, J.*, Gegenfinanzierungsmaßnahmen, 2007, S. 1308. *Kaminski* kritisiert, dass die nationalen Regelungen erlassen wurden, bevor die OECD ihre Auffassung abschließend dargelegt hat und sieht darin die Gefahr, dass die nationalen Regelungen international nicht akzeptiert werden könnten. Vgl. *Kaminski, B.*, Unternehmensteuerreform, 2007, S. 598 f.

2 Vgl. *Kroppen, H.-K./Rasch, S./Eigelshoven, A.*, Unternehmensteuerreform, 2007, S. 2220 f.; *Borstell, T./Jamin, C.*, Verlagerung, 2008, S. 819; *Baumhoff, H./Ditz, X./Greinert, M.*, Funktionsverlagerungsverordnung, 2008, S. 1952; *Welling, B.*, Funktionsverlagerungsbesteuerung, 2009, S. 994; *Wehnert, O./Sano, Y.*, Funktionsverlagerung, 2010, S. 57. Vgl. ebenso *Haas, W.*, DBA, 2009, S. 739, der davon ausgeht, dass für eine Mehrzahl von Funktionsverlagerungen der deutsche Transferpaketansatz gegen den international anerkannten Fremdvergleichsgrundsatz verstößt.

3 Zu den negativen Auswirkungen von Doppelbesteuerungen vgl. *Rose, G.*, Internationales Steuerrecht, 2004, S. 57 f.; *Jacobs, O. H.*, Unternehmensbesteuerung, 2007, S. 5; *Haase, F.*, Steuerrecht, 2009, Rz. 40; *Brähler, G.*, Steuerrecht, 2010, S. 20 f. sowie Einführung, Nr. 1 OECD-MK.

dungsbereich der Regelung fallen.[1] Diesbezüglich wird die Abgrenzung des Funktionsbegriffes als Teilproblem identifiziert und die gesetzliche Abgrenzung des neu eingeführten Begriffes kritisiert.[2] Schließlich bestehen Fragen bezüglich der Ausgestaltung der Rechtsfolgen und somit der Vorgaben zur Ermittlung des Verrechnungspreises, die die Höhe einer potenziellen Doppelbesteuerung bestimmen. Im Rahmen der Gesamtbewertung wurden die Begriffe „Gewinnpotenzial“ und „Grenzpreis“ in das Außensteuergesetz eingeführt und in der FVerlV konkretisiert. Die Fremdvergleichskonformität der Ermittlung der Gewinnpotenziale und Grenzpreise wird jedoch in verschiedenen Punkten angezweifelt.[3]

Die neuen Fragestellungen, die die fundamentale Neuregelung der steuerlichen Konsequenzen einer Funktionsverlagerung sowohl im AStG als auch in den Verrechnungspreisrichtlinien der OECD mit sich bringt, konnten auf Grund der Aktualität des Themas bisher nur ansatzweise beantwortet werden. Mit den Dissertationen von *Heining* und *Zech* liegen bisher zwei Arbeiten vor, die die Fragestellungen in einem der Komplexität des Themas angemessenen Umfang bearbeiten.[4] Während *Heining* auf investitionstheoretischer Basis Entscheidungsmodelle für Funktionsverlagerung herleitet, untersucht *Zech* die Neuregelung des Außensteuergesetzes aus rechtlicher Sicht. Beide Arbeiten wurden vor der Neufassung der OECD-Verrechnungspreisrichtlinien fertiggestellt. In der vorliegenden Arbeit werden erstmals die steuerlichen Konsequenzen einer Funktionsverlagerung aus betriebswirtschaftlicher Sicht sowohl qualitativ als auch quantitativ unter Berücksichtigung des neu eingeführten Kapitels 9 der OECD-Verrechnungspreisrichtlinien untersucht.

---

1 Bspw. erachtet *Kahle* es nach derzeitigem Stand als unklar, wann im Einzelnen von einer Verlagerung einer Funktion auszugehen ist. Vgl. *Kahle, H.*, Funktionsverlagerung, 2009, S. 564.

2 Vgl. *Hey, J.*, Gegenfinanzierungsmaßnahmen, 2007, S. 1308; *Kaminski, B.*, Unternehmensteuerreform, 2007, S. 599; *Blumers, W.*, Transferpaket, 2007, S. 1760.

3 Bzgl. der Ermittlung der Gewinnpotenziale vgl. bspw. *Frotscher, G.*, Funktionsverlagerung, 2008, S. 56; *Endres, D./Oestreicher, A.*, Funktionsverlagerung, 2009, S. 14; *Kroppen, H.-K./Rasch, S.*, Funktionsverlagerungsverordnung, 2008, S. 2350, die die Bewertung einer Funktion über einen unbegrenzten Kapitalisierungszeitraum kritisieren und bspw. *Kahle, H.*, Funktionsverlagerung, 2007, S. 652; *Baumhoff, H./Ditz, X./Greinert, M.*, Funktionsverlagerungsverordnung, 2008, S. 1949; *Rasch, S./Schmidtke, R.*, hypothetischer Fremdvergleich, 2009, S. 96, die die Bewertung der Funktion auf Basis von Reingewinnen kritisieren. Bzgl. der Kritik an der Grenzpreisermittlung und der darauf folgenden Aufteilung des Einigungsbereiches, die eine Besteuerung ausländischer Synergieeffekte und Standortvorteile in Deutschland zur Folge haben kann, vgl. bspw. *Hey, J.*, Gegenfinanzierungsmaßnahmen, 2007, S. 1308; *Blumers, W.*, Transferpaket, 2007, S. 1761; *Frotscher, G.*, Funktionsverlagerung, 2008, S. 53 f.

4 Vgl. *Heining, B.*, Funktionsverlagerung, 2009; *Zech, T.*, Verrechnungspreise, 2009.

1.2 Zielsetzung und Vorgehensweise

Aufgabe der internationalen betriebswirtschaftlichen Steuerlehre ist es, die Auswirkungen der Besteuerung auf grenzüberschreitende Geschäftstätigkeiten deutscher Unternehmen zu untersuchen.[1] Der Umfang der Steuerlast und somit die Steuerwirkung einer grenzüberschreitenden Geschäftstätigkeit hängen von der Verwirklichung steuerlich relevanter Tatbestände ab, weshalb die Untersuchung der zugrunde liegenden steuerlichen Normen einer Steuerwirkungsanalyse vorausgehen muss.[2]

Ziel dieser Arbeit ist es, die Tatbestandsvoraussetzungen und Rechtsfolgen einer Funktionsverlagerung zu analysieren und aufbauend auf den gewonnenen Erkenntnissen, die Steuerwirkung einer Funktionsverlagerung und das Risiko einer Doppelbesteuerung zu untersuchen.[3] Im Verlauf der Arbeit werden im Rahmen der Steuergestaltungs- und Steuerrechtsgestaltungslehre zudem Handlungsmöglichkeiten für Steuerpflichtige und die Gesetzgebung aufgezeigt.[4]

Im Falle der Funktionsverlagerung kommt der Untersuchung der Tatbestandsvoraussetzungen eine besondere Bedeutung zu, da die steuerlichen Konsequenzen im Inland und das Risiko einer Doppelbesteuerung wesentlich davon abhängen, ob der Fremdvergleichspreis für eine Funktion im Wege der Gesamtbewertung ermittelt werden muss oder alternativ die Fremdvergleichspreise aller übergehenden Einzelwirtschaftsgüter angesetzt werden können. In Kapitel 2 wird deshalb zunächst der Anwendungsbereich der Berichtigung von Einkünften nach dem AStG von weiteren nationalen Korrekturvorschriften abgegrenzt, da nur im Rahmen des AStG eine Gesamtbewertung der Funk-

---

1 Vgl. *Schaumburg, H.*, Internationales Steuerrecht, 1998, S. 604; *Fischer, L./Kleineidam, H.-J./Warneke, P.*, Steuerlehre, 2005, S. 251; grundlegend zur Steuerwirkungslehre vgl. *Schreiber, U.*, Besteuerung, 2008, S. 528-530.

2 Vgl. *Wagner, F. W./Dirrigl, H.*, Steuerplanung, 1980, S. 3. Die Darstellung steuerrechtlicher Normen wird als Vorbedingung für die Steuerwirkungsanalyse gesehen. Vgl. *Hundsdoerfer, J./Kiesewetter, D./Sureth, C.*, Betriebswirtschaftliche Steuerlehre, 2008, S. 63.

3 Die Steuerwirkungsanalyse zeigt den Einfluss der Besteuerung auf Entscheidungssituationen und dient als Ausgangspunkt für die Steuergestaltungs- und Steuerrechtsgestaltungsanalyse. Vgl. *Theisen, M. R./Wenz, M.*, Besteuerungsrechte, 2005, S. 31. Zur wirkungsorientierten Forschung im Rahmen der betriebswirtschaftlichen Steuerforschung vgl. ausführlich *Wagner, F. W.*, Steuerforschung, 2004, S. 239-245.

4 Eine verstärkte Beteiligung der Betriebswirtschaftlichen Steuerlehre an der Steuerpolitikberatung in Deutschland wird von einigen Fachvertretern gefordert. Vgl. *Hundsdoerfer, J./Kiesewetter, D./Sureth, C.*, Betriebswirtschaftliche Steuerlehre, 2008, S. 107; *Theisen* forderte bereits 1990 einen stärkeren Dialog zwischen der Unternehmenspraxis und den Steuerrechtswissenschaftlern sowie Vertretern der Betriebswirtschaftlichen Steuerlehre im Bereich der antizipierenden Steuerrechtsgestaltung. Vgl. *Theisen, M. R.*, Grundlagen, 1990, S. 21.

tionsverlagerung vorgesehen ist. In Kapitel 3 wird anhand einer Gegenüberstellung der steuerlichen Behandlung der Funktionsverlagerung vor und nach der Unternehmensteuerreform 2008 analysiert, ob die Einführung der Gesamtbewertung einer Funktion zur Verrechnung deren Verlagerung notwendig war und unter welchen Annahmen sie dem Fremdvergleichsgrundsatz standhält. Auf Basis dieser Ergebnisse werden in Kapitel 4 die konkreten Tatbestandsvoraussetzungen einer Funktionsverlagerung im Sinne des AStG untersucht, da eine Gesamtbewertung nur dann vorzunehmen ist, wenn eine Reallokation als Funktionsverlagerung im Sinne des AStG zu klassifizieren ist.

In Kapitel 5 wird die im AStG vorgeschriebene Bewertung des Transferpaketes im Rahmen einer Funktionsverlagerung analysiert, um darauf aufbauend die Wirkung der steuerlichen Konsequenzen einer Funktionsverlagerung auf deren Vorteilhaftigkeit in Kapitel 6 zu quantifizieren. Die unterschiedlichen Variablen, die den Steuervorteil einer Funktionsverlagerung beeinflussen, werden im Rahmen einer Sensitivitätsanalyse auf ihre Wirkung und Gewichtigkeit hin untersucht.

Die Untersuchung beschränkt sich auf die Verlagerung einer Funktion von einer inländischen Kapitalgesellschaft auf eine verbundene Kapitalgesellschaft im Ausland; die steuerlichen Konsequenzen einer Funktionsverlagerung zwischen einem Stammhaus und einer Betriebsstätte werden nicht betrachtet. Die Tätigkeit in einem Niedrigsteuerland mittels einer ausländischen Tochterkapitalgesellschaft kann eine Hinzurechnungsbesteuerung gem. §§ 7-14 AStG auslösen. Die Hinzurechnungsbesteuerung wird in dieser Arbeit nicht näher behandelt, da von einer aktiven Tätigkeit der Tochterkapitalgesellschaft ausgegangen wird. Ferner bilden die Dokumentationsvorschriften im Rahmen einer Funktionsverlagerung keinen Gegenstand dieser Untersuchung.

2 Abgrenzung des Anwendungsbereiches der Berichtigung von Einkünften nach dem Außensteuergesetz

2.1 Notwendigkeit der Einkünfteabgrenzung im grenzüberschreitend tätigen Konzern

Der grundsätzlich bestehende Interessengegensatz bei Vertragsverhandlungen zwischen fremden Dritten führt dazu, dass Transaktionen zu Marktpreisen getätigt werden und die Einkünfte der beiden Vertragspartner auf Basis von Marktpreisen abgegrenzt werden. Bei verbundenen Unternehmen besteht dieser Interessengegensatz nicht zwangsläufig.[1] Oftmals liegt eine einheitliche Konzernpolitik und somit Zielkongruenz unter verbundenen Unternehmen vor.[2]

In Folge eines fehlenden Interessengegensatzes zwischen den Konzerngesellschaften wird durch die grundsätzliche steuerliche Anerkennung der Leistungsbeziehungen zwischen diesen die Möglichkeit geschaffen, durch den Ansatz unangemessener Verrechnungspreise Gewinnverlagerungen zwischen den verbundenen Unternehmen vorzunehmen.[3] Durch diese Gewinnverlagerungen könnte ein internationales Steuersatzgefälle genutzt werden und – bei gleichbleibendem Gesamtgewinn des Konzerns vor Steuern – die Gesamtsteuerlast des Konzerns reduziert werden.[4] Die schuldrechtlichen Vereinbarungen zwischen verbundenen Unternehmen werden deshalb nur dann der Besteuerung zugrunde gelegt, wenn sie dem Fremdvergleich standhalten und auf denselben Bedingungen basieren, wie sie fremde Dritte untereinander vereinbart hätten (Fremdver-

---

1 Vgl. *OECD*, Transfer Pricing Guidelines, 2010, Tz. 1.2.

2 Vgl. *Schaumburg, H.*, Internationales Steuerrecht, 1998, S. 1203; *Rasch, S.*, Konzernverrechnungspreise, 2001, S. 5 f.; *Jacobs, O. H.*, Unternehmensbesteuerung, 2007, S. 672; *Bauer, M. E.*, Verrechnungspreise, 2000, S. 53 m. w. N.

3 Vgl. *Theisen, M. R.*, Konzern, 2000, S. 467. Vgl. ebenso *Schreiber, U.*, Besteuerung, 2008, S. 447: „Auch wenn Verrechnungspreise angesichts ihrer betriebswirtschaftlichen Funktion in größeren Unternehmen nicht ausschließlich von steuerlichen Erwägungen bestimmt sein dürften, werden doch steuerliche Ziele in die Preisbestimmung eingehen." Zu den betriebswirtschaftlichen Funktionen von Verrechnungspreisen vgl. *Jacobs, O. H.*, Unternehmensbesteuerung, 2007, S. 670 und grundlegend *Schmalenbach, E.*, Verrechnungspreise, 1908/1909, S. 165-185, der bereits 1908 die Aufgaben von Verrechnungspreisen aus betriebswirtschaftlicher Sicht analysierte.

4 Vgl. bspw. *Wang, H.*, Direktinvestitionen, 2006, S. 132; *Jacobs, O. H.*, Unternehmensbesteuerung, 2007, S. 672; *Frotscher, G.*, Steuerrecht, 2009, Rz. 550. *Kiesewetter/Mugler* zeigen, dass die Motivation einer Gewinnverlagerung im EU-Konzern auch bei einer Besteuerung nach dem Einheitsprinzip bspw. durch die in der EU diskutierte Common Consolidated Tax Base bestehen bleibt. Vgl. *Kiesewetter, D./Mugler, J.*, Gewinnverlagerung 2007, S. 503-516.

gleichsgrundsatz).[1] Der Ansatz von Fremdvergleichspreisen bei konzerninternen Transaktionen soll somit gewährleisten, dass die steuerlichen Einkünfte der einzelnen Konzernunternehmen wie unter fremden Dritten abgegrenzt werden.

Im Rahmen einer Funktionsverlagerung gehen die zur Funktionsausübung benötigten Wirtschaftsgüter in der Regel von dem funktionsabgebenden Unternehmen auf das funktionsaufnehmende Unternehmen über. Sofern die angesetzten Verrechnungspreise nicht dem Fremdvergleich standhalten, greifen steuerliche Korrekturvorschriften, die eine fremdvergleichskonforme Verrechnung der Vorgänge sicherstellen sollen. Im nationalen Steuerrecht sind drei Korrekturvorschriften verankert: die verdeckte Gewinnausschüttung, die verdeckte Einlage und die Einkünftekorrektur nach dem AStG. Besteht zwischen den an einer Funktionsverlagerung beteiligten Ländern ein Doppelbesteuerungsabkommen, ist zusätzlich eine bestehende abkommensrechtliche Korrekturvorschrift zu beachten.

2.2 Nationale Korrekturvorschriften

2.2.1 Verdeckte Gewinnausschüttung

Eine Vermögensminderung oder verhinderte Vermögensmehrung auf Ebene einer Kapitalgesellschaft wird vom BFH als verdeckte Gewinnausschüttung klassifiziert, wenn sie durch das Gesellschaftsverhältnis veranlasst ist, sich auf den Unterschiedsbetrag gem. § 4 Abs. 1 S. 1 EStG i. V. m. § 8 Abs. 1 KStG auswirkt und nicht in Zusammenhang mit einer offenen Gewinnausschüttung steht.[2] Die Veranlassung der Vermögensminderung durch das Gesellschaftsverhältnis ist durch einen Fremdvergleich zu prüfen.[3]

---

1 Vgl. *Popp, P./Theisen, M. R.*, Verrechnungspreisermittlung, 1987, S. 1949; *Theisen, M. R.*, Konzern, 2000, S. 587; *Baumhoff, H./Bodenmüller, R.*, Verlagerung, 2003, S. 349; *Hey, J.*, Körperschaftsteuer, 2010, Rz. 45.

2 Vgl. u. a. BFH, Urt. v. 19.03.1997, I R 75/96, BStBl II 1997, S. 577; BFH, Urt. v. 22.02.1989, I R 9/85, BStBl II 1989, S. 632. Bezüglich der Rechtsprechungsänderung, nach der nunmehr nicht die Auswirkung der Vermögensminderung auf den Gewinn, sondern auf den Unterschiedsbetrag gem. § 4 Abs. 1 S. 1 EStG maßgebend ist, vgl. BFH, Urt. v. 08.10.2008, I R 61/07, BFH/NV 25 (2009), S. 505; BFH, Urt. v. 23.09.2008, I R 62/07, BFH/NV 25 (2009), S. 298; BFH, Urt. v. 28.01.2004, I R 87/02, BFH/NV 20 (2004), S. 736. Grundlegend zur Rechtsprechungsänderung vgl. *Wassermeyer, F.*, Einkünftekorrekturnormen, 2001, S. 634.

3 Vgl. BFH, Urt. v. 19.03.1997, I R 75/96, BStBl II 1997, S. 577; BFH, Urt. v. 17.10.2001, I R 103/00, BStBl II 2004, S. 173; BFH, Urt. v. 06.04.2005, I R 22/04, BStBl II 2007, S. 658. Vgl. auch *Rengers, J.*, Blümich, 2010, § 8 KStG, Rz. 243.

Der Maßstab des ordentlichen und gewissenhaften Geschäftsleiters dient der Konkretisierung des Fremdvergleichs.[1] Der ordentliche und gewissenhafte Geschäftsleiter ist jedoch nicht in allen Fällen als alleiniger Beurteilungsmaßstab heranzuziehen, da auch ohne ein Abweichen vom Maßstab des ordentlichen und gewissenhaften Geschäftsleiters ein Abweichen vom Verhalten fremder Dritter vorliegen kann, z. B. wenn eine für die Gesellschaft vorteilhafte, für den Gesellschafter aber nachteilige Vereinbarung getroffen wird.[2] Neben dem ordentlichen und gewissenhaften Geschäftsleiter ist deshalb auch der Vertragspartner einer Leistungsbeziehung in die Beurteilung einzubeziehen, ob die Vermögensminderung durch das Gesellschaftsverhältnis veranlasst ist (sogenannte Verdoppelung des ordentlichen und gewissenhaften Geschäftsleiters). Auf diese Weise soll überprüft werden, ob die Vereinbarung auch von unabhängigen Dritten unter gleichen oder ähnlichen Verhältnissen getroffen worden wäre.[3]

Im Fall einer grenzüberschreitenden Verlagerung von Funktionen in das Ausland liegt – wie in Abbildung 1 dargestellt – eine verdeckte Gewinnausschüttung zum einen dann vor, wenn eine inländische Tochterkapitalgesellschaft einer ausländischen Mutterkapitalgesellschaft Wirtschaftsgüter oder Dienstleistungen zu einem – verglichen zum angemessenen Preis – zu niedrigen Preis überträgt und zum anderen, wenn eine inländische Mutterkapitalgesellschaft einer ausländischen Tochterkapitalgesellschaft Wirtschaftsgüter oder Dienstleistungen zu einem überhöhten Preis überträgt. Der angemessene Preis für ein Wirtschaftsgut oder eine Dienstleistung entspricht dem Preis, den voneinander unabhängige Vertragsparteien unter vergleichbaren Umständen vereinbart hätten[4] – dem Fremdvergleichspreis.[5]

---

1 Vgl. BFH, Urt. v. 06.04.2005, I R 22/04, BStBl II 2007, S. 660 sowie *Hey, J.*, Körperschaftsteuer, 2010, Rz. 73; *Kraft, G.*, Kraft, 2009, § 1 AStG, Rz. 28.

2 Vgl. u. a. BFH, Urt. v. 06.12.1995, I R 88/94, BStBl II 1996, S. 383; BFH, Urt. v. 17.05.1995, I R 147/93, BStBl II 1996, S. 205.

3 Vgl. BFH, Urt. v. 06.12.1995, I R 88/94, BStBl II 1996, S. 384; BFH, Urt. v. 17.05.1995, I R 147/93, BStBl II 1996, S. 205 sowie *Kühn, J.*, Produktionsverlagerung, 2007, S. 149.

4 Vgl. BFH, Urt. v. 17.10.2001, I R 103/00, BStBl II 2004, S. 171 u. 174; BFH, Urt. v. 23.02.2005, I R 70/04, BStBl II 2005, S. 882 sowie *BMF*, Verwaltungsgrundsätze – Verfahren, Schr. v. 12.04.2005, Tz. 5.3.1.

5 Vgl. *Wassermeyer, F.*, Einkünftekorrekturnormen, 2001, S. 637; *Schreiber, R.*, Kroppen, 2010, FVerlV, Anm. 33. In früheren Urteilen des BFH wurde infolge einer verdeckten Gewinnausschüttung eine Korrektur auf den gemeinen Wert vorgenommen (vgl. bspw. BFH, Urt. v. 24.11.1974, I R 250/72, BStBl II 1975, S. 306), der wie der Fremdvergleichspreis einen Gewinnaufschlag enthält und in der Regel mit diesem übereinstimmt. Vgl. BFH, Urt. v. 23.02.2005, I R 70/04, BStBl II 2005, S. 884 sowie *Frotscher, G.*, Frotscher/Maas, 2010, Anhang zu § 8 KStG, Rz. 271.

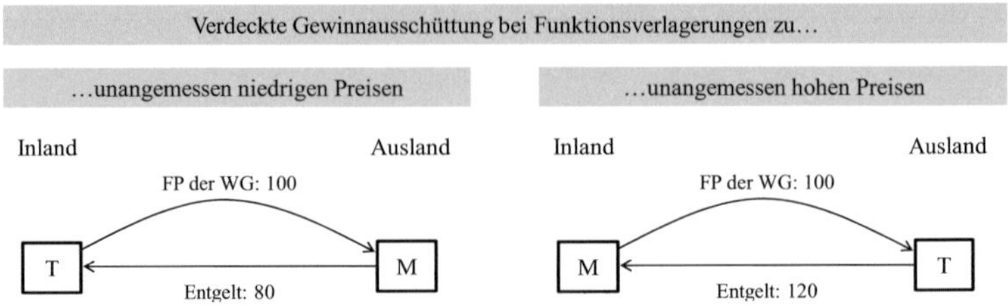

Abbildung 1: Verdeckte Gewinnausschüttung bei Funktionsverlagerungen

Eine verdeckte Gewinnausschüttung darf das Einkommen der Tochterkapitalgesellschaft nicht mindern[1] und führt deshalb bei dieser zu einer Einkünftekorrektur (Hinzurechnung) außerhalb der Steuerbilanz in Höhe der Differenz zwischen dem angesetzten Preis und dem angemessenen Preis.[2] Sofern der angemessene Preis eines Wirtschaftsgutes von dessen Buchwert beim abgebenden Unternehmen abweicht, bestehen stille Reserven in Höhe dieser Differenz. Durch die Einkünftekorrektur auf den angemessenen Preis erfolgt – auch im Falle einer Funktionsverlagerung zu einem unangemessen niedrigen Preis – die vollständige Aufdeckung bestehender stiller Reserven und deren Besteuerung im Inland. Auf Ebene der Mutterkapitalgesellschaft bildet die Differenz zwischen dem angesetzten und dem angemessenen Preis Einkünfte aus Kapitalvermögen, die gem. § 8 Abs. 2 KStG als Einkünfte aus Gewerbebetrieb behandelt werden.[3]

2.2.2 Verdeckte Einlage

Nach der Rechtsprechung des BFH liegt eine verdeckte Einlage vor, wenn ein Gesellschafter der Gesellschaft einen Vermögensvorteil außerhalb einer gesellschaftsrechtlichen Einlage zuwendet und diese Zuwendung durch das Gesellschaftsverhältnis veranlasst ist.[4] Die Veranlassung der Vorteilsgewährung durch das Gesellschaftsverhältnis ist durch einen Fremdvergleich zu prüfen, der durch den Maßstab „der Sorgfalt eines or-

1 S. § 8 Abs. 3 S. 2 KStG.

2 Vgl. BFH, Urt. v. 06.04.2005, I R 22/04, BStBl II 2007, S. 659; BFH, Urt. v. 17.10.2001, I R 103/00, BStBl II 2004, S. 174; *BMF*, Korrektur, Schr. v. 28.03.2002, S. 603.

3 S. § 20 Abs. 1 Nr. 1 S. 2 EStG. Eine verdeckte Gewinnausschüttung an eine Mutterkapitalgesellschaft ist von der Besteuerung freigestellt, 5 % der Ausschüttung gelten allerdings als nicht abzugsfähige Betriebsausgabe. S. § 8b Abs. 1 u. Abs. 5 KStG.

4 Vgl. u. a. BFH, Urt. v. 14.11.1984, I R 50/80, BStBl II 1985, S. 229; BFH, Urt. v. 07.07.1992, VIII R 24/90, BStBl II 1993, S. 334.

dentlichen Kaufmanns“ konkretisiert wird.[1] Die Klassifikation einer Vorteilsgewährung durch den Gesellschafter als verdeckte Einlage hängt somit – wie die Klassifikation einer Vorteilsgewährung durch die Gesellschaft als verdeckte Gewinnausschüttung – vom Ergebnis eines Fremdvergleichs ab.[2]

Die Verlagerung einer Funktion in das Ausland führt – wie in Abbildung 2 dargestellt – zu einer verdeckten Einlage, wenn die inländische Mutterkapitalgesellschaft der ausländischen Tochterkapitalgesellschaft Wirtschaftsgüter zu einem – verglichen zum angemessenen Preis – zu niedrigen Preis überträgt oder, wenn eine inländische Tochterkapitalgesellschaft der ausländischen Mutterkapitalgesellschaft Wirtschaftsgüter zu einem überhöhten Preis überträgt.

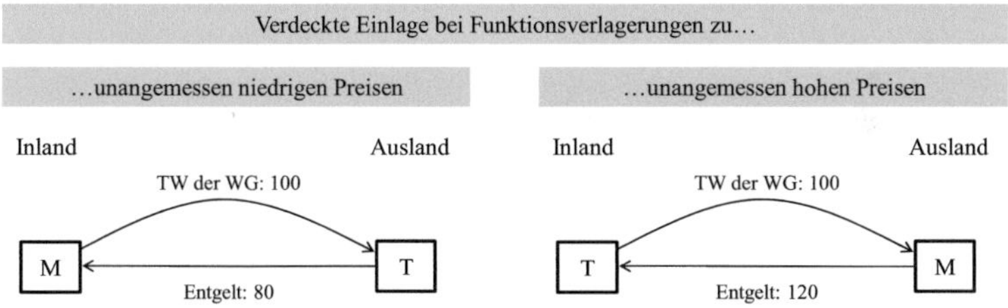

Abbildung 2: Verdeckte Einlage bei Funktionsverlagerungen

Der Vermögensvorteil der Tochterkapitalgesellschaft muss durch die Entstehung oder Erhöhung eines Aktivpostens bzw. durch den Wegfall oder die Verminderung eines Passivpostens bei der Tochterkapitalgesellschaft eintreten.[3] Gegenstand einer verdeckten Einlage können deshalb nur bilanzierungsfähige Wirtschaftsgüter sein. Dienstleistungen oder Nutzungsüberlassungen der Mutterkapitalgesellschaft, die nicht oder zu

---

1 Vgl. BFH, Urt. v. 19.02.1970, I R 24/67, BStBl II 1970, S. 442; BFH, Urt. v. 15.10.1997, I R 80/96, BFH/NV 14 (1998), S. 624; BFH, Urt. v. 20.07.2005, X R 22/02, BStBl II 2006, S. 458. Vgl. auch *Hey, J.*, Körperschaftsteuer, 2010, Rz. 93.

2 Vgl. *Jacobs, O. H.*, Unternehmensbesteuerung, 2007, S. 681; *Rasch, S.*, Konzernverrechnungspreise, 2001, S. 107; *Rupp, T.*, D/J/P/W, 2010, IntGA, Rz. 64.

3 Vgl. BFH, Urt. v. 24.05.1984, I R 166/78, BStBl II 1984, S. 749; BFH, Urt. v. 06.11.2003, IV R 10/01, BStBl II 2004, S. 417 sowie *Frotscher, G.*, Frotscher/Maas, 2010, § 8 KStG, Rz. 82 a.

niedrig vergütet werden, können nach geltender Rechtsprechung nicht Gegenstand einer verdeckten Einlage sein.[1]

Die Höhe der verdeckten Einlage richtet sich bei unentgeltlichen Übertragungen nach dem Teilwert des eingelegten Wirtschaftsgutes und bei Übertragungen zu unangemessenen Preisen nach der Differenz zwischen dem Teilwert und dem vereinbarten Entgelt.[2] Während bei der Tochterkapitalgesellschaft das Wirtschaftsgut mit dem Teilwert anzusetzen ist, erhöhen sich die Anschaffungskosten der Beteiligung der Mutterkapitalgesellschaft an der Tochtergesellschaft ebenfalls um diesen Wert bzw. bei Erhalt einer Gegenleistung in Höhe des gewährten Vorteils.[3] Der Teilwert eines Wirtschaftsgutes ist der Betrag, den der Erwerber des ganzen Betriebs im Rahmen des Gesamtkaufpreises für das einzelne Wirtschaftsgut ansetzen würde, unter der Voraussetzung, dass er den Betrieb fortführt.[4] Da ein Erwerber eines Betriebs für die einzelnen Wirtschaftsgüter maximal deren Wiederbeschaffungskosten ansetzen wird, bilden diese die Wertobergrenze des Teilwertes.[5]

Liegt eine verdeckte Einlage vor, darf diese auf Ebene der Tochterkapitalgesellschaft das Einkommen nicht erhöhen.[6] Da die verdeckte Einlage durch die Aktivierung des eingelegten Wirtschaftsgutes den Unterschiedsbetrag i. S. d. § 4 Abs. 1 S. 1 EStG in der Regel erhöht,[7] ist von diesem der Wert der verdeckten Einlage außerbilanziell abzuziehen.[8] Auf Ebene der Mutterkapitalgesellschaft erhöht der gewährte Vorteil nachträglich

---

[1] Vgl. BFH, Bs. v. 26.10.1987, GrS 2/86, BStBl II 1988, S. 354; *Rupp, T.*, D/J/P/W, 2010, IntGA, Rz. 66. Die Erbringung von Dienstleistungen oder eine Nutzungsüberlassung zu überhöhten Preisen seitens der Tochterkapitalgesellschaft führt immer zu einem bilanzierungsfähigen Vermögensvorteil in Form des geleisteten Entgelts und ist dementsprechend als verdeckte Einlage zu klassifizieren.

[2] Vgl. *Lang, B.*, E&Y, 2010, § 8 KStG, Rz. 504; *Frotscher, G.*, Frotscher/Maas, 2010, § 8 KStG, Rz. 104; *BMF*, Einbringung, Schr. v. 26.11.2004, S. 1190.

[3] Bezüglich der Rechtsfolgen bei der Tochterkapitalgesellschaft s. § 6 Abs. 1 Nr. 5 EStG, bezüglich der Mutterkapitalgesellschaft s. § 6 Abs. 6 S. 2 EStG. Erhält die Mutterkapitalgesellschaft eine Gegenleistung, erhöhen sich die Anschaffungskosten nur in Höhe des gewährten Vorteils. Vgl. BFH, Urt. v. 21.09.1989, IV R 115/88, BStBl II 1990, S. 86 f. Nach *Frotscher, G.*, Frotscher/Maas, 2010, § 8 KStG, Rz. 86a entspricht der gewährte Vorteil der Differenz zwischen dem Teilwert und der unangemessen niedrigen Gegenleistung.

[4] S. § 6 Abs. 1 S. 3 EStG.

[5] Vgl. BFH, Urt. v. 19.05.1998, I R 54/97, BStBl II 1999, S. 277; BFH, Urt. v. 13.04.1988, I R 104/86, BStBl II 1988, S. 894; BFH, Urt. v. 13.03.1964, IV 236/63 S, BStBl III 1964, S. 427; BFH, Urt. v. 13.10.1976, I R 79/74, BStBl II 1977, S. 541. Vgl. auch *Werndl, J.*, K/S/M, 2010, § 6 EStG, Rdnr. B 359.

[6] S. § 8 Abs. 3 S. 3 KStG.

[7] Vgl. BFH, Urt. v. 14.08.1974, I R 168/72, BStBl II 1975, S. 124.

[8] Vgl. *Watermeyer, H. J.*, H/H/R, 2010, § 8 KStG, Anm. 336; *Lang, B.*, E&Y, 2010, § 8 KStG, Rz. 504.

deren Anschaffungskosten der Beteiligung.[1] Auch im Falle der Übertragung der Funktion zu einem unangemessen niedrigen Preis erfolgt durch das Rechtsinstitut der verdeckten Einlage und den Ansatz des angemessenen Preises die Aufdeckung und Besteuerung der vollständigen stillen Reserven in Höhe der Differenz der angemessenen Preise der Wirtschaftsgüter und der Buchwerte beim abgebenden Unternehmen.[2]

2.2.3 Berichtigung von Einkünften nach dem Außensteuergesetz

Die verdeckte Gewinnausschüttung und die verdeckte Einlage sind Einkünftekorrekturnormen des Körperschaftsteuergesetzes, die sowohl auf nationale als auch auf grenzüberschreitende Sachverhalte Anwendung finden. Im AStG ist eine weitere Korrekturnorm verankert, die allerdings auf unangemessene Einkommensminderungen eines in Deutschland unbeschränkt Steuerpflichtigen aus Geschäftsbeziehungen zum Ausland mit einer nahestehenden Person beschränkt ist.[3]

Grundvoraussetzung für eine Korrektur nach dem AStG ist eine Einkommensminderung auf Grund einer Geschäftsbeziehung zu einer nahestehenden Person, der andere Bedingungen – insbesondere Preise – zugrunde liegen, als sie unabhängige Dritte untereinander vereinbart hätten.[4] Die Angemessenheit der Bedingungen wird – wie bei der verdeckten Einlage und der verdeckten Gewinnausschüttung – mit Hilfe des Fremdvergleichs überprüft. Der Gesetzeswortlaut legt dabei eine Angemessenheitsprüfung *aller* Bedingungen einer Geschäftsbeziehung – insbesondere des Verrechnungspreises – nahe. Die Dispositionsfreiheit erlaubt verbundenen Unternehmen jedoch grundsätzlich, jede denkbare Bedingung zu vereinbaren, solange sie tatsächlich durchgeführt wird.[5] Auf Grund der Dispositionsfreiheit ist somit allein der angesetzte Verrechnungspreis auf Fremdvergleichskonformität zu prüfen, alle anderen Bedingungen unterliegen kei-

---

1 S. § 6 Abs. 6 S. 2 EStG.

2 *Eisele, F.*, Funktionsverlagerung, 2003, S. 255 weist darauf hin, dass die Übertragung von Umlaufvermögen im Wege der verdeckten Einlage auf Grund des Teilwertansatzes ohne Aufdeckung der stillen Reserven erfolgen kann, sofern die Wiederbeschaffungskosten des Umlaufvermögens nicht gestiegen sind.

3 S. § 1 Abs. 1 AStG.

4 S. § 1 Abs. 1 S. 1 AStG.

5 Vgl. *OECD*, Transfer Pricing Guidelines, 2010, Tz. 1.36; *Ritter, W.*, Verrechnungspreise, 1983, S. 1684; *BMF*, Verwaltungsgrundsätze, Schr. v. 23.02.1983, Tz. 2.1.2; *Wassermeyer, F.*, Gesetzgebungsniveau, 2007, S. 535. Zur Dispositionsfreiheit vgl. auch BFH, Urt. v. 20.03.2002, I R 63/99, BStBl II 2003, S. 52; BFH, Urt. v. 18.12.1996, I R 26/95, BFH/NV 13 (1997), S. 232.

ner eigenständigen Prüfung, gehen aber in die Angemessenheitsprüfung des Preises ein, da sie diesen prägen.[1]

Eine weitere Voraussetzung für eine Einkünftekorrektur nach dem AStG ist eine Geschäftsbeziehung zwischen den beteiligten Parteien. Eine Geschäftsbeziehung i. S. d. § 1 AStG ist jede schuldrechtliche Beziehung, unabhängig davon, ob sie betrieblich oder durch das Gesellschaftsverhältnis veranlasst ist.[2] Aus der Gesamtheit aller schuldrechtlichen Beziehungen sind allerdings die *gesellschaftsvertraglichen Vereinbarungen* aus dem Anwendungsbereich des Gesetzes ausgenommen.[3] Alle schuldrechtlichen Vereinbarungen, die ein gesellschaftsrechtliches Verhältnis begründen oder ändern, sind infolgedessen keine Geschäftsbeziehungen im Sinne des AStG.[4]

Nach dem Gesetzeswortlaut muss die Geschäftsbeziehung zum Ausland bestehen.[5] In der Literatur wird hingegen gefordert, dass der Auslandsbezug im Hinblick auf die nahestehende Person gegeben sein muss und damit nur bei einer Geschäftsbeziehung zwischen einem inländischen Steuerpflichtigen und einer ausländischen nahestehenden Person anzunehmen ist.[6] Relevanz besitzt dieser Meinungsstreit allerdings nur im Zusammenhang mit Betriebsstätten.[7] Besteht die Geschäftsbeziehung zwischen einer inländi-

---

[1] Vgl. *Wassermeyer, F.*, Gesetzgebungsniveau, 2007, S. 535; *Menck, T.*, Blümich, 2010, § 1 AStG, Rz. 56; *Kraft, G.*, Kraft, 2009, § 1 AStG, Rz. 88; *Wulf, M.*, Außensteuerrecht, 2007, S. 2280.

[2] Vgl. *Schnitger, A.*, Aspekte, 2003, S. 76; *Günkel, M./Lieber, B.*, Geschäftsbeziehung, 2004, S. 230; *BMF*, Grundsätze, Schr. v. 14.05.2004, Tz. 1.4.2.

[3] S. § 1 Abs. 5 AStG.

[4] Vgl. *Wassermeyer, F.*, F/W/B, 2009, § 1 AStG, Anm. 911; bereits vor dem Ausschluss gesellschaftsvertraglicher Vereinbarungen durch den Gesetzeswortlaut vgl. BFH, Urt. v. 30.05.1990, I R 97/88, BStBl II 1990, S. 875; *BMF*, Nichtanwendungserlass, Schr. v. 17.10.2002, S. 1025.

[5] S. § 1 Abs. 1 S. 1 AStG.

[6] Vgl. *Frotscher, G.*, Steuerrecht, 2009, Rz. 561; *Kraft, G.*, Kraft, 2009, § 1 AStG, Rz. 72-75; *Wassermeyer, F.*, F/W/B, 2009, § 1 AStG, Anm. 231. Die Zielsetzung des § 1 AStG ist, eine Verlagerung von Einkünften ins steuerliche Ausland zu verhindern; dementsprechend sollte eine Einkünftekorrektur nur dann stattfinden, wenn der mit der Einkünfteminderung korrespondierende Vorteil bei einer Person anfällt, die außerhalb des Zugriffsrechts des deutschen Fiskus ist. Vgl. dazu *Kraft, G.*, Kraft, 2009, § 1 AStG, Rz. 72; *Kaminski, B.*, S/K/K, 2010, § 1 AStG, Rz. 33; *Menck, T.*, Blümich, 2010, § 1 AStG, Rz. 38. Auch der BFH beurteilte in seiner Entscheidung vom 28.04.2004 das Vorliegen eines Auslandsbezugs ausschließlich auf Grund der personalen Beziehung zwischen den nahestehenden Personen. Vgl. BFH, Urt. v. 28.04.2004, I R 5, 6/02, BStBl II 2005, S. 516. Das *BMF* reagierte auf das Urteil mit einem Nichtanwendungserlass. Vgl. *BMF*, Nichtanwendungserlass, Schr. v. 22.07.2005, S. 818. Nach der Auffassung des *BMF* ist der Auslandsbezug der Geschäftsbeziehung entscheidend und somit § 1 AStG auch anzuwenden bei Geschäften einer inländischen Kapitalgesellschaft mit der ausländischen Betriebsstätte einer anderen, nahestehenden inländischen Kapitalgesellschaft. Vgl. *BMF*, Grundsätze, Schr. v. 14.05.2004, Tz. 1.4.3.

[7] Vgl. hierzu ausführlich *Strunk, G./Kaminski, B.*, Geschäftsbeziehungen, 2006, S. 141-144; *Andresen, U.*, Einkünftekorrektur, 2005, S. 123 f.

schen und einer ausländischen Kapitalgesellschaft, die als nahestehende Personen anzusehen sind, liegt unstreitig ein Auslandsbezug vor.

Kapitalgesellschaften sind nach dem AStG als nahestehende Personen anzusehen, wenn entweder eine unmittelbare oder eine mittelbare Beteiligung von mehr als 25 % besteht oder, wenn eine Gesellschaft einen beherrschenden Einfluss auf die andere Gesellschaft ausüben kann.[1] Erfüllt eine Mutterkapitalgesellschaft eine der beiden genannten Voraussetzungen bei mehreren Tochterkapitalgesellschaften, so sind diese untereinander ebenfalls als nahestehende Personen zu klassifizieren. Zudem können auch eine vorliegende Interessenidentität unter den Beteiligten oder bestimmte vertragliche Vereinbarungen wie Marktbindungsverträge, Konkurrenzausschlussabsprachen oder Vertriebsbindungen, die eine Einflussmöglichkeit einer Gesellschaft auf eine andere Gesellschaft nach sich ziehen, ein nahestehendes Verhältnis begründen.[2] Im Gegensatz zur verdeckten Gewinnausschüttung und der verdeckten Einlage ist der Anwendungsbereich des § 1 AStG auf Grund des letztgenannten Punktes nicht auf Geschäftsbeziehungen zwischen Parteien beschränkt, die gesellschaftsrechtlich verflochten sind.

Der Anwendungsbereich der Korrekturnorm ist auf Einkünfte aus bestimmten Einkunftsarten beschränkt. Berücksichtigt werden nur Geschäftsbeziehungen, die bei einer der beiden Gesellschaften Teil einer Tätigkeit sind und diese Tätigkeit einer Gewinneinkunftsart oder den Einkünften aus Vermietung und Verpachtung zuzuordnen ist.[3] Da gem. § 8 Abs. 2 KStG alle Einkünfte einer inländischen Kapitalgesellschaft als Einkünfte aus Gewerbebetrieb zu behandeln sind, sind schuldrechtliche Vereinbarungen zwischen zwei sich nahestehenden Kapitalgesellschaften immer Geschäftsbeziehungen im Sinne des AStG.[4]

Die grenzüberschreitende Verlagerung einer Funktion auf eine ausländische nahestehende Kapitalgesellschaft führt – wie in Abbildung 3 dargestellt – zu einer Einkunftsminderung der inländischen Kapitalgesellschaft und infolgedessen zu einer Ein-

---

1 S. § 1 Abs. 2 Nr. 1-3 AStG.

2 Vgl. *BMF*, Verwaltungsgrundsätze, Schr. v. 23.02.1983, Tz. 1.3.2.1.-1.3.2.7.

3 S. § 1 Abs. 5 AStG. Vgl. auch *Kaminski, B.*, S/K/K, 2010, § 1 AStG, Rz. 697.

4 Vgl. BFH, Bs. v. 30.08.1989, I B 39/89, BFH/NV 6 (1990), S. 162 sowie *Wassermeyer, F.*, F/W/B, 2009, § 1 AStG, Anm. 902; *Kaminski, B.*, S/K/K, 2010, § 1 AStG, Rz. 697.

künftekorrektur nach dem AStG, wenn die einzelnen Wirtschaftsgüter oder die Funktion als Ganzes[1] zu einem unangemessen niedrigen Preis übertragen werden.

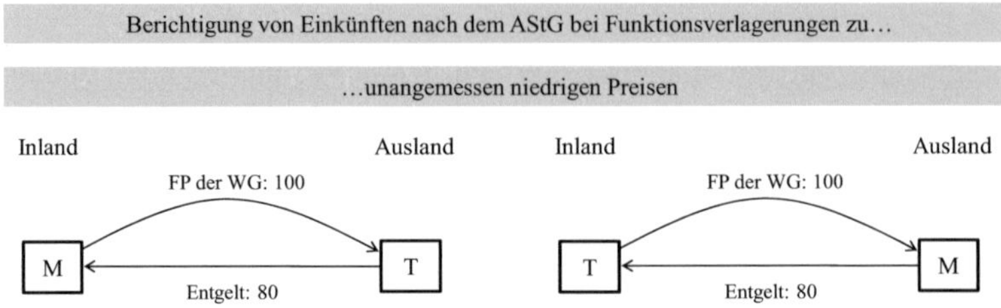

Abbildung 3: Berichtigung von Einkünften nach dem Außensteuergesetz bei Funktionsverlagerungen

Entspricht bei einer Geschäftsbeziehung zum Ausland der angesetzte Preis nicht dem Fremdvergleichspreis, ist in der Rechtsfolge der Fremdvergleichspreis der Einkünfteermittlung zugrunde zu legen.[2] Die Ermittlung des Fremdvergleichspreises ist in § 1 Abs. 3 AStG vorgegeben.[3] Während auf der ersten Stufe der Gewinnermittlung der unangemessene Preis den Unterschiedsbetrag i. S. d. § 4 Abs. 1 S. 1 EStG der inländischen Kapitalgesellschaft mindert, erfolgt auf der zweiten Stufe der Gewinnermittlung die Bereinigung der Einkünfteminderung durch die außerbilanzielle Hinzurechnung der Differenz zwischen dem vereinbarten Preis und dem Fremdvergleichspreis.[4] Auch in-

1 Die Funktion ist als Ganzes zu bewerten (Transferpaketansatz), wenn eine Reallokation von Funktionen als Funktionsverlagerung i. S. d. § 1 Abs. 3 S. 9 AStG anzusehen ist. Zu den Tatbestandsvoraussetzungen einer Funktionsverlagerung i. S. d. AStG vgl. Kapitel 4, S. 53.

2 S. § 1 Abs. 1 AStG.

3 S. § 1 Abs. 3 AStG. Die Ermittlung des Fremdvergleichspreises infolge einer Funktionsverlagerung im Sinne des AStG ist Gegenstand des Kapitels 5, S. 125.

4 Vgl. BFH, Urt. v. 30.05.1990, I R 97/88, BStBl II 1990, S. 875 u. 878; *Wassermeyer, F.*, Einkünftekorrekturnormen, 2001, S. 634; *BMF*, Verwaltungsgrundsätze, Schr. v. 23.02.1983, Tz. 8.1.1. Auf Grund der außerbilanziellen Korrektur erfolgt bei einer Vorteilsgewährung einer inländischen Mutter an die ausländische Tochter – im Gegensatz zur verdeckten Einlage – keine nachträgliche Erhöhung der Anschaffungskosten auf die Beteiligung, mit der Folge, dass bei einer anschließenden Beteiligungsveräußerung eine Doppelbesteuerung des Vorteils beim Gesellschafter entsteht. Vgl. *Wassermeyer, F.*, F/W/B, 2009, § 1 AStG, Anm. 811 u. 812; *Menck, T.*, Blümich, 2010, § 1 AStG, Rz. 47. In diesen Fällen besteht allerdings ein Anspruch auf Erlass von Steuern aus Billigkeitsgründen, der eine tatsächliche Doppelbesteuerung vermeidet. Vgl. BFH, Urt. v. 05.04.1995, I R 81/94, BStBl II 1995, S. 631; *BMF*, Verwaltungsgrundsätze, Schr. v. 23.02.1983; Tz. 8.3.2. Zur Vermeidung der Doppelbesteuerung ist außerbilanziell ein Merkposten zu bilden, mit dem die Veräußerungsgewinne verrechnet werden können. Vgl. *Kraft, G.*, Kraft, 2009, § 1 AStG, Rz. 154. Eine Doppelbesteuerung kann auf Grund der Steuerfreiheit von Erlösen aus der Veräußerung von Anteilen an Kapitalgesellschaften nach § 8b Abs. 2 KStG allerdings nur noch in Ausnahmefällen erfolgen, z. B. bei einbringungsgeborenen Anteilen. Vgl. *Jacobs, O. H.*, Unternehmensbesteuerung, 2007, S. 689.

folge einer Berichtigung von Einkünften nach dem AStG werden – in den übertragenen Wirtschaftsgütern enthaltene – stille Reserven aufgedeckt und im Inland besteuert.

2.2.4 Konkurrenzverhältnis

Die Anwendungsbereiche der verdeckten Gewinnausschüttung bzw. der verdeckten Einlage können sich mit dem Anwendungsbereich einer Korrektur nach dem AStG überschneiden, da bestimmte Sachverhalte die Tatbestandsvoraussetzungen mehrerer Korrekturnormen erfüllen können. Die möglichen Überschneidungen der Anwendungsbereiche sind in Abbildung 4 dargestellt:

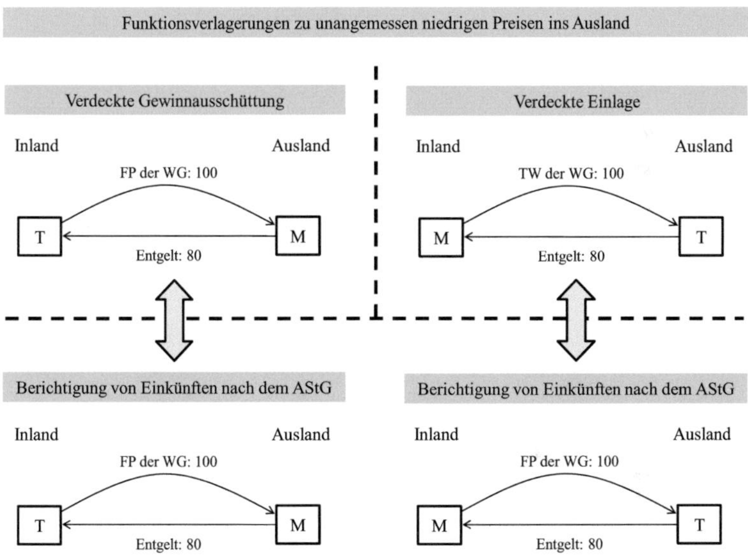

Abbildung 4: Konkurrenzverhältnis der Korrekturnormen

Eine Vorteilsgewährung einer inländischen Tochterkapitalgesellschaft an eine ausländische Mutterkapitalgesellschaft erfüllt sowohl die Tatbestandsvoraussetzungen der verdeckten Gewinnausschüttung als auch der Einkünftekorrektur nach dem AStG. Gewährt eine inländische Mutter einer ausländischen Tochterkapitalgesellschaft einen einlagefähigen Vorteil, sind sowohl die Tatbestandsvoraussetzungen der verdeckten Einlage als auch des § 1 AStG erfüllt.[1] Tabelle 1 gibt einen Überblick über die Gemeinsamkeiten und Unterschiede in den Tatbestandsvoraussetzungen der Korrekturnormen und fasst die Ausführungen der voranstehenden Kapitel zusammen.

	vGA	**vE**	**§ 1 AStG**
Norm	§ 8 Abs. 3 S. 2 KStG	§ 8 Abs. 3 S. 3 KStG	§ 1 Abs. 1, 2 u. 5 AStG
	Tatbestandsvoraussetzungen		
Vorteilsempfänger	M	T	M/T
Maßstab für Vorteilsgewährung / Angemessenheit	Fremdvergleichsgrundsatz	Fremdvergleichsgrundsatz	Fremdvergleichsgrundsatz
Form der Vorteilsgewährung	jegliche Form der Vorteilsgewährung	ausschließlich einlagefähige Vorteile	jegliche Form der Vorteilsgewährung
Gesellschaftsverhältnis zwingend notwendig	Ja	Ja	Nein, Anwendung auch bei anderweitig nahestehenden Personen
Mindestbeteiligung, wenn Gesellschaftsverhältnis ausschlaggebend	Nein	Nein	Ja (25 %)
Beschränkt auf Auslandssachverhalte	Nein	Nein	Ja

Tabelle 1: Tatbestandsvoraussetzungen der Korrekturnormen

Sofern die Tatbestandsvoraussetzungen zweier Korrekturnormen gleichzeitig erfüllt sind, stellt sich die Frage nach dem Verhältnis der Vorschriften zueinander und deren Anwendungsreihenfolge. Maßgeblich für die Relevanz dieser Fragestellung ist, dass die Rechtsfolgen der Korrekturvorschriften nicht identisch sind, da bei Identität der Rechtsfolgen die Anwendungsreihenfolge keine materielle Bedeutung hätte, sondern lediglich formalen Charakter.[2]

---

1 *Bernhardt/van der Ham/Kluge* weisen bezüglich des Konkurrenzverhältnisses der verdeckten Einlage und des § 1 AStG darauf hin, dass die Anwendung des AStG ausbleibt, wenn entweder die teil- oder unentgeltliche Überlassung von Wirtschaftsgütern gesellschaftsvertraglich geregelt wird oder keine schuldrechtliche Beziehung vorliegt. Vgl. *Bernhardt, L./van der Ham, S./Kluge, S.*, Verhältnis, 2007, S. 718; zu Ersterem auch *Günkel, M./Lieber, B.*, Geschäftsbeziehung, 2004, S. 231. *Kraft* ist der Auffassung, dass die bloße Aufnahme der Vereinbarung in den Gesellschaftsvertrag nicht ausreichend ist, um die Anwendung des AStG zu verhindern. Seiner Meinung nach ist für die Einordnung einer getroffenen Vereinbarung nicht auf die äußere Form, sondern deren wirtschaftlichen Gehalt abzustellen. Vgl. *Kraft, G.*, Kraft, 2009, § 1 AStG, Rz. 631. *Meyer-Scharenberg* weist darauf hin, dass eine Funktionsverlagerung, bei der die Tochtergesellschaft keinerlei Wirtschaftsgüter von der Muttergesellschaft bezieht oder nutzt, aber Mitarbeiter übernommen werden, ohne jegliche schuldrechtliche Beziehung zur Muttergesellschaft erfolgt und somit die Tatbestandsvoraussetzungen des § 1 AStG nicht erfüllt sind. *Meyer-Scharenberg, D.*, Gewinnchancen, 2008, S. 244.

2 Vgl. ebenso *Jacobs, O. H.*, Unternehmensbesteuerung, 2007, S. 687.

Im Gegensatz zu einer Korrektur nach dem AStG, die den Ansatz des Fremdvergleichspreises bedingt, führt eine verdeckte Einlage zu einer Korrektur auf den Teilwert, der auf die Höhe der Wiederbeschaffungskosten begrenzt ist und wegen eines fehlenden Gewinnaufschlages in der Regel bei Wirtschaftsgütern des Umlaufvermögens unter dem Fremdvergleichspreis liegt.[1] Infolge einer verdeckten Gewinnausschüttung ist – wie bei einer Korrektur nach dem AStG – der Fremdvergleichspreis anzusetzen.[2] Die beiden Korrekturnormen führen jedoch nur dann zu einheitlichen Rechtsfolgen, wenn der Bestimmung des jeweiligen Fremdvergleichspreises ein einheitliches Verständnis des Fremdvergleichsgrundsatzes zugrunde liegt. Mit dem Unternehmensteuerreformgesetz 2008 verfolgte der Gesetzgeber das Ziel, den Fremdvergleichsgrundsatz im AStG – in Übereinstimmung mit dem international anerkannten Fremdvergleichsgrundsatz der OECD – zu spezifizieren.[3] In der Literatur wird bezweifelt, dass bestimmte in § 1 AStG neu eingeführte Spezifikationen mit dem international anerkannten Fremdvergleichsgrundsatz der OECD im Einklang stehen; da letzterer der Fremdvergleichspreisermittlung infolge einer verdeckten Gewinnausschüttung zugrunde zu legen ist, wird verstärkt[4] in Frage gestellt, dass von einem einheitlichen Verständnis des Fremdvergleichsgrundsatzes auszugehen ist.[5] Eine dieser Spezifikationen des Fremdvergleichsgrundsatzes im AStG ist der Transferpaketansatz bei Funktionsverlagerung.[6] Da der Transferpaketansatz die Verrechnung eines funktionsanteiligen Geschäfts- oder Firmenwertes be-

---

1 Vgl. *Kaminski, B.*, Unternehmensteuerreform, 2007, S. 595; *Bernhardt, L./van der Ham, S./Kluge, S.*, Verhältnis, 2007, S. 717; *Kaminski, B.*, Einkünftekorrektur, 2008, S. 339. Grundlegend vgl. BFH, Bs. v. 17.12.1997, I B 96/97, BStBl II 1998, S. 321. Der Fremdvergleichspreis nicht selbst erstellter Wirtschaftsgüter des Anlagevermögens entspricht in der Regel deren Teilwert, da auch ein fremder Dritter für diese Gruppe von Wirtschaftsgütern maximal die Wiederbeschaffungskosten zu zahlen bereit ist. Vgl. *Wassermeyer, F.*, Einkünftekorrekturnormen, 2001, S. 637.

2 Vgl. Kapitel 2.2.1, S. 10 und 2.2.3, S. 15.

3 Vgl. *Deutscher Bundestag*, BT-Drs. 220/07, 2007, S. 141.

4 Bereits vor der Unternehmensteuerreform 2008 wurde kritisch diskutiert, ob von einem einheitlichen Verständnis des Fremdvergleichsgrundsatzes im Rahmen der Einkünftekorrektur nach dem AStG und einer Korrektur infolge einer verdeckten Gewinnausschüttung auszugehen war. Einem einheitlichen Verständnis zustimmend vgl. *Wassermeyer, F.*, Einkünftekorrekturnormen, 2001, S. 637. A. A. *Rasch, S.*, Konzernverrechnungspreise, 2001, S. 128 u. 132, der zwar befürwortete, den im AStG kodifizierten Fremdvergleichsgrundsatz auch den anderen Korrekturnormen zugrunde zu legen, aber auf Grund der Gesetzeslage und Rechtsprechung nicht von einem einheitlichen Verständnis des Grundsatzes ausging.

5 Vgl. *Wassermeyer, F./Baumhoff, H./Greinert, M.*, F/W/B, 2009, § 1 AStG, Anm. V 13; *Greinert, M.*, Verrechnungspreise, 2007, S. 548; *Kaminski, B.*, Einkünftekorrektur, 2008, S. 342. A. A. *Frotscher, G.*, Steuerrecht, 2009, Rz. 567, der von einer einheitlichen Konkretisierung des Fremdvergleichsgrundsatzes in § 1 AStG für alle Korrekturnormen ausgeht.

6 S. § 1 Abs. 3 S. 9 AStG.

dingt,[1] liegt der nach dem AStG ermittelte Fremdvergleichspreis in der Regel über der Summe der Fremdvergleichspreise aller übergehenden Einzelwirtschaftsgüter, die infolge einer verdeckten Gewinnausschüttung anzusetzen ist und über der Summe der Teilwerte der Einzelwirtschaftsgüter, die infolge einer verdeckten Einlage anzusetzen ist. Insbesondere infolge des Transferpaketansatzes im Rahmen des AStG ist somit von unterschiedlichen Rechtsfolgen der Korrekturvorschriften bei Funktionsverlagerungen auszugehen.

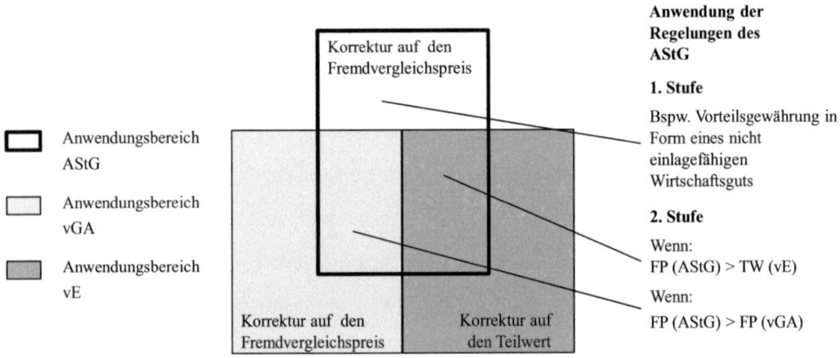

Abbildung 5: Anwendungsbereich der Regelungen des Außensteuergesetzes

Das Konkurrenzverhältnis zwischen den Korrekturvorschriften wird in *zwei Stufen* gelöst. Die Lösung ist in Abbildung 5 zusammengefasst. Nach dem Gesetzeswortlaut hat eine Korrektur nach dem AStG grundsätzlich unbeschadet anderer Vorschriften zu erfolgen.[2] Die Regelungen des AStG sind deshalb lediglich subsidiär anzuwenden, und es treten die Rechtsfolgen einer verdeckten Einlage oder einer verdeckten Gewinnausschüttung ein, sofern deren Tatbestandsvoraussetzungen erfüllt sind.[3] Auf der *ersten Stufe* kommt es deshalb nur dann zu einer Korrektur auf Basis des AStG, wenn – z. B. auf Grund der Gewährung eines *nicht* einlagefähigen Vorteils durch die inländische Mutter an die ausländische Tochter – einzig die Tatbestandsvoraussetzungen des AStG erfüllt sind.[4]

---

1 Vgl. Kapitel 3.2.2, S. 44.

2 S. § 1 Abs. 1 S. 1 AStG.

3 Vgl. *Borstell, T./Jamin, C.*, Verlagerung, 2008, S. 775; *Kaminski, B.*, Unternehmensteuerreform, 2007, S. 594; *Frischmuth, M.*, UntStRefG, 2007, S. 486.

4 Vgl. *Scheffler, W.*, Unternehmensteuerreform, 2008, S. 136.

Auf der *zweiten Stufe* kommt es des Weiteren zu einer Berichtigung der Einkünfte auf Basis des AStG, wenn dessen Regelungen zu weitergehenden Korrekturen führen als die anderen beiden Korrekturvorschriften.[1] Diese zusätzliche Berichtigung auf zweiter Stufe wurde durch das Unternehmensteuerreformgesetz 2008 eingeführt und macht den Hinweis „unbeschadet anderer Vorschriften" aus § 1 Abs. 1 S. 1 AStG überflüssig.[2] Liegt der Teilwert eines Verlagerungsgegenstandes oder – bei einer abweichenden Interpretation des Fremdvergleichsgrundsatzes – der Fremdvergleichspreis einer verdeckten Gewinnausschüttung unter dem Fremdvergleichspreis gem. § 1 AStG, erfolgt auf Basis des AStG in Höhe der Differenz eine zusätzliche Berichtigung der Einkünfte.[3]

Im Ergebnis ist festzuhalten, dass insbesondere im Rahmen von Funktionsverlagerungen – auf Grund des im AStG unter bestimmten Voraussetzungen geforderten Transferpaketansatzes – unterschiedliche Rechtsfolgen aus den verschiedenen Korrekturvorschriften resultieren können. Durch die Kodifizierung der Idealkongruenz[4] der Korrekturnormen werden die Regelungen des AStG und die dort getroffene Auslegung des Fremdvergleichsgrundsatzes zum zentralen Wertmaßstab im deutschen Steuerrecht für die Berichtigung einer Einkunftsminderung infolge einer grenzüberschreitenden Funktionsverlagerung.

2.3 Abkommensrechtliche Korrekturvorschriften und Verrechnungspreisrichtlinien der OECD

Zusätzlich zu den nationalen Einkünftekorrekturnormen ist Art. 9 OECD-MA für die Einkünfteabgrenzung zu beachten, sofern Deutschland mit dem Staat, in dem das funktionsaufnehmende Unternehmen ansässig ist, ein Doppelbesteuerungsabkommen abge-

---

1 S. § 1 Abs. 1 S. 3 AStG.

2 Vgl. *Wassermeyer, F.*, Gesetzgebungsniveau, 2007, S. 536.

3 Vgl. *Greinert, M.*, Verrechnungspreise, 2007, S. 548; *Scheffler, W.*, Unternehmensteuerreform, 2008, S. 137; *BMF*, Verwaltungsgrundsätze Funktionsverlagerung, Schr. v. 13.10.2010, Tz. 8. Die Beschränkung der Anwendung des § 1 AStG auf grenzüberschreitende Sachverhalte führt zu einer Einschränkung der Niederlassungsfreiheit und ist unter europarechtlichen Aspekten bedenklich. Für eine europarechtliche Beurteilung des § 1 AStG vgl. *Scheipers, T./Linn, A.*, Einkünfteberichtigung, 2010, S. 469-474.

4 Zur Idealkongruenz und den weiteren Auslegungsmöglichkeiten zum Verhältnis der nationalen Korrekturvorschriften vor der Unternehmensteuerreform 2008 vgl. *Rasch, S.*, Konzernverrechnungspreise, 2001, S. 132-134.

schlossen hat, das einen – dem Art. 9 OECD-MA entsprechenden – Artikel enthält.[1] Die Voraussetzung für eine Korrektur nach dem OECD-MA ist, dass den Geschäftsbeziehungen zwischen verbundenen Unternehmen Bedingungen zugrunde liegen, die von denen abweichen, die unabhängige Unternehmen miteinander vereinbart hätten.[2] Die Abweichung vom Fremdvergleichsgrundsatz ist damit – wie bei den nationalen Vorschriften – ausschlaggebend für eine Korrektur.

Zwei Unternehmen gelten gem. Art. 9 Abs. 1 OECD-MA als verbundene Unternehmen, wenn ein Unternehmen mittelbar oder unmittelbar an der Geschäftsleitung, der Kontrolle oder dem Kapital des anderen Unternehmens beteiligt ist. Erfasst werden dabei ausschließlich gesellschaftsrechtliche Verflechtungen und Einflussnahmen.[3] Sind die Voraussetzungen der Korrekturvorschrift erfüllt, wird dem Staat, dessen Steueraufkommen infolge der Abweichung vom Fremdvergleichsgrundsatz gemindert wurde, das Recht eingeräumt, die Differenz aus tatsächlichem und fremdvergleichskonformem Gewinn zu besteuern.[4]

Der in Art. 9 OECD-MA verankerte Fremdvergleichsgrundsatz wird durch die „Verrechnungspreisrichtlinien für multinationale Unternehmen und Steuerverwaltungen" der OECD konkretisiert, die von den Unternehmen und Steuerverwaltungen angewendet werden *sollen.*[5] In Bezug auf die Auslegung einer Einkünftekorrekturvorschrift eines auf Basis des OECD-MA abgeschlossenen Doppelbesteuerungsabkommens wird den Richtlinien eine *„abgeschwächte Verbindlichkeit"* gegenüber den Mitgliedstaaten der OECD zugesprochen.[6] Nach Auffassung von *Eigelshoven/Ebering* führt die erfolgte Zustimmung der Finanzverwaltungen der Mitgliedstaaten der OECD zu den Verrech-

---

1 Auch das UN- und das US-Musterabkommen enthalten jeweils in ihrem Art. 9 Abs. 1 eine Einkünftekorrekturnorm, die die Gewinnabgrenzung nach dem Fremdvergleichsgrundsatz sicherstellt.

2 Vgl. Art. 9 Abs. 1 OECD-MA.

3 Vgl. *Eigelshoven, A.*, Vogel/Lehner, 2008, Art. 9 OECD-MA, Rz. 37 f.; *Wang, H.*, Direktinvestitionen, 2006, S. 157; *Ritter, W.*, Verrechnungspreise, 1983, S. 1683.

4 Vgl. Art. 9 Abs. 1 OECD-MA.

5 Vgl. *OECD*, Transfer Pricing Guidelines, 2010, Tz. 1.1. Die OECD-Verrechnungspreisrichtlinien sind als Empfehlung an Unternehmen und Steuerverwaltungen zu interpretieren.

6 Vgl. *Eigelshoven, A.*, Vogel/Lehner, 2008, Art. 9 OECD-MA, Rz. 18; *Rasch, S.*, Konzernverrechnungspreise, 2001, S. 199-201. Nach *Werra, M.*, Verrechnungspreise (Teil I), 1995, S. 458 *müssen* die Richtlinien zur Auslegung des Willens der Vertragsparteien herangezogen werden.

nungspreisrichtlinien zu einer Selbstbindung, weshalb sich die Mitgliedstaaten grundsätzlich an die Ausführungen der OECD-Verrechnungspreisrichtlinien zu halten haben.[1]

Die Vorschriften des OECD-MA bzw. der auf dessen Basis tatsächlich abgeschlossenen Doppelbesteuerungsabkommen schaffen selbst keine Rechtsgrundlage für eine Berichtigung von Einkünften, sondern müssen durch nationale Regelungen ausgefüllt werden, um Wirkung zu entfalten.[2] Eine Einkünftekorrektur nach Abkommensrecht ist deshalb nur möglich, wenn beispielsweise die Tatbestände einer verdeckten Einlage, einer verdeckten Gewinnausschüttung oder einer Korrektur nach § 1 AStG erfüllt sind. Geht allerdings eine nationale Korrekturvorschrift über den Anwendungsbereich des Art. 9 OECD-MA hinaus, entfaltet das DBA eine Schrankenwirkung, mit der Konsequenz, dass insgesamt maximal eine Korrektur erfolgen kann, die durch Art. 9 OECD-MA gedeckt ist.[3]

Eine Durchbrechung der Schrankenwirkung eines Doppelbesteuerungsabkommens ist durch einen „treaty override" möglich.[4] Die Regelungen in § 1 AStG können nach Auffassung von *Kaminski* allerdings nicht als ein „treaty overriding" gesehen werden, da der Gesetzgeber mit den Regelungen das Ziel verfolgte, den international anerkannten Fremdvergleichsgrundsatz in nationales Recht zu transferieren und deshalb die Voraus-

---

1 Vgl. *Eigelshoven, A./Ebering, A.*, Kroppen, 2010, Vorbemerkung OECD-RL, Anm. 17 f.

2 Abkommensrechtliche Korrekturnormen auf Basis des Art. 9 OECD-MA haben keine „self-executing-Wirkung". Vgl. RFH, Urt. v. 01.10.1936, III A 398/34, RStBl 1936, S. 1209; BFH, Urt. v. 12.03.1980, I R 186/76, BStBl II 1980, S. 531; BFH, Urt. v. 21.01.1981, I R 153/77, BStBl II 1981, S. 517; *Wassermeyer, F.*, Debatin/Wassermeyer, 2010, Art. 9 OECD-MA, Rz. 76; *Eigelshoven, A.*, Vogel/Lehner, 2008, Art. 9 OECD-MA, Rz. 18; *Jacobs, O. H.*, Unternehmensbesteuerung, 2007, S. 696; *BMF*, Verwaltungsgrundsätze, Schr. v. 23.02.1983, Tz. 1.2.1.

3 Vgl. *Ritter, W.*, Verrechnungspreise, 1983, S. 1683; *Pöllath, R./Rädler, A. J.*, Gewinnberichtigung (Teil I), 1982, S. 617-619; *Rasch, S.*, Konzernverrechnungspreise, 2001, S. 186 f.; *Wassermeyer, F.*, Debatin/Wassermeyer, 2010, Art. 9 OECD-MA, Rz. 76; *Eigelshoven, A.*, Vogel/Lehner, 2008, Art. 9 OECD-MA, Rz. 20; *Kaminski, B.*, S/K/K, 2010, Art. 9 OECD-MA, Rz. 11; *Jacobs, O. H.*, Unternehmensbesteuerung, 2007, S. 82; *BMF*, Verwaltungsgrundsätze Funktionsverlagerung, Schr. v. 13.10.2010, Tz. 2. Im rechtskräftigen Urteil des FG Köln wird festgestellt, dass eine verdeckte Gewinnausschüttung nach inländischem Recht an Art. 9 OECD-MA zu messen ist. Vgl. FG Köln, Urt. v. 22.08.2007, 13 K 647/03, EFG 2008, S. 162. *Kaminski* folgert aus diesem Urteil, dass auch § 1 AStG nicht anzuwenden ist, sofern dieser über den international anerkannten Fremdvergleichsgrundsatz hinausgeht. Vgl. *Kaminski, B.*, Einkünftekorrektur, 2008, S. 343. Da Art. 9 OECD-MA durch die OECD-Verrechnungspreisrichtlinien konkretisiert wird, dürfen die Vorschriften nationalen Rechts nicht über diese Grundsätze hinausgehen. Vgl. *Eigelshoven, A./Ebering, A.*, Kroppen, 2010, Vorbemerkung OECD-RL, Anm. 18.

4 Vgl. BFH, Urt. v. 21.05.1997, I R 79/96, BStBl II 1998, S. 113; BFH, Urt. v. 28.11.2001, I B 169/00, BFH/NV 6 (2002), S. 774.

setzung für ein „treaty overriding“ nicht gegeben ist.[1] Als Voraussetzung für ein „treaty overriding“ wird gefordert, dass das Ziel, die abkommensrechtlichen Regelungen zu verdrängen, im nationalen Gesetz klar zum Ausdruck kommen muss.[2]

Bezüglich der dargestellten Tatbestandsvoraussetzungen der nationalen Korrekturnormen ergibt sich aus der Schrankenwirkung beispielsweise die Konsequenz, dass eine Gewinnberichtigung auf Grundlage des § 1 Abs. 2 Nr. 3 AStG nicht möglich ist, da dort eine Korrektur auch ohne eine – in Art. 9 Abs. 1 OECD-MA hingegen geforderte – gesellschaftsrechtliche Beziehung erfolgen kann.[3]

Der Absatz 1 des Art. 9 OECD-MA und dessen Schrankenwirkung sollen sicherstellen, dass die Einkünfte zwischen zwei verbundenen Unternehmen entsprechend dem internationalen Fremdvergleichsgrundsatz abgegrenzt werden und so das Steuersubstrat fremdvergleichskonform zwischen den Ländern verteilt wird.[4] Im Falle einer Korrektur im einen Staat sieht der Absatz 2 des Art. 9 OECD-MA eine Gegenberichtigung im anderen Staat vor, die dem Ziel dient, eine wirtschaftliche Doppelbesteuerung zu vermeiden.[5]

Art. 9 Abs. 2 OECD-MA verpflichtet jedoch nicht infolge jeder Gewinnkorrektur eines Staates zu einer Gegenberichtigung durch den anderen Staat. Ein Staat muss eine Gegenberichtigung vielmehr nur dann vornehmen, wenn er überzeugt ist, dass die erfolgte Korrektur und der infolge der Korrektur angesetzte Verrechnungspreis fremdvergleichskonform ist.[6] Eine Gegenberichtigung setzt somit voraus, dass zwischen den beiden Staaten Einigkeit bezüglich des anzusetzenden Fremdvergleichspreises besteht.[7]

---

[1] Vgl. *Kaminski, B.*, Einkünftekorrektur, 2008, S. 343. Mit gleichem Ergebnis: *Kroppen, H.-K.*, Funktionsverlagerung, 2009, S. 866 f.

[2] Vgl. BFH, Urt. v. 13.07.1994, I R 120/93, BStBl II 1995, S. 130 sowie *Vogel, K.*, Vogel/Lehner, 2008, Einleitung, Rz. 203; *Wassermeyer, F.*, Debatin/Wassermeyer, 2010, Art. 1 OECD-MA, Rz. 12.

[3] Vgl. *Jacobs, O. H.*, Unternehmensbesteuerung, 2007, S. 696; *Kaminski, B.*, Einkünftekorrektur, 2008, S. 343; *Kaminski, B.*, S/K/K, 2010, Art. 9 OECD-MA, Rz. 38. A. A. *Wassermeyer, F.*, F/W/B, 2009, § 1 AStG, Anm. 100; *BMF*, Verwaltungsgrundsätze, Schr. v. 23.02.1983, Tz. 1.2.1.

[4] Vgl. *Eigelshoven, A.*, Vogel/Lehner, 2008, Art. 9 OECD-MA, Rz. 20.

[5] Vgl. *Schaumburg, H.*, Internationales Steuerrecht, 1998, S. 917 f. Zur Vermeidung einer wirtschaftlichen Doppelbesteuerung durch die Gegenberichtigung vgl. Art. 9 Abs. 2, Nr. 5 OECD-MK.

[6] Vgl. Art. 9 Abs. 2 Nr. 6 OECD-MK sowie *Becker, K.*, Haase, 2009, Art. 9 OECD-MA, Rn. 47. Vgl. zudem *Wassermeyer, F.*, F/W/B, 2009, § 1 AStG, Anm. 101: Der korrigierende Vertragsstaat prüft in eigener Zuständigkeit, ob die Korrektur berechtigterweise vorgenommen wurde, die Berichtigung geeignet ist eine Gegenberichtigung auszulösen und die Gegenberichtigung durch ihn erfolgen muss.

[7] Vgl. *Schaumburg, H.*, Internationales Steuerrecht, 1998, S. 936; *Eigelshoven, A.*, Vogel/Lehner, 2008, Art. 9 OECD-MA, Rz. 164; *Kaminski, B.*, S/K/K, 2010, Art. 9 OECD-MA, Rz. 57.1.

Zudem haben die Steuerpflichtigen keinen Rechtsanspruch auf eine Gegenberichtigung, da auch Art. 9 Abs. 2 OECD-MA durch eine nationale Regelung ausgefüllt werden muss und es derzeit im nationalen Steuerrecht an einer solchen Vorschrift fehlt.[1]

Kommt es zu keiner Gegenkorrektur, kann der Steuerpflichtige ein Verständigungsverfahren nach Art. 25 OECD-MA einleiten. Im Rahmen eines Verständigungsverfahrens prüfen die zuständigen Behörden zunächst den zugrunde liegenden Sachverhalt und die Möglichkeiten einer Beseitigung der Doppelbesteuerung durch innerstaatliche Maßnahmen. Sofern in diesem ersten Schritt keine Beseitigung der Doppelbesteuerung erfolgen kann, setzen sich die Behörden in einem zweiten Schritt miteinander in Verbindung, um eine Einigung herbeizuführen.[2] Das Verständigungsverfahren nach Art. 25 OECD-MA sieht erst seit 2008 durch die Einführung eines obligatorischen Schiedsverfahrens einen Zwang zur Einigung der Parteien vor.[3] Sofern ein Doppelbesteuerungsabkommen zwischen zwei Ländern vor 2008 abgeschlossen wurde und dieses die Durchführung eines Schiedsverfahrens nicht vorsieht, besteht das Risiko, dass eine Doppelbesteuerung nicht beseitigt wird. Die Mitgliedstaaten der Europäischen Union sind auf Grund der sogenannten Schiedsverfahrenskonvention grundsätzlich verpflichtet, eine Doppelbesteuerung zu beseitigen.[4]

Zusammenfassend ist festzuhalten, dass eine abkommensrechtliche Korrekturvorschrift eine Schrankenwirkung auf den Anwendungsbereich des § 1 AStG entfaltet und eine von den OECD-Verrechnungspreisrichtlinien abweichende Interpretation des Fremdvergleichsgrundsatzes im AStG ein erhöhtes Risiko der Doppelbesteuerung indiziert. Die OECD-Verrechnungspreisrichtlinien stellen die Konkretisierung des international anerkannten Fremdvergleichsgrundsatzes dar, die Unternehmen und Steuerverwaltungen im Rahmen der Einkünfteabgrenzung berücksichtigen sollen. Im Fall einer Doppel-

---

1 Vgl. *Kraft, G.*, Kraft, 2009, § 1 AStG, Rz. 46; *Wassermeyer, F.*, Debatin/Wassermeyer, 2010, Art. 9 OECD-MA, Rz. 381.

2 Vgl. *Frotscher, G.*, Steuerrecht, 2009, Rz. 763; *Becker, K.*, Haase, 2009, Art. 9 OECD-MA, Rn. 56.

3 Vgl. Art. 25 Abs. 5 OECD-MA. Vgl. hierzu ausführlich *Bär, U.*, Verständigungen, 2009, S. 185-260.

4 Vgl. Übereinkommen Nr. 90/436/EWG über die Beseitigung der Doppelbesteuerung im Falle von Gewinnberichtigungen zwischen verbundenen Unternehmen (Schiedsverfahrenskonvention), vom 26.08.1993, BGBl II 1993, S. 10. Vgl. dazu *Kaminski, B.*, Verrechnungspreisermittlung, 2001, S. 406-410; *Jacobs, O. H.*, Unternehmensbesteuerung, 2007, S. 188-190 u. S. 695; *Eigelshoven, A.*, Vogel/Lehner, 2008, Art. 9 OECD-MA, Rz. 180.

besteuerung kann versucht werden, diese durch ein Verständigungs- oder Schiedsverfahren zu beseitigen.

2.4 Einkünfteabgrenzung nach dem Fremdvergleichsgrundsatz

2.4.1 Unabhängigkeit der Geschäftspartner

Der Fremdvergleichsgrundsatz gilt sowohl national als auch international zur Festlegung und Prüfung von Verrechnungspreisen zwischen verbundenen Unternehmen.[1] Im Folgenden werden grundlegende Aspekte des Fremdvergleichsgrundsatzes nach dem AStG dargestellt.

Ziel des Fremdvergleichs ist es, die Bedingungen einer Geschäftsbeziehung zwischen verbundenen Unternehmen mit den Bedingungen zu vergleichen, die fremde, unabhängige Dritte unter gleichen oder ähnlichen Verhältnissen vereinbart hätten.[2] Die beiden zentralen Merkmale eines Fremdvergleichs sind dementsprechend die Vergleichbarkeit der Verhältnisse und die Unabhängigkeit der Geschäftspartner.[3] Das Merkmal der Unabhängigkeit der Geschäftspartner ist erfüllt, wenn bei der Vergleichstransaktion entweder eine tatsächliche Unabhängigkeit oder eine fiktive, hypothetische Unabhängigkeit gegeben ist.

Eine tatsächliche Unabhängigkeit der Geschäftspartner ist bei einem externen und internen – tatsächlichen – Fremdvergleich gegeben. Bei einem externen Fremdvergleich sind beide Geschäftspartner der Vergleichstransaktion fremde Dritte; bei einem internen Fremdvergleich dient eine Transaktion eines der beiden verbundenen Unternehmen mit einem fremden Dritten als Vergleichsgegenstück.[4] Unternehmensfremde bzw. unverbundene Unternehmen sind dabei alle Unternehmen, die nicht die Voraussetzungen des § 1 Abs. 2 AStG erfüllen.[5]

---

1 Vgl. Kapitel 2.2, S. 10 sowie 2.3, S. 23.

2 S. § 1 Abs. 1 S. 1 AStG. Im Unternehmensteuerreformgesetz 2008 wurde der Fremdvergleichsgrundsatz erstmals namentlich in die deutschen Steuergesetze aufgenommen. Die Legaldefinition des Fremdvergleichsgrundsatzes ist in § 1 Abs. 1 S. 1 AStG enthalten, weitere Auslegungshilfen in § 1 Abs. 1 S. 2 AStG.

3 Vgl. *Kaminski, B.*, S/K/K, 2010, § 1 AStG, Rz. 55.

4 Vgl. *Jacobs, O. H.*, Unternehmensbesteuerung, 2007, S. 726.

5 Vgl. *Hofacker, M.*, Haase, 2009, § 1 AStG, Rz. 140.

Sofern keine vergleichbaren Transaktionen mit fremden Dritten oder zwischen fremden Dritten durchgeführt werden, muss die Unabhängigkeit der Geschäftspartner künstlich herbeigeführt werden.[1] Der Beweis der Fremdüblichkeit der Vereinbarungen wird dann über einen hypothetischen Fremdvergleich erbracht. Im Rahmen des hypothetischen Fremdvergleichs wird der Fremdvergleichspreis durch die Simulation eines Preisbildungsprozesses ermittelt[2] und ist deshalb das Ergebnis „betriebswirtschaftlichen Nachdenkens".[3] Die Unabhängigkeit der Geschäftspartner wird im Rahmen der Simulation durch den Rückgriff auf den Maßstab des doppelten ordentlichen und gewissenhaften Geschäftsleiters sichergestellt.[4]

2.4.2 Vergleichbarkeit der Verhältnisse

Die Qualität des Ergebnisses eines tatsächlichen, internen oder externen Fremdvergleichs hängt von der Vergleichbarkeit der Verhältnisse ab, unter denen die Transaktionen vollzogen wurden. Entscheidend für die Vergleichbarkeit zweier Transaktionen ist die Art, Beschaffenheit und Qualität des übertragenen Gutes. Des Weiteren ist eine Risiko- und Funktionsanalyse durchzuführen, die Aufschluss über die Organisation, Aufgaben- und Risikoverteilung in den Unternehmen gibt und sicherstellen soll, dass sich der Umfang der übernommenen Aufgaben und Risiken im Verrechnungspreis widerspiegelt. Ferner sind beispielsweise preisbeeinflussende Markt- und Wettbewerbsverhältnisse zu berücksichtigen und die verfolgte Geschäftsstrategie.[5]

Eine Transaktion ist als vergleichbar anzusehen, wenn entweder kein Merkmale der Transaktion derart abweicht, dass dieses Abweichen den Preis wesentlich beeinflussen könnte, oder eine Vergleichbarkeit der Verhältnisse durch Anpassungsrechnungen her-

---

1 S. § 1 Abs. 3 S. 5 AStG.

2 Vgl. *Kroppen, H.-K./Rasch, S./Eigelshoven, A.*, Unternehmensteuerreform, 2007, S. 2209; *Scheffler, W.*, Unternehmensteuerreform, 2008, S. 138.

3 Vgl. *Wassermeyer, F.*, Verrechnungspreise, 1994, S. 128 u. 135; *Wassermeyer, F.*, Veranlassung, 1998, S. 90; *Menck, T.*, Blümich, 2010, § 1 AStG, Rz. 100; *Scheffler, W.*, Unternehmensteuerreform, 2008, S. 138.

4 Vgl. *Baumhoff, H./Ditz, X./Greinert, M.*, Verrechnungspreise, 2007, S. 1464; *Jenzen, H.*, Funktionsverlagerungen, 2007, S. 9422; *Greinert, M.*, Verrechnungspreise, 2007, S. 553.

5 Vgl. *OECD*, Transfer Pricing Guidelines, 2010, Tz. 1.17 und 1.19-1.35; *BMF*, Verwaltungsgrundsätze, Schr. v. 23.02.1983, Rz. 3.1.2. Bzgl. der Notwendigkeit einer Funktionsanalyse s. § 1 Abs. 3 S. 1 AStG.

beigeführt werden kann.[1] Die nicht vergleichbaren Merkmale der Transaktion müssen in diesem Fall identifiziert und ihr Einfluss auf den Preis quantifiziert und eliminiert werden.[2] Liegt keine Vergleichbarkeit der Verhältnisse vor und scheitert eine Anpassung der Verhältnisse durch Berechnungen, scheidet der tatsächliche Fremdvergleich aus und der Fremdvergleichspreis ist durch einen hypothetischen Fremdvergleich zu ermitteln.[3]

2.4.3 Kenntnis aller wesentlichen Umstände

Im AStG wird für die Anwendung des Fremdvergleichsgrundsatzes unterstellt, dass voneinander unabhängige Dritte alle wesentlichen Umstände der Geschäftsbeziehung kennen.[4] Die Aufnahme der Annahme der vollständigen Information in den Abs. 1 des § 1 AStG könnte – auf Grund des Gesetzesaufbaus – zur Folge haben, dass sie sowohl für den hypothetischen als auch für den tatsächlichen Fremdvergleich anzuwenden ist. Die im realen Wirtschaftsleben von fremden Dritten tatsächlichen, ausgehandelten Preise sind jedoch – entgegen dieser Vermutung – oftmals geprägt von Informationsasymmetrien zwischen den Vertragsparteien. In der Principal-Agent-Theorie – einer Teilströmung der Neuen Institutionenökonomik – werden beispielsweise Leistungsbeziehungen zwischen Individuen unter der Annahme asymmetrischer Informationen untersucht und so am Markt beobachtbare Entscheidungen und Preise erklärt.[5] Die Annahme vollständiger Information zwischen den Vertragsparteien steht im Widerspruch zum tatsächlichen Fremdvergleich, dessen Vergleichspreisen oftmals Informationsasymmetrien zugrunde liegen.[6] Die Kenntnis aller wesentlichen Umstände kann nur im Rahmen eines hypothetischen Fremdvergleichs unterstellt werden.[7]

---

1 Vgl. *OECD*, Transfer Pricing Guidelines, 2010, Tz. 1.15; *BMF*, Verwaltungsgrundsätze – Verfahren, Schr. v. 12.04.2005, Tz. 3.4.12.7; *Kraft, G.*, Kraft, 2009, § 1 AStG, Rz. 106.

2 Vgl. *Borstell, T.*, Grundsätze, 2004, S. 178, Rz. 14.

3 S. § 1 Abs. 3 S. 5 AStG. Vgl. dazu auch *Wellens, L.*, Fremdvergleichsgrundsatz, 2010, S. 155.

4 S. § 1 Abs. 1 S. 2 AStG.

5 Vgl. bspw. *Hochhold, S./Rudolph, B.*, Principal-Agent-Theorie, 2009, S. 134 f.

6 Vgl. auch *Greinert, M.*, Verrechnungspreise, 2007, S. 546; *Kaminski, B.*, Unternehmensteuerreform, 2007, S. 595; *Frischmuth, M.*, UntStRefG, 2007, S. 486; *Kroppen, H.-K./Rasch, S./Eigelshoven, A.*, Unternehmensteuerreform, 2007, S. 2227. Vgl. auch *Kroppen, H.-K.*, Funktionsverlagerung, 2009, S. 869: Die Annahme vollständiger Informationen im Rahmen des tatsächlichen Fremdvergleichs würde gegen den international anerkannten Fremdvergleichsgrundsatz verstoßen und auf Grund der Schrankenwirkung des Art. 9 eines – auf Basis des OECD-MA abgeschlossenen – Doppelbesteuerungsabkommen keine Wirkung entfalten.

7 Vgl. ebenso *Greinert, M.*, Verrechnungspreise, 2007, S. 546; *Frischmuth, M.*, UntStRefG, 2007, S. 486.

Die Simulation des Preisbildungsprozesses im Rahmen des hypothetischen Fremdvergleichs erfolgt im ersten Schritt durch die Ermittlung eines Einigungsbereiches und im zweiten Schritt durch die Bestimmung eines Preises aus diesem. Die Annahme der Kenntnis vollständiger Informationen dient im ersten Schritt dazu, den Einigungsbereich vollumfänglich abzustecken und ist notwendig, um einen Preisbildungsprozess zu simulieren und eine willkürliche Einschränkung des Einigungsbereiches zu vermeiden.[1] Die vollumfängliche Erfassung des Einigungsbereiches entspricht zudem den international anerkannten Fremdvergleichsgrundsätzen für die Bewertung immaterieller Wirtschaftsgüter, da deren Bewertung sowohl aus Sicht des abgebenden als auch aus Sicht des aufnehmenden Unternehmens zu erfolgen hat.[2] Die Bestimmung eines Preises aus dem Einigungsbereich im zweiten Schritt hängt von der Verteilung der Verhandlungsmacht zwischen den Vertragsparteien ab.[3] Da eine Bekanntgabe des eigenen Grenzpreises die eigene Verhandlungsposition schwächen würde,[4] ist die Annahme der Bekanntgabe und der gegenseitigen Kenntnis nicht mit dem Fremdvergleichsgrundsatz vereinbar. Die Annahme vollständiger Informationen ist somit der Preisbestimmung im Einigungsbereich nicht zugrunde zu legen.

In einzelnen Fällen wird dem verlagernden Unternehmen durch die Annahme vollständiger Informationen eine Beweislast – im Hinblick auf die Grenze des Einigungsbereiches, die durch das ausländische Unternehmen definiert wird – auferlegt, deren Erfüllung nicht in dessen Machtbereich liegt. Einer inländischen Tochterkapitalgesellschaft fehlt es an einer gesellschaftsrechtlichen Möglichkeit, die erforderlichen Informationen von der Muttergesellschaft einzufordern.[5] Hat die Tochtergesellschaft alle tatsächlichen Möglichkeiten, die notwendigen Informationen zu beschaffen, erfolglos ausgeschöpft, ist sie von ihrer erhöhten Mitwirkungspflicht – auf Grund der sie auch Auskünfte im

---

1 Vgl. auch *Deutscher Bundestag*, BT-Drs. 220/07, 2007, S. 142 f.; *Greinert, M.*, Verrechnungspreise, 2007, S. 547; *Schreiber, R.*, Funktionsverlagerung, 2008, S. 435; *BMF*, Verwaltungsgrundsätze Funktionsverlagerung, Schr. v. 13.10.2010, Tz. 149.

2 Vgl. auch *Hofacker, M.*, Haase, 2009, § 1 AStG, Rz. 146. Bzgl. der Bewertung immaterieller Wirtschaftsgüter nach OECD-Verrechnungspreisrichtlinien vgl. *OECD*, Transfer Pricing Guidelines, 2010, Tz. 6.14 u. 9.85. A. A. *Looks, C./Scholz, C. M.*, Funktionsverlagerungen, 2007, S. 2542, die eine Absteckung des Einigungsbereiches unter Annahme der Informationssymmetrie als nicht fremdvergleichskonform erachten.

3 Vgl. Kapitel 5.6, S. 165.

4 Vgl. dazu *Ballwieser, W.*, Kaufpreisgestaltung, 2008, S. 84; *Drukarczyk, J./Schüler, A.*, Unternehmensbewertung, 2009, S. 91.

5 Vgl. *Kroppen, H.-K./Rasch, S./Eigelshoven, A.*, Unternehmensteuerreform, 2007, S. 2215.

Ausland einholen muss – entbunden;[1] die Fiktion der Informationstransparenz durch das AStG steht diesem Ergebnis nicht entgegen.

Die ausländische Mutterkapitalgesellschaft ist, da sie nicht Beteiligter i. S. d. § 78 AO ist, nicht gem. § 90 AO zur Mitwirkung bei der Ermittlung des Einigungsbereiches verpflichtet. Zudem ist sie nicht gem. § 93 Abs. 1 AO als „andere Person" zur Auskunftsgabe verpflichtet, da „andere Personen" i. S. d. § 93 AO ausschließlich deutsche Staatsangehörige im Inland sind sowie Ausländer und Staatenlose, die sich im Inland aufhalten.[2] Eine Mitwirkungspflicht der ausländischen Muttergesellschaft ergibt sich nur, wenn die Einkünfteminderung der Tochtergesellschaft nicht durch § 1 AStG, sondern als verdeckte Gewinnausschüttung korrigiert wird. In diesem Fall ist die ausländische Muttergesellschaft auf Grund ihrer beschränkten Steuerpflicht[3] zur Mitwirkung verpflichtet, den Umfang der verdeckten Gewinnausschüttung zu ermitteln.[4]

Sofern das inländische Unternehmen seinen Mitwirkungspflichten nachgekommen ist, liegt die Feststellungslast für eine Entgeltkorrektur bei der Finanzverwaltung.[5] Eine Schätzung der Besteuerungsgrundlage durch die Finanzverwaltung gem. § 162 Abs. 3 S. 3 AO kann – wenn die ausländische Mutterkapitalgesellschaft relevante Informationen nicht zur Verfügung stellt – nicht erfolgen, da diese gesetzlich weder als „Beteiligter" zur Mitwirkung noch als „andere Person" zur Auskunftsgabe verpflichtet ist.[6]

2.5 Zwischenfazit

Die Einkünfte verbundener Unternehmen müssen nach dem Fremdvergleichsgrundsatz abgegrenzt werden. Im nationalen Steuerrecht existieren drei Vorschriften für die Korrektur von Einkünften: die verdeckte Gewinnausschüttung, die verdeckte Einlage und

1 S. § 90 Abs. 2 S. 1 u. 2 AO. Vgl. auch *BMF*, Verwaltungsgrundsätze – Verfahren, Schr. v. 12.04.2005, Tz. 3.3.1. u. 3.3.2. *Wassermeyer, F.*, Gesetzgebungsniveau, 2007, S. 536 weist zudem darauf hin, dass die Annahme vollständiger Informationen nicht mit dem internationalen Fremdvergleichsgrundsatz des Art. 9 OECD-MA vereinbar ist, da in den Verrechnungspreisrichtlinien der OECD die Finanzverwaltungen aufgefordert werden, nicht solche Belege zu verlangen, die aus rechtlichen Gründen nicht beschafft werden können oder tatsächlich nicht zur Verfügung stehen. Auf mögliche Schwierigkeiten bei der Informationsbeschaffung einer Tochterkapitalgesellschaft wird hingewiesen. Vgl. dazu *OECD*, Transfer Pricing Guidelines, 2010, Tz. 5.10 u. 5.11.

2 Vgl. *Seer, R.*, Tipke/Kruse, 2010, § 93 AO, Tz. 10.

3 S. § 1 Abs. 4 EStG i. V. m. § 49 Abs. 1 Nr. 5 EStG.

4 Vgl. *BMF*, Verwaltungsgrundsätze – Verfahren, Schr. v. 12.04.2005, Tz. 3.1.

5 Vgl. *Schreiber, R.*, Funktionsverlagerung, 2008, S. 434.

6 Vgl. *Kroppen, H.-K./Rasch, S./Eigelshoven, A.*, Unternehmensteuerreform, 2007, S. 2228.

die Korrektur nach § 1 AStG. Die Korrekturvorschriften können sich in ihren Anwendungsbereichen überschneiden und begründen infolge zum Teil unterschiedlicher Rechtsfolgen ein Konkurrenzverhältnis. Die detaillierte Auslegung des Fremdvergleichsgrundsatzes im AStG – insbesondere bezüglich der Verrechnung von Funktionsverlagerungen – bewirkt in Verbindung mit der Kodifizierung der Idealkongruenz der Korrekturnormen, dass die Korrektur nach dem AStG zum zentralen – nationalen – Wertmaßstab der Berichtigung grenzüberschreitender Einkunftsminderungen wird.

Der Anwendungsbereich der Berichtigung von Einkünften nach dem AStG wird jedoch durch ein bestehendes Doppelbesteuerungsabkommen beschränkt, wenn und soweit Korrekturen nach dem AStG nicht durch die konkreten Vorgaben des jeweils einschlägigen Doppelbesteuerungsabkommens gedeckt sind. Sofern die Interpretation des Fremdvergleichsgrundsatzes im AStG von der Interpretation des Fremdvergleichsgrundsatzes in den OECD-Verrechnungspreisrichtlinien abweicht, besteht ein erhöhtes Risiko einer Doppelbesteuerung,[1] die unter Umständen durch ein internationales Verständigungs- oder Schiedsverfahren beseitigt werden kann. Im Folgenden werden die steuerliche Behandlung und Wirkung einer Funktionsverlagerung nach den Regelungen des AStG untersucht und die dort erfolgte Auslegung des Fremdvergleichsgrundsatzes mit den Vorgaben der Verrechnungspreisrichtlinien der OECD verglichen.

---

[1] Vgl. *Baumhoff, H./Puls, M.*, OECD-Diskussionsentwurf, 2009, S. 74; *Werra, M.*, Verrechnungspreise, 2009, S. 81.

3 Notwendigkeit und Fremdvergleichskonformität eines Transferpaketansatzes bei Funktionsverlagerungen

3.1 Steuerliche Erfassung der Funktionsverlagerung vor der Unternehmensteuerreform 2008

3.1.1 Grundlagen

Im Kapitel 3.1 werden zunächst die steuerlichen Konsequenzen einer Funktionsverlagerung vor dem Veranlagungszeitraum 2008 analysiert und so die Notwendigkeit der Neuregelung im Rahmen des Unternehmensteuerreformgesetzes 2008 überprüft. Im Kapitel 3.2 wird der Inhalt der Neuregelung dargestellt und deren Rechtfertigung sowie Fremdvergleichskonformität analysiert.[1]

Vor der Unternehmensteuerreform 2008 lag der steuerlichen Behandlung einer Funktionsverlagerung eine wirtschaftsgutbezogene Betrachtungsweise zugrunde. Die Funktionsverlagerung selbst war kein steuerlicher Tatbestand; sie wurde als organisatorische Maßnahme gesehen, die auf Grund der Dispositionsfreiheit grundsätzlich als solche keiner steuerlichen Angemessenheitsprüfung unterlag.[2] Lediglich die Übertragung von Wirtschaftsgütern, die Entstehung zivilrechtlicher Ansprüche oder sonstige Vorteilsgewährungen im Rahmen der Verlagerung lösten steuerliche Konsequenzen aus und die angesetzten Verrechnungspreise mussten einer steuerlichen Angemessenheitsprüfung auf Grundlage des Fremdvergleichsgrundsatzes standhalten.[3] Der Begriff des Wirtschaftsgutes und dessen Umfang waren somit maßgebend für die steuerlichen Konsequenzen einer Funktionsverlagerung.

Der Begriff des Wirtschaftsgutes umfasst nicht nur Sachen und Rechte, sondern auch tatsächliche Zustände und Möglichkeiten und schließt alle Vorteile eines Betriebs ein, deren Erlangung sich der Kaufmann etwas kosten lässt und die über den Bewertungsstichtag hinaus bestehen; zudem muss ein Wirtschaftsgut selbstständig bewertbar und

---

1 Vgl. Kapitel 3.2, S. 43.

2 Vgl. *Kuckhoff, H./Schreiber, R.*, Betriebsprüfung (Teil I), 1999, S. 324; *Ditz, X.*, Funktionsverlagerung, 2006, S. 199; *Schreiber, R.*, Funktionsverlagerung, 2008, S. 443. Zur Dispositionsfreiheit vgl. Kapitel 2.2.3, S. 15.

3 Vgl. *Eisele, F.*, Funktionsverlagerung, 2003, S. 279; *Baumhoff, H./Bodenmüller, R.*, Verlagerung, 2003, S. 347; *Bodenmüller, R.*, Funktionsverlagerungen, 2004, S. 13 u. 139.

greifbar sein.[1] Greifbarkeit und selbstständige Bewertbarkeit liegen vor, wenn der Vorteil im Rahmen der Kaufpreisbemessung bei der Veräußerung eines Betriebs als Einzelheit berücksichtigt wird.[2] Eine weitere Voraussetzung für die Qualifikation als Wirtschaftsgut ist die Fähigkeit eines Vorteils, zusammen mit dem Betrieb veräußert zu werden.[3] Die im Handelsrecht geforderte Einzelverkehrsfähigkeit ist für steuerliche Zwecke nicht maßgebend.[4]

Unter die Gesamtheit der Wirtschaftsgüter fällt auch der derivative Geschäfts- oder Firmenwert, da dieser einerseits mit dem Betrieb veräußert werden kann und andererseits selbstständig bewertbar ist, da er als Differenz zwischen der Gegenleistung für die Übernahme eines Unternehmens und dem Wert der Vermögensgegenstände abzüglich der Schulden ermittelt werden kann.[5] Der Geschäfts- oder Firmenwert und die immate-

---

1 Vgl. BFH, Urt. v. 22.02.1962, IV 58/59 U, BStBl III 1962, S. 368; BFH, Urt. v. 29.04.1965, IV 403/62 U, BStBl III 1965, S. 415; BFH, Bs. v. 16.02.1990, III B 90/88, BStBl II 1990, S. 795 sowie *Kempermann, M.*, K/S/M, 2010, § 5 EStG, Rdnr. B 170. *Tiedchen, S.*, H/H/R, 2010, § 5 EStG, Anm. 350 f. sieht die selbstständige Bewertbarkeit als zentrales Merkmal des Wirtschaftsgutbegriffes, das durch das Erfordernis der Greifbarkeit konkretisiert wird.

2 Vgl. BFH, Urt. v. 28.01.1954, IV 225/53 U, BStBl III 1954, S. 110; BFH, Urt. v. 18.06.1975, I R 24/73, BStBl II 1975, S. 811; BFH, Urt. v. 09.07.1986, I R 218/82, BStBl II 1987, S. 14; BFH, Urt. v. 22.01.1992, I R 43/91, BStBl II 1992, S. 530 sowie *Kempermann, M.*, K/S/M, 2010, § 5 EStG, Rdnr. B 171. Das Wirtschaftsgut darf nicht nur als Steigerung des Geschäfts- oder Firmenwertes in Erscheinung treten. Vgl. RFH, Urt. v. 21.10.1931, VI 2002/29, RStBl 1932, S. 307. Nach der Rechtsprechung des BFH ist die Verkehrsanschauung maßgeblich für die Qualifikation eines Vorteils als selbstständig bewertbar. Vgl. BFH, Urt. v. 29.04.1965, IV 403/62 U, BStBl III 1965, S. 415; BFH, Bs. v. 16.02.1990, III B 90/88, BStBl II 1990, S. 795 sowie *Tiedchen, S.*, H/H/R, 2010, § 5 EStG, Anm. 350. Nach *Moxter, A.*, Bewertbarkeit, 1987, S. 1849, liegt die Einzelbewertbarkeit deshalb immer dann vor, wenn ein durchschnittlicher potenzieller Erwerber des Gesamtunternehmens das einzelne Objekt für greifbar, werthaltig und kaufpreisbestimmend hält.

3 Vgl. BFH, Urt. v. 26.02.1975, I R 72/73, BStBl II 1976, S. 14; BFH, Urt. v. 26.05.1982, I R 180/80, BStBl II 1982, S. 696; BFH, Urt. v. 15.04.2004, IV R 51/02, BFH/NV 20 (2004), S. 1393 sowie *Moxter, A.*, Rechnungslegung, 2003, S. 20 f.

4 Vgl. BFH, Urt. v. 08.02.1996, III R 76/90, BFH/NV 12 (1996), S. 644 sowie *Söffing, G.*, Geschäfts- oder Firmenwert, 1988, S. 598. Zur Voraussetzung der Einzelverkehrsfähigkeit im Handelsrecht vgl. *Ballwieser, W.*, Handbuch der Rechnungslegung, 2010, B 131, Rz. 10 f.

5 Vgl. BFH, Urt. v. 24.03.1987, I R 202/83, BStBl II 1987, S. 706; BFH, Urt. v. 14.12.1993, VIII R 13/93, BStBl II 1994, S. 925 sowie *Wolffgang, H.-M.*, K/S/M, 2010, § 5 EStG, Rdnr. C 156; *Knobbe-Keuk, B.*, Unternehmenssteuerrecht, 1993, S. 95. Zum Kriterium der selbstständigen Bewertbarkeit vgl. *Ballwieser, W.*, Handbuch der Rechnungslegung, 2010, B 131, Rz. 26. In § 7 Abs. 1 S. 3 EStG wird der Geschäfts- oder Firmenwert unter die Gesamtheit der Wirtschaftsgüter gefasst. Im Handelsrecht gilt der derivative Geschäfts- oder Firmenwert als zeitlich begrenzt nutzbarer Vermögensgegenstand (s. § 246 Abs. 1 S. 4 HGB) und wird so mittels Fiktion zum Vermögensgegenstand erhoben und ist ansatzpflichtig. Vgl. *Dobler, M./Kurz, G.*, Aktivierungspflicht, 2008, S. 49; *Velte, P.*, Geschäfts- oder Firmenwert, 2010, S. 93 u. 95.

riellen Einzelwirtschaftsgüter bilden zusammen die Gesamtheit der immateriellen Wirtschaftsgüter.[1]

Die immateriellen Einzelwirtschaftsgüter sind vom Geschäfts- oder Firmenwert abgrenzbar und unabhängig vom Unternehmen übertragbar.[2] Zu den immateriellen Einzelwirtschaftsgütern zählen auch die sogenannten geschäftswertähnlichen Wirtschaftsgüter, die wie der Geschäfts- oder Firmenwert unmittelbar mit den Gewinnchancen des Unternehmens verknüpft sind.[3] Beispiele für geschäftswertähnliche Wirtschaftsgüter sind: Abfindungen an einen Konkurrenten, damit dieser seinen Betrieb einstellt; Belieferungsmöglichkeiten, sofern sie von der Konkurrenz zumindest faktisch garantiert werden; die Firma und die Marke eines Unternehmens; Gewinnchancen aus schwebenden Geschäften; Know-how; Kundenstamm oder Geschäftsbeziehungen, soweit gegenüber dem Geschäfts- oder Firmenwert abgrenzbar; Verlagswert; Wettbewerbsverbote.[4]

Der Geschäfts- oder Firmenwert wird als immaterielles Gesamtwirtschaftsgut bezeichnet, da in diesem eine Vielzahl geschäftswertbildender Faktoren zusammengefasst wird.[5] Die geschäftswertbildenden Faktoren sind besondere, dem Unternehmen eigene Vorteile, die die Gewinnaussichten bzw. das Gewinnpotenzial des Unternehmens höher oder sicherer erscheinen lassen, als bei anderen Unternehmen mit sonst vergleichbaren Wirtschaftsgütern.[6] Beispiele für geschäftswertbildende Faktoren sind: Ruf der Firma, Kundenstamm (Kundenkreis), Produktions- und Absatzverfahren, Organisationsstruktur, Mitarbeiterqualifikation, Kreditwürdigkeit, günstige Einkaufsmöglichkeiten, vereinbarte Wettbewerbsverbote, innerbetriebliche Transportverhältnisse oder allgemein die Rentabilität.[7]

---

1 Vgl. *Wolffgang, H.-M.*, K/S/M, 2010, § 5 EStG, Rdnr. C 67.

2 Vgl. *Weber-Grellet, H.*, Geschäftswert, 2010, S. 357.

3 Vgl. *Anzinger, Heribert M.*, H/H/R, 2010, § 5 EStG, Anm. 1700.

4 Vgl. dazu mit weiteren Beispielen und weiteren Nachweisen *Anzinger, Heribert M.*, H/H/R, 2010, § 5 EStG, Anm. 1700.

5 Vgl. *Anzinger, Heribert M.*, H/H/R, 2010, § 5 EStG, Anm. 1706. Zur Unterscheidung zwischen (selbstständigen) immateriellen Einzelwirtschaftsgütern und (unselbstständigen) geschäftswertbildenden Faktoren vgl. BFH, Urt. v. 07.11.1985, IV R 7/83, BStBl II 1986, S. 177 f.

6 Vgl. BFH, Urt. v. 29.07.1982, IV R 49/78, BStBl II 1982, S. 651; BFH, Urt. v. 18.08.1993, II R 102/90, BStBl II 1994, S. 10; BFH, Urt. v. 18.02.1993, IV R 40/92, BStBl II 1994, S. 225; BFH, Urt. v. 27.03.1996, I R 60/95, BStBl II 1996, S. 577.

7 Vgl. *Baumhoff, H./Bodenmüller, R.*, Verlagerung, 2003, S. 236 f. m. w. N.; *Wolffgang, H.-M.*, K/S/M, 2010, § 5 EStG, Rdnr. C 157. Bezüglich der Rentabilität vgl. BFH, Urt. v. 13.04.1983, I R 63/79, BStBl II 1983, S. 668 sowie *Söffing, G.*, Geschäfts- oder Firmenwert, 1988, S. 595.

Zusammenfassend kann festgehalten werden, dass einerseits der Geschäfts- oder Firmenwert von den immateriellen Einzelwirtschaftsgütern abzugrenzen ist und in diesem dementsprechend nur die Gewinnchancen eines Unternehmens zum Ausdruck kommen, die nicht in den materiellen und immateriellen Einzelwirtschaftsgütern enthalten sind;[1] andererseits schließt die Verrechnung aller – im Rahmen einer Funktionsverlagerung übergehenden – Wirtschaftsgüter grundsätzlich auch die Verrechnung des funktionsanteiligen Geschäfts- oder Firmenwertes ein.

3.1.2 Die Überführung von Teilbetrieben oder Einzelwirtschaftsgütern

Die Übertragung eines Geschäfts- oder Firmenwertes war vor der Unternehmensteuerreform 2008 nach ständiger BFH-Rechtsprechung nur bei der Veräußerung eines ganzen Betriebs oder eines Teilbetriebs möglich.[2] Eine Funktionsverlagerung führte deshalb in der Vergangenheit nur dann zu einer steuerrelevanten Übertragung eines Geschäfts- oder Firmenwertes, wenn die verlagerte Funktion die einkommensteuerrechtlichen Voraussetzungen eines Teilbetriebs erfüllte[3] und sämtliche wesentliche Betriebsgrundlagen übertragen wurden.[4]

Der Fremdvergleichspreis für die Verlagerung eines Teilbetriebs wurde nach Unternehmensbewertungsverfahren auf Basis des zukünftigen Gewinnpotenzials als Ganzes ermittelt.[5] Beim aufnehmenden Unternehmen erfolgte eine Aufteilung des Kaufpreises auf die verschiedenen identifizierbaren, materiellen und immateriellen Einzelwirt-

---

[1] Vgl. BFH, Urt. v. 05.08.1970, I R 180/66, BStBl II 1970, S. 805; BFH, Urt. v. 25.01.1979, IV R 21/75, BStBl II 1979, S. 370; BFH, Urt. v. 25.11.1981, I R 54/77, BStBl II 1982, S. 190 sowie *Wolffgang, H.-M.*, K/S/M, 2010, § 5 EStG, Rdnr. C 159; *Weber-Grellet, H.*, Schmidt, 2010, § 5 EStG, Rz. 221; *Knobbe-Keuk, B.*, Unternehmenssteuerrecht, 1993, S. 95.

[2] Vgl. BFH, Urt. v. 17.03.1977, IV R 218/72, BStBl II 1977, S. 596; BFH, Urt. v. 24.11.1982, I R 123/78, BStBl II 1983, S. 113; BFH, Urt. v. 14.12.1993, VIII R 13/93, BStBl II 1994, S. 925. Bezüglich des Teilbetriebs vgl. BFH, Urt. v. 07.10.1970, I R 1/68, BStBl II 1971, S. 69; BFH, Urt. v. 22.01.1992, I R 43/91, BStBl II 1992, S. 530. Die Voraussetzungen eines Teilbetriebs werden in Kapitel 4.2.3.2, S. 63 dargestellt.

[3] Vgl. *Eisele, F.*, Funktionsverlagerung, 2003, S. 281; *Bodenmüller, R.*, Funktionsverlagerungen, 2004, S. 237; *Serg, O.*, Funktionsverlagerungen, 2006, S. 159 f. Wird ein Teilbetrieb übertragen und erfolgt keine Vergütung eines tatsächlich vorhandenen Geschäfts- oder Firmenwertes, ist eine steuerliche Einkünftekorrektur vorzunehmen. Vgl. BFH, Urt. v. 20.08.1986, I R 150/82, BStBl II 1987, S. 455.

[4] Vgl. BFH, Urt. v. 28.06.1989, I R 25/88, BStBl II 1989, S. 983; BFH, Urt. v. 07.10.1970, I R 1/68, BStBl II 1971, S. 889. Die Wesentlichkeit einer Betriebsgrundlage kann anhand einer funktionalen und einer quantitativen Betrachtung bestimmt werden. Die quantitative Betrachtung – relevant ist hier lediglich der Umfang der stillen Reserven – ist jedoch lediglich im Rahmen des § 16 EStG zu beachten. Vgl. BFH, Urt. v. 02.10.1997, IV R 84/96, BStBl II 1998, S. 105.

[5] Vgl. *Bodenmüller, R.*, Funktionsverlagerungen, 2004, S. 246 f.; *Serg, O.*, Funktionsverlagerungen, 2006, S. 159; *Wolter, H./Pitzal, C.*, Funktion, 2008, S. 794.

schaftsgüter.[1] Der Teil des Gesamtwertes, der sich nicht auf die materiellen und immateriellen Einzelwirtschaftsgüter verteilte, bildete den derivativen Geschäfts- oder Firmenwert.[2] Im Ergebnis unterlagen bei der Verlagerung eines Teilbetriebs sämtliche stille Reserven in den übertragenen Einzelwirtschaftsgütern und der Geschäfts- oder Firmenwert, bestehend aus den geschäftswertbildenden Faktoren, der Besteuerung im Inland.

Der Geschäfts- oder Firmenwert verblieb hingegen vollständig bei dem übertragenden Unternehmen, sofern die verlagerte Funktion nicht als Teilbetrieb anzusehen war.[3] Die Steuerbelastung im Verlagerungszeitpunkt ergab sich aus der Aufdeckung der stillen Reserven aller bilanzierten Wirtschaftsgüter sowie aller weiteren Werte, die als immaterielle Einzelwirtschaftsgüter identifiziert werden konnten. Alle übergehenden Vorteile, die nicht als Einzelwirtschaftsgut zu qualifizieren waren und als geschäftswertbildende Faktoren den Geschäfts- oder Firmenwert des übertragenden Unternehmens geprägt hatten, unterlagen nicht der Besteuerung.[4]

Bereits vor der Unternehmensteuerreform 2008 wurde in der Literatur vereinzelt die Meinung vertreten, dass in bestimmten Verlagerungsfällen – wie beispielsweise der Verlagerung eines Eigenproduzenten, der seine Produkte selbstständig vermarkten kann – die Summe der Teilwerte aller übertragenen Einzelwirtschaftsgüter den Wert der Funktion nicht sachgerecht widerspiegelt, der Ermittlung des Wertes der Funktion in Abhängigkeit der nachhaltig zu erwartenden Gewinne der Vorzug zu geben ist und die

---

1 Im Rahmen der Kaufpreisaufteilung sind die einzelnen materiellen und immateriellen Einzelwirtschaftsgüter mit ihrem Teilwert in der Steuerbilanz anzusetzen. S. § 6 Abs. 1 Nr. 7 EStG; vgl. BFH, Urt. v. 05.08.1970, I R 180/66, BStBl II 1970, S. 804.

2 Im Handelsrecht entspricht der derivative Geschäfts- oder Firmenwert dem Unterschiedsbetrag, um den der Kaufpreis eines Unternehmens den Wert der Wirtschaftsgüter abzüglich des Wertes der Schulden übersteigt. S. § 246 Abs. 1 S. 4 HGB. Zur gleichlautenden BFH-Rechtsprechung vgl. BFH, Urt. v. 27.03.1996, I R 60/95, BStBl II 1996, S. 557; BFH, Urt. v. 18.02.1993, IV R 40/92, BStBl II 1994, S. 225.

3 Vgl. BFH, Urt. v. 24.11.1982, I R 123/78, BStBl II 1983, S. 113; ebenso *Eisele, F.*, Funktionsverlagerung, 2003, S. 281; *Baumhoff, H./Bodenmüller, R.*, Verlagerung, 2003, S. 369 u. 383.

4 Vgl. *Bodenmüller, R.*, Funktionsverlagerungen, 2004, S. 245 f. *Rödder, T.*, Problemfälle, 1998, S. 124, erwägt eine Besteuerung von geschäftswertbildenden Faktoren im Rahmen der Geschäftschancenlehre. Neben der Übertragung von Wirtschaftsgütern konnten auch entstehende zivilrechtliche Ansprüche und Vorteilsgewährungen, die sich aus der Verlagerung ergaben, eine Verrechnungs- bzw. Ausgleichspflicht begründen. Vgl. *Eisele, F.*, Funktionsverlagerung, 2003, S. 283-310; *Borstell, T.*, Verrechnungspreisprobleme, 2002, S. 211-220.

Differenz zwischen Ertrags- und Substanzwert als Geschäfts- oder Firmenwert – unabhängig von dem Vorliegen eines Teilbetriebs – zu erfassen ist.[1]

Die Steuerbarkeit der Differenz aus dem Ertragswert und dem Substanzwert einer Funktion, die nicht die Voraussetzungen eines Teilbetriebs erfüllt, wurde auch unter dem Stichwort „Geschäftschancenlehre" diskutiert. Durch die Anwendung der Geschäftschancenlehre auf die Funktionsverlagerung sollten weitere immaterielle Wirtschaftsgüter bzw. übergehende Vorteile identifiziert werden und so die Besteuerung einer Funktionsverlagerung ausgeweitet werden.[2] Grundsätzlich wird zwischen singulären und unternehmerischen Geschäftschancen unterschieden: Während die singuläre Geschäftschance ein gewinnträchtiges, konkretes Einzelgeschäft zum Inhalt hat, besteht bei einer unternehmerischen Geschäftschance die Möglichkeit, durch die Ausübung einer betrieblichen Funktion Gewinne zu erzielen.[3] Singuläre Geschäftschancen sind auf Grund ihrer Bewertbarkeit und Konkretisierung als Wirtschaftsgut anzusehen.[4] Eine Ausweitung der Bemessungsgrundlage scheidet jedoch aus, da bisher keine singulären Geschäftschancen identifiziert wurden, die nicht bereits in Form eines „herkömmlichen" immateriellen Wirtschaftsgutes vorliegen.[5]

Die Verrechnung einer unternehmerischen Geschäftschance kann nur dann zu einer Ausweitung der steuerlichen Konsequenzen einer Funktionsverlagerung führen, wenn

---

1 Vgl. *Kuckhoff, H./Schreiber, R.*, Betriebsprüfung (Teil I), 1999, S. 328 f. *Burkert* geht ebenfalls davon aus, dass bei der Verlagerung der Produktion deren Wert nach den Grundsätzen der Unternehmensbewertung zu bestimmen ist, da eine Einzelbewertung nicht sachgerecht ist. Er beschränkt dieses Vorgehen jedoch auf Fälle, in denen ein selbstständig lebensfähiger Betrieb übertragen wird. Vgl. *Burkert, M.*, Reallokation, 1999, S. 532 f. Unter der Voraussetzung, dass ein Eigenproduzent verlagert wird, der seine Produkte selbstständig vermarkten kann, gibt *Borstell* ebenfalls der Gesamtbewertung den Vorrang. Vgl. *Borstell, T.*, Verrechnungspreisprobleme, 2002, S. 232. Auch *Serg* schließt sich der Meinung an, dass der Wert einer Funktion in der Regel über dem Substanzwert liegt und sieht in der Differenz einen funktionsanteiligen Geschäfts- oder Firmenwert. Vgl. *Serg, O.*, Funktionsverlagerungen, 2006, S. 193 u. 204 f.

2 Die Geschäftschancenlehre wurde im Zivilrecht als Konkretisierung der Treuepflicht eines Geschäftsleiters entwickelt und durch die Rechtsprechung des BFH in das deutsche Steuerrecht übernommen. Den Urteilen des BFH lag die Fragestellung zugrunde, nach welchen Kriterien Geschäftschancen dem Gesellschafter-Geschäftsführer oder der Gesellschaft zuzuordnen sind. Vgl. *Serg, O.*, Funktionsverlagerungen, 2006, S. 189 m. w. N.

3 Vgl. *Baumhoff, H./Bodenmüller, R.*, Verlagerung, 2003, S. 379; *Serg, O.*, Funktionsverlagerungen, 2006, S. 187 f.; *Ditz, X.*, Geschäftschancen 2006, S. 1626 f.

4 Vgl. *Borstell, T.*, Verrechnungspreisprobleme, 2002, S. 207 f.; *Serg, O.*, Funktionsverlagerungen, 2006, S. 187, 197 u. 202; *Kuckhoff, H./Schreiber, R.*, Betriebsprüfung (Teil I), 1999, S. 325.

5 Vgl. *Eisele, F.*, Funktionsverlagerung, 2003, S. 303 f. m. w. N. *Borstell, T.*, Verrechnungspreisprobleme, 2002, S. 209 geht davon aus, dass eine Zuordnung von singulären Geschäftschancen zu „herkömmlichen" Wirtschaftsgütern „unproblematisch" ist. Im Ergebnis gleich: *Kuckhoff, H./Schreiber, R.*, Betriebsprüfung (Teil I), 1999, S. 325.

diese einerseits kein „herkömmliches" immaterielles Einzelwirtschaftsgut ist und andererseits vom Geschäfts- oder Firmenwert abgrenzbar ist. Da allerdings die Abgrenzbarkeit vom Geschäfts- oder Firmenwert die Voraussetzung für das Vorliegen eines Einzelwirtschaftsgutes ist,[1] führte auch die Identifizierung unternehmerischer Geschäftschancen nicht zu einer Ausweitung der Steuerbelastung einer Funktionsverlagerung.[2]

Im Ergebnis kann festgehalten werden, dass vor der Unternehmensteuerreform 2008 infolge der Verlagerung einer Funktion, die nicht die Voraussetzungen eines Teilbetriebs erfüllte, auf Grund der ständigen BFH-Rechtsprechung und mangels anderslautender, gesetzlicher Grundlage ein anteiliger Geschäfts- oder Firmenwert nicht Bestandteil der Besteuerungsgrundlage war.

3.1.3 Konsequenz der Teilbetriebsvoraussetzung

Die steuerliche Erfassung eines anteiligen Geschäfts- oder Firmenwertes im Rahmen der Verlagerung einer Funktion über die Grenze war vor der Unternehmensteuerreform 2008 davon abhängig, ob die Funktion als Teilbetrieb zu klassifizieren war. Dieser steuerlichen Behandlung stand die Meinung entgegen, dass auch andere Funktionen Träger eines Gewinnpotenzials und folglich eines Geschäfts- oder Firmenwertes sein können[3] und von fremden Dritten für Funktionen gezahlte Kaufpreise über den Wert der

---

[1] Vgl. Kapitel 3.1.1, S. 35.

[2] So auch *Eisele, F.*, Funktionsverlagerung, 2003, S. 306. Auch *Rödder* hat erhebliche Zweifel, ob eine Geschäftschance vorliegen kann, die von dem Geschäfts- oder Firmenwert abgrenzbar ist und kein immaterielles Einzelwirtschaftsgut darstellt. Vgl. *Rödder, T.*, Problemfälle, 1998, S. 125.

[3] *Jacobs, O. H.*, Unternehmensbesteuerung, 2007, S. 1085 ist der Auffassung, dass jede Funktion eines Unternehmens mit Geschäftschancen und somit mit Gewinnpotenzial verbunden sein kann. *Serg* stimmt dem zu, mit der Einschränkung, dass nicht jede Funktion zwangsläufig mit Gewinnpotenzial verbunden ist. Vgl. *Serg, O.*, Funktionsverlagerungen, 2006, S. 193 f. *Borstell* bezieht sich konkreter auf den Verlagerungsvorgang und stellt fest, dass dieser zwar regelmäßig, aber nicht notwendigerweise mit der Übertragung von Gewinnpotenzial einhergeht. Vgl. *Borstell, T.*, Verrechnungspreisprobleme, 2002, S. 203 u. 206. Weitergehend stellt er fest, dass es fremdvergleichswidrig ist, in jeder Funktionsverlagerung einen „goodwill realisierenden" Tatbestand zu sehen. Vgl. *Borstell, T./Jamin, C.*, Verlagerung, 2008, S. 773. *Frotscher* nennt konkret den Firmenwert und bejaht, dass dieser im Rahmen einer Funktionsverlagerung übergehen kann. Vgl. *Frotscher, G.*, Funktionsverlagerung, 2008, S. 52. Das Vorhandensein von Gewinnpotenzial auf Funktionsebene bejahen auch *Rödder, T.*, Problemfälle, 1998, S. 123 f. und *Baumhoff, H./Bodenmüller, R.*, Verlagerung, 2003, S. 371. Auch *Ihli* stellt fest, dass die Gesamtbewertung einer Funktion der „Realität" näher kommt als die Einzelbewertung. Vgl. *Ihli, U.*, Restructuring, 2008, S. 349. *Eisele* hinterfragt, ob isolierte Funktionen überhaupt unternehmerische Geschäftschancen und damit Gewinnpotenzial in sich bergen können, da sie erst in Kombination mit anderen Funktionen am Markt verwertbar sind. Vgl. *Eisele, F.*, Funktionsverlagerung, 2003, S. 306.

einzelnen Wirtschaftsgüter hinausgehen und geschäftswertähnliche Elemente enthalten.[1] Die Differenz aus dem Ertragswert und dem Substanzwert einer Funktion war Steuersubstrat, das im Inland gebildet aber nicht besteuert wurde.[2]

Die steuerliche Erfassung der stillen Reserven in den immateriellen Einzelwirtschaftsgütern und des Geschäfts- oder Firmenwertes ist bei Unternehmenstransaktionen von materieller Bedeutung, da die stillen Reserven in immateriellen Einzelwirtschaftsgütern und der originäre Geschäfts- oder Firmenwert einen wesentlichen Anteil des Gesamtkaufpreises ausmachen. Die folgende Abbildung verdeutlicht die materielle Bedeutung und zeigt die Aufteilung des Kaufpreises auf die Aktiva bei 37 Unternehmenszusammenschlüssen in Europa:

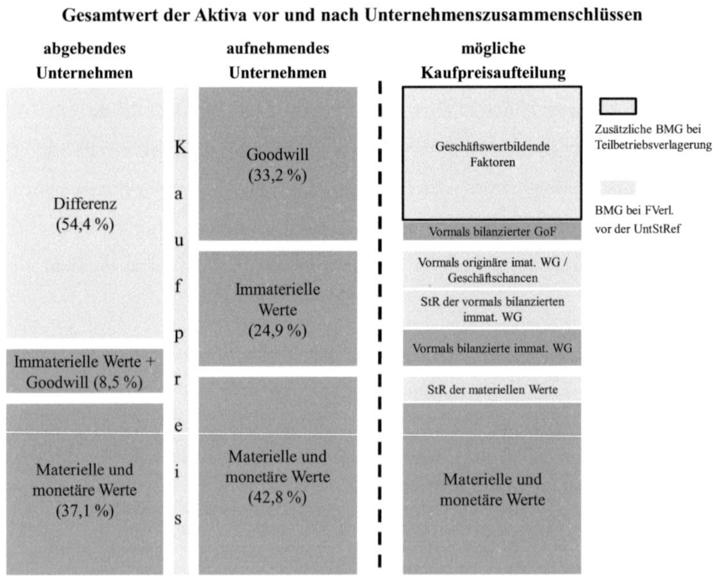

Abbildung 6: Kaufpreisaufteilung infolge von Unternehmenszusammenschlüssen[3]

---

[1] Vgl. *Borstell, T./Jamin, C.*, Verlagerung, 2008, S. 805.

[2] Vgl. *Jacobs, O. H.*, Unternehmensbesteuerung, 2007, S. 1087.

[3] Vgl. *Günther, T./Ott, C.*, Ressourcen, 2008, S. 921. Die ermittelten Daten beziehen sich auf Unternehmenszusammenschlüsse und können deshalb für eine mögliche Kaufpreisaufteilung im Anschluss an eine Funktionsverlagerung zwischen fremden Dritten nur einen Anhaltspunkt geben.

3.2 Steuerliche Erfassung der Funktionsverlagerung nach der Unternehmensteuerreform 2008

3.2.1 Gesamtbewertung mittels des Transferpaketansatzes

Der Gesetzgeber verfolgte mit dem Unternehmensteuerreformgesetz 2008[1] das Ziel, in Deutschland geschaffene Werte – insbesondere selbst erstellte, immaterielle Wirtschaftsgüter und Vorteile – im Inland der Besteuerung zu unterwerfen und führte die Gesamtbewertung von Funktionen bei grenzüberschreitenden Verlagerungen in das AStG ein.[2] Eine Funktionsverlagerung im Sinne des AStG ist gegeben, wenn eine Funktion einschließlich der Chancen und Risiken, der Wirtschaftsgüter und der sonstigen Vorteile ins Ausland verlagert wird.[3] Infolge der Verlagerung muss der Fremdvergleichspreis für die übergehende Funktion durch eine Gesamtbewertung mittels des Transferpaketansatzes ermittelt werden.[4] Das Transferpaket umfasst dabei die Funktion sowie sämtliche übergehenden Wirtschaftsgüter und sonstigen Vorteile, einschließlich der dazugehörigen Chancen und Risiken.[5] Im Gegensatz zur Behandlung einer Funktionsverlagerung vor der Unternehmensteuerreform 2008 erfolgt die Gesamtbewertung unabhängig von dem Übergang eines Teilbetriebs.[6] Die Behandlung einer Funktionsverlagerung als Übertragung einzelner Vermögenswerte ist nur noch in Ausnahmefällen vorzunehmen.[7]

---

1 Vgl. Unternehmensteuerreformgesetz 2008 vom 14.08.2007, BGBl I 2007, S. 1912.

2 Vgl. *Deutscher Bundestag*, BT-Drs. 220/07, 2007, S. 141. Die Zielsetzung des Gesetzgebers, in Deutschland geschaffene Werte auch in Deutschland der Besteuerung zu unterwerfen, ist grundsätzlich nicht zu beanstanden. Vgl. *Frotscher, G.*, Funktionsverlagerung, 2008, S. 49.

3 S. § 1 Abs. 3 S. 9 AStG.

4 Die Übertragung von Funktionen zu Fremdvergleichspreisen führt zu einer Aufdeckung und Besteuerung sämtlicher, in der Funktion enthaltenen, stillen Reserven. Die Sofortbesteuerung bei Übertragung kann durch eine Überlassung der Funktion zu angemessenen Lizenzsätzen vermieden werden. S. § 4 Abs. 2 FVerlV. Zur Ermittlung angemessener Lizenzsätze bei Funktionsverlagerungen vgl. *Baumhoff, H./Greinert, M.*, Funktionsverlagerungen, 2009, S 544-548.

5 S. § 1 Abs. 3 FVerlV.

6 S. § 1 Abs. 1 FVerlV.

7 Bzgl. der Möglichkeiten zum Ansatz von Einzelverrechnungspreisen s. § 1 Abs. 3 S. 10 AStG i. V. m. § 1 Abs. 5 FVerlV sowie Kap. 5.7, S. 170.

3.2.2 Inhalt des Transferpaketes

Die Bewertung des Transferpaketes erfolgt durch die Diskontierung der zu erwartenden Reingewinne nach Steuern aus einer Funktion.[1] Das so ermittelte Gewinnpotenzial einer Funktion kann – wie das Gewinnpotenzial eines Betriebs oder Teilbetriebs[2] – aufgeteilt werden in Gewinnerwartungen, die bestimmten immateriellen Einzelwirtschaftsgütern zuzuordnen sind und Gewinnerwartungen, die als geschäftswertbildende Faktoren den Geschäfts- oder Firmenwert prägen. Die geschäftswertbildenden Faktoren werden dabei als Vorteile bezeichnet, die die Gewinnaussichten höher oder sicherer erscheinen lassen und nicht in Einzelwirtschaftsgütern verkörpert sind.[3] Da sowohl in der Definition der Funktionsverlagerung[4] als auch in der Definition des Transferpaketes[5] der Übergang von Wirtschaftsgütern *und* sonstigen Vorteilen gefordert wird, wird deutlich, dass auch die Vorteile, die sich nicht in Einzelwirtschaftsgütern widerspiegeln, Bestandteil des Transferpaketes sind. Die Bewertung des Transferpaketes auf Basis der diskontierten Gewinne der Funktion in Verbindung mit der kumulativen Aufzählung von Wirtschaftsgütern *und* sonstigen Vorteilen lässt m. E. den Schluss zu, dass geschäftswertbildende Faktoren und somit ein funktionsanteiliger Geschäfts- oder Firmenwert unter den Begriff der sonstigen Vorteile zu subsumieren und Bestandteil des Transferpaketes sind.

Gegen die Auffassung, dass die im AStG genannten sonstigen Vorteile mit einem funktionsanteiligen Geschäfts- oder Firmenwert gleichzusetzen sind, könnten zwei Aspekte angeführt werden. Zum einen enthält die Gesetzesbegründung folgende Aufzählung mit Beispielen für „immaterielle Wirtschaftsgüter *und* Vorteile“: Know-how, patentiertes oder nicht patentiertes technisches Wissen, Markenrechte und -namen, Kundenstamm.[6] Dem Wortlaut der Begründung folgend ist anzunehmen, dass die Aufzählung (auch) Beispiele für sonstige Vorteile enthalten soll. Alle aufgezählten Beispiele stellen jedoch immaterielle Einzelwirtschaftsgüter dar: Patente fallen unter den Sammelbegriff der

---

1 S. § 1 Abs. 3 S. 6 AStG i. V. m. § 1 Abs. 4 FVerlV.

2 Vgl. BFH, Urt. v. 25.11.1981, I R 54/77, BStBl II 1982, S. 190; BFH, Urt. v. 09.10.1974, I R 122/73, BStBl II 1975, S. 259; Kapitel 3.1.2, S. 38.

3 Vgl. Kapitel 3.1.1, S. 35.

4 S. § 1 Abs. 3 S. 9 AStG.

5 S. § 1 Abs. 3 FVerlV.

6 Vgl. *Deutscher Bundestag*, BT-Drs. 220/07, 2007, S. 141.

gewerblichen Schutzrechte und sind ebenso immaterielle Einzelwirtschaftsgüter[1] wie die weiteren Beispiele, die unter die Gruppe der geschäftswertähnlichen Wirtschaftsgüter[2] fallen. Geschäftswertbildende Faktoren, die nach der hier vertretenen Auffassung mit sonstigen Vorteilen gleichzusetzen sind, sind in der Aufzählung hingegen nicht enthalten. Auf Grund der zitierten Aufzählung könnte gefolgert werden, dass die sonstigen Vorteile inhaltlich mit immateriellen Einzelwirtschaftsgütern gleichzusetzen sind. Eine derartige Abgrenzung des Begriffes der sonstigen Vorteile ist jedoch abzulehnen, da in diesem Falle eine Gesamtbewertung und infolgedessen die Gesetzesänderung nicht zu rechtfertigen wäre.[3]

Gegen die Gleichsetzung der sonstigen Vorteile mit einem funktionsanteiligen Geschäfts- oder Firmenwert könnte zum anderen sprechen, dass der Gesetzgeber *Wirtschaftsgüter* und nicht *Einzelwirtschaftsgüter* als Bestandteile des Transferpaketes nennt.[4] Unter den Begriff der Wirtschaftsgüter fallen sowohl die materiellen und immateriellen Einzelwirtschaftsgüter als auch der Geschäfts- oder Firmenwert als immaterielles Gesamtwirtschaftsgut.[5] Unter der Annahme, dass der Gesetzgeber die Wahl des Begriffes Wirtschaftsgut bewusst – in Abgrenzung zum Begriff des Einzelwirtschaftsgutes – getroffen hat, kann es sich bei den sonstigen Vorteilen nicht um einen funktionsanteiligen Geschäfts- oder Firmenwert handeln, da dieser bereits unter den Begriff der Wirtschaftsgüter zu subsumieren ist. Als Konsequenz könnten die sonstigen Vorteile weder mit den Einzelwirtschaftsgütern noch mit dem Geschäfts- oder Firmenwert gleichgesetzt werden und könnten nur als einzelne – vom Geschäfts- oder Firmenwert isolierte – geschäftswertbildende Faktoren erfasst werden. Die Trennung der geschäftswertbildenden Faktoren vom Geschäfts- oder Firmenwert und deren Besteuerung als sonstige Vorteile ist allerdings aus zwei Gründen nicht möglich:

1. Die geschäftswertbildenden Faktoren können bei einer entgeltlichen Unternehmensübertragung nicht durch Konkretisierung zu einem Einzelwirtschaftsgut erstarken.[6] Der Einfluss der verschiedenen geschäftswertbildenden Faktoren auf

---

[1] Vgl. *Anzinger, Heribert M.*, H/H/R, 2010, § 5 EStG, Anm. 1683 i. V. m. § 266 Abs. 2 HGB.

[2] Vgl. Kapitel 3.1.1, S. 35.

[3] Vgl. hierzu Kapitel 3.2.3, S. 47.

[4] S. § 1 Abs. 3 S. 9 AStG.

[5] Vgl. Kapitel 3.1.1, S. 35.

[6] Vgl. *Söffing, G.*, Geschäfts- oder Firmenwert, 1988, S. 595.

den Geschäfts- oder Firmenwert ist nicht messbar, es handelt sich um nicht einzeln bewertbare Vorteile.[1]

2. Geschäftswertbildende Faktoren können nicht unabhängig vom Geschäfts- oder Firmenwert übertragen werden, da nach der BFH-Rechtsprechung der Geschäfts- oder Firmenwert den geschäftswertbildenden Faktoren folgt, die ihn verkörpern.[2]

Im Ergebnis kann festgehalten werden, dass trotz unklaren Gesetzeswortlauts und unklarer Gesetzesbegründung sonstige Vorteile mit geschäftswertbildenden Faktoren gleichzusetzen sind[3] und im Falle einer Funktionsverlagerung ein anteiliger Geschäfts- oder Firmenwert unabhängig von der Teilbetriebsvoraussetzung der Besteuerung unterworfen wird.[4]

Im Vergleich zur steuerlichen Behandlung der Funktionsverlagerung vor der Unternehmensteuerreform 2008 kommt es durch den Transferpaketansatz zu einer Ausweitung

---

1 Vgl. BFH, Urt. v. 16.09.1970, I R 196/67, BStBl II 1971, S. 176; BFH, Urt. v. 28.10.1987, II R 224/82, BStBl II 1988, S. 51 sowie *Baumhoff, H./Bodenmüller, R.*, Verlagerung, 2003, S. 368; *Söffing, G.*, Geschäfts- oder Firmenwert, 1988, S. 598.

2 Vgl. BFH, Urt. v. 27.03.2001, I R 42/00, BStBl II 2001, S. 772; BFH, Urt. v. 16.06.2004, X R 34/03, BStBl II 2005, S. 382 sowie *Schreiber, R.*, Kroppen, 2010, FVerlV, Anm. 66. Nach früheren Urteilen folgte der Geschäfts- oder Firmenwert dem Betrieb. Vgl. BFH, Urt. v. 30.03.1994, I R 52/93, BStBl II 1994, S. 906 m. w. N.

3 So auch *Oestreicher, A.*, Funktionsverlagerung, 2009, S. 83, der festhält, dass es sich „bei ‚sonstigen Vorteilen', die nicht Wirtschaftsgüter sind, um Bestandteile des Geschäftswertes handeln muss." Dem zustimmend *Brüninghaus, D./Bodenmüller, R.*, Funktionsverlagerung, 2009, S. 1288 sowie *Frischmuth, M.*, § 1 AStG, 2009, S. 667 f. Auch das *BMF* stellt fest: „Entsprechende Vorteile können z. B. geschäftswertbildende Faktoren wie ein guter Ruf, gut ausgebildete Arbeitnehmer oder eine eingespielte Betriebsorganisation sein." Vgl. *BMF*, Verwaltungsgrundsätze Funktionsverlagerung, Schr. v. 13.10.2010, Tz. 29.

4 Die Auffassung, dass der Transferpaketansatz die Besteuerung eines funktionsanteiligen Geschäfts- oder Firmenwertes nach sich zieht, wird in der Literatur bestätigt. Vgl. *Schreiber, U.*, Besteuerung, 2008, S. 470; *Haas, W.*, Funktionsverlagerung, 2008, S. 519; *Wulf, M.*, Außensteuerrecht, 2007, S. 2283; *Blumers, W.*, Transferpaket, 2007, S. 1760; *Jenzen, H.*, Funktionsverlagerungen, 2007, S. 9421 u. 9429; *Looks, C./Scholz, C. M.*, Funktionsverlagerungen, 2007, S. 2541. Teilweise wird das durch die Gesamtbewertung zusätzlich ermittelte Gewinnpotenzial auch vorsichtig als ein hypothetisches, berechnungsbedingt entstandenes Wirtschaftsgut bezeichnet, das einer Art Geschäfts- oder Firmenwert entspricht. Vgl. *Frischmuth, M.*, Funktionsverlagerungsbesteuerung, 2007, S. 391; *Kroppen, H.-K./Rasch, S./Eigelshoven, A.*, Unternehmensteuerreform, 2007, S. 2211; *Borstell, T./Jamin, C.*, Verlagerung, 2008, S. 785; *Haas, W.*, DBA, 2009, S. 723. Grundsätzlich gilt allerdings, dass eine Residualgröße, die nach der Zuordnung des Ergebnisses einer Gesamtbewertung zu den Einzelwirtschaftsgütern verbleibt, dem Geschäfts- oder Firmenwert entspricht; dies gilt auch für die Kaufpreisaufteilung infolge einer Funktionsverlagerung. Vgl. *Looks, C./Scholz, C. M.*, Funktionsverlagerungen, 2007, S. 2541; *BMF*, Verwaltungsgrundsätze Funktionsverlagerung, Schr. v. 13.10.2010, Tz. 173; *Kaminski, B.*, Unternehmensteuerreform, 2007, S. 600; *Schreiber, R.*, Kroppen, 2010, FVerlV, Anm. 66.

der Besteuerung, da dieser auch Gewinnpotenziale erfasst, die durch die Besteuerung der aufgedeckten stillen Reserven der Einzelwirtschaftsgüter nicht erfasst wurden.[1] Zudem wird durch den Transferpaketansatz die Diskussion um den Ansatz und die Bewertung von Geschäftschancen obsolet,[2] da der antizipierte Gewinn aus einer Geschäftschance nicht mit dem Gewinnpotenzial einer Funktion gleichzusetzen, sondern lediglich ein Teilbereich dessen ist[3] und der Transferpaketansatz über die Geschäftschancenlehre hinaus geht.[4] Die neuen Regelungen des AStG schaffen eine Rechtsgrundlage für die Besteuerung eines funktionsanteiligen Geschäfts- oder Firmenwertes.[5]

3.2.3 Fremdvergleichskonformität des Transferpaketansatzes

Als Rechtfertigungsgründe für den Transferpaketansatz und die daraus folgende Gesamtbewertung der Funktion können folgende Punkte genannt werden:

- Identifizierung des Übergangs immaterieller Einzelwirtschaftsgüter
- Bewertung der übergehenden immateriellen Einzelwirtschaftsgüter
- Bewertung und steuerliche Erfassung eines Geschäfts- oder Firmenwertes

Die Besteuerung immaterieller Einzelwirtschaftsgüter war dem Grunde nach bereits vor dem Übergang zur Gesamtbewertung sichergestellt. Auf Grund des handelsrechtlichen

1 Vgl. *Frotscher, G.*, Funktionsverlagerung, 2008, S. 52; *Kaminski, B.*, Unternehmensteuerreform, 2007, S. 599. A. A. ist *Schreiber*, der feststellt, dass das Ziel der Bundesregierung nicht darin besteht, nationale Besteuerungsrechte dem Grunde nach auszuweiten. Die Neuregelung soll vielmehr das Vollzugsdefizit bei der Verlagerung selbst geschaffenen immateriellen Wirtschaftsgütern beseitigen. Vgl. *Schreiber, R.*, Funktionsverlagerung, 2008, S. 434.

2 Vgl. *Jenzen, H.*, Funktionsverlagerungen, 2007, S. 9423; *Jahndorf, C.*, Funktionsverlagerung, 2008, S. 104. Das Institut des Gewinnpotenzials ist die Antwort des Gesetzgebers auf die von der Rechtsprechung entwickelte Geschäftschancenlehre. Vgl. *Borstell, T./Jamin, C.*, Verlagerung, 2008, S. 778.

3 Vgl. *Ditz, X.*, Geschäftschancen 2006, S. 1628; *Jacobs, O. H.*, Unternehmensbesteuerung, 2007, S. 1088. Eine gesonderte Verrechnungspflicht für Geschäftschancen besteht nach *Schreiber, R.*, Kroppen, 2010, FVerlV, Anm. 76 nicht, wenn diese bereits anderweitig abgegolten sind – z. B. durch die Vergütung eines Geschäftswertes.

4 Vgl. *Kaminski, B.*, Unternehmensteuerreform, 2007, S. 599. *Greil* vertritt die Auffassung, dass auch nach der UntStRef 2008 im Rahmen einer Funktionsverlagerung – die keine Teilbetriebsübertragung darstellt – keine Vergütung von geschäftswertbildenden Faktoren erfolgt, da deren Greifbarkeit und insbesondere Bewertbarkeit fehlt, und schließt daraus, dass die Begriffe „Gewinnpotenzial" und „singuläre Geschäftschance" synonym verwendet werden können. Vgl. *Greil, S.*, Gewinnpotenzial, 2009, S. 205 u. 206. Hier wird – dem entgegen – davon ausgegangen, dass die übergehenden geschäftswertbildenden Faktoren in Summe – auf Grund der Gesamtbewertung – als Geschäfts- oder Firmenwert bewertbar und greifbar sind.

5 So auch *Looks, C./Scholz, C. M.*, Funktionsverlagerungen, 2007, S. 2542.

Ansatzwahlrechtes[1] und des steuerrechtlichen Ansatzverbotes[2] für selbst erstellte, immaterielle Wirtschaftsgüter ist ein Übergang aus der Bilanz des abgebenden Unternehmens jedoch nicht zwingend ersichtlich; zudem treten immaterielle Wirtschaftsgüter wie z. B. ungeschütztes Know-how nicht gesondert in Erscheinung.[3] Der Übergang selbst erstellter, immaterieller Wirtschaftsgüter von einem Unternehmen auf ein anderes Unternehmen ist deshalb teilweise nicht identifizierbar.[4] Da in einer Gesamtbewertung *alle* wertbildenden Faktoren berücksichtigt werden und somit sämtliche immaterielle Einzelwirtschaftsgüter erfasst werden, kann diese herangezogen werden, um ein Vollzugsdefizit bei selbst erstellten, immateriellen Einzelwirtschaftsgütern zu verhindern.[5]

Die Fremdvergleichspreise immaterieller Einzelwirtschaftsgüter werden in der Regel durch eine kapitalmarktorientierte Bewertung ermittelt, die eine Isolierung und Prognose der dem Wirtschaftsgut zurechenbaren Ertragspotenziale erfordert, da Marktpreise häufig nicht vorliegen.[6] *Bodenmüller* stellt fest, dass es im Rahmen der Isolierung der Ertragspotenziale einzelner Wirtschaftsgüter zu Schätz- und Prognoseungenauigkeiten kommen kann, die sich bei der parallelen Bewertung mehrerer Wirtschaftsgüter kumulieren und zu einer mehrfachen Besteuerung desselben Ertragspotenzials führen können. Der Vorteil einer Gesamtbewertung besteht seiner Meinung nach deshalb darin, dass eine Isolierung der Ertragspotenziale nicht zu erfolgen hat und eine mehrfache Besteuerung desselben Ertragspotenzials vermieden werden kann.[7]

Die Bewertung eines Geschäfts- oder Firmenwertes kann nur indirekt durch die Gegenüberstellung des Gesamtwertes der Funktion mit den Werten der Einzelwirtschaftsgüter

---

1 S. § 248 Abs. 2 HGB.

2 S. § 5 Abs. 2 EStG.

3 Vgl. *Schreiber, R.*, Funktionsverlagerung, 2008, S. 434.

4 Vgl. *Günter, S.*, Funktionsverlagerung, 2007, S. 1084; *Baumhoff, H./Bodenmüller, R.*, Verlagerung, 2003, S. 366.

5 Vgl. *Schreiber, R.*, Funktionsverlagerung, 2008, S. 434.

6 Vgl. *Greinert, M.*, Bewertung, 2010, S. 102; *Wehnert, O.*, Verrechnungspreise, 2007, S. 560.

7 Vgl. *Bodenmüller, R.*, Funktionsverlagerungen, 2004, S. 210 f. Die Gesamtbewertung kann eine Einzelbewertung der übergehenden Einzelwirtschaftsgüter allerdings nicht ersetzen, sondern muss zusätzlich zu dieser erfolgen, da beim aufnehmenden Unternehmen das Ergebnis der Gesamtbewertung immer auf die Einzelwirtschaftsgüter aufgeteilt werden muss. Vgl. *Wassermeyer, F.*, Gesetzgebungsniveau, 2007, S. 538; *Schreiber, R.*, Funktionsverlagerung, 2008, S. 435. Im Inland folgt die Notwendigkeit einer Kaufpreisaufteilung aus dem Einzelbewertungsgrundsatz, der sowohl im Handelsrecht als auch im Steuerrecht anzuwenden ist. S. § 252 Abs. 1 Nr. 3 HGB sowie § 6 Abs. 1 Nr. 7 EStG.

abzüglich der Schulden erfolgen;[1] die direkte Bewertung eines Geschäfts- oder Firmenwerte ist nicht möglich, da er selbst die Summe von nicht einzeln bewertbaren Vorteilen ist.[2] Der Transferpaketansatz und die daraus folgende Gesamtbewertung der Funktion ist deshalb die einzige Möglichkeit, einen anteiligen Geschäfts- oder Firmenwert zu bewerten und dessen Übergang steuerlich zu erfassen.[3]

Aus der Gesetzesbegründung des Unternehmensteuerreformgesetzes 2008 kann entnommen werden, dass der Gesetzgeber den Transferpaketansatz infolge der Verlagerung von Funktionen einführte, weil der Preis der übergehenden Einzelwirtschaftsgüter den Wert der Funktion nicht adäquat widerspiegelt.[4] Das erklärte Ziel ist folglich im Falle der Funktionsverlagerung auch den Übergang des Geschäfts- oder Firmenwertes der Funktion zu erfassen und im Inland der Besteuerung zu unterziehen.[5] Dementsprechend ist in der FVerlV festgehalten, dass die ausschließliche Übertragung von Einzelwirtschaftsgütern keine Funktionsverlagerung im Sinne des AStG darstellt und keinen Transferpaketansatz nach sich zieht.[6] Die Gesamtbewertung eines bloßen Bündels von Einzelwirtschaftsgütern zum Zwecke der Identifizierung des Übergangs und der Bewertung immaterieller Einzelwirtschaftsgüter wird damit aus dem Anwendungsbereich des Transferpaketansatzes ausgenommen.

In der Gesetzesbegründung wird des Weiteren die Aussage getroffen, dass die Neuregelung in Übereinstimmung mit dem international anerkannten Fremdvergleichsgrundsatz steht.[7] In der Literatur wurde die Gesetzesänderung hingegen kritisiert, da in der Gesamtbewertung der Funktion eine Abkehr vom international anerkannten Fremdver-

---

[1] Vgl. Kapitel 3.1.1, S. 35 sowie *Reichl, A.*, Funktionsverlagerung, 2009, S. 682.

[2] S. IAS 36.81. Vgl. auch *Söffing, G.*, Geschäfts- oder Firmenwert, 1988, S. 599.

[3] Vgl. *Blumers, W.*, Transferpaket, 2007, S. 1761: Ein Geschäfts- oder Firmenwert kann nur ausgewiesen werden, wenn eine Einzelbewertung und eine Gesamtbewertung durchgeführt werden und zu unterschiedlichen Ergebnissen führen. Auch *Schreiber* sieht in der fehlenden Einzelbewertbarkeit des Geschäfts- oder Firmenwertes eine Rechtfertigung der Gesamtbewertung. Vgl. *Schreiber, R.*, Funktionsverlagerung, 2008, S. 436 sowie *Schreiber, R.*, Kroppen, 2010, FVerlV, Anm. 63.

[4] Vgl. *Deutscher Bundestag*, BT-Drs. 220/07, 2007, S. 144.

[5] Vgl. auch *Baumhoff, H./Ditz, X./Greinert, M.*, Änderungen, 2010, S. 1312.

[6] S. § 1 Abs. 7 S. 1 FVerlV. Zustimmend *Schreiber, R.*, Kroppen, 2010, FVerlV, Anm. 62: Eine Funktionsverlagerung ist weder nach ihrem wirtschaftlichen Gehalt noch nach ihrer rechtlichen Definition einer bloßen Übertragung von Einzelwirtschaftsgütern gleichzustellen.

[7] Vgl. *Deutscher Bundestag*, BT-Drs. 220/07, 2007, S. 141.

gleichsgrundsatz gesehen wurde.[1] Im Folgenden wird deshalb unter Rückgriff auf die OECD-Verrechnungspreisrichtlinien geprüft, ob von einer internationalen Akzeptanz der genannten Rechtfertigungsgründe eines Transferpaketansatzes ausgegangen werden kann oder auf Grund der Neuregelung ein erhöhtes Doppelbesteuerungsrisiko entsteht.

Nach den OECD-Verrechnungspreisrichtlinien soll der Fremdvergleichsgrundsatz auf jedes einzelne Geschäft gesondert angewendet werden.[2] Bezüglich der Bewertung von immateriellen Einzelwirtschaftsgütern wird festgehalten, dass fremde Dritte in einigen Fällen mehrere immaterielle Einzelwirtschaftsgüter zu einem Leistungspaket zusammenschließen.[3] Die Untersuchung der Fremdvergleichskonformität eines solchen Geschäftes kann es allerdings erforderlich machen, die einzelnen Teile des Leistungspaketes gesondert zu betrachten. In den Verrechnungspreisrichtlinien der OECD wird folglich davon ausgegangen, dass eine Gesamtbewertung mehrerer immaterieller Einzelwirtschaftsgüter unter fremden Dritten zwar möglich ist, die Fremdvergleichskonformität der Vergütung jedoch unter Umständen über eine Einzelbewertung nachgewiesen werden muss. Die grundsätzliche Anwendung des Transferpaketansatzes ausschließlich zur Identifizierung des Übergangs und der Bewertung von immateriellen Einzelwirtschaftsgütern würde deshalb im Widerspruch zu den Verrechnungspreisrichtlinien der OECD stehen.[4] Der Ausschluss der Übertragung bloßer Bündel von Einzelwirtschaftsgütern aus dem Anwendungsbereich des Transferpaketansatzes im Rahmen der FVerlV[5] steht hingegen in Übereinstimmung mit den OECD-Verrechnungspreisrichtlinien.

Im Kapitel 9 der OECD-Verrechnungspreisrichtlinien, das die Anwendung des Fremdvergleichsgrundsatzes im Rahmen von Funktionsverlagerungen regelt und im Juli 2010 neu in die Richtlinien aufgenommen wurde, wird der Fremdvergleichsgrundsatz weiter-

---

1 Vgl. *Wehnert, O./Sano, Y.*, Funktionsverlagerung, 2010, S. 57; *Haas, W.*, DBA, 2009, S. 739; *Oestreicher, A.*, Funktionsverlagerung, 2009, S. 80 u. 95; *Welling, B.*, Funktionsverlagerungsbesteuerung, 2009, S. 994; *Baumhoff, H./Ditz, X./Greinert, M.*, Funktionsverlagerungsverordnung, 2008, S. 1952; *Borstell, T./Jamin, C.*, Verlagerung, 2008, S. 819; *Frotscher, G.*, Funktionsverlagerung, 2008, S. 54 f. u. 57; *Scheffler, W.*, Unternehmensteuerreform, 2008, S. 139; *Hey, J.*, Gegenfinanzierungsmaßnahmen, 2007, S. 1308; *Kroppen, H.-K./Rasch, S./Eigelshoven, A.*, Unternehmensteuerreform, 2007, S. 2220 f.

2 Vgl. *OECD*, Transfer Pricing Guidelines, 2010, Tz. 1.42.

3 Vgl. *OECD*, Transfer Pricing Guidelines, 2010, Tz. 6.18.

4 *Looks, C./Freudenberg, M.*, Konfliktfelder, 2009, S. 2517 weisen zudem darauf hin, dass der Ansatz eines Leistungspaketes in den OECD-Verrechnungspreisrichtlinien – im Gegensatz zum nationalen Transferpaketansatz – nicht dazu dienen soll, einen Mehrwert des Leistungspaketes zu identifizieren und somit den Übergang eines Geschäfts- oder Firmenwertes aufzudecken und zu besteuern.

5 S. § 1 Abs. 7 S. 1 FVerlV.

hin auf jedes einzelne Geschäft gesondert angewendet.[1] Bezüglich des Überganges von immateriellen Einzelwirtschaftsgütern werden zwar die Schwierigkeiten im Rahmen der Bewertung und der Identifizierung des Übergangs diskutiert,[2] eine Gesamtbewertung mehrerer immaterieller Einzelwirtschaftsgüter auf Grund dieser Schwierigkeiten jedoch nicht thematisiert. Lediglich infolge des Überganges einer „activity" soll eine Gesamtbewertung nach den Methoden der Unternehmensbewertung erfolgen, um den Fremdvergleichspreis dieser zu ermitteln, da die Summe der Fremdvergleichspreise der übergehenden Einzelwirtschaftsgüter nicht zwingend mit dem Fremdvergleichspreis der „activity" übereinstimmt.[3] Aus den OECD-Verrechnungspreisrichtlinien kann deshalb gefolgert werden, dass bei der Verlagerung einer Funktion, die mit einer „activity" vergleichbar ist,[4] ein Transferpaketansatz zur Bewertung eines Geschäfts- oder Firmenwertes international anerkannt ist, der Übergang eines Bündels von Einzelwirtschaftsgütern jedoch grundsätzlich einzeln zu verrechnen ist.[5]

Bereits vor Einführung des Kapitels 9 der OECD-Verrechnungspreisrichtlinien wurde davon ausgegangen, dass der Transferpaketansatz und somit die Gesamtbewertung einer Funktion nur dann fremdvergleichskonform ist, wenn geschäftswertbildende Faktoren übertragen werden und der Wert der Funktion die Summe der Werte der Einzelwirtschaftsgüter übersteigt.[6] Im Ergebnis ist festzuhalten, dass der Transferpaketansatz für die Erfassung und Bewertung eines übergehenden funktionsanteiligen Geschäfts- oder Firmenwertes notwendig und unter dieser Zielsetzung fremdvergleichskonform ist.

---

1 Das Kapitel 9 der Verrechnungspreisrichtlinien verweist zur Behandlung des Übergangs von immateriellen Wirtschaftsgütern auf das Kapitel 6. Vgl. *OECD*, Transfer Pricing Guidelines, 2010, Tz. 9.81. Vgl. auch *Oestreicher, A.*, Funktionsverlagerung, 2009, S. 95.

2 Vgl. *OECD*, Transfer Pricing Guidelines, 2010, Tz. 9.80.

3 Vgl. *OECD*, Transfer Pricing Guidelines, 2010, Tz. 9.93 u. 9.94.

4 Die Vergleichbarkeit einer Funktion mit einer „activity" wird in Kapitel 4.2.6, S. 95 analysiert.

5 Auch *Baumhoff, H./Puls, M.*, OECD-Diskussionsentwurf, 2009, S. 75 weisen auf die deutliche Differenzierung zwischen der Übertragung von Bündeln von Wirtschaftsgütern und einer „activity" hin. *Welling, B.*, Funktionsverlagerungsbesteuerung, 2009, S. 990 stellt ebenso fest, dass die steuerliche Erfassung von Umstrukturierungsvorgängen nach Ansicht der OECD nach wie vor durch die Erfassung des Übergangs von Einzelwirtschaftsgütern erfolgt und die Gesamtbewertung im Rahmen des Übergangs einer „activity" dadurch gerechtfertigt ist, dass in diesem Fall der kumulierte Wert der Einzelwirtschaftsgüter vom Gesamtwert der „activity" abweichen kann und somit ein Geschäftswert bewertet werden muss.

6 Vgl. *Borstell, T./Schäperclaus, J.*, Funktion, 2008, S. 279 sowie *Frotscher, G.*, Funktionsverlagerung, 2008, S. 52; *Greinert, M.*, Bewertung, 2010, S. 109. Ähnlich *Serg, O.*, Funktionsverlagerungen, 2005, S. 1918: Eine Gesamtbewertung setzt einen Konsens über die grundsätzliche Existenz eines funktionsanteiligen Geschäftswertes voraus.

3.2.4 Konsequenz des Transferpaketansatzes

Vor der Unternehmensteuerreform 2008 existierte bei einer Funktionsverlagerung – deren Gegenstand nicht die Voraussetzungen eines Teilbetriebs erfüllte – keine Rechtsgrundlage für die Besteuerung eines übergehenden funktionsanteiligen Geschäfts- oder Firmenwertes. Seit dem Veranlagungszeitraum 2009 stellt der Transferpaketansatz die Erfassung und Besteuerung eines übergehenden funktionsanteiligen Geschäfts- oder Firmenwertes sicher, da der Begriff der sonstigen Vorteile mit geschäftswertbildenden Faktoren gleichzusetzen ist.

Die Bewertung und Erfassung eines Geschäfts- oder Firmenwertes ist nur durch eine Gesamtbewertung möglich und die Gesamtbewertung unter dieser Zielsetzung fremdvergleichskonform. Im Ergebnis bedingt der Transferpaketansatz somit das Vorhandensein eines funktionsanteiligen Geschäfts- oder Firmenwertes. Der Zusammenhang zwischen dem Transferpaketansatz und einem funktionsanteiligen Geschäfts- oder Firmenwert ist in Abbildung 7 zusammengefasst:

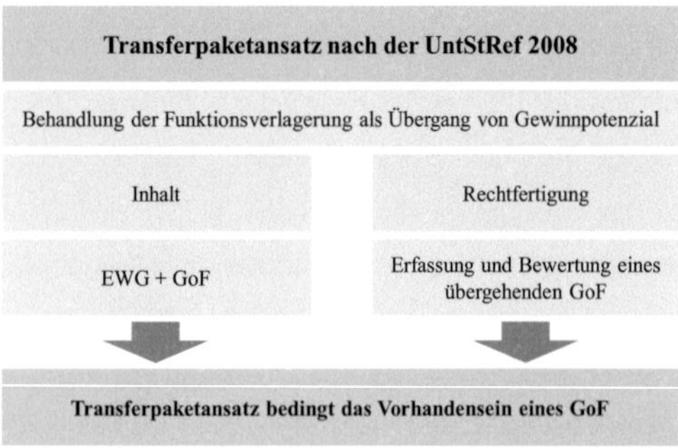

Abbildung 7: Transferpaketansatz und funktionsanteiliger Geschäfts- oder Firmenwert

Die Fremdvergleichskonformität und internationale Akzeptanz der Gesamtbewertung infolge einer Funktionsverlagerung hängen von zwei Voraussetzungen ab, deren Bestehen im anschließenden Kapitel untersucht wird: Zum einen darf der Transferpaketansatz nur dann zum Ansatz kommen, wenn im Rahmen der Verlagerung der Übergang eines Geschäfts- oder Firmenwertes möglich ist. Zum anderen muss die Funktion im Sinne des AStG mit einer „activity“ im Sinne der OECD-Verrechnungspreisrichtlinien vergleichbar sein.

4 Tatbestandsvoraussetzungen einer Funktionsverlagerung

4.1 Überblick über die Tatbestandsvoraussetzungen

Voraussetzung für eine Funktionsverlagerung im Sinne des AStG ist zum einen, dass der Gegenstand der Verlagerung eine Funktion sein muss und zum anderen, dass diese Funktion verlagert bzw. deren Ausübung im Inland eingeschränkt wird. Neben der Funktion müssen die Einzelwirtschaftsgüter und sonstigen Vorteile, die der Funktionsausübung zugrunde liegen, sowie die damit verbundenen Chancen und Risiken übertragen werden.[1] Die Tatbestandsvoraussetzungen sind in Abbildung 8 zusammengefasst:

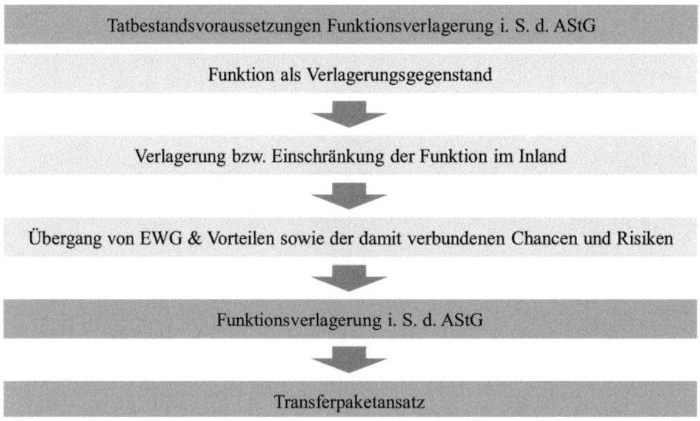

Abbildung 8: Tatbestandsvoraussetzungen einer Funktionsverlagerung

Im Folgenden werden die Tatbestandsvoraussetzungen einer Funktionsverlagerung dahin gehend analysiert, ob sie dem im voranstehenden Kapitel dargestellten Zusammenhang zwischen dem Transferpaketansatz und der Existenz eines funktionsanteiligen Geschäfts- oder Firmenwertes gerecht werden. Die Tatbestandsvoraussetzungen einer Funktionsverlagerung dürfen nur dann erfüllt sein, wenn der Verlagerungsgegenstand Träger eines Geschäfts- oder Firmenwertes sein kann und der Geschäfts- oder Firmenwert im Rahmen der Verlagerung auf das verbundene Unternehmen übergehen kann. Nur unter diesen Voraussetzungen ist die Gesamtbewertung der Funktion fremdvergleichskonform. Durch die Analyse der Tatbestandsvoraussetzungen wird zudem abgegrenzt, welche Formen der Restrukturierung der Aufgabenverteilung im Konzern – Funktionsausgliederung, Funktionsabschmelzung, Funktionsabspaltung und Funktionsverdoppelung – als Funktionsverlagerung im Sinne des AStG zu klassifizieren sind.

---

[1] S. § 1 Abs. 3 S. 9 AStG i. V. m. § 1 Abs. 2 S. 1 FVerlV.

4.2 Funktion

4.2.1 Grundlagen

Grundlegend für die Annahme einer Funktionsverlagerung ist, dass eine Funktion Gegenstand einer Transaktion zwischen verbundenen Unternehmen ist. Der Begriff der Funktion wird durch die Neuregelung im AStG zur Tatbestandsvoraussetzung erhoben. Vor der Unternehmensteuerreform 2008 wurden in der steuerlichen Literatur vereinzelt Abgrenzungen des Begriffes der Funktion vorgenommen;[1] sie dienten allerdings lediglich der Veranschaulichung des Phänomens der Funktionsverlagerung und hatten keine Auswirkung auf deren steuerliche Konsequenzen.[2] Die Begriffsabgrenzungen bauten im Wesentlichen auf der betriebswirtschaftlichen Definition des Begriffes der Funktion auf. Die betriebswirtschaftliche Definition wird im folgenden Kapitel dargestellt und bildet den Ausgangspunkt der weiteren Ausführungen.

Im Rahmen der Einführung neuer Tatbestände und der Aufnahme neuer Begriffe in die Steuergesetze ist auf eine deutliche Abgrenzung zu achten, sodass Rechtssicherheit für die betroffenen Parteien besteht.[3] Der Begriff der Funktion wurde – infolge der Einführung in das AStG – dahin gehend kritisiert, dass diesem eine Untergrenze fehlt und Unsicherheit besteht, in welchen Fällen nicht mehr von einer Verlagerung einer Funktion und einem Transferpaketansatz auszugehen ist.[4] Im Folgenden wird deshalb untersucht, ob die Tatbestandsvoraussetzung der Verlagerung einer *Funktion* im Gesetz und der FVerlV derart bestimmt ist, dass die Verlagerung eines bloßen Bündels von Einzelwirtschaftsgütern nicht als Funktionsverlagerung im Sinne des AStG klassifiziert werden kann. Zudem wird der Begriff der Funktion von anderen Begriffen des Steuer- und Handelsrechts abgegrenzt und versucht, den Funktionsbegriff über die gesetzliche Definition hinaus zu konkretisieren.

---

1 Vgl. *Eisele, F.*, Funktionsverlagerung, 2003, S. 9-28.

2 Vgl. *Wolter, H./Pitzal, C.*, Funktion, 2008, S. 794.

3 Rechtssicherheit in der Steuerplanung wird als bedeutsamer Standortfaktor gesehen. Vgl. *Hey, J.*, Unternehmensbesteuerung, 2004, S. 208; *Thömmes, O.*, Besteuerung, 2005, S. 520.

4 Vgl. *Hey, J.*, Gegenfinanzierungsmaßnahmen, 2007, S. 1308; *Kaminski, B.*, Unternehmensteuerreform, 2007, S. 599.

4.2.2 Betriebswirtschaftliche Definition des Funktionsbegriffes

Der Begriff der Funktion entstammt der Organisationslehre und bezeichnet selbstständige Teilaufgaben einer Unternehmung[1], die aus der Aufteilung der Unternehmensaufgabe entstanden sind und deren Erledigung zur Erfüllung des Betriebszweckes notwendig ist.[2] Die Aufteilung der Unternehmensaufgabe wird zur Realisierung von Effizienzsteigerungen vorgenommen und kann durch vertikale und horizontale Arbeitsteilung erfolgen. Im Rahmen der horizontalen Arbeitsteilung werden die Aufgaben einer Unternehmung nach Art und Menge unterteilt, um durch Spezialisierung Produktivitätsvorteile zu erzielen, während bei der vertikalen Arbeitsteilung Effizienzsteigerungen durch die Trennung von Planung und Ausführung erreicht werden sollen.[3]

Die Bildung von Teilaufgaben und somit von Funktionen erfolgt in zwei Schritten. Zunächst müssen alle Aufgabenkomplexe in einer Unternehmung erfasst und in unterschiedliche Elementaraufgaben zerlegt werden (Aufgabenanalyse), um in einem zweiten Schritt gleichartige Elementaraufgaben zu wirtschaftlich sinnvollen Bündeln von Aufgaben zusammenzufassen und organisatorischen Einheiten der Unternehmung zuzuordnen (Aufgabensynthese).[4]

Die *Aufgabenanalyse* ist ein empirisches Verfahren mit dem Ziel, die Elementaraufgaben einer Unternehmung zu identifizieren und diese im Hinblick auf unterschiedliche Kriterien zu charakterisieren: Sie gibt einen Überblick über die vorhandenen und zu verteilenden Einzelaufgaben und zeigt so die Möglichkeiten einer synthetischen Strukturierung der Unternehmung auf.[5]

---

[1] Im Rahmen dieses Kapitels wird von Unternehmungen als wirtschaftliche Einheiten gesprochen, in Abgrenzung zu dem Begriff des Unternehmens, der in den weiteren Kapiteln zur Bezeichnung der rechtlichen Einheit verwendet wird. Vgl. zur dieser Begriffsdifferenzierung *Salzberger, W.*, Konzernunternehmung, 1994, S. 8; *Theisen, M. R.*, Konzern, 2000, S. 17.

[2] Vgl. *Böhrs, H.*, Organisation, 1963, S. 16; *Kosiol, E.*, Organisation, 1976, S. 77. Für einen Überblick über die Entwicklung des Funktionsbegriffes in der Organisationslehre bis 1963 vgl. *Böhrs, H.*, Organisation, 1963, S. 155-178.

[3] Vgl. bspw. *Krüger, W.*, Organisation, 2005, S. 151.

[4] Zur Aufgabenanalyse und Aufgabensynthese vgl. *Kosiol, E.*, Organisation, 1976, S. 42-79; *Schreyögg, G.*, Organisation, 2003, S. 113-129; *Picot, A./Dietl, H./Franck, E.*, Organisation, 2008, S. 242 f.; *Wöhe, G./Döring, U.*, Betriebswirtschaftslehre, 2010, S. 112.

[5] Vgl. *Kosiol, E.*, Organisation, 1976, S. 32 u. 45 f.

Die Unterteilung aller Aufgabenkomplexe in die Elementaraufgaben kann anhand folgender Kriterien erfolgen:[1]

- Verrichtung (Abgrenzung nach der zugrunde liegenden Tätigkeit)
- Objekte (Abgrenzung nach Produkten, Regionen oder Kundengruppen)
- Rangverhältnis (Abgrenzung von Entscheidung und Ausführung)
- Phase des Entscheidungsprozesses (Abgrenzung von Planung, Umsetzung und Kontrolle)
- Zweckbeziehung (Abgrenzung von primären Leistungsaufgaben und sekundären Verwaltungsaufgaben)

Die *Aufgabensynthese* der Elementaraufgaben zu wirtschaftlich sinnvollen Aufgabenbündeln erfolgt grundsätzlich nach denselben Kriterien, die auch der Aufgabenanalyse zugrunde gelegt wurden. Die Zusammenfassung der Elementaraufgaben kann nach einem Kriterium, oder – üblicherweise – mehreren Kriterien erfolgen.[2] Durch die anschließende Zuweisung der Aufgabenbündel zu organisatorischen Einheiten entstehen Funktionen. Die Bildung von Aufgabenbündeln und organisatorischen Einheiten sind dabei zwei interdependente organisatorische Probleme.[3]

Organisatorische Einheiten können als Stellen oder Abteilungen gebildet werden. Eine Stelle einer Unternehmung ist deren kleinste aufbauorganisatorische Einheit und umfasst einen Aufgabenkomplex, der von einer dafür qualifizierten Person bewältigt werden kann.[4] Der Umfang und Inhalt einer Stelle richtet sich nach der quantitativen und qualitativen Kapazität einer gedachten Person, weshalb eine Stelle unabhängig von einem Personenwechsel besteht.[5] Stellen können in Leitungsstellen bzw. Instanzen und Ausführungsstellen unterteilt werden. In Leitungsstellen und Instanzen werden Entscheidungs- und Weisungsrechte konzentriert, während Ausführungsstellen lediglich

---

[1] Vgl. *Kosiol, E.*, Organisation, 1976, S. 49; *Schreyögg, G.*, Organisation, 2003, S. 114; *Picot, A./Dietl, H./Franck, E.*, Organisation, 2008, S. 243.

[2] Nach *Kosiol, E.*, Organisation, 1976, S. 64 kommt jede mögliche Kombination und Verschachtelung der Gliederungskriterien im Rahmen der Aufgabensynthese in Frage.

[3] Vgl. *Picot, A./Dietl, H./Franck, E.*, Organisation, 2008, S. 242.

[4] Vgl. *Schreyögg, G.*, Organisation, 2003, S. 124 f.; *Krüger, W.*, Organisation, 2005, S. 153; *Picot, A./Dietl, H./Franck, E.*, Organisation, 2008, S. 244.

[5] Vgl. *Böhrs, H.*, Organisation, 1963, S. 108 f.; *Kosiol, E.*, Organisation, 1976, S. 89 f.; *Laux, H./Liermann, F.*, Grundlagen, 2005, S. 178.

mit Ausführungskompetenzen ausgestattet werden.[1] Ein Aufgabenbündel kann auf eine oder mehrere Stellen übertragen werden; stehen diese Stellen unter der Leitung einer Instanz, wird diese organisatorische Einheit als Abteilung bezeichnet.[2] Durch die Bildung von Stellen entsteht eine horizontale Arbeitsteilung, durch die Bildung von Instanzen und Abteilungen eine vertikale Arbeitsteilung.[3] Eine Funktion kann also – je nachdem wie viele Elementaraufgaben zu einem Bündel zusammengeführt werden – entweder durch eine oder mehrere Stellen oder eine oder mehrere Abteilungen ausgeführt werden.

Die Bildung der Aufgabenbündel wird durch die *organisatorische Grundstruktur* einer Unternehmung beeinflusst. Die organisatorische Grundstruktur selbst wird durch das Kriterium geprägt, nach dem die Elementaraufgaben auf der zweiten Gliederungsebene einer Unternehmung zusammengefasst werden. Die erste Gliederungsebene bildet meist – zusammengefasst nach dem Gliederungskriterium „Rang" – die Unternehmensleitung; anschließend erfolgt in der Regel eine Gliederung der Aufgaben nach den Kriterien „Verrichtung" oder „Objekt".[4]

Im Falle der Gliederung nach dem Kriterium „Verrichtung" entsteht eine funktionale Organisationsstruktur, im Falle einer Gliederung nach dem Kriterium „Objekt" entsteht eine divisionale Organisationsstruktur, die auch als Spartenorganisation oder Regionalorganisation bezeichnet wird.[5] Diese beiden aufbauorganisatorischen Grundmodelle dienen als Ausgangspunkt für eine tiefer gehende Gliederung der Unternehmung nach weiteren Kriterien.[6] Eine funktionale Organisationsstruktur ist häufig bei Klein- und Mittelbetrieben vorzufinden, während mit wachsender Unternehmensgröße die Sparten-

---

1 Vgl. *Böhrs, H.*, Organisation, 1963, S. 103; *Schreyögg, G.*, Organisation, 2003, S. 125; *Krüger, W.*, Organisation, 2005, S. 155-157; *Picot, A./Dietl, H./Franck, E.*, Organisation, 2008, S. 245.

2 Vgl. *Böhrs, H.*, Organisation, 1963, S. 102; *Kosiol, E.*, Organisation, 1976, S. 91 f.; *Schreyögg, G.*, Organisation, 2003, S. 125; *Krüger, W.*, Organisation, 2005, S. 170; *Laux, H./Liermann, F.*, Grundlagen, 2005, S. 179 f.; *Picot, A./Dietl, H./Franck, E.*, Organisation, 2008, S. 245.

3 Vgl. *Krüger, W.*, Organisation, 2005, S. 158; *Laux, H./Liermann, F.*, Grundlagen, 2005, S. 179 f.; *Picot, A./Dietl, H./Franck, E.*, Organisation, 2008, S. 245.

4 Vgl. *Frese, E.*, Organisation, 2005, S. 443; *Laux, H./Liermann, F.*, Grundlagen, 2005, S. 182; *Picot, A./Dietl, H./Franck, E.*, Organisation, 2008, S. 245; *Wöhe, G./Döring, U.*, Betriebswirtschaftslehre, 2010, S. 112.

5 Vgl. *Schreyögg, G.*, Organisation, 2003, S. 129-149; *Frese, E.*, Organisation, 2005, S. 445-488; *Picot, A./Dietl, H./Franck, E.*, Organisation, 2008, S. 293-335.

6 Vgl. *Schreyögg, G.*, Organisation, 2003, S. 132; *Krüger, W.*, Organisation, 2005, S. 193-202; *Frese, E.*, Organisation, 2005, S. 445-488.

organisation an Bedeutung gewinnt.[1] Die beiden Grundmodelle sind in folgender Abbildung dargestellt:

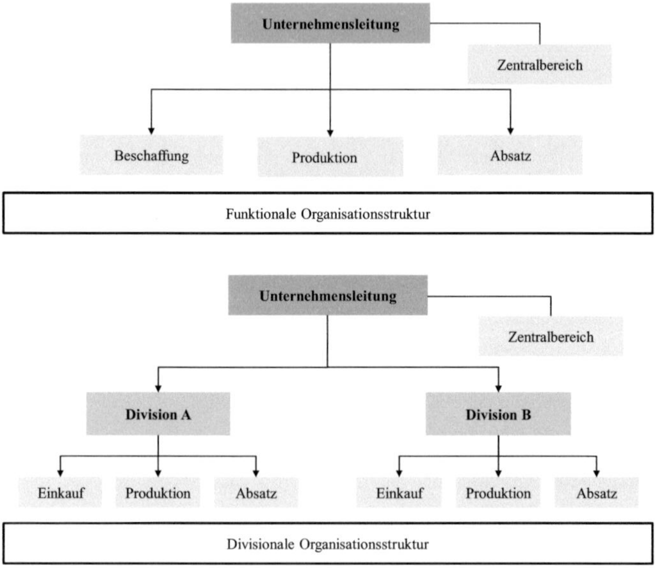

Abbildung 9: Funktionale und divisionale Organisationsstruktur

Infolge einer funktionalen Organisationsstruktur entstehen Funktionen, die je eine Stufe des Wertschöpfungsprozesses abdecken.[2] Die Divisionen bzw. Sparten, die sich infolge einer divisionalen Organisationsstruktur ergeben, umfassen hingegen mehrere Stufen des Wertschöpfungsprozesses und können auf weiteren Ebenen wiederum nach funktionalen Kriterien untergliedert werden.[3] Neben den Sparten können auf gleicher Gliede-

[1] Vgl. *Frese, E.*, Organisation, 2005, S. 445. *Coenenberg, A. G./Fischer, T. M./Günther, T.*, Kostenrechnung, 2009, S. 697 nennen einen gewissen Geschäftsumfang, einen bestimmten Grad an Diversifikation sowie eine relative Unabhängigkeit der Bereiche als Voraussetzungen einer divisionalen Organisationsstruktur. Bzgl. der Stärken und Schwächen der beiden organisatorischen Grundmodelle vgl. *Krüger, W.*, Organisation, 2005, S. 194 f. u. 197 f. sowie *Schreyögg, G.*, Organisation, 2003, S. 129 f. u. 145. Ausführlich zu den Vor- und Nachteilen einer divisionalen Organisationsstruktur bei Großunternehmen vgl. *Frese, E.*, Geschäftssegmentierung, 1993, S. 999-1024.

[2] Vgl. *Schreyögg, G.*, Organisation, 2003, S. 129; *Picot, A./Dietl, H./Franck, E.*, Organisation, 2008, S. 294.

[3] Vgl. *Kosiol, E.*, Organisation, 1976, S. 51 f.; *Laux, H./Liermann, F.*, Grundlagen, 2005, S. 181; *Wöhe, G./Döring, U.*, Betriebswirtschaftslehre, 2010, S. 120 f. Ebenso *Krüger, W.*, Organisation, 2005, S. 197: Den Sparten sind zumindest die Kernfunktionen Absatz und Produktion zuzuordnen.

rungsebene Zentralbereiche gebildet werden, die weitere zentral ausgeführte und bereichsübergreifende Funktionen beinhalten.[1]

Die funktionale und die divisionale Organisationsstruktur sind keine sich gegenseitig ausschließenden Handlungsalternativen; vielmehr können beide zu einer arbeitsteiligen, funktionalen Untergliederung der Unternehmung führen, mit dem Unterschied, dass die divisionale Organisation zusätzliche Vorteile aus einer Dezentralisation von Entscheidungskompetenzen bietet und deshalb bei großen Unternehmungen einer funktionalen Gliederung vorausgeht.[2] Die Kombination verschiedener Gliederungskriterien im Rahmen der Aufgabensynthese führt somit unabhängig von dem gewählten organisatorischen Grundmodell zu einer Vielzahl von Funktionen. In der Betriebswirtschaftslehre werden üblicherweise folgende Funktionen einer Unternehmung aufgezählt:[3] Leitung, Beschaffung, Produktion, Transport, Vertrieb, Forschung, Finanzierung, Investition und Verwaltung.

Im Ergebnis kann festgehalten werden, dass Funktionen – als Ergebnis der Aufgabensynthese in einem Unternehmen – nach bestimmten Kriterien gebildete Aufgabenbündel sind, die auf Grund ihres wirtschaftlichen Zusammenhangs organisatorischen Einheiten zugeordnet sind und in ihrer Gesamtheit die Aufbauorganisation einer Unternehmung widerspiegeln.[4] Die Aufgliederung einer Unternehmung in Funktionen ist durch die Aufgabenanalyse und -synthese und die daraus resultierende Organisationsstruktur determiniert und infolgedessen aus steuerlicher Sicht exogen gegeben. Die infolge der Aufbauorganisation bestehenden Funktionen bilden die Grundgesamtheit der Funktionen einer Unternehmung, deren Verlagerung nach den Regelungen des AStG besteuert werden kann.

---

[1] Vgl. *Frese, E.*, Organisation, 2005, S. 490 f.; *Picot, A./Dietl, H./Franck, E.*, Organisation, 2008, S. 319; *Schreyögg, G.*, Organisation, 2003, S. 135. *Krüger, W.*, Organisation, 2005, S. 197 nennt folgende Beispiele für in Zentralbereichen gebündelte Funktionen: Einkauf, Forschung und Entwicklung, Personal.

[2] Ähnlich *Schreyögg, G.*, Organisation, 2003, S. 145. Auch die Gliederung bei *Picot/Dietl/Frank* deutet an, dass die beiden Grundformen der Organisation nicht konkurrierend nebeneinander stehen, da diese die funktionale Organisation als Möglichkeit der Gliederung der „Geschäftseinheiten" beschreiben und die divisionale Organisation als Möglichkeit der „Organisation von Unternehmen mit mehreren Geschäftsbereichen". Vgl. *Picot, A./Dietl, H./Franck, E.*, Organisation, 2008, S. 293-335.

[3] Vgl. *Eisele, F.*, Funktionsverlagerung, 2003, S. 11 m. w. N.

[4] Vgl. *Kosiol, E.*, Organisation, 1976, S. 63 u. 76; *Picot, A./Dietl, H./Franck, E.*, Organisation, 2008, S. 242 u. 244.

4.2.3 Definition des Funktionsbegriffes im Außensteuergesetz und in der Funktionsverlagerungsverordnung

4.2.3.1 Bündel gleichartiger Aufgaben und organischer Teil des Unternehmens

Die Begriffsbestimmung der Funktion für steuerliche Zwecke orientiert sich an dem betriebswirtschaftlichen Funktionsbegriff und befindet sich in § 1 Abs. 1 FVerlV. Nach der FVerlV ist eine Funktion eine Zusammenfassung gleichartiger betrieblicher Aufgaben, die von bestimmten Stellen oder Abteilungen eines Unternehmens ausgeübt werden.

Im Rahmen des Aufbaus einer Organisationsstruktur eines Unternehmens werden durch die Kombination verschiedener Gliederungskriterien die Elementaraufgaben eines Unternehmens zu wirtschaftlich sinnvollen Aufgabenbündeln zusammengefasst.[1] Nach welchen und insbesondere wie vielen Gliederungskriterien die „gleichartigen Aufgaben" einer Funktion im Sinne des AStG zusammengefasst werden, ist in der FVerlV nicht vorgegeben.[2]

In der FVerlV wird des Weiteren festgestellt, dass die Funktion ein organischer Teil eines Unternehmens ist.[3] Diese Feststellung weicht in zweifacher Hinsicht von dem organisatorischen Funktionsbegriff ab: *Zum einen* wird nach der steuerlichen Definition die Funktion mit einem organischen Teil eines Unternehmens gleichgestellt, während in der Organisationslehre die Funktion mit einem Aufgabenbündel gleichgestellt wird, das einem Aufgabenträger übertragen wurde.[4] Der Aufgabenträger – also die Gesamtheit mehrerer Stellen oder Abteilungen – wird als organisatorische Einheit bezeichnet.[5]

Die Gleichsetzung der Funktion mit einem organischen Unternehmensteil ist für steuerliche Zwecke gerechtfertigt, da steuerliche Konsequenzen nicht durch die Neuverteilung von Aufgaben im Konzern, sondern durch die Verlagerung eines Unternehmensteils mit

---

1 Vgl. Kapitel 4.2.1, S. 54.

2 Im Kapitel 4.2.4.1 wird der Frage nachgegangen, auf welcher Aggregationsstufe der Elementaraufgaben eine Funktion im Sinne des AStG anzusetzen ist. Vgl. Kapitel 4.2.4.1, S. 76.

3 § 1 Abs. 1 S. 2 FVerlV. Die Feststellung, dass eine Funktion ein organischer Teil eines Unternehmens ist, ist auch der Gesetzesbegründung des Unternehmensteuerreformgesetzes zu entnehmen. Vgl. *Deutscher Bundestag*, BT-Drs. 220/07, 2007, S. 144.

4 Vgl. *Kosiol, E.*, Organisation, 1976, S. 45; *Böhrs, H.*, Organisation, 1963, S. 16.

5 Vgl. Kapitel 4.2.2, S. 55.

dessen Wirtschaftsgütern ausgelöst werden.[1] Im Folgenden werden deshalb – der steuerlichen Definition folgend – die Begriffe Funktion und organischer Unternehmensteil immer dann gleichgestellt, wenn der organische Unternehmensteil gleichartige betriebliche Aufgaben umfasst.

Zum anderen weicht der Gesetzgeber inhaltlich vom Funktionsbegriff der Organisationslehre ab, da er die Bezeichnung „organischer Teil einer Unternehmung“ anstatt der Bezeichnung „organisatorische Einheit“ verwendet. Im Folgenden wird untersucht, welche Konsequenzen die Definition einer Funktion als organischer Teil einer Unternehmung hat und anschließend überprüft, ob unterschiedliche Konsequenzen aus der Bezeichnung einer Funktion als organisatorische Einheit resultieren.

Die Bezeichnung der Funktion als organischer Teil einer Unternehmung verdeutlicht die Stellung einer Funktion im Unternehmen. Zum einen wird die Funktion von einer zusammenhangslosen Gruppe von Wirtschaftsgütern abgegrenzt, da in einem organischen Unternehmensteil Stellen und Abteilungen – mit den zugeordneten Aufgaben und benötigten Wirtschaftsgütern – gebündelt werden, die in einem wirtschaftlichen Zusammenhang stehen.[2] Zum anderen verdeutlicht der Begriff „organischer Teil eines Unternehmens“, dass die Funktion in einem inneren wirtschaftlichen Zusammenhang mit den anderen Funktionen steht[3] und von diesen und somit innerhalb der Unternehmensgesamtheit abgrenzbar sein muss.

In der Begründung der FVerlV wird die Abgrenzbarkeit einer Funktion weiter konkretisiert: Die Abgrenzbarkeit einer Funktion muss sich auch auf die Gewinnauswirkungen erstrecken, die sich aus der Verlagerung einer Funktion bei den beteiligten Unternehmen ergeben.[4] Ein Unternehmensteil kann deshalb nur dann als organischer Teil eines Unternehmens und somit als Funktion angesehen werden, wenn er über eine gewisse

---

1 Vgl. hierzu Kapitel 3.1.1, S. 35 sowie Kapitel 4.4.2, S. 111.

2 Vgl. *Borstell, T./Schäperclaus, J.*, Funktion, 2008, S. 279 f.; *BMF*, Verwaltungsgrundsätze Funktionsverlagerung, Schr. v. 13.10.2010, Tz. 18.

3 Vgl. auch *Brüninghaus, D./Bodenmüller, R.*, Funktionsverlagerung, 2009, S. 1286.

4 Vgl. *Deutscher Bundesrat*, BR-Drs. 352/08, 2008, S. 10.

Eigenständigkeit verfügt, die es erlaubt, ihm bestimmte Aufwendungen und Erträge sachgerecht zuzuordnen.[1]

Die Abgrenzbarkeit einer Funktion ist im Hinblick auf die steuerlichen Konsequenzen einer Funktionsverlagerung ein entscheidendes Charaktermerkmal, da die Fremdvergleichspreisermittlung einer Funktionsverlagerung durch Diskontierung der zukünftig zu erwartenden Reingewinne nach Steuern erfolgen soll.[2] Nur wenn der verlagerten Funktion Erträge und Aufwendungen exakt zugeordnet werden können, kann ein Fremdvergleichspreis ermittelt und der Besteuerung zugrunde gelegt werden.

Die Zuordnung von Aufwendungen und Erträgen zu einem organischen Unternehmensteil ist durch den Ansatz interner Verrechnungspreise auch dann möglich, wenn die Leistung ausschließlich unternehmens- oder konzernintern gehandelt wird.[3] Voraussetzung für eine Abgrenzung der Aufwendungen und Erträge ist dann, dass die Leistung einer Funktion auf einem externen Markt gehandelt werden *könnte* und somit marktgängig ist.[4] Die sachgerechte Zuordnung von Erträgen beim Vorliegen marktgängiger Leistungen ist möglich, da eine Verrechnung marktgängiger Leistungen unter fremden Dritten dem Grunde nach erfolgt und in der Höhe überprüft werden kann.

Zusammenfassend kann ein *organischer Teil eines Unternehmens* als ein Unternehmensteil beschrieben werden, der abgrenzbar und eigenständig ist, aus mehreren – in einem wirtschaftlichen Zusammenhang stehenden – Stellen oder Abteilungen besteht und im Verbund mit weiteren Funktionen das Unternehmen bildet. Verbindet man diese Charaktermerkmale eines organischen Unternehmensteils mit der Voraussetzung, dass

---

1 Vgl. *Deutscher Bundestag*, BT-Drs. 220/07, 2007, S. 10 sowie *BMF*, Verwaltungsgrundsätze Funktionsverlagerung, Schr. v. 13.10.2010, Tz. 18; *Brüninghaus, D./Bodenmüller, R.*, Funktionsverlagerung, 2009, S. 1286; *Schreiber, R.*, Kroppen, 2010, FVerlV, Anm. 43. *Schreiber, U.*, Besteuerung, 2008, S. 471 beruft sich auf die Rechtsfolgen einer Funktionsverlagerung und stellt fest, dass eine Bewertung einer Funktion nur möglich ist, wenn dieser mit hinreichender Genauigkeit Zahlungsströme zugeordnet werden können.

2 S. § 1 Abs. 4 FVerlV.

3 Vgl. auch die Voraussetzung einer zahlungsmittelgenerierenden Einheit in Kapitel 4.2.5.2, S. 89. Auch das *BMF* ist der Auffassung, dass eine Funktion ihre Leistung nicht zwingend gegenüber anderen Marktteilnehmern anbieten muss. Vgl. *BMF*, Verwaltungsgrundsätze Funktionsverlagerung, Schr. v. 13.10.2010, Tz. 17.

4 So auch *Brüninghaus, D./Bodenmüller, R.*, Funktionsverlagerung, 2009, S. 1286, die eine marktgängige Leistung fordern und diese als Leistung definieren, für die fremde Dritte auf einem Markt ein Entgelt entrichten würden. Vgl. ebenso *Borstell, T./Schäperclaus, J.*, Funktion, 2008, S. 208 f.

in einem Unternehmensteil gleichartige betriebliche Aufgaben zusammengefasst werden, ergibt sich in Summe die Definition des Funktionsbegriffes aus steuerlicher Sicht.

Der Begriff der *organisatorischen Einheit* umfasst auf bestimmte, selbstständige Teilaufgaben spezialisierte, in ihrem Tätigkeitsbereich abgegrenzte und aus mehreren Stellen oder Abteilungen bestehende Einheiten eines Unternehmens.[1] Vergleicht man diese Begriffsabgrenzung mit der des organischen Teils eines Unternehmens, wird deutlich, dass beide Begriffe auf die gleichen Charaktereigenschaften eines Unternehmensteils abstellen und inhaltlich gleichzusetzen sind. Zur Untersuchung der steuerlichen Konsequenzen einer Funktionsverlagerung können die beiden Begriffe synonym verwendet werden.

4.2.3.2 Abgrenzung der Funktion zum Teilbetrieb

Im voranstehenden Kapitel wurde festgehalten, dass eine Funktion, da sie ein organischer Teil des Unternehmens ist, einerseits von einer zusammenhangslosen Gruppe von Einzelwirtschaftsgütern und andererseits vom Gesamtunternehmen abgegrenzt werden kann. Durch den Zusatz in § 1 Abs. 1 S. 2 FVerlV, dass eine Funktion zwar organischer Teil eines Unternehmens, nicht aber Teilbetrieb im steuerlichen Sinne sein muss, wird der Begriff der Funktion weiter abgegrenzt. Auf Grund dieser Negativabgrenzung des Funktionsbegriffes stellt sich im ersten Schritt die Frage, in welcher Beziehung Funktionen und Teilbetriebe zueinander stehen und in einem zweiten Schritt, in welchen Merkmalen sich Teilbetriebe und Funktionen unterscheiden.

Der Teilbetriebsbegriff ist nicht im Gesetz definiert, sondern durch die Rechtsprechung des BFH konkretisiert worden. Unter einem Teilbetrieb versteht der BFH „einen mit einer gewissen Selbstständigkeit ausgestatteten, organisch geschlossenen Teil des Gesamtbetriebs, der für sich lebensfähig ist.“[2]

Das Merkmal *„organisch geschlossener Teil des Gesamtbetriebs“* spielt in den Urteilen des BFH für die Begriffsbestimmung des Teilbetriebs eine untergeordnete Rolle, da

---

[1] Vgl. Kapitel 4.2.2, S. 55.

[2] BFH, Urt. v. 17.03.1977, IV R 218/72, BStBl II 1977, S. 596; BFH, Urt. v. 26.04.1979, IV R 119/76, BStBl II 1979, S. 558; BFH, Urt. v. 24.11.1982, I R 123/78, BStBl II 1983, S. 113; BFH, Urt. v. 01.02.1989, VIII R 33/85, BStBl II 1989, S. 460; BFH, Urt. v. 13.02.1996, VIII R 39/92, BStBl II 1996 , S. 410; BFH, Urt. v. 05.06.2003, IV R 18/02, BStBl II 2003, S. 839; BFH, Urt. v. 16.11.2005, X R 17/03, BFH/NV 22 (2006), S. 532; BFH, Urt. v. 15.03.2007, III R 53/06, BFH/NV 23 (2007), S. 1662; BFH, Urt. v. 21.03.2010, IV R 41/07, DStR 48 (2010), S. 924.

dieser zur Bestimmung eines Unternehmensteils als Teilbetrieb meist auf die beiden Merkmale *Selbstständigkeit* und *Lebensfähigkeit* zurückgreift.[1] Auch in der Literatur wird dem Begriffsmerkmal „organischer Teil des Gesamtbetriebs" wenig Bedeutung beigemessen, da es zwar dazu dient, den Teilbetrieb von einer Gruppe zusammenhangsloser Wirtschaftsgüter abzugrenzen, aber diese Abgrenzung auch durch die beiden anderen Merkmale erfolgen kann. Sofern ein selbstständiger und lebensfähiger Teil eines Unternehmens vorliegt, ist davon auszugehen, dass dieser auch organisch geschlossen ist und deshalb letzteres Merkmal nicht als eigenständiges Tatbestandsmerkmal eines Teilbetriebs zu sehen ist.[2]

Die durch den BFH geforderte *Selbstständigkeit* eines Teilbetriebs liegt vor, wenn die dem Unternehmensteil zugeordneten Wirtschaftsgüter zusammen einer Betätigung dienen, die sich von der sonstigen gewerblichen Tätigkeit abhebt.[3] Indizien dafür können eine räumliche Trennung, die Verwendung anderer Betriebsmittel, insbesondere eigenes Anlagevermögen, der Einsatz verschiedenen Personals, eine gesonderte Buchführung und Kostenrechnung, eine ungleichartige betriebliche Tätigkeit, eigene Einkaufs- und Verkaufsabteilung und ein eigener Kundenstamm sein.

Das dritte Merkmal eines Teilbetriebs – dessen *selbstständige Lebensfähigkeit* – ist nach den Urteilen des BFH dann erfüllt, wenn dieser auf Grund seiner Struktur eine eigenständige betriebliche Tätigkeit ausführen kann.[4] Die selbstständige Lebensfähigkeit eines Betriebsteils wird dabei anhand verschiedener Kriterien beurteilt: beispielsweise

---

1 In keinem der in der Fn. 2, S. 63 aufgelisteten Urteile greift der BFH für die Beantwortung der Frage, ob ein Teilbetrieb vorliegt, auf das Merkmal „organischer Teil des Gesamtunternehmens" zurück; die Kriterien der Lebensfähigkeit und der Selbstständigkeit werden teils kombiniert, teils einzeln angewendet.

2 Vgl. *Geissler, M.*, H/H/R, 2010, § 16 EStG, Anm. 142; *Reiß, W.*, K/S/M, 2010, § 16 EStG, Rdnr. B 254 u. B 257; *Haarmann, W.*, Teilbetrieb, 2000, S. 377.

3 Vgl. BFH, Urt. v. 26.04.1979, IV R 119/76, BStBl II 1979, S. 557 f.; BFH, Urt. v. 18.06.1998, IV R 56/97, BStBl II 1998, S. 736 f.; BFH, Urt. v. 16.11.2005, X R 17/03, BFH/NV 22 (2006), S. 532; BFH, Urt. v. 15.03.2007, III R 53/06, BFH/NV 23 (2007), S. 1661. Bezüglich der eigenen Einkaufs- und Verkaufsabteilung vgl. BFH, Urt. v. 13.02.1996, VIII R 39/92, BStBl II 1996 , S. 410.

4 Vgl. BFH, Urt. v. 10.03.1998, VIII R 31/95, BFH/NV 14 (1998), S. 736; BFH, Urt. v. 10.03.1998, VIII R 31/95, BFH/NV 14 (1998), S. 1210.

einem eigenen Kundenkreis, eigener Einkaufsbeziehungen oder einem eigenen Personalbestand.[1]

Eine Abgrenzung der organischen Unternehmensteile „Teilbetrieb" und „Funktion" kann aus der Forderung des BFH abgeleitet werden, dass zur Erfüllung der drei Teilbetriebsvoraussetzungen ein selbstständiger Zweigbetrieb im Rahmen des Gesamtunternehmens vorliegen muss.[2] Ein selbstständiger Zweigbetrieb liegt in Unternehmen vor, die eine divisionale Organisationsstruktur (auch Spartenorganisation oder Regionalorganisation) aufweisen.[3] Die Divisionen bzw. Zweige, die in der Regel selbst mehrere Funktionen umfassen, stellen Teilbetriebe dar. Ein Teilbetrieb umfasst somit – wie in Abbildung 10 dargestellt – regelmäßig mehrere betriebliche Funktionen, die dessen Untereinheit bilden.[4]

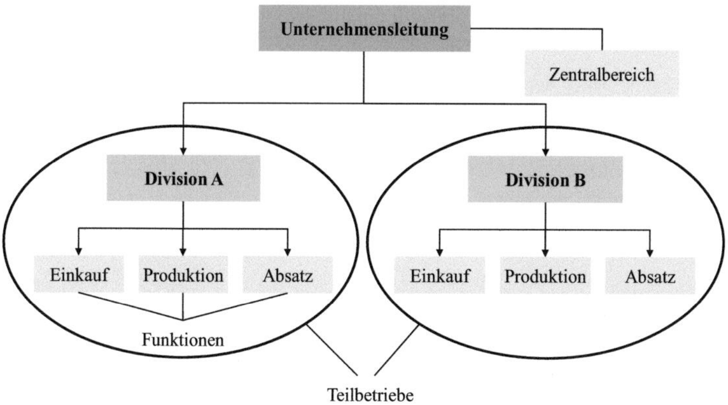

Abbildung 10: Abgrenzung von Teilbetrieben und Funktionen

---

1 Bezüglich des eigenen Kundenstamms vgl. BFH, Urt. v. 26.06.1975, VIII R 39/74, BStBl II 1975, S. 833; BFH, Urt. v. 15.03.1984, IV R 189/81, BStBl II 1984, S. 486; bezüglich der eigenen Einkaufsbeziehungen bei Einzelhandelsfilialen vgl. BFH, Urt. v. 12.09.1979, I R 146/76, BStBl II 1980, S. 53; BFH, Urt. v. 12.02.1992, XI R 21/90, BFH/NV 1992, S. 516; BFH, Bs. v. 02.04.1997, X B 269/96, BFH/NV 1997, S. 481; bezüglich des eigenen Personalbestands vgl. BFH, Urt. v. 01.02.1989, VIII R 33/85, BStBl II 1989, S. 460. Zur Überschneidung der Indizien der Selbstständigkeit und der selbstständigen Lebensfähigkeit vgl. Abbildung 11, S. 68 sowie deren Erläuterung.

2 Vgl. BFH, Urt. v. 15.03.1984, IV R 189/81, BStBl II 1984, S. 486; BFH, Urt. v. 13.02.1996, VIII R 39/92, BStBl II 1996 , S. 410; BFH, Urt. v. 16.11.2005, X R 17/03, BFH/NV 22 (2006), S. 532; BFH, Urt. v. 15.03.2007, III R 53/06, BFH/NV 23 (2007), S. 1662.

3 Vgl. Kapitel 4.2.2, S. 55.

4 Vgl. auch *Haarmann, W.*, Teilbetrieb, 2000, S. 379. *Kroppen, H.-K./Roeder, A.*, Kroppen, 2010, FVerlV, Anm. 157 sind ebenfalls der Auffassung, dass selbstständig lebensfähige Teilbetriebe einer Kombination mehrerer Funktionen bedürfen.

Borstell/Schäperclaus kommen ebenfalls zu dem Ergebnis, dass ein Teilbetrieb mehrere Funktionen umfassen muss, leiten dieses allerdings aus nur einem Begriffsmerkmal – der selbstständigen Lebensfähigkeit – des Teilbetriebs ab. Da nach der Rechtsprechung des BFH die Lebensfähigkeit eines Teilbetriebs nur dann gegeben ist, wenn dieser auf Grund seiner Struktur eine eigenständige betriebliche Tätigkeit ausführen kann,[1] ziehen sie den Schluss, dass ein Teilbetrieb alle betrieblichen Funktionen umfassen und bei einer Verlagerung eines Teilbetriebs eine nahezu vollständige Infrastruktur übergehen muss.[2]

Die Annahme, dass ein Teilbetrieb *alle* betrieblichen Funktionen umfassen muss, ist allerdings einzuschränken, da zum einen vom BFH für einen Teilbetrieb nur eine gewisse – nicht aber eine vollständige – Selbstständigkeit gefordert wird[3] und zum anderen in Abhängigkeit der Art eines Betriebs dieser nicht immer alle Funktionen umfasst.[4] Ein Teilbetrieb muss deshalb nur alle für eine eigenständige betriebliche Tätigkeit notwendigen Funktionen umfassen und selbst ausüben.[5]

Nachdem aufgezeigt wurde, dass eine Funktion in der Regel ein Bestandteil eines Teilbetriebs ist und der Teilbetrieb auf einer Gliederungsebene des Unternehmens über der Funktion angesiedelt ist, kann in einem zweiten Schritt der Frage nachgegangen werden, welches Merkmal oder welche Merkmale eines Teilbetriebs für die Beschreibung des Funktionsbegriffes unzutreffend sind und welche Merkmale des Teilbetriebs zur Konkretisierung des Begriffes der Funktion herangezogen werden können.

Die selbstständige Lebensfähigkeit eines Teilbetriebs kann nur dann angenommen werden, wenn dieser alle für eine eigenständige betriebliche Tätigkeit notwendigen Funktionen selbst ausübt. Funktionen hingegen umfassen nur eine Stufe des Wertschöp-

---

1 Vgl. Fn. 4, S. 64.

2 Vgl. *Borstell, T./Schäperclaus, J.*, Funktion, 2008, S. 280.

3 Die geforderte Selbstständigkeit liegt dann vor, wenn mehrere, aber nicht alle Indizien erfüllt sind. Vgl. BFH, Urt. v. 15.03.2007, III R 53/06, BFH/NV 23 (2007), S. 1661 m. w. N. Gerade die Funktionen, die in der Regel in Zentralbereichen eines Unternehmens gebündelt werden, wie bspw. Personal, müssen nicht bei jedem Teilbetrieb vorhanden sein. Vgl. Kapitel 4.2.2, S. 55.

4 Bspw. kann für einen Teilbetrieb, der einem Handelsunternehmen gleicht, nicht gefordert werden, dass er eine eigene Funktion „Einkauf“ innehat, wenn er sich einer zentralen Einkaufsorganisation bedienen kann. Vgl. BFH, Urt. v. 10.03.1998, VIII R 31/95, BFH/NV 14 (1998), S. 1210.

5 § 1 Abs. 1 S. 2 FVerlV regelt, dass eine Funktion nicht Teilbetrieb sein muss. Im Umkehrschluss könnte aus dieser Aussage gefolgert werden, dass unter Umständen eine Funktion ein Teilbetrieb sein kann und somit ein Teilbetrieb aus einer einzelnen Funktion bestehen kann.

fungsprozesses[1] und erbringen ihre Leistungen in der Regel nicht am Markt, sondern gegenüber anderen Funktionen im Unternehmens- oder Konzernverbund. Erst durch die Kombination mehrerer Funktionen kann ein Unternehmen oder ein Teilbetrieb auf einem Markt erwerbswirtschaftlich tätig werden.[2] Funktionen sind deshalb im Gegensatz zu Teilbetrieben nicht *selbstständig lebensfähig*, sondern nur *im Verbund* mit weiteren Funktionen *lebensfähig*.[3]

Das Merkmal der organischen Geschlossenheit wird sowohl für einen Teilbetrieb als auch für eine Funktion[4] gefordert und ist für die Definition der Funktion und deren Abgrenzung zu einem Bündel von Einzelwirtschaftsgütern unverzichtbar.[5] Im Folgenden wird das Merkmal der Selbstständigkeit auf Überschneidungen mit dem Merkmal der selbstständigen Lebensfähigkeit untersucht und den Merkmalen der Funktion gegenübergestellt.[6]

- Indizien für die Selbstständigkeit eines Teilbetriebs sind eine räumliche Trennung, die Verwendung eigener Betriebsmittel, der Einsatz bestimmten Personals und eine gesonderte Buchführung.[7] Alle diese Merkmale können aber ebenso einen organisch geschlossenen Teil eines Unternehmens bzw. die Abgrenzbarkeit und Eigenständigkeit indizieren, die im Rahmen der Begriffsbestimmung der Funktion aus diesem Merkmal abgeleitet wurden.[8]

---

1 Vgl. *Blumers, W.*, Transferpaket, 2007, S. 1757: Funktionen sind Teilaufgaben, die im Rahmen einer Wertschöpfungskette ausgeübt werden.

2 Vgl. *Borstell, T./Schäperclaus, J.*, Funktion, 2008, S. 280.

3 Vgl. auch *Eisele, F.*, Funktionsverlagerung, 2003, S. 23 f.; *Schreiber, R.*, Kroppen, 2010, FVerlV, Anm. 42; *Kroppen, H.-K./Roeder, A.*, Kroppen, 2010, FVerlV, Anm. 157; *Borstell, T./Schäperclaus, J.*, Funktion, 2008, S. 280; *Zech, T.*, Verrechnungspreise, 2009, S. 195. A. A. ist *Frischmuth*, der feststellt, dass eine Funktion, die mit allen wesentlichen materiellen und immateriellen Betriebsgrundlagen inklusive der Funktionsberechtigung verlagert wird, zugleich ein Teilbetrieb ist. Vgl. *Frischmuth, M.*, Funktionsverlagerungsbesteuerung, 2010, S. 96.

4 Vgl. Kapitel 4.2.3.1, S. 60.

5 Vgl. Kapitel 4.2.3.1, S. 60.

6 Zur mangelnden Abgrenzung zwischen den Merkmalen der Selbstständigkeit und der selbstständigen Lebensfähigkeit vgl. auch *Wälzholz, E.*, Teilbetriebsbegriff, 1999, S. 66. *Reiß* bezeichnet die drei Tatbestandsmerkmale des Teilbetriebs als tautologisch. Vgl. *Reiß, W.*, K/S/M, 2010, § 16 EStG, Rdnr. B 257.

7 Vgl. Fn. 3, S. 64.

8 Vgl. hierzu kritisch *Borstell, T./Schäperclaus, J.*, Funktion, 2008, S. 281 f. Obwohl der Einsatz bestimmten Personals auch die selbstständige Lebensfähigkeit eines Teilbetriebs indizieren kann (vgl. BFH, Urt. v. 01.02.1989, VIII R 33/85, BStBl II 1989, S. 460), ist dieser für die Annahme einer Funktion zwingend notwendig, da eine Funktion gem. § 1 Abs. 1 S. 1 FVerlV von *bestimmten* Stellen oder Abteilungen ausgeübt werden muss.

- Zwei weitere Indizien für die Selbstständigkeit eines Teilbetriebs sind eine eigene Einkaufs- und Verkaufsabteilung und ein eigener Kundenstamm.[1] Diese beiden Merkmale werden vom BFH zugleich als Indizien für die selbstständige Lebensfähigkeit eines Teilbetriebs gesehen.[2] Das letzte genannte Indiz für die Selbstständigkeit – die ungleichartige betriebliche Tätigkeit – weist m. E. ebenfalls auf eine selbstständige Lebensfähigkeit hin, da nur bei ungleichartigen Tätigkeiten der Teilbetriebe unterscheidbare Leistungen am Markt angeboten werden können.[3]

Sofern aus der Gesamtheit der Indizien für die Selbstständigkeit eines Teilbetriebs jene ausgeklammert werden, die zugleich eine selbstständige Lebensfähigkeit indizieren, können die Verbleibenden ebenfalls als Indizien im Rahmen der Qualifikation eines Unternehmensteils als Funktion herangezogen werden und so den Begriff der Funktion konkretisieren. Die Merkmale eines Teilbetriebs und einer Funktion werden in Abbildung 11 zusammengefasst und gegenübergestellt.

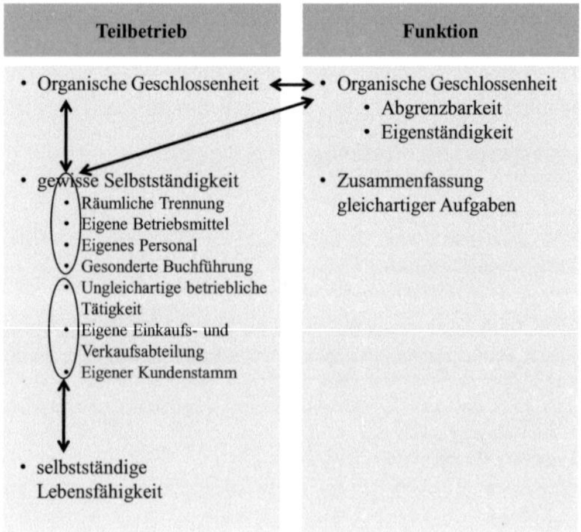

Abbildung 11: Gegenüberstellung der Merkmale von Teilbetrieben und Funktionen

---

[1] Vgl. Fn. 3, S. 64.

[2] Vgl. Fn. 1, S. 65.

[3] Vgl. dazu *Reiß, W.*, K/S/M, 2010, § 16 EStG, Rdnr. B 264. *Geissler* fasst das Indiz der ungleichartigen Tätigkeit mit den Indizien des eigenen Kundenstamms und der eigenen Einkaufs- und Verkaufsabteilung unter dem Begriff der *wirtschaftlichen Eigenständigkeit* zusammen, der m. E. wiederum eine selbstständige Lebensfähigkeit indiziert. Vgl. *Geissler, M.*, H/H/R, 2010, § 16 EStG, Anm. 144.

Im Ergebnis kann festgehalten werden, dass eine Funktion im Sinne des AStG eine Untereinheit eines Teilbetriebs ist, die nicht selbstständig lebensfähig ist und deren Abgrenzbarkeit und Eigenständigkeit durch die Indizien räumliche Trennung, eigene Betriebsmittel, eigenes Personal und gesonderte Buchführung oder interne Kostenrechnung konkretisiert werden können.

4.2.3.3 Funktion als Träger eines Geschäfts- oder Firmenwertes

Im Kapitel 3.2.3 wurde festgestellt, dass der Transferpaketansatz im Rahmen einer Funktionsverlagerung nur dann gerechtfertigt und fremdvergleichskonform ist, wenn Funktionen Träger eines Geschäfts- oder Firmenwertes sein können und dieser im Rahmen der Funktionsverlagerung übertragen werden kann.[1] Im Folgenden wird deshalb untersucht, ob diese beiden Voraussetzungen bei der Verlagerung von Funktionen grundsätzlich vorliegen können.

Grundvoraussetzung für das Bestehen eines Geschäfts- oder Firmenwertes ist das Vorliegen einer organisatorischen Einheit, da nur in einer solchen Einheit geschäftswertbildende Faktoren aufgebaut werden können.[2] Eine Funktion kann deshalb geschäftswertbildende Faktoren aufbauen, wenn sie dauerhaft durch eine organisatorische Einheit ausgeübt wird. Zudem ist die Quantifizierung und Zuordnung eines funktionsanteiligen Geschäfts- oder Firmenwertes zu einer Funktion möglich, da der Funktion Aufwendungen und Erträge zugerechnet werden können[3] und somit der funktionsanteilige Geschäfts- oder Firmenwert als Differenz aus dem Gewinnpotenzial aus der Funktionsausübung und den Werten der Einzelwirtschaftsgüter abzüglich der Schulden errechnet werden kann.[4]

Die Aufteilung des Geschäfts- oder Firmenwertes eines Unternehmens auf dessen organisatorische Einheiten wird auch in der internationalen Rechnungslegung vorgenommen. Nach den IFRS ist ein derivativer Geschäfts- oder Firmenwert auf sogenannte zahlungsmittelgenerierende Einheiten aufzuteilen, um dessen Werthaltigkeit auf deren

[1] Vgl. Kapitel 3.2.3, S. 47.

[2] Vgl. *Kaminski, B.*, S/K/K, 2010, § 1 AStG n. F., Rz. 40.

[3] Vgl. Kapitel 4.2.3.1, S. 60.

[4] Vgl. Kapitel 3.2.3, S. 47.

Ebene zu überwachen.[1] Die zahlungsmittelgenerierenden Einheiten sind dabei – vergleichbar mit Funktionen – definiert als kleinste Gruppe von Vermögenswerten, die unabhängig von anderen Vermögenswerten Mittelzuflüsse erzeugen.[2]

Nachdem eine Funktion als organisatorische Einheit grundsätzlich einen Geschäfts- oder Firmenwert tragen kann, muss der Frage nachgegangen werden, ob dieser im Rahmen einer Funktionsverlagerung auf ein verbundenes Unternehmen übertragen werden kann. Die Untersuchung basiert auf der Rechtsprechung des BFH, der in verschiedenen Urteilen festgestellt hat, unter welchen Voraussetzungen der Geschäfts- oder Firmenwert eines Unternehmens auf ein anderes Unternehmen übergehen kann. Den Urteilen lagen dabei die Streitfragen zugrunde, ob im Rahmen der Abspaltung oder Veräußerung eines Betriebsteils ein anteiliger Geschäftswert mit diesem übergehen kann[3] und ob ein Geschäftswert übergeht, wenn ein Unternehmen den Betrieb eines anderen Unternehmens übernimmt.[4] In den Urteilen wurden folgende Feststellungen getroffen:

- Der Geschäfts- oder Firmenwert eines Betriebs ist grundsätzlich spaltbar.[5]
- Der Geschäfts- oder Firmenwert folgt grundsätzlich den übergehenden geschäftswertbildenden Faktoren.[6]

---

1 S. IAS 36.65.

2 S. IAS 36.68. Die Mittelzuflüsse einer zahlungsmittelgenerierenden Einheit können auch aus einer unternehmensinternen Leistungserbringung unter Einsatz von Verrechnungspreisen ermittelt werden. Gefordert wird lediglich, dass ein aktiver Markt für die Erzeugnisse besteht, nicht dass sie auch auf diesem veräußert werden. S. IAS 36. 70. Für einen weiterführenden Vergleich von Funktionen und zahlungsmittelgenerierenden Einheiten vgl. Kapitel 4.2.5.2, S. 89. Aus der Zuordnung eines Geschäfts- oder Firmenwertes zu zahlungsmittelgenerierenden Einheiten leitet *Serg* ab, dass auch die Zuordnung eines anteiligen Geschäfts- oder Firmenwertes auf Funktionen international akzeptiert ist. Vgl. *Serg, O.*, Funktionsverlagerungen, 2006, S. 209. Vor dem Hintergrund einer nur eingeschränkten Vergleichbarkeit der Funktion mit einer zahlungsmittelgenerierenden Einheit ist diese Schlussfolgerung jedoch kritisch zu sehen. vgl. Kapitel 4.2.5.2, S. 89.

3 Vgl. BFH, Urt. v. 07.10.1970, I R 1/68, BStBl II 1971, S. 69; BFH, Urt. v. 17.03.1977, IV R 218/72, BStBl II 1977, S. 595; BFH, Urt. v. 24.11.1982, I R 123/78, BStBl II 1983, S. 113; BFH, Urt. v. 27.03.1996, I R 60/95, BStBl II 1996, S. 576.

4 Vgl. BFH, Urt. v. 28.06.1989, I R 25/88, BStBl II 1989, S. 983; BFH, Urt. v. 27.03.2001, I R 42/00, BStBl II 2001, S. 771; BFH, Urt. v. 02.09.2008, X R 32/05, BFH/NV 25 (2009), S. 997; FG Rheinland-Pfalz, Urt. v. 24.10.2002, 6 K 3031/98, rkr., EFG 2002, S. 240.

5 Vgl. BFH, Urt. v. 07.10.1970, I R 1/68, BStBl II 1971, S. 69; BFH, Urt. v. 27.03.1996, I R 60/95, BStBl II 1996, S. 577.

6 Vgl. BFH, Urt. v. 27.03.1996, I R 60/95, BStBl II 1996, S. 577; BFH, Urt. v. 27.03.2001, I R 42/00, BStBl II 2001, S. 772; BFH, Urt. v. 02.09.2008, X R 32/05, BFH/NV 25 (2009), S. 1001; FG Rheinland-Pfalz, Urt. v. 24.10.2002, 6 K 3031/98, rkr., EFG 2002, S. 240.

- Der Geschäfts- oder Firmenwert kann nur übergehen, wenn der Verlagerungsgegenstand eigenständig am Wirtschaftsleben teilnehmen kann und somit selbstständig lebensfähig ist.[1]

Die Feststellung, dass der Geschäfts- oder Firmenwert eines Unternehmens spaltbar ist, ist die grundlegende Voraussetzung für die Übertragung eines funktionsanteiligen Geschäfts- oder Firmenwertes und stimmt mit der voranstehenden Feststellung überein, dass eine Funktion grundsätzlich einen anteiligen Geschäfts- oder Firmenwert tragen kann. Für die Übertragbarkeit eines Geschäfts- oder Firmenwertes im Rahmen einer Funktionsverlagerung ist nach den Urteilen des Weiteren entscheidend, ob geschäftswertbildende Faktoren mit der Funktion übertragen werden können. Für die Beantwortung dieser Frage ist der grundlegende Unterschied zwischen einer Unternehmensveräußerung und einer Funktionsverlagerung von Bedeutung: Infolge einer Unternehmensveräußerung wechselt lediglich der Unternehmenseigentümer, während infolge einer Funktionsverlagerung die Funktion zusätzlich räumlich bewegt wird. Auf Grund der räumlichen Bewegung folgert *Kroppen*, dass im Rahmen einer Funktionsverlagerung keine Organisationseinheit von einem Unternehmen auf ein anderes Unternehmen übergeht, sondern die Organisationseinheit bei dem funktionsabgebenden Unternehmen zerstört und beim funktionsaufnehmenden Unternehmen neu aufgebaut wird. Ein Übergang geschäftswertbildender Faktoren und somit eines funktionsanteiligen Geschäfts- oder Firmenwertes im Rahmen einer Funktionsverlagerung scheidet nach *Kroppen* aus.[2]

Um diese Schlussfolgerung zu überprüfen, wird der Geschäfts- oder Firmenwert einer Funktion zunächst systematisiert und anschließend die Übertragbarkeit der einzelnen

---

1 Vgl. BFH, Urt. v. 28.06.1989, I R 25/88, BStBl II 1989, S. 983; BFH, Urt. v. 27.03.1996, I R 60/95, BStBl II 1996, S. 577; BFH, Urt. v. 27.03.2001, I R 42/00, BStBl II 2001, S. 772; BFH, Urt. v. 02.09.2008, X R 32/05, BFH/NV 25 (2009), S. 1001. Auf Grund der geforderten selbstständigen Lebensfähigkeit des Verlagerungsgegenstandes wurde in den Urteilen ein Übergang eines Geschäfts- oder Firmenwertes angenommen, wenn der Verlagerungsgegenstand einem Betrieb oder Teilbetrieb gleichzusetzen war. Vgl. dazu BFH, Urt. v. 07.10.1970, I R 1/68, BStBl II 1971, S. 70 f.; BFH, Urt. v. 17.03.1977, IV R 218/72, BStBl II 1977, S. 595 f.; BFH, Urt. v. 24.11.1982, I R 123/78, BStBl II 1983, S. 113 f.

2 Vgl. *Kroppen, H.-K.*, Kroppen, 2010, FVerlV, Anm. 131; ebenso *Haas, W.*, Funktionsverlagerung, 2008, S. 519; *Kroppen, H.-K./Rasch, S.*, Funktionsverlagerung, 2009, S. 2454.

Bestandteile geprüft. Der Geschäfts- oder Firmenwert einer Funktion kann in folgende Komponenten gegliedert werden:[1]

- Wirtschaftliche Vorteile wie beispielsweise ein Kundenstamm, Produktions- und Absatzverfahren, die Organisationsstruktur, die Mitarbeiterqualifikation oder günstige Einkaufsmöglichkeiten
- Die Going Concern-Komponente, die aus dem Zusammenwirken der Wirtschaftsgüter in der organisatorischen Einheit der Funktion entsteht
- Die Synergie-Komponente, die durch die Integration der Funktion in das jeweilige Unternehmen entsteht
- Die Standortvorteile des jeweiligen Landes wie beispielsweise ein niedriges Lohn- und Kostenniveau oder das Steuersystem

Die im ersten Aufzählungszeichen genannten wirtschaftlichen Vorteile werden im Rahmen der Ausübung einer bestimmten Funktion gebildet und können dementsprechend einzelnen Funktionen zugeordnet werden. M. E. können diese Vorteile mit der Funktion auf ein ausländisches verbundenes Unternehmen übertragen werden, da die Funktion dort nicht *neu,* sondern *wieder* aufgebaut werden muss und beispielsweise ein bestehender Kundenstamm weiter genutzt werden kann. Der Übergang wirtschaftlicher Vorteile ist allerdings nur eingeschränkt möglich, da beispielsweise nicht davon ausgegangen werden kann, dass alle Mitarbeiter ins Ausland versetzt werden können.[2] Teilweise gehen die wirtschaftlichen Vorteile wie die Mitarbeiterqualifikation folglich unter. Der Teil eines Geschäfts- oder Firmenwertes, der aus dem Zusammenwirken der einzelnen Wirtschaftsgüter entsteht (Going Concern-Komponente), geht ebenfalls auf das verbundene Unternehmen über, da nicht einzelne Wirtschaftsgüter, sondern eine organisatorische Einheit und somit eine Einkunftsquelle verlagert wird. Die Synergieeffekte aus der Ausübung mehrerer Funktionen in einem Unternehmen und die Standortvorteile eines Landes, die den Geschäfts- oder Firmenwert prägen, können nicht im

---

[1] Bezüglich des Geschäfts- oder Firmenwertes einer Funktion vgl. *Frotscher, G./Oestreicher, A.*, Restructurings, 2009, S. 380; allgemein bezüglich der Komponenten eines Geschäfts- oder Firmenwertes vgl. *Hachmeister, D.*, Impairment-Test, 2008, S. 241; *Moser, U./Hüttche, T.*, Goodwill, 2009, S. 397.

[2] Auch wenn die Übertragung von Know-how, das in einer qualifizierten Mitarbeiterschaft gebündelt ist, nicht immer möglich ist, wird der Übergang dieses geschäftswertbildenden Vorteils in den OECD-Verrechnungspreisrichtlinien verwendet, um im Rahmen der Verlagerung einer „activity" eine Gesamtbewertung zu rechtfertigen. Vgl. *OECD*, Transfer Pricing Guidelines, 2010, Tz. 9.93 u. 9.95.

Rahmen einer Funktionsverlagerung übergehen. Dem funktionsaufnehmenden Unternehmen wird jedoch durch die Funktionsverlagerung mit der erhaltenen organisatorischen Einheit die Möglichkeit gegeben, diese Synergieeffekte und Standortvorteile zu nutzen. Insofern werden zwar nicht die Vorteile selbst, aber deren Nutzungsmöglichkeit übertragen.[1] Trotz der Verlagerung der Funktion und des damit verbundenen Ab- und Wiederaufbaus können somit geschäftswertbildende Faktoren auf das verbundene Unternehmen übergehen.[2]

Der Übergang eines funktionsanteiligen Geschäfts- oder Firmenwertes kann nur noch auf Grund der dritten Voraussetzung des BFH ausgeschlossen werden, die besagt, dass der Geschäfts- oder Firmenwert nur übergehen kann, wenn der Verlagerungsgegenstand selbstständig lebensfähig ist. Diese Voraussetzung ist bei einer Funktionsverlagerung nicht erfüllt, da eine Funktion im Gegensatz zu einem Teilbetrieb gerade nicht selbstständig lebensfähig ist.[3] *Oestreicher/Hundeshagen* sowie *Greinert* sind deshalb der Auffassung, dass eine Erfassung des Geschäfts- oder Firmenwertes im Rahmen einer Funktionsverlagerung nur gerechtfertigt ist, wenn ein selbstständig lebensfähiger Betriebsteil – beispielsweise ein Teilbetrieb – übertragen wird.[4] M. E. hängt der Übergang eines Geschäfts- oder Firmenwertes jedoch nicht davon ab, ob der Verlagerungsgegenstand selbstständig lebensfähig ist; ein Übergang ist vielmehr immer dann gegeben, wenn das übernehmende *Unternehmen* in der Lage ist, die geschäftswertbildenden Faktoren im Rahmen der erwerbswirtschaftlichen Betätigung des Unternehmens zu verwer-

---

1 Da die Synergieeffekte des funktionsaufnehmenden Unternehmens und Standortvorteile des Ziellandes der Funktionsverlagerung das Gewinnpotenzial aus der Funktionsausübung beeinflussen, bestimmen sie die Grenzen des Einigungsbereiches und somit auch den letztendlich anzusetzenden Preis der Funktionsverlagerung. Vgl. Kapitel 5.6, S. 165.

2 Im Ergebnis gleich: *Schreiber, R.*, Funktionsverlagerung, 2008, S. 437 u. 443 sowie *Haas, W.*, DBA, 2009, S. 717. *Haas* bezieht sich zwar auf die Rechtslage vor der Unternehmensteuerreform 2008 und geht deshalb davon aus, dass die Funktion die Voraussetzungen eines Teilbetriebs erfüllt; für die Frage ob geschäftswertbildende Faktoren räumlich verlagert werden können, spielt diese Annahme jedoch m. E. keine Rolle.

3 Vgl. Kapitel 4.2.3.2, S. 63. Der Übergang eines Geschäftswertes infolge der Verlagerung einer Funktion wurde vor der Unternehmensteuerreform 2008 auf Basis der Urteile, die eine selbstständige Lebensfähigkeit des Verlagerungsgegenstandes forderten (S. 64, Fn. 4 u. 1), verneint, sofern die Funktion nicht zugleich die Voraussetzungen eines Teilbetriebs erfüllte. Vgl. *Eisele, F.*, Funktionsverlagerung, 2003, S. 281; *Bodenmüller, R.*, Funktionsverlagerungen, 2004, S. 237; *Serg, O.*, Funktionsverlagerungen, 2006, S. 159 f.

4 Vgl. *Oestreicher, A./Hundeshagen, C.*, Bewertung (Teil 1), 2008, S. 1637; *Greinert, M.*, Bewertung, 2010, S. 109.

ten und diese Verwertung nach der Verlagerung erfolgt.[1] Eine ähnliche Sichtweise liegt auch den BFH-Urteilen bezüglich des Übergangs eines Geschäfts- oder Firmenwertes im Rahmen von Betriebsaufspaltungen zugrunde:[2] In diesen wird für den Übergang eines Geschäfts- oder Firmenwertes gefordert, dass das *aufnehmende Unternehmen* eigenständig am Wirtschaftsleben teilnehmen kann und die übertragenen geschäftswertbildenden Faktoren nutzen kann. Im Rahmen von Funktionsverlagerungen kann ein anteiliger Geschäfts- oder Firmenwert somit trotz der fehlenden selbstständigen Lebensfähigkeit der Funktion auf das aufnehmende Unternehmen übergehen.[3]

Im Ergebnis ist festzuhalten, dass Funktionen einen anteiligen Geschäfts- oder Firmenwert tragen können und dieser mit der Funktion übergehen kann. Der Begriff der Funktion kann deshalb insoweit konkretisiert werden, dass eine Funktion eine Untereinheit eines Teilbetriebs ist, die organisch geschlossen, aber nicht selbstständig lebensfähig ist und einen Geschäfts- oder Firmenwert tragen kann.

4.2.3.4 Existenz der Funktion beim abgebenden Unternehmen

Von Seiten des *BMF* wird in dem Schreiben „Verwaltungsgrundsätze Funktionsverlagerung" die Auffassung vertreten, dass eine Funktion entweder beim abgebenden *oder* beim aufnehmenden Unternehmen eine organisatorische Einheit darstellen muss.[4] Im Folgenden wird der Frage nachgegangen, ob diese Auffassung in Anbetracht der steuerlichen Konsequenzen einer Funktionsverlagerung angemessen ist, oder ob auch die Existenz der Funktion beim abgebenden Unternehmen gefordert werden muss und folglich der Funktionsbegriff um ein weiteres Merkmal erweitert wird.

Die Forderung, dass eine Funktion bereits beim abgebenden Unternehmen bestanden haben muss, kann aus dem Wortlaut des Gesetzes und der Verordnung abgeleitet werden. Der Transferpaketansatz erfolgt nach dem Gesetzeswortlaut, wenn eine Funktion verlagert wird.[5] Eine Verlagerung kann allein auf Grund des Wortsinns nur vorliegen,

---

[1] Vgl. auch *Günter, S.*, Funktionsverlagerung, 2007, S. 1085.

[2] Vgl. BFH, Urt. v. 27.03.2001, I R 42/00, BStBl II 2001, S. 772; BFH, Urt. v. 02.09.2008, X R 32/05, BFH/NV 25 (2009), S. 1001.

[3] Vgl. ebenso *Schreiber, R.*, Funktionsverlagerung, 2008, S. 436 f.; *Schreiber, R.*, Kroppen, 2010, FVerlV, Anm. 62 sowie *Kahle, H.*, Funktionsverlagerung, 2007, S. 651.

[4] Vgl. *BMF*, Verwaltungsgrundsätze Funktionsverlagerung, Schr. v. 13.10.2010, Tz. 18.

[5] S. § 1 Abs. 3 S. 9 AStG.

wenn die Funktion bereits vor der Verlagerung bestanden hat.[1] Die ausführlichere Definition einer Funktionsverlagerung in der FVerlV bestätigt diese Feststellung, da dort explizit gefordert wird, dass die verlagerte Funktion bereits beim abgebenden Unternehmen ausgeübt worden ist.[2]

Zudem ist der Aufbau geschäftswertbildender Faktoren nur möglich, wenn die Funktion bereits beim abgebenden Unternehmen durch eine organisatorische Einheit ausgeübt wurde, da die geschäftswertbildenden Faktoren Ausdruck der Gewinnchancen sind, die durch den Betrieb eines *lebenden Unternehmens* gewährt werden.[3] Die Bewertung einer Funktion mittels des Transferpaketansatzes ist dementsprechend nur dann angemessen, wenn die Funktion beim abgebenden Unternehmen bereits ausgeübt wurde.[4] Unter Fremdvergleichsgesichtspunkten ist neben der Existenz der Funktion beim abgebenden Unternehmen zudem entscheidend, dass die Funktion für den Erwerber „erkennbar" ist.[5]

Die Auffassung, dass eine Funktion entweder beim abgebenden *oder* beim aufnehmenden Unternehmen eine organisatorische Einheit darstellen muss,[6] ist aus den voranstehenden Gründen abzulehnen. Auch in den OECD-Verrechnungspreisrichtlinien wird festgehalten, dass der Transfer einer „activity" dann vorliegt, wenn die „activity" zuvor von dem abgebenden Unternehmen ausgeführt wurde.[7] Die Prüfung, ob eine Funktionsverlagerung im Sinne des AStG vorliegt, muss deshalb von dem Bestand der Funktionen beim abgebenden Unternehmen ausgehen[8] und sich auf die Frage beschränken, welche dieser Funktionen abgrenzbare und eigenständige organisatorische Einheiten darstellen.[9] Ein Transferpaketansatz kommt damit nur in Betracht, wenn beim abgeben-

---

1 Vgl. *Wolter, H./Pitzal, C.*, Funktion, 2008, S. 798 f.

2 S. § 1 Abs. 2 S. 1 FVerlV.

3 Vgl. BFH, Urt. v. 27.03.2001, I R 42/00, BStBl II 2001, S. 772; BFH, Urt. v. 02.09.2008, X R 32/05, BFH/NV 25 (2009), S. 1000 sowie *Weber-Grellet, H.*, Geschäftswert, 2010, S. 355.

4 Vgl. ebenso *Schreiber, R.*, Kroppen, 2010, FVerlV, Anm. 62, der feststellt, dass es einem Erwerber einer Funktion in erster Linie auf die Übernahme einer bereits bestehenden und erprobten Organisationseinheit ankommt.

5 Vgl. *Borstell, T./Schäperclaus, J.*, Funktion, 2008, S. 279 u. 281: Eine Funktion kann nur dann Gegenstand einer Verlagerung sein, wenn sie auch für einen fremden Dritten als Aggregat zu erkennen ist.

6 Vgl. *BMF*, Verwaltungsgrundsätze Funktionsverlagerung, Schr. v. 13.10.2010, Tz. 18.

7 Vgl. *OECD*, Transfer Pricing Guidelines, 2010, Tz. 9.93.

8 Die Gliederung eines Unternehmens in Funktionen ist durch die innerbetriebliche Organisation aus steuerlicher Sicht exogen vorgegeben. Vgl. Kapitel 4.2.2, S. 55.

9 Vgl. ebenso *Wolter, H./Pitzal, C.*, Funktion, 2008, S. 798.

den Unternehmen eine Funktion im Sinne des AStG bereits vor der Verlagerung bestand.

4.2.4 Identifizierung von Funktionen in Unternehmen

4.2.4.1 Maßgebliche Aggregationsstufe einer Funktion

Im Rahmen der Aufbauorganisation eines Unternehmens können dessen Elementaraufgaben nach verschiedenen Kriterien gebündelt werden.[1] Durch die sequenzielle Anwendung mehrerer Kriterien entstehen Funktionen auf unterschiedlichen Ebenen, die im Folgenden als Aggregationsstufen bezeichnet werden.[2] Eine Funktion befindet sich auf einer um so höheren Aggregationsstufe, je mehr Aufgaben in dieser zusammengefasst werden; ist die Untergliederung eines Unternehmens sehr detailliert – sind also nur wenige Elementaraufgaben zu einer Funktion zusammengefasst – befindet sich diese Funktion auf einer niedrigen Aggregationsstufe. Die Anzahl der Aggregationsstufen ergibt sich aus der Anzahl der verwendeten Gliederungskriterien und aus der Häufigkeit deren Verwendung. Ein Beispiel für mögliche Aggregationsstufen einer Funktion findet sich in folgender Abbildung:

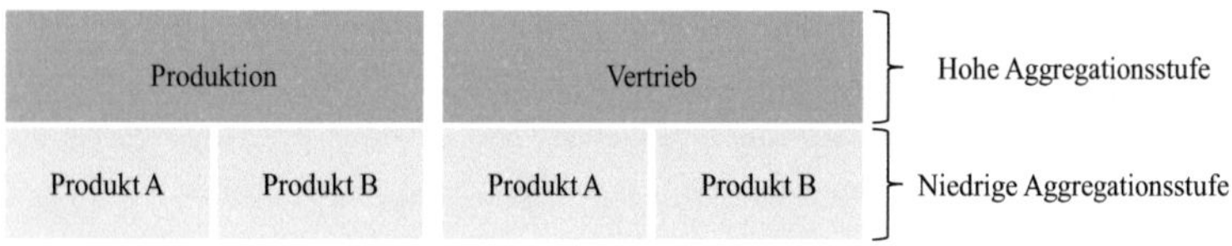

Abbildung 12: Mögliche Aggregationsstufen einer Funktion

In der FVerlV wird lediglich festgestellt, dass eine Funktion eine Zusammenfassung gleichartiger betrieblicher Aufgaben ist.[3] Da die Art und Häufigkeit der verwendeten Gliederungskriterien nicht vorgeschrieben wird, ist offen, auf welcher Aggregationsstufe Funktionen im Sinne des AStG anzusetzen sind. In den Auflistungen[4] von Funktio-

---

[1] Vgl. Kapitel 4.2.2, S. 55.

[2] Von Aggregaten bzw. Aggregationsstufen sprechen auch: *Borstell, T./Schäperclaus, J.*, Funktion, 2008, S. 276; *Brüninghaus, D./Bodenmüller, R.*, Funktionsverlagerung, 2009, S. 1285.

[3] S. § 1 Abs. 1 S. 1 FVerlV.

[4] Vgl. *BMF*, Verwaltungsgrundsätze Funktionsverlagerung, Schr. v. 13.10.2010, Tz. 15; *BMF*, Verwaltungsgrundsätze, Schr. v. 23.02.1983, Tz. 2.1.3; *Greinert, M.*, Verrechnungspreise, 2007, S. 559; *Heining, B.*, Funktionsverlagerung, 2009, S. 21 m. w. N. In der Gesetzesbegründung des § 1 AStG wird lediglich auf die Funktionen Vertrieb und Produktion als Beispiele verwiesen. Vgl. *Deutscher Bundestag*, BT-Drs. 220/07, 2007, S. 141.

nen sind die Aufgaben in der Regel nur nach einem Kriterium gegliedert – meist nach der Verrichtung. Folgende Funktionen werden im Einzelnen genannt: Geschäftsleitung, Forschung und Entwicklung, Materialbeschaffung, Lagerhaltung, Produktion, Verpackung, Vertrieb, Montage, Bearbeitung oder Veredelung von Produkten, Qualitätskontrolle, Finanzierung, Transport, Organisation, Verwaltung, Marketing, Kundendienst.

In der FVerlV wird eine Funktionsverlagerung angenommen, wenn eine Einschränkung der Funktionsausübung beim inländischen Unternehmen vorliegt.[1] Eine vollständige Einstellung der Funktionsausübung beim abgebenden Unternehmen ist keine Voraussetzung für einen Transferpaketansatz. Die Definition der Funktionseinschränkung als Funktionsverlagerung ermöglicht die Annahme einer Funktionsverlagerung unabhängig von einer detaillierten Untergliederung des Unternehmens in Funktionen, da jede Verlagerung einer Funktion einer niedrigen Aggregationsstufe zu einer Einschränkung einer Funktion einer höheren Aggregationsstufe führt.[2] Eine Untergliederung des Unternehmens in Funktionen, die über eine Einteilung nach der Verrichtung (beispielsweise Einkauf, Produktion, Vertrieb) hinausgeht, ist deshalb nur dann notwendig, wenn in Abhängigkeit der Aggregationsstufen ein materieller Unterschied in den steuerlichen Konsequenzen eines bestimmten Verlagerungsvorganges besteht und nur durch eine detaillierte Untergliederung eine fremdvergleichskonforme Besteuerung erreicht werden kann. Eine mögliche Abhängigkeit der steuerlichen Konsequenzen einer Funktionsverlagerung von der zugrunde gelegten Aggregationsstufe wird im Folgenden anhand von Beispielen erörtert.

Die Produktionsfunktion eines Unternehmens soll im ersten Beispiel die Produktion der Produkte „A“ und „B“ umfassen. Die Produktion beider Produkte ist dabei organisatorisch geschlossen, sodass neben der Funktion „Produktion“ auf einer weiteren Aggregationsebene die Funktionen „Produktion Produkt A“ und „Produktion Produkt B“ bestehen. Das Unternehmen verlagert die Funktion „Produktion Produkt B“ auf ein verbundenes Unternehmen im Ausland. Der Verlagerungsvorgang ist in folgender Abbildung zusammengefasst:

---

1 S. § 1 Abs. 2 S. 1 FVerlV. Zur kritischen Diskussion dieser Tatbestandsvoraussetzung vgl. Kapitel 4.3.1, S. 100.

2 Die Verlagerung des Vertriebs des Produktes A führt zu einer Einschränkung der Funktion Vertrieb.

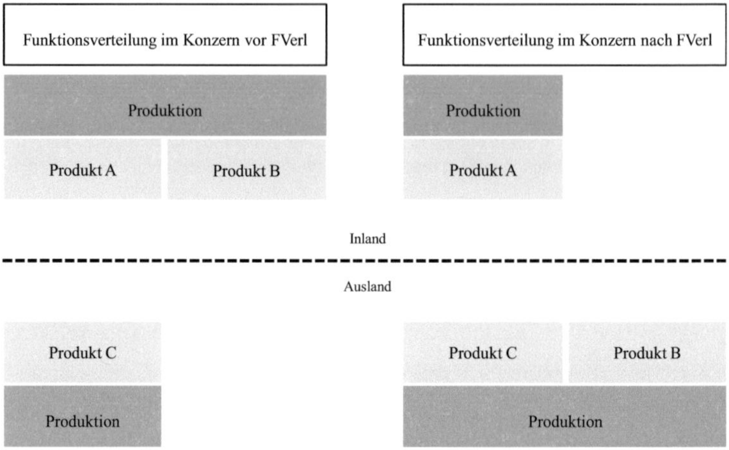

Abbildung 13: Verlagerung einer Funktion

Wird die Funktion „Produktion Produkt B“ als im Sinne des AStG relevante Aggregationsstufe der Elementaraufgaben betrachtet, liegt eine Verlagerung dieser Funktion vor, da die gesamte Tätigkeit dieser Funktion im Inland beendet und im Ausland aufgenommen wird. Stellt man alternativ auf die Funktion „Produktion“ als im Sinne des AStG relevante Aggregationsstufe ab, liegt ebenfalls eine Verlagerung einer Funktion vor, da die Ausübung der Funktion „Produktion“ im Inland eingeschränkt wird. Die steuerlichen Konsequenzen des Verlagerungsvorganges sind in diesem Beispiel unabhängig von der Aggregationsstufe, die der Beurteilung zu Grunde gelegt wird.

In einem zweiten Beispiel wird wiederum angenommen, dass ein Unternehmen im Inland die Produkte „A“ und „B“ herstellt, die Fertigung der Produkte organisatorisch geschlossen ist und somit wiederum die Funktion „Produktion“ und auf einer niedrigeren Aggregationsstufe die Funktionen „Produktion Produkt A“ und „Produktion Produkt B“ bestehen. Das Produkt „B“ hat das Ende seines Lebenszyklus erreicht und wird durch das Produkt „C“ substituiert. Die Produktion des Produktes „B“ wird auf eine Tochtergesellschaft ins Ausland verlagert, da auf Grund niedriger Produktionskosten dort die Aufrechterhaltung der Produktion für einen bestimmten Zeitraum rentabel ist.[1] Der Vorgang ist in folgender Abbildung zusammengefasst:

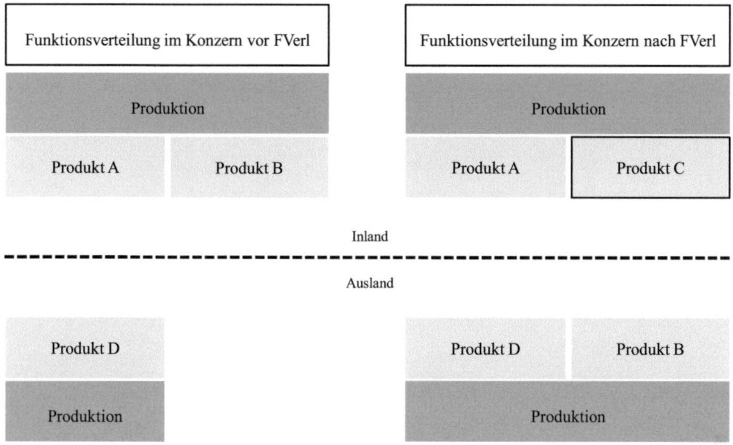

Abbildung 14: Substitution einer Funktion

In diesem Beispiel bestehen wiederum zwei identifizierbare Aggregationsstufen der Aufgaben: die Zusammenfassung der Aufgaben zu den Funktionen „Produktion Produkt A" und „Produktion Produkt B" einerseits und die Zusammenfassung der Aufgaben zu der Funktion „Produktion" andererseits. Die Klassifikation der Transaktion als Funktionsverlagerung ist in diesem Fall jedoch abhängig von der herangezogenen Aggregationsstufe.

Bildet die Funktion „Produktion" den Ausgangspunkt der Betrachtung, liegt keine Einschränkung der Ausübung der Funktion vor, da die Produktion des Produktes „C", die Produktion des Produktes „B" ersetzt. Beschränkt sich somit die Betrachtung auf die höhere Aggregationsstufe, ist die Funktionssubstitution grundsätzlich nicht als Funktionsverlagerung im Sinne des AStG zu klassifizieren, sondern – infolge der Fortführung der substituierten Funktion im Ausland – als Funktionsverdoppelung. Die Erfüllung der einzelnen Tatbestandsvoraussetzungen einer Funktionsverlagerung bei einer Funktionssubstitution und hoher Aggregationsstufe als Ausgangsbasis der Beurteilung der steuerlichen Konsequenzen ist in Abbildung 15 zusammengefasst.

---

[1] Beispiel in Anlehnung an *BMF*, Verwaltungsgrundsätze Funktionsverlagerung, Schr. v. 13.10.2010, Tz. 23 sowie *Schreiber, R.*, Kroppen, 2010, FVerlV, Anm. 45.

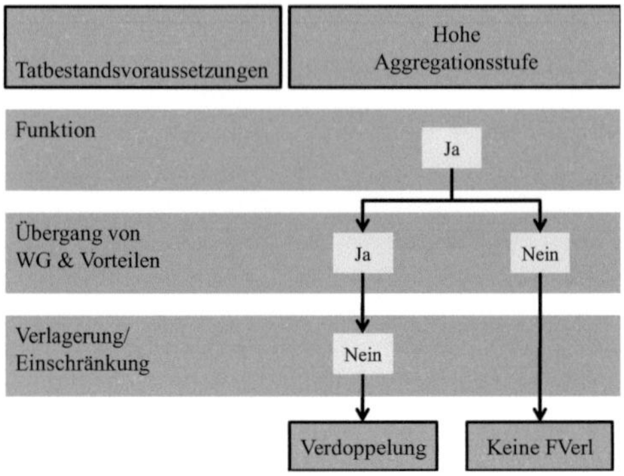

Abbildung 15: Klassifizierung der Funktionssubstitution bei hoher Aggregationsstufe

Wählt man hingegen die Funktion „Produktion Produkt B" als Ausgangspunkt der Beurteilung der steuerlichen Konsequenzen, ist die Annahme der Einschränkung der Funktionsausübung abhängig von der konkreten Ausgestaltung der Funktion. Beruht die Funktionsausübung im Inland weiterhin auf denselben Wirtschaftsgütern und sonstigen Vorteilen wie vor der Substitution, sind die Funktionen „Produktion Produkt B" und „Produktion Produkt C" als eine Funktion im Sinne des AStG zu klassifizieren und es liegt keine Einschränkung der Funktionsausübung im Inland vor.[1] Da im Inland keine Einschränkung der Funktionsausübung gegeben ist und die im Ausland aufgenommene Funktion der Funktion im Inland entspricht, liegt eine Funktionsverdoppelung vor. Basiert die Produktion des Produktes „C" jedoch im Wesentlichen auf anderen Wirtschaftsgütern und sonstigen Vorteilen, ist diese Funktion „Produktion Produkt C" nicht mit der Funktion „Produktion Produkt B" vergleichbar und es liegt eine Einschränkung der Funktionsausübung im Inland vor, die die Annahme einer Funktionsverlagerung im Sinne des AStG bedingt. Die Klassifizierung der Funktionssubstitution bei niedriger Aggregationsstufe als Ausgangsbasis der Beurteilung der steuerlichen Konsequenzen ist in Abbildung 16 dargestellt.

---

[1] Auch das *BMF* stellt für die Klassifikation einer Funktionssubstitution als Funktionsverlagerung bzw. Funktionsverdoppelung auf den Übergang immaterieller Wirtschaftsgüter ab. Vgl. *BMF*, Verwaltungsgrundsätze Funktionsverlagerung, Schr. v. 13.10.2010, Tz. 23 ebenso *Endres, D./Oestreicher, A.*, Funktionsverlagerung, 2009, S. 12; *Looks, C./Freudenberg, M.*, Konfliktfelder, 2009, S. 2515; *Oestreicher, A./Hundeshagen, C.*, Transferpakete, 2009, S. 832. Analog zur dritten Tatbestandsvoraussetzung der Funktionsverlagerung, dem Übergang von Wirtschaftsgütern *und* sonstigen Vorteilen, ist m. E. auch für die Klassifizierung der Funktionssubstitution auf Wirtschaftsgüter *und* sonstige Vorteile abzustellen. Zur dritten Tatbestandsvoraussetzung vgl. Kapitel 4.4, S. 109.

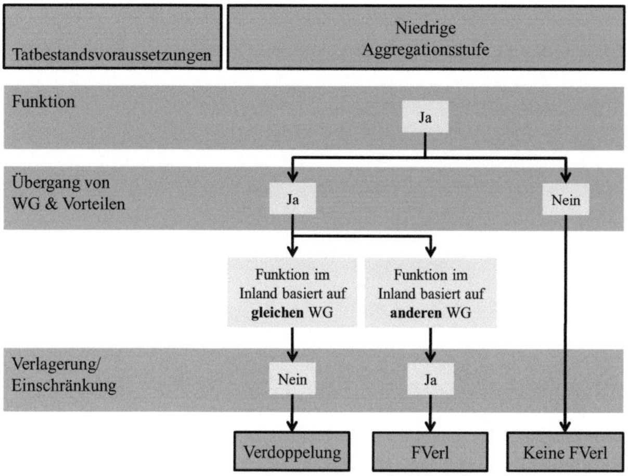

Abbildung 16: Klassifizierung der Funktionssubstitution bei niedriger Aggregationsstufe

M. E. ist eine Funktionssubstitution in einem ersten Schritt grundsätzlich als Funktionsverlagerung im Sinne des AStG zu klassifizieren, da das aufnehmende Unternehmen eine – aus seiner Sicht – gewinnbringende organisatorische Einheit erwirbt und diese als Ganzes bewerten wird.[1] Die Funktionsverlagerung ist jedoch in einem zweiten Schritt nur dann anzunehmen, wenn die zukünftige Funktionsausübung im Inland auf anderen Wirtschaftsgütern und sonstigen Vorteilen basiert, da andernfalls eine Funktionsverdoppelung vorliegt.[2] Da die Wahl der Aggregationsebene im Falle einer Funktionssubstitution Auswirkungen auf deren steuerliche Konsequenzen hat und die Differenzierung zwischen einer Funktionsverlagerung und einer Funktionsverdoppelung infolge einer Substitution nur möglich ist, wenn die niedrigere Aggregationsebene der Funktion

[1] Das inländische Unternehmen gibt eine organisatorische Einheit ab, deren Wert auf Grund der Einstellung der Funktionsausübung jedoch nicht anhand der zukünftig zu erwartenden Erträge zu bemessen ist, sondern anhand des möglichen Liquidationsgewinns. Vgl. Kapitel 5.4.3, S. 151. Die Tatsache, dass der Grenzpreis des funktionsabgebenden Unternehmens nicht auf Basis zukünftiger Gewinne berechnet wird, ändert jedoch nichts an der Tatsache, dass eine Funktionsverlagerung im Sinne des AStG vorliegt.

[2] Die Klassifizierung einer Funktionssubstitution als Funktionsverlagerung – sofern die zukünftige Funktionsausübung im Inland auf anderen Wirtschaftsgütern und sonstigen Vorteilen basiert – ergibt sich aus einer konsequenten Anwendung des § 1 Abs. 3 S. 9 AStG. Aus volkswirtschaftlicher Sicht sollte eine Funktionssubstitution jedoch nicht als Funktionsverlagerung klassifiziert werden, da alternativ – auf Grund der Dispositionsfreiheit (Vgl. Kapitel 3.1.1, S. 35) – die neue, innovative Funktion im Ausland ohne steuerliche Konsequenzen aufgenommen werden kann. Das Inland sollte deshalb die Ansiedlung innovativer Funktionen im Inland nicht durch steuerliche Konsequenzen sanktionieren.

der Ausgangspunkt der Beurteilung der steuerlichen Konsequenzen ist, ist der niedrigeren Aggregationsebene der Vorzug zu geben.[1]

In einem dritten Beispiel sei angenommen, dass in einem Konzern das inländische Unternehmen „A“ für die Entwicklung neuer Produkte sowie für deren Produktion bis zur Serienreife zuständig ist. Die Vermarktung und die Serienproduktion der Produkte übernimmt das darauf spezialisierte ausländische Unternehmen „B“.[2] Das Unternehmen A führt somit die Funktion „Produktion – Prototyp“ und das Unternehmen B die Funktion „Produktion – Serienproduktion“ aus. Im Zeitpunkt der Erreichung der Serienproduktionsreife wird die Aufgabe der Produktion auf das Unternehmen B im Ausland übertragen. Der Vorgang ist in der folgenden Abbildung zusammengefasst:

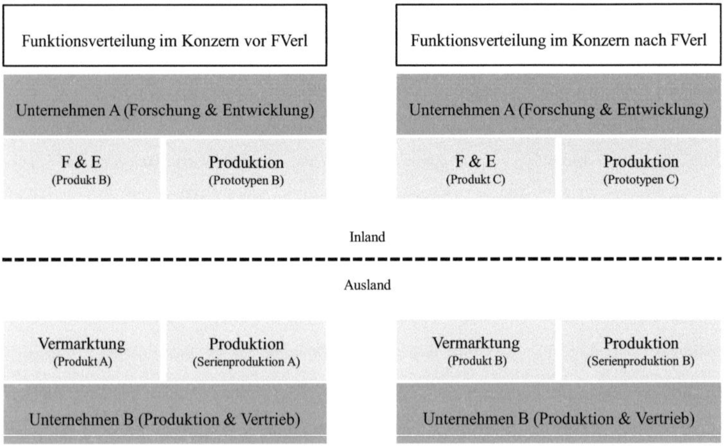

Abbildung 17: Fortführung der Funktion im Inland

[1] Vgl. auch *Endres, D./Oestreicher, A.*, Funktionsverlagerung, 2009, S. 12; *Looks, C./Freudenberg, M.*, Konfliktfelder, 2009, S. 2515; *BMF*, Verwaltungsgrundsätze Funktionsverlagerung, Schr. v. 13.10.2010, Tz. 16 u. 23. *Brüninghaus/Bodenmüller* greifen hingegen auf eine hohe Aggregationsstufe zurück, da sie im Falle einer Substitution einer Funktion grundsätzlich keine Einschränkung der Funktionsausübung im Inland annehmen. Vgl. *Brüninghaus, D./Bodenmüller, R.*, Funktionsverlagerung, 2009, S. 1289; ebenso *Frischmuth, M.*, § 1 AStG, 2009, S. 680; *Ditz, X.*, Verrechnungspreisprüfung, 2009, S. 423; *Kroppen, H.-K./Rasch, S.*, Funktionsverlagerung, 2009, S. 2448. *Zech* stellt auf eine niedrige Aggregationsstufe ab, prüft aber nicht, ob die Ausübung der Funktionen im Inland und im Ausland auf unterschiedlichen Wirtschaftsgütern beruht. Vgl. *Zech, T.*, Funktionsverlagerung, 2009, S. 420. Da zwei Funktionen immer dann als eine Funktion im Sinne des AStG anzusehen sind, wenn sie auf denselben Wirtschaftsgütern und Vorteilen basieren (Vgl. *BMF*, Verwaltungsgrundsätze Funktionsverlagerung, Schr. v. 13.10.2010, Tz. 23), kann der Auffassung von *Zech,* dass eine Funktionsverlagerung vorliegt, obwohl beide Funktionen auf dieselben Wirtschaftsgüter und Vorteile zurückgreifen, nicht gefolgt werden.

[2] Beispiel in Anlehnung an *Brüninghaus, D./Bodenmüller, R.*, Funktionsverlagerung, 2009, S. 1286.

Im Gegensatz zu Beispiel 2 kann eine Funktionsverlagerung und eine Funktionsverdoppelung in diesem Beispiel ausgeschlossen werden, da beide Unternehmen nach der Transaktion dieselben Tätigkeiten ausüben wie vor der Transaktion und folglich keine *organisatorische Einheit* verlagert wird.[1] In diesem Beispiel ist die Beurteilung des Vorliegens einer Funktionsverlagerung zwar unabhängig von der Aggregationsstufe der Funktion, aber abhängig von der detaillierten Beschreibung der Funktionen im In- und Ausland. Sofern die Funktion nach Aufgaben und Produkten abgegrenzt und als Funktion „Produktion Produkt B" bezeichnet wird, müsste der Vorgang als Funktionsverlagerung klassifiziert werden. Werden hingegen die Funktionen als Funktion „Produktion – Prototyp" und Funktion „Produktion – Serienproduktion" bezeichnet, wird deutlich, dass auf Grund der spezifischen Ausgestaltung der beiden Produktionsfunktionen zwei verschiedene Funktionen vorliegen und keine Funktionsverlagerung gegeben ist.[2]

Die genannten Beispiele zeigen, dass neben einer detaillierten Aufgliederung der Unternehmenstätigkeit in Funktionen auf niedrige Aggregationsstufen auch eine genaue Beschreibung der Funktion notwendig ist, um eine sachgerechte Besteuerung einer Reorganisation der Aufgabenverteilung im Konzern sicherzustellen. Eine einfache Unterteilung der Unternehmenstätigkeit in die katalogartig aufgelisteten Funktionen – wie beispielsweise Forschung & Entwicklung, Produktion, Vertrieb – reicht unter Umständen nicht aus, um eine Funktionsverlagerung im Sinne des AStG von einer Funktionsverdoppelung abzugrenzen, die im Gegensatz zur Funktionsverlagerung keine Gesamtbewertung nach sich zieht.[3]

4.2.4.2 Funktion als Verlagerungsgegenstand

Den Beispielen des voranstehenden Kapitels lag jeweils die Annahme zugrunde, dass der Verlagerungsgegenstand selbst eine abgrenzbare organisatorische Einheit und somit eine Funktion im Sinne des AStG darstellt. Nach dem Wortlaut der FVerlV liegt eine Funktionsverlagerung jedoch bereits dann vorliegt, wenn eine Funktion eingeschränkt

---

[1] Vgl. mit gleichem Ergebnis *Brüninghaus, D./Bodenmüller, R.*, Funktionsverlagerung, 2009, S. 1287, die allerdings argumentieren, dass auf Grund der Substitution der Funktion in Inland keine Einschränkung der Tätigkeit gegeben ist. Die Annahme einer fehlenden Einschränkung der Funktionsausübung im Inland ist jedoch nur notwendig, wenn in einem ersten Schritt von dem Übergang einer Funktion ins Ausland ausgegangen wird; dieser Übergang ist jedoch nicht gegeben.

[2] Die übergehenden Einzelwirtschaftsgüter wie bspw. Patente oder Know-how sind im dargestellten Fall einzeln zu verrechnen.

[3] Zur fremdvergleichskonformen Verrechnung einer Funktionsverdoppelung vgl. Kapitel 4.3.2, S. 103.

wird.[1] Auf Grund dieser Abgrenzung der Funktionsverlagerung stellt sich die Frage, welche Kriterien ein Verlagerungsgegenstand erfüllen muss, damit die Einschränkung einer Funktion als Funktionsverlagerung angesehen werden kann.

In einem vierten Beispiel wird angenommen, dass ein inländisches Unternehmen seine Funktion „Vertrieb" nach den Produktgruppen „A" und „B" in organisatorisch geschlossene Einheiten gegliedert hat. Die Funktionen „Vertrieb Produkt A" und „Vertrieb Produkt B" sind mit dem Vertrieb der jeweiligen Produkte in die Länder „C", „D" und „E" beauftragt. Der Vertrieb der Produkte in die einzelnen Länder ist dabei nicht in abgegrenzten organisatorischen Einheiten organisiert, sodass die Funktionen „Vertrieb Produkt A" und „Vertrieb Produkt B" die kleinsten identifizierbaren organisatorischen Einheiten im Unternehmen sind. Das inländische Unternehmen verlagert den Vertrieb der Produkte „A" und „B" an das Land „E" auf ein verbundenes Unternehmen in diesem Land und erhofft sich, den Absatz der Produkte zu erhöhen.[2] Der Vorgang ist in folgender Abbildung zusammengefasst:

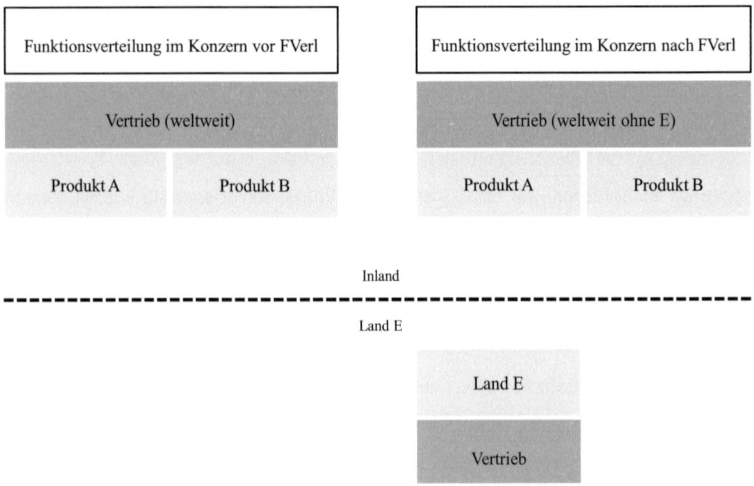

Abbildung 18: Funktionseinschränkung ohne Funktionsverlagerung

[1] S. § 1 Abs. 2 S. 1 FVerlV. Vgl. Kapitel 4.3.1, S. 100.

[2] Beispiel in Anlehnung an *Wolter, H./Pitzal, C.*, Funktion, 2008, S. 797 f.; *Haas, W.*, Funktionsverlagerung, 2008, S. 520.

In den voranstehenden Kapiteln wurde der Begriff der Funktion diskutiert und abgegrenzt. Die Ausführungen bezogen sich allerdings immer auf die Funktion in ihrer Eigenschaft als Verlagerungsgegenstand, da erörtert wurde, welche Kriterien ein Verlagerungsgegenstand erfüllen muss, damit dessen Bewertung mittels des Transferpaketansatzes gerechtfertigt und fremdvergleichskonform ist: Der Transferpaketansatz ist nur angemessen und fremdvergleichskonform, wenn der Verlagerungsgegenstand Träger eines Geschäfts- oder Firmenwertes ist und bereits bei dem abgebenden Unternehmen existiert und für einen fremden Dritten sichtbar ist.[1] Auch die Abgrenzbarkeit und Eigenständigkeit einer Funktion, die sich aus dem Kriterium der organisatorischen Einheit ergibt, muss für den Verlagerungsgegenstand vorliegen, damit die Gewinnauswirkungen aus der Verlagerung quantifizierbar sind.[2] Die Tatbestandsvoraussetzungen einer Funktionsverlagerung sind deshalb nur dann erfüllt, wenn der Verlagerungsgegenstand selbst die Kriterien einer Funktion im Sinne des AStG erfüllt.[3]

Die Funktion „Vertrieb Land E" entsteht im genannten Beispiel erst beim ausländischen Unternehmen, im Inland existierte kein organischer Teil des Unternehmens der den Vertrieb in Land „E" ausführte. Der Vertrieb in Land „E" ist nicht als Funktion im Sinne des AStG anzusehen[4] und kann nicht Gegenstand einer Funktionsverlagerung sein[5], obwohl die Funktionen „Vertrieb Produkt A" und „Vertrieb Produkt B" als auch die Funktion „Vertrieb" eingeschränkt werden.

Im Ergebnis kann eine Funktionsverlagerung nur dann vorliegen, wenn der Verlagerungsgegenstand selbst die Kriterien einer Funktion erfüllt und beim abgebenden Unternehmen Bestandteil einer bzw. der kleinsten identifizierbaren Aggregationsstufe ist. Die Klassifikation einer Transaktion als Funktionsverlagerung erfordert somit die Ermittlung *aller* identifizierbaren Aggregationsstufen der Funktionen im Unternehmen. Da der Verlagerungsgegenstand selbst eine Funktion im Sinne des AStG sein muss, hat der Rückgriff auf die Einschränkung der Funktionsausübung anstelle der Einstellung

1 Vgl. Kapitel 4.2.3.3, S. 69 und Kapitel 4.2.3.4, S. 74.

2 Vgl. Kapitel 4.2.3.1, S. 60.

3 Vgl. ebenso *Wolter, H./Pitzal, C.*, Funktion, 2008, S. 797.

4 Vgl. Kapitel 4.2.3.4, S. 74.

5 Vgl. *Haas, W.*, Funktionsverlagerung, 2008, S. 520; *Wolter, H./Pitzal, C.*, Funktion, 2008, S. 798.

der Funktionsausübung als Tatbestandsvoraussetzung für eine Funktionsverlagerung keine Auswirkungen auf die Abgrenzung des Funktionsbegriffes.[1]

4.2.4.3 Abhängigkeit der Aggregationsstufe von der betrieblichen Organisationsstruktur

Die Forderung nach einer Untergliederung des Unternehmens in alle kleinstmöglichen, identifizierbaren Funktionen ist vor dem Hintergrund zu sehen, dass diese mittels des Transferpaketansatzes bewertet werden sollen. Es geht nicht (nur) darum, organisch geschlossene Unternehmenseinheiten zu identifizieren, denen theoretisch Aufwendungen und Erträge zugerechnet werden können, sondern darum, aus dem Bestand der organisatorischen Einheiten des abgebenden Unternehmens die Einheiten zu isolieren, die sonstige Vorteile und somit einen Geschäfts- oder Firmenwert tragen können.[2]

Träger von sonstigen Vorteilen können nur organisatorische Einheiten sein, die im Rahmen der Aufbauorganisation eines Unternehmens aktiv gebildet wurden und als solche in der Vergangenheit bestanden haben.[3] Die Summe der identifizierbaren Aggregationsstufen und Funktionen resultiert aus der Aufbaustruktur des verlagernden Unternehmens und ist deshalb aus steuerlicher Sicht exogen vorgegeben.[4]Als Gegenstand einer Funktionsverlagerung kommen die organisatorischen Einheiten zudem nur dann in Betracht, wenn sie als solche von fremden Dritten wahrgenommen werden.[5] Als Funktionen im Sinne des AStG können deshalb die im Rahmen des externen und internen Rechnungswesens separat ausgewiesenen Einheiten in Erwägung gezogen werden.[6]

Der Rückgriff auf die Organisationsstruktur des Unternehmens ist auf Grund der genannten Gründe zwar einerseits unumgänglich, andererseits jedoch nicht frei von Kritik, da durch den Rückgriff das Tatbestandsmerkmal „Funktion“ subjektiviert und gestaltbar

---

[1] Zur Relevanz des Rückgriffs auf die Einschränkung der Funktionsausübung an Stelle der Einstellung der Funktionsausübung als Tatbestandsvoraussetzung für eine Funktionsverlagerung vgl. Kapitel 4.3.1, S. 100.

[2] Vgl. Kapitel 3.2.3, S. 47.

[3] Vgl. Kapitel 4.2.3.3, S. 69.

[4] Vgl. Kapitel 4.2.2, S. 55.

[5] Vgl. Kapitel 4.2.3.4, S. 74.

[6] Vgl. *Brüninghaus, D./Bodenmüller, R.*, Funktionsverlagerung, 2009, S. 1286; *Looks, C./Freudenberg, M.*, Konfliktfelder, 2009, S. 2515; *Frischmuth, M.*, Funktionsverlagerung, 2008, S. 867. Inwieweit die Einheiten des externen und internen Rechnungswesens mit einer Funktion im Sinne des AStG vergleichbar sind und ob ein Rückgriff auf diese Einheiten für steuerliche Zwecke möglich ist, wird im Kapitel 4.2.5, S. 87 untersucht.

wird. Ein Zwei-Produkt-Unternehmen, dessen Vertrieb – in organisatorisch geschlossenen Einheiten – nach Ländern gegliedert ist und das den Vertrieb für Land „X" in dieses Land verlegt, erfüllt durch diese Verlagerung die Tatbestandsvoraussetzungen einer Funktionsverlagerung. Geht der Verlagerung des Vertriebs jedoch eine Reorganisation des Vertriebs in organisatorisch geschlossene Einheiten voraus, die nach Produkten gegliedert sind, ist der Verlagerungsgegenstand im Zeitpunkt der Verlagerung nicht mehr als organisatorisch geschlossene Einheit anzusehen und die Tatbestandsvoraussetzungen einer Funktionsverlagerung sind nicht mehr erfüllt.[1] Ein solcher Vorgang könnte allerdings als Funktionsverlagerung erfasst werden, wenn innerbetriebliche und außerbetriebliche Reorganisationen, die innerhalb eines bestimmten Zeitraums verwirklicht werden, einheitlich betrachtet werden.[2]

4.2.5 Rückgriffmöglichkeit auf Einheiten des externen oder internen Rechnungswesens

Die Merkmale „Existenz beim abgebenden Unternehmen", „Abgrenzbarkeit" und „Eigenständigkeit" einer Funktion sind in der Regel bei den Einheiten des externen und internen Rechnungswesens des abgebenden Unternehmens erfüllt. Als Funktionen im Sinne des AStG könnten folglich Unternehmenssegmente, zahlungsmittelgenerierende Einheiten, Profit-Center oder Kostenstellen in Betracht kommen.[3] Im Folgenden wird untersucht, inwieweit diese Einheiten des Rechnungswesens mit Funktionen im Sinne des AStG vergleichbar sind und zur Abgrenzung der Funktion im Unternehmen herangezogen werden können.

---

[1] Nach *Wolter, H./Pitzal, C.*, Funktion, 2008, S. 798-800 fällt eine innerbetriebliche Reorganisation, die einer grenzüberschreitenden Verlagerung vorausgeht, nicht unter den Begriff der Funktionsverlagerung und stellt auch keinen Missbrauch von Gestaltungsmöglichkeiten des Rechts (§ 42 AO) dar.

[2] In der FVerlV existiert lediglich die Bestimmung, dass Geschäftsvorfälle, die innerhalb von fünf Jahren verwirklicht werden, zusammen beurteilt werden. S. § 1 Abs. 2 S. 3 FVerlV. Ziel dieser Regelung ist es, Funktionsverdoppelungen mit anschließender Funktionseinschränkung im Inland als Funktionsverlagerungen zu erfassen. Die Anwendung dieser Vorschriften auf Verlagerungen mit vorangegangener unternehmensinterner Reorganisation scheitert, da unternehmensinterne Reorganisationen keine Geschäftsvorfälle darstellen. Vgl. *Wolter, H./Pitzal, C.*, Funktion, 2008, S. 799.

[3] Vgl. *Vögele, A.*, Transferpakete, 2010, S. 419; *Brüninghaus, D./Bodenmüller, R.*, Funktionsverlagerung, 2009, S. 1286; *Looks, C./Freudenberg, M.*, Konfliktfelder, 2009, S. 2515; *Frischmuth, M.*, § 1 AStG, 2009, S. 678.

4.2.5.1 Segmente

Die Segmentberichterstattung gibt eine Übersicht über die Chancen und Risiken, Erfolgspotenziale und Zukunftsaussichten einzelner Geschäftseinheiten bzw. Divisionen,[1] da deren individuelle Ausprägungen sich im Jahres- oder Konzernabschluss gegenseitig nivellieren können.[2] Segmente sind Teile eines Unternehmens, die Geschäftstätigkeiten entfalten, die zu Erträgen und Aufwendungen führen können[3] und in Anlehnung an die unternehmensinterne Organisations- und Berichtsstruktur abgegrenzt werden.[4]

Im Rahmen der Rechnungslegung nach HGB besteht ein Wahlrecht, den Jahres- bzw. Konzernabschluss um eine Segmentberichterstattung zu erweitern.[5] Verpflichtend ist lediglich die Aufschlüsselung der Umsatzerlöse nach Segmenten im Rahmen der Anhangsangaben für große Kapitalgesellschaften[6] und Konzerne, sofern sich deren Tätigkeitsbereiche und Märkte erheblich unterscheiden.[7] Kapitalmarktorientierte Muttergesellschaften sind verpflichtet, einen Konzernabschluss nach den IFRS aufzustellen[8] und müssen eine Segmentberichterstattung nach deren Vorschriften erstellen.[9]

Die Abgrenzung von Segmenten kann anhand der Tätigkeitsbereiche, der geografischen Regionen, der Kundengruppen oder der Rechtseinheiten von Konzernen erfolgen.[10]

---

1 Zu den Geschäftseinheiten, die das Ergebnis einer divisionalen Organisationsstruktur darstellen, vgl. Kapitel 4.2.2, S. 55. Für einen Vergleich von Geschäftseinheiten bzw. Divisionen mit Teilbetrieben vgl. Kapitel 4.2.3.2, S. 63 und mit einer „activity" im Sinne der OECD-RL vgl. Kapitel 4.2.6, S. 95.

2 vgl. *Haller, A./Park, P.*, Segmentberichterstattung, 1994, S. 501 f.; *Theisen, M. R.*, Konzern, 2000, S. 538; *Ballwieser, W.*, IFRS-Rechnungslegung, 2009, S. 136; *Coenenberg, A. G./Haller, A./Schultze, W.*, Jahresabschluss, 2009, S. 903.

3 S. IFRS 8.5.

4 Vgl. *Kajüter, P./Barth, D.*, IFRS 8, 2007, S. 429 u. 431; *Müller, S./Peskes, M.*, Segmentberichterstattung 2006, S. 819 u. 821. Die Anlehnung an die unternehmensinterne Organisations- und Berichtsstruktur im Rahmen der Segmentberichterstattung, die den nationalen wie internationalen Rechnungslegungsvorschriften zur Segmentberichterstattung zugrunde liegt, wird als Management Approach bezeichnet. Vgl. *Coenenberg, A. G./Haller, A./Schultze, W.*, Jahresabschluss, 2009, S. 905 f.

5 S. § 264 Abs. 1 S. 2 HGB und § 297 Abs. 1 S. 2 HGB.

6 Die Merkmale zur Einordnung einer Kapitalgesellschaft als große Kapitalgesellschaft finden sich in § 267 Abs. 3 HGB.

7 S. § 285 Nr. 4 HGB und § 314 Abs. 1 Nr. 3 HGB.

8 S. § 315 a HGB.

9 Zu den Vorschriften der Segmentberichterstattung kapitalmarktorientierter deutscher Muttergesellschaften siehe IFRS 8.

10 Vgl. *Haller, A.*, Segmentberichterstattung, 2000, S. 769 f. In einer empirischen Untersuchung der Segmentpublizität in Deutschland stellen *Hacker/Dobler* fest, dass die Tätigkeitsbereiche und die geografischen Regionen die am häufigsten verwendeten Segmentierungskriterien sind. Vgl. *Hacker, B./Dobler, M.*, Segmentpublizität, 2000, S. 813 f.

Segmente eines *Konzerns*, die den rechtlichen Einheiten des Konzerns entsprechen, sind kein organischer Teil eines Unternehmens, sondern stellen selbst ein Unternehmen dar und können somit keine Funktion im Sinne des AStG sein. Wird für die Bildung der Segmente eines Konzerns eines der weiteren Kriterien herangezogen und bleiben dabei die rechtlichen Grenzen innerhalb des Konzerns unberücksichtigt, können diese Segmente sich über mehrere rechtliche Einheiten erstrecken und in diesem Fall ebenfalls keine Funktion im Sinne des AStG bilden, da sie kein organischer Teil *eines* Unternehmens sind.[1] Segmente *einzelner Unternehmen* oder Segmente eines Konzerns, die sich nicht über mehrere rechtliche Einheiten erstrecken und nach Tätigkeitsbereichen (Produkte oder Dienstleistungen), Regionen oder Kunden gegliedert werden, entsprechen den Divisionen einer divisionalen Organisationsstruktur,[2] die mehrere Funktionen umfassen und mit Teilbetrieben vergleichbar sind.[3]

Im Ergebnis kann festgehalten werden, dass zur Abgrenzung von Funktionen in der Regel kein Rückgriff auf die Ergebnisse einer Segmentberichterstattung erfolgen kann, da keine Pflicht besteht, einen Einzelabschluss um eine Segmentberichterstattung zu erweitern, sich die Segmente eines Konzerns unter Umständen über mehrere rechtliche Einheiten erstrecken und die verbleibenden Segmente in der Regel nicht mit Funktionen gleichzusetzen sind, sondern mehrere Funktionen umfassen.

4.2.5.2 Zahlungsmittelgenerierende Einheiten

Nach internationalen Rechnungslegungsstandards muss die Werthaltigkeit bestimmter Vermögenswerte – beispielsweise des Geschäfts- oder Firmenwertes – auf der Ebene von zahlungsmittelgenerierenden Einheiten geprüft werden.[4] Diese sind definiert als kleinste Gruppe von Vermögenswerten, die Mittelzuflüsse erzeugt, welche weitestgehend unabhängig von den Mittelzuflüssen anderer Vermögenswerte sind.[5]

---

[1] Vgl. auch *Borstell, T./Schäperclaus, J.*, Funktion, 2008, S. 282: Es ist davon auszugehen, dass Segmente zumeist mehrere Legaleinheiten umfassen und deshalb für außensteuerliche Zwecke nicht heranzuziehen sind.

[2] Vgl. Kapitel 4.2.2, S. 55.

[3] Vgl. Kapitel 4.2.3.2, S. 63.

[4] Ein Geschäfts- oder Firmenwert, der infolge eines Unternehmenszusammenschlusses zu bilanzieren ist, ist auf die zahlungsmittelgenerierenden Einheiten aufzuteilen, die aus den Synergien des Zusammenschlusses Nutzen ziehen und auf deren Ebene zu überwachen. S. IAS 36.80. Zum Impairment-Test nach IFRS und US-GAAP vgl. *Hachmeister, D.*, Impairment-Test, 2008.

[5] S. IAS 36.68.

Die Definition der zahlungsmittelgenerierenden Einheit ist in zwei Merkmalen mit der Definition der Funktion vergleichbar. Zum einen müssen zahlungsmittelgenerierende Einheiten – wie Funktionen – im Verhältnis zum restlichen Unternehmen abgrenzbar sein und Mittelzuflüsse müssen ihnen eindeutig zugeordnet werden können. Die Zuordnung von Mittelzuflüssen zu Funktionen und zahlungsmittelgenerierenden Einheiten ist auch möglich, wenn deren Leistungen lediglich unternehmensintern genutzt werden, aber ein aktiver Markt für diese besteht.[1] Der Prognose der Mittelzuflüsse solcher zahlungsmittelgenerierender Einheiten werden unternehmensinterne, fremdvergleichskonforme Verrechnungspreise zugrunde gelegt.

Zum anderen können sowohl die zahlungsmittelgenerierenden Einheiten als auch die Funktionen Träger eines Geschäfts- oder Firmenwertes sein. Während eine zahlungsmittelgenerierende Einheit per Definition die niedrigste Ebene innerhalb eines Unternehmens darstellt, auf der ein Geschäfts- oder Firmenwert für interne Managementzwecke überwacht wird,[2] ist die Fähigkeit einer Funktion, einen Geschäfts- oder Firmenwert zu tragen, zwar nicht im AStG oder der FVerlV explizit vorgeschrieben, ergibt sich aber aus den steuerlichen Konsequenzen einer Funktionsverlagerung.[3]

Die Möglichkeit des Rückgriffes auf zahlungsmittelgenerierende Einheiten zur Abgrenzung von Funktionen wird dadurch beeinträchtigt, dass die zahlungsmittelgenerierenden Einheiten – einem Management Approach folgend[4] – die niedrigste Ebene in einem Unternehmen bilden, auf der der Geschäfts- oder Firmenwert tatsächlich überwacht wird. Da die Abgrenzung der zahlungsmittelgenerierenden Einheiten subjektiv geprägt ist und Ermessensspielräume zulässt[5], sind diese nicht mit der kleinsten organisatorischen Einheit gleichzusetzen, der ein Geschäfts- oder Firmenwert theoretisch zugeord-

---

1 S. IAS 36.69 f.; vgl. auch *Hachmeister, D.*, Impairment-Test, 2008, S. 237. Bezüglich der Zurechnung von Aufwendungen und Erträgen zu Funktionen vgl. Kapitel 4.2.3.1, S. 60.

2 S. IAS 36.80.

3 Vgl. Kapitel 3.2.3, S. 47 und Kapitel 4.2.3.3, S. 69.

4 Vgl. auch *Ballwieser, W.*, IFRS-Rechnungslegung, 2009, S. 175.

5 Vgl. *Pellens, B. et al.*, Impairment Test, 2005, S. 10. Vgl. auch *Pellens, B. et al.*, Rechnungslegung, 2008, S. 266: „Auf Grund vielfältiger Geschäftsmodelle und aufbauorganisatorischer Entscheidungen eröffnet die Abgrenzung einer ZGE dem Management erhebliche Ermessensspielräume…“.

net werden kann.[1] Grundsätzlich besteht die Möglichkeit, dass organisatorische Einheiten bestehen, die einen Geschäfts- oder Firmenwert tragen und eine oder mehrere Ebenen im Unternehmen unter den zahlungsmittelgenerierenden Einheiten angesiedelt sind.

Eine zahlungsmittelgenerierende Einheit darf nicht größer sein als die Unternehmenseinheiten, die im Rahmen der Segmentberichterstattung separat ausgewiesen werden.[2] Da die Segmentberichterstattung in der Regel nicht zur Abgrenzung von Funktion herangezogen werden kann,[3] müssen zahlungsmittelgenerierende Einheiten, die mit einer Funktion vergleichbar sind, (mindestens) eine Gliederungsebene unterhalb der Segmentebene angesiedelt sein.[4] Einer empirischen Erhebung zufolge bilden 75 % der nach IFRS bilanzierenden Unternehmen ihre zahlungsmittelgenerierenden Einheiten (auch) unterhalb der Segmentebene; 64 % dieser Unternehmen bilden die zahlungsmittelgenerierenden Einheiten zudem innerhalb der Rechtseinheiten des Konzerns.[5] *Serg* stellt in einem Vergleich des Begriffes der Funktion mit dem der zahlungsmittelgenerierenden Einheit fest, dass Funktionen generell als zahlungsmittelgenerierende Einheit zu qualifizieren sind bzw. „häufig" aus mehreren zahlungsmittelgenerierenden Einheiten bestehen.[6] Unter Berücksichtigung der genannten empirischen Befunde kann dieser Auffassung nur eingeschränkt gefolgt werden, da die zahlungsmittelgenerierenden Einheiten, die unter der Ebene der Funktionen angesiedelt sind, mindestens zwei Ebenen unter der

---

1 *Borstell/Schäperclaus* sehen den Rückgriff auf die zahlungsmittelgenerierende Einheit zur Abgrenzung des Funktionsbegriffes nur als „eingeschränkt gestaltungsanfällig" an, da die Unternehmensleitung die interne Berichterstattung so ausgestalten wird, dass ihr Informationen zu den werttreibenden Faktoren in einem nicht zu hohen und nicht zu niedrigem Aggregationsgrad zur Verfügung stehen. Vgl. *Borstell, T./Schäperclaus, J.*, Funktion, 2008, S. 283.

2 S. IAS 36.85.

3 Vgl. Kapitel 4.2.5.1, S. 88.

4 Vgl. *Borstell, T./Schäperclaus, J.*, Funktion, 2008, S. 282: Für außensteuerliche Zwecke ist bevorzugt die zahlungsmittelgenerierende Einheit auf der Ebene unterhalb der Segmentebene heranzuziehen.

5 In 2005 untersuchten *Pellens et al.*, auf welchen Ebenen die nach den IFRS- oder US-GAAP-Vorschriften bilanzierenden Konzerne zahlungsmittelgenerierende Einheiten abgrenzen. 25 % der antwortenden Unternehmen grenzten ihre zahlungsmittelgenerierenden Einheiten auf der Segmentebene ab, 36 % auf der Ebene unter der Segmentebene und 9 % zwei Ebenen unter der Segmentebene. 30 % gaben an, ihre zahlungsmittelgenerierenden Einheiten auf unterschiedlichen Ebenen abzugrenzen. 64 % der Unternehmen orientierten sich dabei an den Rechtseinheiten des Konzerns. Vgl. *Pellens, B. et al.*, Impairment Test, 2005, S. 12.

6 Vgl. *Serg, O.*, Funktionsverlagerungen, 2006, S. 209. *Kahle, H./Dahlke, A./Schulz, S.*, Unternehmensbesteuerung, 2008, S. 276 sind der Auffassung, dass zumindest betriebliche Hauptfunktionen aus mindestens einer zahlungsmittelgenerierenden Einheit bestehen.

Segmentebene zu bilden wären und eine derartige Abgrenzung nur von 9 % der befragten Unternehmen vorgenommen wird.[1]

Im Ergebnis ist festzuhalten, dass die Verlagerung von zahlungsmittelgenerierenden Einheiten, die mindestens eine Ebene unterhalb der Segmentebene gebildet wurden, die Tatbestandsvoraussetzungen einer Funktionsverlagerung in der Regel erfüllt, eine Funktionsverlagerung aber theoretisch auch vorliegen kann, wenn der Verlagerungsgegenstand beim abgebenden Unternehmen nicht als zahlungsmittelgenerierende Einheit abgegrenzt wurde. Es ist jedoch zumindest kritisch zu hinterfragen, ob eine Funktion, die beim abgebenden Unternehmen nicht als zahlungsmittelgenerierende Einheit abgegrenzt wurde, tatsächlich Gegenstand einer Funktionsverlagerung sein kann, da nur solche organisatorischen Einheiten Funktionen im Sinne des AStG sein können, die im Rahmen der Aufbauorganisation eines Unternehmens aktiv gebildet wurden und als solche in der Vergangenheit bestanden haben.[2]

4.2.5.3 Profit Center

Die Einheiten des internen Rechnungswesens können nach der Art der Verteilung der Entscheidungsbefugnisse und der Verantwortungsbereiche differenziert werden. In Abhängigkeit der entweder zentral übernommenen oder auf die verschiedenen Bereiche dezentral verteilten Entscheidungsbefugnisse können die organisatorischen Einheiten als Cost Center oder Profit Center bezeichnet werden:[3] Ein organisatorischer Bereich eines Unternehmens, der mit der Erfüllung einer bestimmten Aufgabe betraut ist, aber nur über den Ressourceneinsatz, nicht aber über das Leistungsprogramm eigenständig entscheiden kann, wird als *Cost Center* bezeichnet.[4] Da ein Cost Center lediglich die Effizienz der Leistungserstellung beeinflussen kann, kann dessen Leistungsfähigkeit nur über eine Analyse der Kostenabweichung gemessen werden. Ein *Profit Center* ist mit Dispositionsfreiheit bezüglich des Ressourceneinsatzes aber auch bezüglich des Leistungsprogrammes – insbesondere der Menge und des Preises der zu erbringenden Leis-

---

[1] Vgl. *Pellens, B. et al.*, Impairment Test, 2005, S. 12.

[2] Vgl. dazu Kapitel 4.2.4.3, S. 86.

[3] Zu den Definitionen der Begriffe Cost Center und Profit Center vgl. *Frese, E.*, Organisation, 2005, S. 498 f.; *Krüger, W.*, Organisation, 2005, S. 205 f.; *Picot, A./Dietl, H./Franck, E.*, Organisation, 2008, S. 318 f.; *Coenenberg, A. G./Fischer, T. M./Günther, T.*, Kostenrechnung, 2009, S. 699 f.

[4] Ein als Cost Center geführter Unternehmensbereich hat keinen Einfluss auf Art, Menge und Preis der zu erbringenden Leistung. Vgl. *Picot, A./Dietl, H./Franck, E.*, Organisation, 2008, S. 318.

tung – ausgestattet. Unternehmensbereichen mit einer derart ausgeprägten Entscheidungsautonomie können neben den verursachten Kosten in einer separaten Ergebnisrechnung auch Erlöse zugeordnet werden. Profit Center sind deshalb Unternehmensbereiche mit gesondertem Erfolgsausweis.

Die Entscheidungsautonomie eines Profit Centers bezüglich dessen Ressourceneinsatzes und Leistungsprogramms ist idealtypisch dann gegeben, wenn dessen Handlungsspielraum den Einkauf, die Lagerhaltung, die Fertigung, den Absatz und die zugehörigen Personalentscheidungen umfasst und lediglich Investitions- und Finanzierungsentscheidungen der Unternehmensleitung vorbehalten bleiben.[1] Da derartige Unternehmensbereiche vergleichbar mit den organisatorischen Einheiten einer divisionalen Organisationsstruktur sind,[2] bietet eine divisionale Organisationsstruktur die „idealen“ Voraussetzungen für die Umsetzung des Profit Center-Konzeptes.[3] Die Profit Center, die Divisionen entsprechen und mehrere Funktionen umfassen, sind – wie Segmente[4] – nicht mit Funktionen im Sinne des AStG vergleichbar.

Die Bildung von Profit Centern ist allerdings nicht nur im Rahmen einer divisionalen, sondern ebenso im Rahmen einer funktionalen Organisationsstruktur grundsätzlich möglich.[5] Die Führung von Funktionen als Profit Center setzt voraus, dass eine unmittelbare und eindeutige Zuordnung der Erfolgskomponenten zu den organisatorischen Einheiten möglich ist.[6] Im Rahmen einer funktionalen Aufbauorganisation bestehen jedoch zwischen den einzelnen Funktionsbereichen intensive Interdependenzen, die

---

1 Vgl. *Küpper, H.-U.*, Controlling, 2008, S. 352.

2 Vgl. *Krüger, W.*, Organisation, 2005, S. 206. Zur divisionalen Organisationsstruktur vgl. Kapitel 4.2.2, S. 55.

3 Vgl. *Frese, E.*, Profit Center, 1995, S. 942. Auf Grund der vergleichbaren Ausgestaltung werden die Begriffe divisionale Organisation und Profit Center-Organisation teilweise synonym verwendet. Vgl. *Coenenberg, A. G./Fischer, T. M./Günther, T.*, Kostenrechnung, 2009, S. 697.

4 Vgl. Kapitel 4.2.5.1, S. 88.

5 Vgl. *Krüger, W.*, Organisation, 2005, S. 205 f.; *Frese, E.*, Profit-Center-Konzept, 1990, S. 150; *Dierkes, S.*, Profit Center-Steuerung, 2004, S. 8 m. w. N. *Dierkes* bezeichnet die Einschränkung des Profit Center Begriffs auf divisionale Organisationseinheiten als nicht zweckmäßig. Die Annahme, dass die divisionale Organisationsstruktur bei Unternehmen, die das Profit-Center-Konzept verfolgen, dominiert, aber auch bei funktionalen Organisationsstrukturen Profit Center gebildet werden, ist durch *Frese* empirisch belegt. Vgl. *Frese, E.*, Motivation, 1995, S. 88.

6 Vgl. *Frese, E.*, Profit-Center-Konzept, 1990, S. 145; *Frese, E.*, Profit Center, 1995, S. 942.

deren Entscheidungsautonomie[1] einschränken und die Abgrenzung der Erfolgsbereiche erschweren.[2] Durch die Einführung von Verrechnungspreisen können allerdings fiktive interne Märkte geschaffen werden, die eine Entkopplung der miteinander verbundenen Bereiche bewirken und eine Erfolgszurechnung ermöglichen.[3] Da mit dem Einsatz von Profit Centern aus organisationstheoretischer Sicht eine Motivationswirkung und Koordinationsfunktion angestrebt wird, werden die Verrechnungspreise zwischen den Profit Centern nach deren Motivationswirkung bzw. Koordinationsfunktion ausgewählt[4] und nicht primär unter der Zielsetzung einer fremdvergleichskonformen Vergütung der Leistungen.[5] Sofern den Ergebnisabgrenzungen der Profit Center keine Marktpreise zugrunde liegen, müssen diese für eine Abgrenzung der Funktion aus steuerlichen Gründen angepasst werden.

Zusammenfassend kann festgehalten werden, dass Cost Center auf Grund der fehlenden Zurechnung von Erträgen nicht mit Funktionen im Sinne des AStG vergleichbar sind, funktional abgegrenzte Profit Center hingegen zur Abgrenzung von Funktionen herangezogen werden können.

---

1 Die Funktionsbereichsorganisation zeichnet sich durch eine weitgehende Zentralisierung der Entscheidungsrechte auf der obersten Hierarchieebene, der Ebene der Geschäftsführung bzw. Unternehmensleitung, aus. Vgl. *Picot, A./Dietl, H./Franck, E.*, Organisation, 2008, S. 297.

2 Vgl. *Küpper, H.-U.*, Controlling, 2008, S. 351; *Frese, E.*, Profit-Center-Konzept, 1990, S. 148 f.; *Frese, E.*, Profit Center, 1995, S. 945.

3 Vgl. *Frese, E.*, Profit Center, 1995, S. 946 f. Infolge einer funktionalen Gliederung eines Unternehmens verfügt in der Regel nur die Funktion „Vertrieb" über einen Zugang zu einem externen Markt. Bei den weiteren Funktionen müssen die fehlenden Märkte wiederum durch den Einsatz von Verrechnungspreisen und die Bildung fiktiver Märkte ersetzt werden. Vgl. *Krüger, W.*, Organisation, 2005, S. 205 f.; *Dierkes, S.*, Profit Center-Steuerung, 2004, S. 8; *Frese, E.*, Profit-Center-Konzept, 1990, S. 146.

4 Das Ziel eines Profit Centers sieht *Frese* nicht in dem korrekten Erfolgsausweis, sondern in der Verknüpfung des Erfolgsausweises mit der Verantwortung des Bereiches und der daraus entstehenden Motivationsfunktion. Vgl. *Frese, E.*, Profit Center, 1995, S. 945.

5 Aus der Sicht der Motivationsfunktion spricht einiges für die Überlegenheit des Ansatzes von Marktpreisen; aus Koordinationssicht ist theoretisch allerdings einzig die Verrechnung zu Grenzkosten richtig. Vgl. *Frese, E.*, Profit Center, 1995, S. 949 f. Zum Ansatz von Verrechnungspreisen zwischen Profit Centern vgl. auch *Küpper, H.-U.*, Controlling, 2008, S. 444-447.

4.2.6 Abgrenzung der Funktion zur „activity" im Sinne der OECD-Verrechnungspreisrichtlinien

Die OECD-Verrechnungspreisrichtlinien enthalten eine Aufzählung von Funktionen,[1] deren Wahrnehmung in einem Unternehmen im Rahmen einer Funktionsanalyse geprüft werden soll,[2] um die Vergleichbarkeit der Verhältnisse im Rahmen einer Verrechnungspreisbestimmung festzustellen. Die Aufzählung umfasst folgende Funktionen: Design, Herstellung, Montage, Forschung und Entwicklung, Service, Einkauf, Vertrieb, Marketing, Werbung, Transport, Finanzierung und Management. Während nach der nationalen Gesetzgebung der Übergang dieser Funktionen eine Gesamtbewertung erfordert, wird in den OECD-Verrechnungspreisrichtlinien der Übergang einer „activity" als Voraussetzung für eine Gesamtbewertung festgesetzt.[3] Im Hinblick auf die internationale Anerkennung der nationalen Vorschrift zur Funktionsverlagerung und im Hinblick auf das Risiko einer Doppelbesteuerung ist es ausschlaggebend, ob die Begriffe der Funktion einerseits und der „activity" andererseits vergleichbar sind.

Die OECD verwendet in ihren Ausführungen zu einem Übergang einer „activity" vier Begriffe – „activity", „ongoing concern", „business unit" und „function" –, die im Folgenden zunächst voneinander abgegrenzt und anschließend dem Funktionsbegriff des AStG gegenübergestellt werden. Die Ergebnisse sind grafisch in der Abbildung 19 zusammengefasst.[4] Der Begriff der „activity" wird in den OECD-Verrechnungspreisrichtlinien mit dem Begriff des „ongoing concern" gleichgesetzt.[5] Beide Begriffe dienen zusammen der Abgrenzung des Übergangs einer „activity" zu einem Übergang von materiellen und immateriellen Wirtschaftsgütern.[6] Im Gegensatz zu dem Übergang eines bloßen Bündels von Einzelwirtschaftsgütern kann – nach Auffassung der OECD – eine Gesamtbewertung angebracht sein, wenn ein „ongoing concern" und somit eine „activity" von einem Unternehmen auf ein anderes verbundenes Unternehmen übergeht.[7] Das

---

1 Vgl. *OECD*, Transfer Pricing Guidelines, 2010, Tz. 1.21.

2 Vgl. Kapitel 2.4.2, S. 29.

3 Vgl. *OECD*, Transfer Pricing Guidelines, 2010, Tz. 9.93-9.98.

4 Vgl. Abbildung 19, S. 97.

5 Vgl. Überschrift der *OECD*, Transfer Pricing Guidelines, 2010, Tz. 9.93-9.98.

6 Zu den steuerlichen Konsequenzen des Übergangs von materiellen Wirtschaftsgütern vgl. *OECD*, Transfer Pricing Guidelines, 2010, Tz. 9.75-9.79; zu den steuerlichen Konsequenzen des Übergangs von immateriellen Wirtschaftsgütern vgl. *OECD*, Transfer Pricing Guidelines, 2010, Tz. 9.80-9.92.

7 Vgl. *OECD*, Transfer Pricing Guidelines, 2010, Tz. 9.94.

„ongoing concern“ wird in zweifacher Hinsicht spezifiziert: Zum einen wird der Transfer eines „ongoing concern” definiert als der Transfer von Wirtschaftsgütern, die die Ausübung von bestimmten Funktionen („functions“) ermöglichen und Risiken tragen.[1] Zum anderen wird das „ongoing concern“ mit einer „functioning, economically integrated business unit“ gleichgesetzt.[2]

Eine Funktion im Sinne des AStG ist als Geschäftstätigkeit definiert[3] und – nach dessen Wortsinn – grundsätzlich unter den Begriff „activity“ zu subsumieren. Des Weiteren stellt eine Funktion ebenso wie eine „activity“ ein „ongoing concern“ dar, da im Falle einer Funktionsverlagerung die Funktion im Ausland nicht *neu,* sondern lediglich *wieder* aufgebaut werden muss und (an einem anderen Ort) fortgeführt wird.[4] Die Feststellung in den OECD-Verrechnungspreisrichtlinien, dass ein „ongoing concern“ immer dann übergeht, wenn mehrere Wirtschaftsgüter übergehen, die die Ausübung von bestimmten Funktionen („functions“) ermöglichen und Risiken tragen, deckt sich mit der Forderung im AStG, dass eine Funktion Bestandteil eines Transferpaketes sein muss.[5] Fraglich ist allerdings, ob die Definition eines „ongoing concern“ als „business unit“ einer synonymen Verwendung der Begriffe „activity“ und Funktion entgegensteht. Die Vergleichbarkeit der Begriffe hängt davon ab, ob eine „business unit“ in der Regel nur aus einer Funktion oder aus dem Zusammenwirken mehrerer Funktionen besteht. „Strategic business units“ – im Deutschen „strategische Geschäftseinheiten“ – sind die Organisationseinheiten der Unternehmen, die eine divisionale Organisationsstruktur aufweisen.[6] Die Divisionen – bzw. „business units“ – umfassen in der Regel selbst mehrere Funktionen und wurden aus diesem Grund im Kapitel 4.2.3.2 mit einem Teilbetrieb

---

1 Vgl. *OECD*, Transfer Pricing Guidelines, 2010, Tz. 9.93.

2 Vgl. *OECD*, Transfer Pricing Guidelines, 2010, Tz. 9.93.

3 S. § 1 Abs. 1, S. 1 AStG.

4 Vgl. Kapitel 4.2.3.3, S. 69. *Haas* sieht in einer Funktionsverlagerung keinen Übergang eines „ongoing concern“, da bei einer Funktionsverlagerung die Funktion im Ausland in einem gewissen Umfang immer neu aufgebaut werden muss. Vgl. *Haas, W.*, Funktionsverlagerung, 2008, S. 519; ebenso *Kroppen, H.-K.*, Kroppen, 2010, FVerlV, Anm. 131. *Schreiber, R.* sieht hingegen in der Funktionsverlagerung ein Vorgehen, das mit einem Unternehmensverkauf vergleichbar ist und „als Ganzes auf Grundlage des going concern“ zu bewerten ist. Vgl. *Schreiber, R.*, Funktionsverlagerung, 2008, S. 436.

5 Vgl. dazu Kapitel 4.4.1, S. 109. Ein Transferpaket besteht aus einer Funktion, den der Funktionsausübung zugrunde liegenden Wirtschaftsgütern und sonstigen Vorteilen sowie den damit verbundenen Chancen und Risiken. S. § 1 Abs. 3 FVerlV.

6 Vgl. *Picot, A./Dietl, H./Franck, E.*, Organisation, 2008, S. 316 sowie Kapitel 4.2.2, S. 55.

gleichgesetzt, dessen Untereinheiten wiederum mit Funktionen gleichgesetzt wurden.[1] Grundsätzlich ist davon auszugehen, dass „business units“ mehrere Funktionen umfassen und nicht mit diesen gleichzustellen sind.

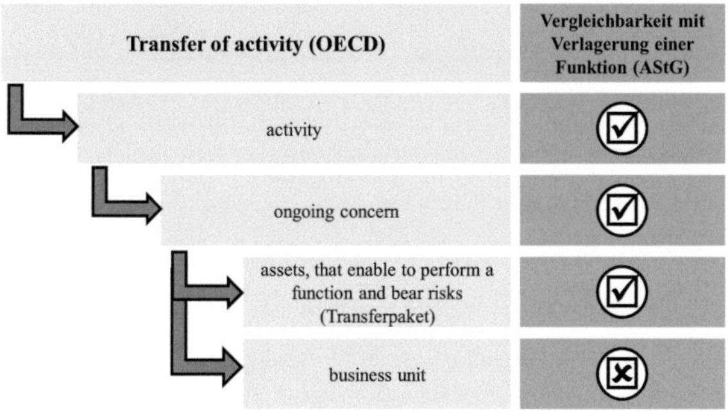

Abbildung 19: Vergleich einer „activity“ mit einer Funktion

Gegen die Auffassung, dass eine Funktion eine Untereinheit einer „business unit“ und damit einer „activity“ ist, könnte allerdings das Beispiel in den OECD-Verrechnungspreisrichtlinien sprechen, das auf Grund der Verlagerung der Produktion von der Verlagerung einer „activity“ ausgeht.[2] Die Produktion ist nach diesem Beispiel sowohl eine Funktion im Sinne des AStG als auch eine „activity“ im Sinne der OECD-Verrechnungspreisrichtlinien. Fraglich ist allerdings, ob die OECD in dem genannten Beispiel tatsächlich nur von der Verlagerung der Produktionsfunktion ausgeht, da als Beispiel für übergehende Wirtschaftsgüter auch Kontakte mit Lieferanten und Kunden genannt werden. Der Übergang dieser beiden Wirtschaftsgüter deutet an, dass neben der Produktionsfunktion auch die Funktionen Einkauf und Vertrieb übergehen. Der gleichzeitige Übergang der drei Funktionen Einkauf, Produktion und Vertrieb spricht wiederum dafür, dass eine „activity“ eher mit einem Teilbetrieb als mit einer einzelnen Funktion gleichzusetzen ist.

Im Ergebnis kann festgehalten werden, dass der im AStG verwendete Begriff der Funktion zwar in den Verrechnungspreisrichtlinien der OECD verwendet wird, jedoch der Übergang einer Funktion nicht die Voraussetzung für die Gesamtbewertung im Rahmen von Reorganisationsmaßnahmen ist. Nach der Auffassung der OECD kann erst die

---

1 Vgl. Kapitel 4.2.3.2, S. 63.

2 Vgl. *OECD*, Transfer Pricing Guidelines, 2010, Tz. 9.95.

Übertragung einer „business unit“ die Gesamtbewertung mehrerer übergehender Wirtschaftsgüter rechtfertigen. Da eine „business unit“ mit dem Begriff des Teilbetriebs vergleichbar ist und die Regelungen zur Funktionsverlagerung in das AStG mit dem Ziel eingeführt wurden, Funktionen auch dann als Ganzes zu bewerten, wenn sie die Voraussetzungen eines Teilbetriebs nicht erfüllen, ist davon auszugehen, dass die Regelungen des AStG nicht im Einklang mit der Interpretation des Fremdvergleichsgrundsatzes der OECD stehen.[1] Die internationale Akzeptanz der Gesamtbewertung einer grenzüberschreitend verlagerten singulären Funktion ist somit fraglich und kann Auslöser einer Doppelbesteuerung sein.

4.2.7 Zwischenfazit

In der Organisationslehre werden Funktionen als Aufgabenbündel definiert, die auf Grund ihres wirtschaftlichen Zusammenhangs organisatorischen Einheiten eines Unternehmens zugeordnet sind und in ihrer Gesamtheit die Aufbauorganisation einer Unternehmung widerspiegeln. Die Definition der Funktion in der Organisationslehre wurde für steuerliche Zwecke übernommen.

Infolge der Definition der Funktion als *organisatorische Einheit* ist die Funktion von einem bloßen Bündel von Wirtschaftsgütern abgegrenzt, da ein Bündel von Wirtschaftsgütern den geforderten inneren Zusammenhang einer organisatorischen Einheit nicht aufweist. Der innere Zusammenhang einer organisatorischen Einheit wird dadurch belegt, dass diese und insbesondere ihr Ergebnis vom restlichen Unternehmen abgegrenzt werden kann. Innerhalb des Unternehmens stellt eine Funktion in der Regel eine Untereinheit eines Teilbetriebs dar und ist im Gegensatz zu diesem nicht selbstständig lebensfähig.

Die Gesamtbewertung einer Funktion ist nur dann fremdvergleichskonform, wenn Funktionen Träger eines Geschäfts- oder Firmenwertes sein können. Diese Eigenschaft kann einer Funktion grundsätzlich zugesprochen werden, weshalb eine Funktion im Sinne des AStG als organisatorische Einheit konkretisiert werden kann, die einen Geschäfts- oder Firmenwert tragen kann und bereits vor der Verlagerung beim abgebenden Unternehmen existiert haben muss.

---

[1] Vgl. auch *Welling, B.*, Funktionsverlagerungsbesteuerung, 2009, S. 990.

Die Abgrenzung der Funktion von einem bloßen Bündel von Wirtschaftsgütern einerseits und einem Teilbetrieb andererseits lässt eine große Bandbreite von unternehmerischen Einheiten zu, die als Funktionen im Sinne des AStG klassifiziert werden könnten. Aus dieser Bandbreite sollte eine möglichst niedrige Aggregationsstufe der Elementaraufgaben der Beurteilung der steuerlichen Konsequenzen einer Funktionsverlagerung zugrunde gelegt werden, da nur durch eine exakte Funktionsabgrenzung und Funktionsbeschreibung eine sachgerechte Differenzierung zwischen einer Funktionsverlagerung und einer Funktionsverdoppelung möglich ist. Der Konzentration auf die niedrigen Aggregationsebenen steht entgegen, dass eine Funktion im Sinne des AStG bereits beim abgebenden Unternehmen existiert haben muss und ihr Ergebnis abgrenzbar sein muss und diese Voraussetzungen von den Einheiten des internen und externen Rechnungswesens erfüllt sind. Aus deren Gesamtheit sind jedoch lediglich die zahlungsmittelgenerierenden Einheiten, die unterhalb der Segmentebene angesiedelt sind und sich nicht über mehrere rechtliche Einheiten erstrecken sowie funktional abgegrenzte Profit Center mit Funktionen im Sinne des AStG vergleichbar.

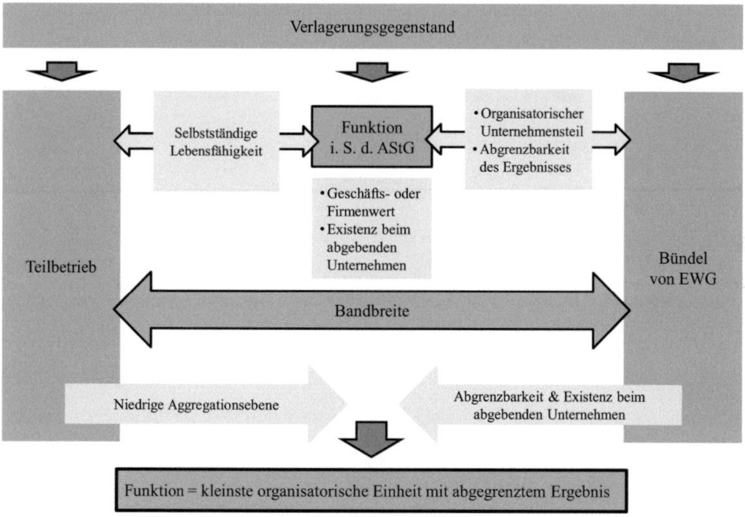

Abbildung 20: Abgrenzung der Funktion im Sinne des AStG

Sofern Einheiten des internen oder externen Rechnungswesens die Kriterien einer Funktion im Sinne des AStG erfüllen, sollte deren niedrigste Ebene Ausgangspunkt der Beurteilung sein, ob eine Funktionsverlagerung im Sinne des AStG gegeben ist. Ist der Verlagerungsgegenstand selbst nicht eine Einheit des internen und externen Rechnungswesens und ist dessen Ergebnis nicht anderweitig eindeutig abgrenzbar, liegt im Falle der Verlagerung dieser Einheit keine Funktionsverlagerung im Sinne des AStG vor. Die Abgrenzung des Funktionsbegriffes ist in Abbildung 20 zusammengefasst.

In den OECD-Verrechnungspreisrichtlinien wird für eine Gesamtbewertung nicht der Übergang einer Funktion, sondern einer „activity" in Form einer „business unit" gefordert. Da eine Funktion im Sinne des AStG in der Regel eine Untereinheit einer „business unit" darstellt, ist die Gesamtbewertung einer Funktion im Sinne des AStG nicht durch die Verrechnungspreisrichtlinien der OECD gedeckt und deren internationale Akzeptanz fraglich. Auch wenn belegt wurde, dass eine Funktion grundsätzlich einen Geschäfts- oder Firmenwert tragen kann und die Gesamtbewertung einer Funktion folglich fremdvergleichskonform ist, ist bei einer Verlagerung einer Funktion, die nicht zugleich als „activity" im Sinne der OECD-Verrechnungspreisrichtlinien anzusehen ist, von einem erhöhten Risiko der Doppelbesteuerung auszugehen.

4.3 Verlagerung der Funktion

4.3.1 Einstellung oder Einschränkung der Funktionsausübung im Inland

Eine Funktionsverlagerung im Sinne des AStG liegt vor, wenn eine Funktion von einem Unternehmen auf ein verbundenes Unternehmen *verlagert* wird.[1] Nach dem Wortlaut der FVerlV liegt eine Verlagerung bereits dann vor, wenn die Ausübung der Funktion beim abgebenden Unternehmen *eingeschränkt* wird.[2] Eine vollständige Einstellung der Funktionsausübung im Inland ist nicht gefordert. Der Rückgriff auf die Einschränkung der Funktionsausübung anstelle deren Einstellung im Inland hat keine Relevanz für die Abgrenzung des Funktionsbegriffes im Sinne des AStG.[3] Im Folgenden wird untersucht, welche Formen der Restrukturierung der Aufgabenverteilung im Konzern – Funktionsausgliederung, Funktionsabschmelzung, Funktionsabspaltung und Funktions-

[1] S. § 1 Abs. 3 S. 9 AStG. Zu einer Übersicht der Tatbestandsvoraussetzungen einer Funktionsverlagerung vgl. Abbildung 8, S. 53.

[2] S. § 1 Abs. 2 S. 1 FVerlV. Da der Vorgang der Funktionsverlagerung sich über einen längeren Zeitraum erstrecken kann, wird der Beurteilung, ob eine Funktionsverlagerung im Sinne des AStG vorliegt, ein mehrjähriger Betrachtungszeitraum zugrunde gelegt und Geschäftsvorfälle zusammengefasst, die innerhalb von fünf Jahren verwirklicht werden. S. § 1 Abs. 2 S. 3 FVerlV.

[3] Vgl. Kapitel 4.2.4.2, S. 83.

verdoppelung – durch den Rückgriff auf das Kriterium der Einschränkung der Funktionsausübung als *Funktionsverlagerungen im Sinne des AStG* zu klassifizieren sind.

Unter den Begriff der Funktionsverlagerung können aus *betriebswirtschaftlicher Sicht* die Funktionsausgliederung, die Funktionsabschmelzung und die Funktionsabspaltung subsumiert werden.[1] Eine *Funktionsausgliederung* zieht die vollständige Einstellung der Funktionsausübung im Inland und deren Aufnahme im Ausland nach sich. Im Rahmen der Funktionsabspaltung sowie im Rahmen der Funktionsabschmelzung wird hingegen nicht die gesamte Funktionsausübung im Inland eingestellt. Bei einer *Funktionsabspaltung* wird die Ausführung einer Dienstleistungstätigkeit – beispielsweise die Produktion als Lohnfertiger[2] – ins Ausland verlagert, während Entscheidungskompetenzen und wesentliche Gewinnchancen im Inland verbleiben. Bei einer *Funktionsabschmelzung* verbleibt eine Dienstleistungstätigkeit im Inland und Entscheidungskompetenzen und wesentliche Gewinnchancen gehen ins Ausland über. Durch das Abstellen auf die Einschränkung der Funktionsausübung (anstelle der Einstellung) erfüllen somit – neben der Funktionsausgliederung – auch die Funktionsabschmelzung[3] und die Funktionsabspaltung[4] die Tatbestandsvoraussetzung einer Funktionsverlagerung im Sinne des AStG. Die drei Formen von Funktionsverlagerungen sind in nachstehender Abbildung voneinander abgegrenzt:

---

[1] Zu den Formen der Funktionsverlagerung vgl. bspw. *Kaminski, B.*, Unternehmensteuerreform, 2007, S. 599; *Frotscher, G.*, Funktionsverlagerung, 2008, S. 50; *Jahndorf, C.*, Funktionsverlagerung, 2008, S. 101 f.; *Kraft, G.*, Kraft, 2009, § 1 AStG, Rz. 384-386.

[2] Zur Unterscheidung zwischen einem Eigenproduzenten, einem Lizenzfertiger, einem Auftragsfertiger und einem Lohnfertiger vgl. *Jacobs, O. H.*, Unternehmensbesteuerung, 2007, S. 1034-1039.

[3] Auch *Oestreicher, A.*, Funktionsverlagerung, 2009, S. 83 sieht in der Funktionsabschmelzung eine Einschränkung der Funktionsausübung, die unter den Anwendungsbereich des AStG fällt. Vgl. hierzu kritisch *Schreiber, R.*, Kroppen, 2010, FVerlV, Anm. 47, der in Frage stellt, dass die Abschmelzung einer Funktion einer Verlagerung gleichzustellen ist und somit einen Verstoß gegen die Ermächtigungsgrundlage des § 1 Abs. 3 S. 13 AStG für möglich hält.

[4] Die Funktionsabspaltung wird erst bei Betrachtung der weiteren Tatbestandsvoraussetzungen aus dem Regelungsbereich der Funktionsverlagerung ausgenommen, da im Rahmen einer Funktionsabspaltung keine sonstigen Vorteile und immateriellen Wirtschaftsgüter und damit verbundene Chancen und Risiken übergehen können bzw. die Ausnahmeregelung des § 2 Abs. 2 FVerlV greift. Vgl. Kapitel 4.4, S. 109.

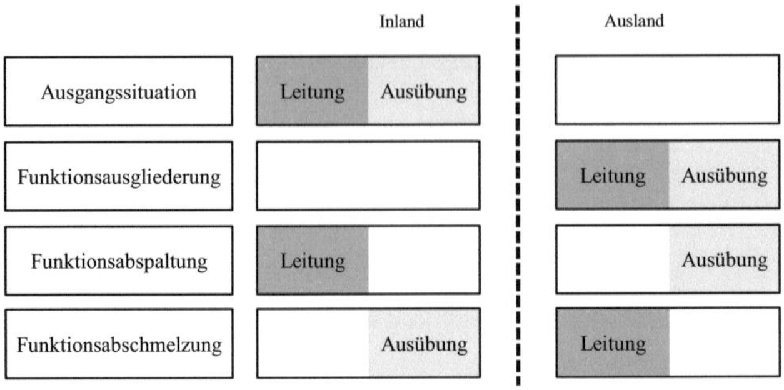

Abbildung 21: Formen von Funktionsverlagerungen aus betriebswirtschaftlicher Sicht

Der Rückgriff auf die Einschränkung der Funktionsausübung anstelle der Einstellung ermöglicht grundsätzlich auch, „Teilfunktionsausgliederungen“ als Funktionsverlagerungen im Sinne des AStG zu erfassen, beispielsweise die Verlagerung des Vertriebs an eine bestimmte Kundengruppe.[1] Die Ausführungen der voranstehenden Kapitel haben jedoch gezeigt, dass der Verlagerungsgegenstand einer Funktionsverlagerung im Sinne des AStG selbst die Kriterien einer Funktion erfüllen muss.[2] Auch wenn in den Fällen von „Teilfunktionsausgliederungen“ die Ausübung einer Funktion im Inland eingeschränkt wird und damit die Tatbestandsvoraussetzung der Verlagerung bzw. Einschränkung erfüllt ist, liegt insgesamt keine Funktionsverlagerung im Sinne des AStG vor, da keine als organisatorische Einheit abgegrenzte Funktion Gegenstand der Verlagerung und somit die erste Tatbestandsvoraussetzung nicht erfüllt ist.[3]

Die Konkretisierung der Tatbestandsvoraussetzung der *Verlagerung* durch die Feststellung, dass eine Verlagerung bereits dann vorliegt, wenn die Funktionsausübung eingeschränkt wird, hat zur Konsequenz, dass der Kreis der Verlagerungsvorgänge, die als Funktionsverlagerungen im Sinne des AStG zu klassifizieren sind, um die Funktionsabspaltung und die Funktionsabschmelzung erweitert wird. Eine „Teilfunktionsausgliede-

---

[1] Vgl. *Oestreicher, A.*, Funktionsverlagerung, 2009, S. 83.

[2] Vgl. Kapitel 4.2.4.2, S. 83.

[3] Die Konkretisierung der Verlagerung einer Funktion als Einschränkung deren Ausübung in der FVerlV wird kritisiert, da sie über den Gesetzeswortlaut des § 1 Abs. 3 S. 9 AStG hinaus geht und somit nicht von der Ermächtigungsgrundlage in § 1 Abs. 3 S. 13 AStG gedeckt ist. Vgl. *Haas, W.*, Funktionsverlagerung, 2008, S. 520; *Kroppen, H.-K./Rasch, S.*, Funktionsverlagerung, 2009, S. 2450. Auf Grund der Überschreitung der Ermächtigungsgrundlage ist fraglich, ob der Rückgriff auf die Einschränkung der Funktionsausübung in der FVerlV überhaupt eine Wirkung entfaltet.

rung“ kann durch den Rückgriff auf die Einschränkung anstelle der Einstellung jedoch nicht als Funktionsverlagerung im Sinne des AStG klassifiziert werden.

4.3.2 Funktionsverdoppelung

Eine Funktionsverdoppelung liegt bei einem Aufbau einer Funktion im Ausland vor und stellt eine Erweiterung einer vergleichbaren Funktion im Inland dar, ohne dass die Ausübung der inländischen Funktion eingestellt oder eingeschränkt wird.[1] Eine Funktionsverdoppelung kann nur dann sachgerecht von einer Funktionsverlagerung abgegrenzt werden, wenn die Funktion genau beschrieben wird und insbesondere die verwendeten Wirtschaftsgüter und sonstigen Vorteile in die Abgrenzung einbezogen werden.[2] Nur wenn die Funktionsausübung im Inland weiterhin auf denselben Wirtschaftsgütern und sonstigen Vorteilen beruht, die zukünftig auch im Ausland genutzt werden, kann eine Funktionsverdoppelung vorliegen.

Eine Funktionsverdoppelung kann ihrem Wortsinn nach nicht als Unterfall der Funktionsverlagerung klassifiziert werden und erfüllt die Tatbestände einer Funktionsverlagerung im Sinne des AStG folgerichtig nicht:[3] Zwar ist der Gegenstand einer Funktionsverdoppelung eine Funktion, jedoch fehlt es an der Einschränkung der Funktionsausübung im Inland und somit an der zweiten Tatbestandsvoraussetzung einer Funktionsverlagerung im Sinne des AStG.[4] Im Rahmen einer Funktionsverdoppelung wird die Funktionsausübung nicht im Inland eingeschränkt, sondern im Ausland erweitert und deshalb kein inländisches Gewinnpotenzial ins Ausland verlagert.[5] Die zusätzliche Nut-

---

[1] Vgl. bspw. *Baumhoff, H./Ditz, X./Greinert, M.*, Funktionsverlagerung, 2007, S. 1650; *Kaminski, B.*, Unternehmensteuerreform, 2007, S. 599; *Frotscher, G.*, Funktionsverlagerung, 2008, S. 50.

[2] Vgl. Kapitel 4.2.4.1, S. 76.

[3] Vgl. ebenso *Haas, W.*, Funktionsverlagerung, 2008, S. 521; *Kahle, H.*, Funktionsverlagerung, 2009, S. 561; *Frotscher, G.*, Funktionsverlagerung, 2008, S. 50 f.; *Baumhoff, H./Ditz, X./Greinert, M.*, Funktionsverlagerung, 2007, S. 1650; *Welling, B./Tiemann, K.*, Funktionsverlagerungsverordnung, 2008, S. 70; *Jahndorf, C.*, Funktionsverlagerung, 2008, S. 106; *Frischmuth, M.*, Funktionsverlagerung, 2008, S. 868.

[4] In § 1 Abs. 6 S. 1 FVerlV wird klargestellt, dass eine Funktionsverlagerung im Sinne des § 1 Abs. 2 FVerlV nicht vorliegt, wenn eine Funktionsverdoppelung vollzogen wurde, da keine Einschränkung der Funktionsausübung im Inland gegeben ist. M. E. behandelt somit auch die FVerlV die Funktionsverlagerung und die Funktionsverdoppelung als zwei sich gegenseitig ausschließende Sachverhalte. A. A. *Borstell, T.*, Funktionsverdoppelungen, 2009, S. 330, der in dem Wortlaut und Aufbau der FVerlV eine Klassifizierung der Funktionsverdoppelung als Unterfall der Funktionsverlagerung sieht und dies, als nicht durch die Ermächtigungsgrundlage des § 1 Abs. 3 S. 13 AStG gedeckt, kritisiert.

[5] Vgl. *Welling, B./Tiemann, K.*, Funktionsverlagerungsverordnung, 2008, S. 70.

zung in Deutschland geschaffener immaterieller Werte im Ausland ist durch den Ansatz angemessener Einzelverrechnungspreise zu vergüten.[1]

In der FVerlV wird die Funktionsverdoppelung im Einklang mit den voranstehenden Ausführungen nicht als Funktionsverlagerung im Sinne des AStG klassifiziert.[2] Die dort genannten Gründe und Voraussetzungen bedürfen allerdings einer näheren Betrachtung. Nach der FVerlV liegt eine Funktionsverdoppelung vor, wenn trotz des Vorliegens der übrigen Tatbestandsvoraussetzungen innerhalb eines Zeitraumes von fünf Jahren keine Einschränkung der Funktionsausübung im Inland erfolgt.

Eine Funktionsausgliederung kann sukzessive vollzogen werden und sich über einen längeren Zeitraum erstrecken, wenn zuerst eine Verdoppelung der Funktion erfolgt und erst nachträglich eine Einstellung der Funktionsausübung im Inland. Da auch Sachverhalte, die sich über mehrere Jahre erstrecken, als Funktionsverlagerungen im Sinne des AStG zu klassifizieren sind, ist es nicht zu beanstanden, dass in der FVerlV der Abgrenzung einer Verlagerung von einer Verdoppelung ein längerer Betrachtungszeitraum zugrunde gelegt wird.[3] Fraglich ist, zu welchem Zeitpunkt die Funktion im Ausland als aufgenommen gilt und der Betrachtungszeitraum beginnt. Mögliche Zeitpunkte könnten die Aufnahme der Planung der Funktionsverdoppelung sein, erste Schritte des Aufbaus der Funktion, wie der Erwerb von Produktionsstätten und Maschinen, eine Testphase der Funktionsausübung oder der Beginn der tatsächlichen Serienproduktion.[4] Da für die Annahme einer Funktionsverlagerung die Funktionseinstellung im Inland ausschlaggebend ist, sollte der Beginn der Funktionsausübung im Ausland und somit die Aufnahme der operativen Tätigkeit ausschlaggebend sein, da erst nach diesem Zeitpunkt eine Einstellung der Funktionsausübung im Inland möglich ist.[5]

---

1 Vgl. *Borstell, T.*, Funktionsverdoppelungen, 2009, S. 332; ebenso *BMF*, Verwaltungsgrundsätze Funktionsverlagerung, Schr. v. 13.10.2010, Tz. 44; *Deutscher Bundesrat*, BR-Drs. 352/08, 2008, S. 13.

2 S. § 1 Abs. 6 S. 1 FVerlV.

3 S. § 1 Abs. 6 S. 1 FVerlV. Die Frage, ob der in der FVerlV angesetzte Betrachtungszeitraum von fünf Jahren angemessen ist, ist in Abhängigkeit des Einzelfalles zu beurteilen. *Schreiber, R.*, Kroppen, 2010, FVerlV, Anm. 87 geht davon aus, dass durch die Berücksichtigung des Fünfjahreszeitraums die Ermächtigungsgrundlage des § 1 Abs. 3 S. 13 AStG überschritten wurde, da § 1 Abs. 3 S. 9 AStG lediglich die Neuaufnahme einer Funktion im Ausland bei *gleichzeitiger* Einstellung der Funktionsausübung im Inland regelt.

4 Vgl. *Borstell, T.*, Funktionsverdoppelungen, 2009, S. 331.

5 *Borstell, T.*, Funktionsverdoppelungen, 2009, S. 331 spricht sich ebenfalls dafür aus, die Aufnahme der Funktion mit der Fähigkeit gleichzusetzen ist, die Funktion auszuüben.

Die Abgrenzung einer Funktionsverdoppelung von einer Funktionsverlagerung anhand der Einschränkung der Funktionsausübung im Inland[1] ermöglicht, grundsätzlich auch eine „Teilfunktionsausgliederung" als Funktionsverlagerung im Sinne des AStG zu klassifizieren.[2] Die Klassifizierung einer „Teilfunktionsausgliederung" als Funktionsverlagerung ist jedoch nicht möglich, da keine organisatorische Einheit Gegenstand der Verlagerung ist.[3] Durch das Kriterium der Einschränkung werden ausschließlich die Funktionsausgliederung, die Funktionsabspaltung und die Funktionsabschmelzung von der Funktionsverdoppelung abgegrenzt. In den folgenden Kapiteln wird deshalb untersucht, unter welchen Voraussetzungen eine Einschränkung der Funktionsausübung im Inland anzunehmen ist.

4.3.3 Kriterien zur Bestimmung der Einschränkung der Funktionsausübung

In der FVerlV ist nicht festgehalten, unter welchen Voraussetzungen von einer Einschränkung der Funktionsausübung auszugehen ist. Es stellt sich deshalb die Frage, nach welchen Kriterien eine Einschränkung der Funktionsausübung im Inland und folglich eine Funktionsverlagerung abgegrenzt werden sollte.

Grundsätzlich liegt eine Funktionsausgliederung immer dann vor, wenn eine organisatorische Einheit, die eine Funktion ausführt, ins Ausland verlagert wird. Eine Funktionsausgliederung mit *zeitnaher* Einstellung der Funktionsausübung im Inland geht aus der geänderten Aufbauorganisation des abgebenden Unternehmens hervor. Durch das Kriterium der Einschränkung der Funktionsausübung sollen aber gerade die Fälle erfasst werden, in denen die Einstellung der inländischen Funktionsausübung *zeitlich versetzt* und *sukzessive* erfolgt, beispielsweise wenn der Verlagerung eine Verdoppelung vorausgeht. Die Aufbauorganisation bleibt in diesen Fällen zunächst unverändert bestehen und der Übergang einer organisatorischen Einheit ist aus dieser nicht ersichtlich. Auch eine Funktionsabspaltung und eine Funktionsabschmelzung sind nicht zwingend aus einer geänderten Aufbauorganisation ersichtlich, da entweder die Leitung der Funktion oder die Ausübung einer Dienstleistung im Inland verbleiben.

---

[1] S. § 1 Abs. 6 S. 1 AStG.

[2] Auch *Schreiber, R.*, Kroppen, 2010, FVerlV, Anm. 87 kritisiert, dass auf die Einschränkung anstelle der Einstellung der Ausübung der Funktionstätigkeit abgestellt wird und sieht darin eine Überschreitung der Ermächtigungsgrundlage des § 1 Abs. 3 S. 13 AStG, da § 1 Abs. 3 S. 9 AStG lediglich die Einstellung der Funktionsausübung im Inland regelt.

[3] Vgl. Kapitel 4.3.1, S. 100.

Eine Einschränkung der Ausübung einer gewinnbringenden Funktion zieht in der Regel einen Gewinnrückgang aus der Funktionsausübung im Inland nach sich. Als Kriterium für die Einschränkung der Funktionsausübung könnte deshalb der Funktionsgewinn herangezogen werden und die Einschränkung durch den Vergleich des Funktionsgewinns vor und nach der Restrukturierung nachgewiesen werden. Der Gewinn aus einer Funktionsausübung wird von einer Vielzahl von Faktoren beeinflusst, wie beispielsweise (Sonder-) Abschreibungen oder Preisschwankungen der Einsatzfaktoren. Da eine Veränderung dieser Faktoren in keinem Zusammenhang mit einer Einschränkung der Funktionsausübung steht, lässt eine Veränderung des Funktionsgewinns keinen unmittelbaren Rückschluss auf die Einschränkung der Funktionstätigkeit im Inland und den Übergang von Gewinnpotenzial ins Ausland zu.[1]

Im Gegensatz zum Gewinn hängt der Umsatz lediglich von zwei Variablen ab: der abgesetzten Menge und dem erzielten Preis. Sofern stabile Absatzpreise nachgewiesen oder die Auswirkungen von Preisschwankungen eliminiert werden, gibt der Umsatz Auskunft über die Kapazität bzw. den Umfang einer Funktion und somit über deren Einschränkung. Auch Kriterien – wie Stückzahlen oder Mitarbeiterzahlen – können dazu dienen, die Fortführung einer Funktion in gleichem Umfang oder deren Einschränkung zu belegen.[2] Im Ergebnis sollte eine Funktionsverlagerung nur dann angenommen werden, wenn bei Aufnahme einer vergleichbaren Funktionstätigkeit im Ausland der Umsatz – bzw. alternativ die Absatzmenge – und auch die Mitarbeiterzahl im Inland sinken.

4.3.4 Funktionsverdoppelung trotz Einschränkung der Funktionsausübung

In der Begründung der FVerlV konkretisiert der Verordnungsgeber, dass die Annahme einer Funktionsverlagerung anstelle einer Funktionsverdoppelung nur gerechtfertigt ist, wenn die Einschränkung der Funktionsausübung dauerhaft und nicht nur geringfügig

---

1 *Borstell, T.*, Funktionsverdoppelungen, 2009, S. 333 lehnt den alleinigen Rückgriff auf gewinnabhängige Maßstäbe ebenfalls ab.

2 Vgl. ebenso *Borstell, T.*, Funktionsverdoppelungen, 2009, S. 333; *BMF*, Verwaltungsgrundsätze Funktionsverlagerung, Schr. v. 13.10.2010, Tz. 23. Auch *Brüninghaus, D./Bodenmüller, R.*, Funktionsverlagerung, 2009, S. 1289 und *Frischmuth, M.*, § 1 AStG, 2009, S. 679 geben anstelle des Gewinns den Kriterien Stückzahl und Mitarbeiterzahl den Vorrang, da diese den quantitativen Umfang der Funktionsausübung beschreiben.

ist[1] und beauftragte die Finanzverwaltung, sogenannte Bagatellfälle, in denen lediglich eine kurzfristige und geringfügige Einschränkung der Funktionsausübung vorliegt, in einem BMF-Schreiben abzugrenzen.[2] Der Ansatz, Bagatellfälle in einem Schreiben der Finanzverwaltung abzugrenzen, ist zu kritisieren, da ein BMF-Schreiben die Meinung der Finanzverwaltung wiedergibt und Steuerpflichtige sich nicht im Rahmen eines Rechtsstreites auf dessen Wortlaut berufen können.[3]

Das *BMF* nimmt in dem Schreiben „Verwaltungsgrundsätze Funktionsverlagerung" eine – nicht geringfügige – Einschränkung der Funktionsausübung an, wenn der Umsatz, der im letzten vollen Wirtschaftsjahr vor der Funktionsänderung aus der Funktionsausübung erzielt wurde, innerhalb eines Fünfjahreszeitraums in *einem* Wirtschaftsjahr um mehr als 1.000.000 € sinkt.[4] Diese jährliche, isolierte Beurteilung der Einschränkung der Funktionsausübung wird dem Ziel, eine zeitlich begrenzte, nicht dauerhafte Einschränkung der Funktionsausübung zu belegen, nicht gerecht, da beispielsweise bereits bei einem *einmaligen* Absinken des Umsatzes um mehr als 1.000.000 € – trotz gestiegener Umsätze in den anderen Wirtschaftsjahren – eine Funktionsverlagerung anzunehmen wäre. Zudem ist die Abgrenzung dahin gehend zu kritisieren, dass die Beurteilung der Einschränkung auf nur einem Kriterium beruht – dem Umsatz. Sofern beispielsweise ein Umsatzrückgang vorliegt, die Stückzahlen und die Mitarbeiterzahlen hingegen konstant bleiben, kann nicht unmittelbar von einer Einschränkung der Funktionsausübung ausgegangen werden.

Die Annahme einer Funktionsverlagerung bei kurzfristigen Umsatzrückgängen aufgrund der jährlichen, isolierten Beurteilung der Funktionseinschränkung kann vermieden werden, wenn der Beurteilung der Einschränkung der Funktionsausübung eine Durchschnittsbetrachtung zugrunde gelegt wird, wie dies beispielsweise auch im Rahmen der Verschonungsregeln für begünstigtes Vermögen im Rahmen der Erbschaftsteu-

---

1 In der Begründung zu § 1 Abs. 6 S. 1 FVerlV wird eine kurzfristige und geringfügige Einschränkung der Funktionsausübung nicht als Funktionsverlagerung klassifiziert, wenn unabhängige Dritte den Vorgang nicht als Verlagerung einer Funktion ansehen würden. Vgl. *Deutscher Bundesrat*, BR-Drs. 352/08, 2008, S. 13.

2 Vgl. *Deutscher Bundesrat*, BR-Drs. 352/08, 2008, S. 13.

3 Vgl. auch *Borstell, T.*, Funktionsverdoppelungen, 2009, S. 331.

4 Vgl. *BMF*, Verwaltungsgrundsätze Funktionsverlagerung, Schr. v. 13.10.2010, Tz. 49.

er erfolgt.[1] In Anlehnung an die Regelungen des ErbStG und unter Rückgriff auf die Grenze von 1.000.000 € könnte eine Funktionsverlagerung dann abgelehnt werden, wenn nach jedem Jahr innerhalb des Fünfjahreszeitraums der Umsatz der vergangenen Jahre im Durchschnitt um weniger als 1.000.000 € im Vergleich zum Ausgangswert zurückgegangen ist. Im Ergebnis wird nicht isoliert der jährliche Umsatzrückgang zur Beurteilung herangezogen, sondern der durchschnittliche Umsatzrückgang seit der Funktionsänderung. Wie in Tabelle 2 gezeigt wird, müsste bei einer Durchschnittsbetrachtung der kumulierte Umsatzrückgang beispielsweise nach vier Jahren mehr als vier mal 1.000.000 € und somit mehr als 4.000.000 € betragen, um eine Einschränkung anzunehmen. In Summe wird bei einer Durchschnittsbetrachtung über mehrere Jahre derselbe Umsatzrückgang zugelassen wie bei einer jährlichen, isolierten Prüfung der Umsatzzahlen; der Vorteil der Durchschnittsbetrachtung liegt darin, dass kurzfristige Schwankungen zu keiner Annahme einer Funktionsverlagerung führen.

	1. Jahr	**2. Jahr**	**3. Jahr**	**4. Jahr**	**5. Jahr**
Umsatzrückgang bei jährlich, isolierter Betrachtung	> 1.000.000 €	> 1.000.000 €	> 1.000.000 €	> 1.000.000 €	> 1.000.000 €
Kumulierter Umsatzrückgang bei Durchschnittsbetrachtung	> 1.000.000 €	> 2.000.000 €	> 3.000.000 €	> 4.000.000 €	> 5.000.000 €

Tabelle 2: Nachweis der Funktionseinschränkung durch Durchschnittsbetrachtung

Die dargestellte Durchschnittsbetrachtung sollte für mindestens zwei Kriterien erfolgen – beispielsweise Umsatzentwicklung und Mitarbeiterzahl – und nur bei einer Unterschreitung beider Kriterien zur Annahme einer Funktionsverlagerung berechtigen.[2]

Die Funktionseinschränkung muss in unmittelbarem wirtschaftlichen Zusammenhang mit der Funktionsaufnahme im Ausland stehen. Die Beweislast für einen fehlenden wirtschaftlichen Zusammenhang trägt der Steuerpflichtige.[3] Ein Zusammenhang zwischen einer Verdoppelung und einer Einschränkung der Funktionsausübung im Inland kann immer dann verneint werden, wenn andere Ereignisse – wie bspw. Wirtschaftskri-

[1] Die Verschonung von begünstigtem Vermögen im Rahmen der Erbschaftsteuer ist unter anderem von dem Kriterium abhängig, dass die kumulierten jährlichen Lohnsummen nach fünf Jahren mindestens 400 % der Ausgangslohnsumme betragen müssen. S. § 13 a Abs. 1 ErbStG.

[2] Vgl. auch *Brüninghaus, D./Bodenmüller, R.*, Funktionsverlagerung, 2009, S. 1288.

[3] S. § 1 Abs. 6 S. 2 FVerlV.

sen, Streiks, Naturkatastrophen oder Ähnliches[1] – vorliegen, die die Einschränkung erklären. Weitere Gründe für eine Einschränkung können eine veränderte Wettbewerbssituation oder veränderte Verbraucherbedürfnisse sein.[2]

4.3.5 Zwischenfazit

Das Abstellen auf die Einschränkung anstelle der Einstellung der Funktionsausübung im Inland hat zur Folge, dass neben der Funktionsausgliederung auch die Funktionsabspaltung und die Funktionsabschmelzung die Tatbestandsvoraussetzung der *Verlagerung* erfüllen. Eine „Teilfunktionsausgliederung" ist hingegen nicht als Funktionsverlagerung im AStG zu klassifizieren, da in diesem Fall keine organisatorische Einheit Gegenstand der Verlagerung ist.

Zur Beurteilung der Einschränkung der Funktionsausübung im Inland sollten der Umsatz, die Absatzzahlen oder die Mitarbeiterzahlen als Kriterien herangezogen werden, da diese einen Rückschluss auf eine Einschränkung der Tätigkeit zulassen. Die Annahme einer Funktionseinschränkung sollte nur dann erfolgen, wenn mehrere Kriterien unter einem bestimmten Mindestwert liegen. Das Unterschreiten des Mindestwertes sollte nicht isoliert für jedes Jahr, sondern anhand einer Durchschnittsbetrachtung für die Jahre seit der Funktionsverdoppelung geprüft werden.

4.4 Übergang von Wirtschaftsgütern und sonstigen Vorteilen sowie der damit verbundenen Chancen und Risiken

4.4.1 Transferpaketbetrachtung

In den voranstehenden Kapiteln wurde festgehalten, dass eine Funktionsverlagerung nur angenommen werden kann, wenn der Verlagerungsgegenstand eine Funktion im Sinne des AStG ist und die Ausübung der Funktion im Inland eingeschränkt wird. Sofern die Funktion als Bündel von Aufgaben interpretiert wird, ergibt sich aus diesen beiden Voraussetzungen alleine noch keine Verrechnungspflicht der Funktionsverlagerung, da ein fremder Dritter nicht bereit wäre, die bloße Übertragung einer Tätigkeit zu vergüten.[3]

---

[1] Vgl. *Borstell, T.*, Funktionsverdoppelungen, 2009, S. 332.

[2] Vgl. *Baumhoff, H./Ditz, X./Greinert, M.*, Funktionsverlagerungsverordnung, 2008, S. 1947.

[3] Vgl. auch *Borstell, T./Jamin, C.*, Verlagerung, 2008, S. 774: Die bloße Veränderung der Aufgabenverteilung im Konzern löst keine steuerlichen Konsequenzen aus, da die Funktion (als Bündel von Aufgaben) allein keinen Wert darstellt.

Die Vergütung einer Funktionsverlagerung kommt nur in Betracht, wenn eine organisatorische Einheit übergeht und das übernehmende Unternehmen Wirtschaftsgüter oder sonstige Vorteile erhält, die ihm die Ausübung der Funktion ermöglichen.[1] Die Annahme einer Funktionsverlagerung im Sinne des AStG ist deshalb von einer weiteren dritten Tatbestandsvoraussetzung abhängig – dem Übergang von Wirtschaftsgütern, sonstigen Vorteilen und der damit verbundenen Chancen und Risiken.[2]

Die Funktion als organisatorische Einheit bildet zusammen mit den übergehenden Wirtschaftsgütern, sonstigen Vorteilen und Chancen und Risiken das Transferpaket, das der Besteuerung unterliegt.[3] Die Funktion ist der grundlegende Bestandteil des Transferpaketes, da nur bei dem Übergang einer Funktion – und somit einer erprobten organisatorischen Einheit – sonstige Vorteile auf das aufnehmende Unternehmen übergehen können.[4] Mit der Funktion müssen die Wirtschaftsgüter und sonstigen Vorteile übergehen, die dem aufnehmenden Unternehmen die Ausübung der Funktion ermöglichen. Erst der Übergang der Wirtschaftsgüter und sonstigen Vorteile führt zu dem Übergang eines Transferpaketes und rechtfertigt eine Gesamtbewertung des Verlagerungsgegenstandes.[5] Die Bestandteile eines Transferpaketes sind in folgender Abbildung zusammengefasst:

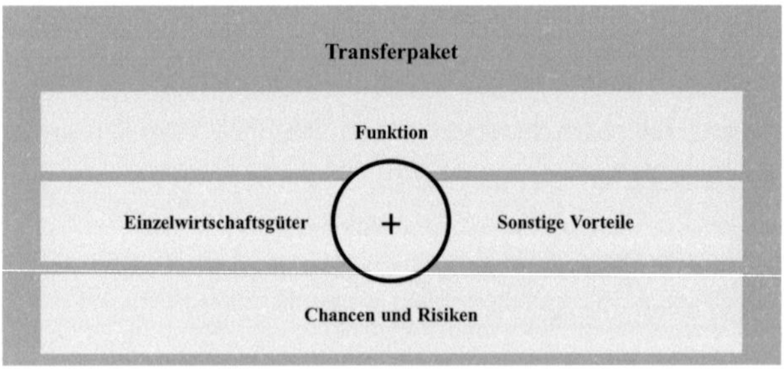

Abbildung 22: Inhalt des Transferpaketes

Auch in den Verrechnungspreisrichtlinien der OECD wird davon ausgegangen, dass eine Reallokation der Aufgabenverteilung im Konzern nur dann zu vergüten ist, wenn

---

1 Vgl. auch *Schreiber, R.*, Funktionsverlagerung, 2008, S. 434; *Endres, D./Oestreicher, A.*, Funktionsverlagerung, 2009, S. 8.

2 S. § 1 Abs. 3 S. 9 AStG sowie § 1 Abs. 2 S. 1 FVerlV.

3 S. § 1 Abs. 3 S. 9 AStG i. V. m. § 1 Abs. 3 FVerlV.

4 Vgl. Kapitel 4.2.3.4, S. 74.

5 Vgl. Kapitel 3.2.3, S. 47.

Wirtschaftsgüter oder Rechte von einem Unternehmen auf ein anderes verbundenes Unternehmen übergehen.[1] Wie bereits im Kapitel 4.2.6 dargestellt,[2] ist eine Gesamtbewertung nach der Auffassung der OECD dann fremdvergleichskonform, wenn eine „activity“ übergeht.[3] Voraussetzung für den Übergang der „activity“ ist, dass Wirtschaftsgüter übergehen, die die Ausübung von bestimmten Funktionen ermöglichen und Risiken tragen.[4] Damit setzt die OECD – wie in den nationalen Regelungen – den Übergang eines Transferpaketes als Voraussetzung für eine Gesamtbewertung fest.

4.4.2 Kumulativer Übergang von Wirtschaftsgütern und sonstigen Vorteilen

Die Chancen und Risiken aus einer Funktionsausübung können in funktionale und unternehmerische Chancen und Risiken unterteilt werden.[5] Unter funktionalen Chancen und Risiken werden diejenigen verstanden, die mit jeder Tätigkeit einhergehen und aus einer guten oder schlechten Tätigkeitsausübung hervorgehen. Unternehmerische Chancen und Risiken entstehen hingegen erst durch die Beteiligung am Residualerfolg – oder Misserfolg – einer am Markt angebotenen Leistung. Funktionale Chancen und Risiken werden von sogenannten Routinefunktionen getragen, die eine geringe aber stabile Vergütung für ihre Tätigkeit erhalten.[6] Unternehmerische Chancen und Risiken hingegen werden von sogenannten Hauptfunktionen getragen,[7] die eine Mitverantwortung für den Gesamtwertschöpfungsprozess tragen.

Im Rahmen dieser Arbeit werden die sonstigen Vorteile einer Funktion mit den geschäftswertbildenden Faktoren dieser gleichgesetzt;[8] sie entsprechen dem Gewinnpotenzial einer Funktion, das nicht in Einzelwirtschaftsgütern verkörpert ist.[9] Sofern alle

---

1 Vgl. *OECD*, Transfer Pricing Guidelines, 2010, Tz. 9.65.

2 Vgl. Kapitel 4.2.6, S. 95.

3 Vgl. *OECD*, Transfer Pricing Guidelines, 2010, Tz. 9.94.

4 Vgl. *OECD*, Transfer Pricing Guidelines, 2010, Tz. 9.93.

5 Vgl. hierzu sowie zum Folgenden *Brüninghaus, D./Bodenmüller, R.*, Funktionsverlagerung, 2009, S. 1287.

6 Vgl. *Kroppen, H.-K.*, Kroppen, 2010, FVerlV, Anm. 115. Zu den Eigenschaften von Routinefunktionen vgl. *BMF*, Verwaltungsgrundsätze – Verfahren, Schr. v. 12.04.2005, Tz. 3.4.10.2 Buchst. a.

7 Vgl. *Blumers, W.*, Transferpaket, 2007, S. 1757.

8 Vgl. Kapitel 4.4.1, S. 109.

9 Vgl. auch *Brüninghaus, D./Bodenmüller, R.*, Funktionsverlagerung, 2009, S. 1288: Auf Grund der kumulativen Aufzählung muss mit den sonstigen Vorteilen ein Übertragungsgegenstand vorliegen, der von Wirtschaftsgütern abgrenzbar ist. Greift man auf das Ziel des Gesetzgebers zurück, den Geschäftswert zu besteuern, können unter den sonstigen Vorteilen nur geschäftswertbildende Faktoren subsumiert werden, die Bestandteil des Geschäftswertes sind.

Einzelwirtschaftsgüter und sonstigen Vorteile übergehen, die die Grundlage einer Funktionsausübung darstellen, geht das gesamte Gewinnpotenzial der Funktion über und somit auch sämtliche Chancen und Risiken aus der Funktionsausübung.[1] Da der Übergang der Chancen und Risiken immer gegeben ist, wenn Einzelwirtschaftsgüter und sonstige Vorteile übergehen, ist dieser nicht separat zu prüfen und nicht als eigenständiges Tatbestandsmerkmal der Funktionsverlagerung anzusehen.[2] Aufbauend auf dieser Feststellung ist zu prüfen, ob der Übergang von Wirtschaftsgütern *und* sonstigen Vorteilen kumulativ vorliegen muss, um den Transferpaketansatz und eine Gesamtbewertung zu rechtfertigen.

Der Transferpaketansatz und die Gesamtbewertung einer Funktion sind nur dann gerechtfertigt, wenn ein übergehender funktionsanteiliger Geschäfts- oder Firmenwert erfasst wird.[3] Da die sonstigen Vorteile mit den geschäftswertbildenden Faktoren gleichgesetzt werden, ist ein Übergang von sonstigen Vorteilen zusätzlich zu dem Übergang von Einzelwirtschaftsgütern grundlegend für einen Transferpaketansatz.[4] Die Auffassung, dass ein kumulativer Übergang vorliegen muss, wird auch durch die FVerlV bestätigt, da dort festgehalten wird, dass eine Funktionsverlagerung nicht vorliegt, wenn ausschließlich (Einzel-)Wirtschaftsgüter übertragen werden.[5]

4.4.3 Funktionsabspaltung und Verlagerung von Routinefunktionen

Im Folgenden wird überprüft, ob auf Grund der dritten Tatbestandsvoraussetzung einer Funktionsverlagerung – dem Übergang von Wirtschaftsgütern und sonstigen Vorteilen sowie den damit verbundenen Chancen und Risiken – bestimmte Verlagerungsvorgänge

---

[1] Auch in der Begründung der FVerlV werden die Chancen und Risiken aus der Funktionsausübung mit dem Gewinnpotenzial der Funktion gleichgesetzt. Vgl. *Deutscher Bundesrat*, BR-Drs. 352/08, 2008, S. 12.

[2] In § 1 Abs. 2 S. 1 FVerlV wird deutlich, dass bei der Prüfung einer Funktionsverlagerung in erster Linie auf den Übergang der Wirtschaftsgüter und sonstigen Vorteile abgestellt wird und die Chancen und Risiken mit diesen „verbunden" sind. Auch *Schreiber* ist der Auffassung, dass Chancen und Risiken mit Wirtschaftsgütern und Vorteilen, nicht hingegen mit der Funktion verbunden sind. Vgl. *Schreiber, R.*, Kroppen, 2010, FVerlV, Anm. 48. A. A. *Blumers, W.*, Funktionsverlagerungen, 2010, S. 19, der davon ausgeht, dass die Chancen und Risiken allein mit der Funktion und nicht den Wirtschaftsgütern und sonstigen Vorteilen verbunden sind.

[3] Vgl. Kapitel 4.4.1, S. 109.

[4] So auch *Brüninghaus, D./Bodenmüller, R.*, Funktionsverlagerung, 2009, S. 1288. A. A. *Schreiber, R.*, Kroppen, 2010, FVerlV, Anm. 48, der davon ausgeht, dass eine Funktionsverlagerung auch dann anzunehmen ist, wenn nur Wirtschaftsgüter oder sonstige Vorteile verlagert werden.

[5] S. § 1 Abs. 7 S. 1 FVerlV.

aus dem Anwendungsbereich des § 1 Abs. 3 S. 9 AStG auszuschließen sind. Vor diesem Hintergrund werden die Funktionsabspaltung und die Verlagerung von – bereits beim abgebenden Unternehmen bestehenden – Routinefunktionen näher betrachtet.[1]

Im Rahmen der Funktionsabspaltung wird ein Teilbereich einer Hauptfunktion ins Ausland verlagert und die Entscheidungskompetenzen sowie die unternehmerischen Chancen und Risiken im Inland beibehalten.[2] Die für die Funktionsausübung im Ausland notwendigen immateriellen Wirtschaftsgüter und sonstigen Vorteile verbleiben in der Regel im Eigentum des funktionsabgebenden Unternehmens und werden dem funktionsaufnehmenden Unternehmen unentgeltlich beigestellt; alternativ könnten sie entgeltlich zur Nutzung überlassen werden.[3] Da die unternehmerischen Chancen und Risiken im Inland verbleiben, wird im Ausland eine Routinefunktion aufgenommen, die lediglich funktionale Chancen und Risiken birgt.[4] Beispiele für eine Funktionsabspaltung sind: die Verlagerung der Produktion auf einen Auftragsfertiger oder Lohnfertiger, die Verlagerung des Vertriebs oder Einkaufs auf einen Kommissionär oder Agenten oder die Verlagerung der Forschung und Entwicklung auf einen Auftragsforscher.[5]

Während bei einer Funktionsabspaltung ein Teil einer Hauptfunktion – unter Beibehaltung der unternehmerischen Chancen und Risiken im Inland – ins Ausland verlagert wird und eine Routinefunktion erst im Ausland entsteht, wird im Rahmen dieser Arbeit unter der Verlagerung einer Routinefunktion die Verlagerung einer vollständigen Funk-

---

[1] Zu den verschiedenen Verlagerungsarten vgl. Kapitel 4.3.1, S. 100.

[2] *Bodenmüller* bezeichnet die Funktionsabspaltung als Verlagerung der Ausübung einzelner Funktionen. Vgl. *Bodenmüller, R.*, Funktionsverlagerungen, 2004, S. 351.

[3] Vgl. FG Münster, Urt. v. 16.03.2006, 8 K 2348/02 E, rkr., EFG 2006, S. 1563; *Ditz, X./Just, D.*, Produktionsverlagerung, 2009, S. 141; *Kahle, H.*, Funktionsverlagerung, 2009, S. 561; *Schreiber, R.*, Kroppen, 2010, FVerlV, Anm. 52; *Endres, D./Oestreicher, A.*, Funktionsverlagerung, 2009, S. 6; *Burkert, M.*, Funktionsverlagerungen (Teil II), 2003, S. 356. Sofern das aufnehmende Unternehmen die Routinefunktion nur gegenüber dem abgebenden Unternehmen ausführt und das Entgelt für die Leistung nach der Kostenaufschlagsmethode verrechnet wird, ist eine unentgeltliche Beistellung der immateriellen Wirtschaftsgüter für das abgebende Unternehmen vorteilhaft, da eine Lizenzgebühr für deren Beistellung die Kostenbasis und somit das Entgelt des Dienstleisters erhöhen würde. Vgl. *Bernhardt, L./van der Ham, S./Kluge, S.*, Vertriebsabspaltung, 2008, S. 7.

[4] Vgl. Kapitel 4.4.2, S. 111. Ebenso *Looks, C./Freudenberg, M.*, Konfliktfelder, 2009, S. 2516: Infolge einer Funktionsabspaltung vereinnahmt das abgebende Unternehmen weiterhin den Residualgewinn aus der Geschäftstätigkeit.

[5] Vgl. zu diesen Beispielen *Bodenmüller, R.*, Funktionsverlagerungen, 2004, S. 351, 356-384; *Brüninghaus, D./Bodenmüller, R.*, Funktionsverlagerung, 2009, S. 1289; *Bernhardt, L./van der Ham, S./Kluge, S.*, Vertriebsabspaltung, 2008, S. 7 u. 10; *Scheunemann, M./Dennisen, A.*, Forschung, 2010, S. 411 f.; *BMF*, Verwaltungsgrundsätze – Verfahren, Schr. v. 12.04.2005, Tz. 3.4.10.2 Buchst. a; *BMF*, Verwaltungsgrundsätze Funktionsverlagerung, Schr. v. 13.10.2010, Tz. 206 u. 216.

tion verstanden, die bereits beim abgebenden Unternehmen keine unternehmerischen Chancen und Risiken getragen hat. Derartige Routinefunktionen können die Ergebnisse einer vorangegangenen Funktionsabspaltung sein (beispielsweise Auftragsfertigung oder Auftragsforschung) oder andere (konzerninterne) Dienstleistungen wie Buchhaltung, Marketing oder Werbung.[1]

Sofern bei einer Funktionsabspaltung die immateriellen Wirtschaftsgüter und die sonstigen Vorteile im Inland verbleiben und dem verbundenen Unternehmen unentgeltlich beigestellt werden, kann eine Funktionsabspaltung nicht als Funktionsverlagerung im Sinne des § 1 Abs. 3 S. 9 AStG klassifiziert werden, da es an dem geforderten Übergang von Wirtschaftsgütern und sonstigen Vorteilen und infolgedessen an dem Übergang eines Transferpaketes fehlt.[2] Der Übergang materieller und immaterieller Einzelwirtschaftsgüter beeinflusst diese Feststellung nicht, wenn kein zusätzlicher Übergang sonstiger Vorteile vorliegt. Auch die OECD stellt eine Funktionsabspaltung nicht mit der Verlagerung einer „activity" gleich und behandelt diese als eigene Verlagerungsform, die keiner Gesamtbewertung unterliegt.[3]

Da die Gesamtbewertung einer Funktionsverlagerung vom Übergang sonstiger Vorteile abhängt, stellt sich die Frage, wie der Nachweis erbracht werden kann, dass im Rahmen einer Verlagerung keine sonstigen Vorteile übergegangen sind und eine Funktionsabspaltung vorliegt. Das Gewinnpotenzial[4] einer Funktion kann aufgeteilt werden in Gewinnpotenzial, das auf Einzelwirtschaftsgüter zurückzuführen ist und Gewinnpotenzial, das auf Grund geschäftswertbildender Faktoren bzw. sonstiger Vorteile besteht. Sofern nachgewiesen werden kann, dass im Rahmen einer Transaktion lediglich Ge-

---

[1] Vgl. *BMF*, Verwaltungsgrundsätze – Verfahren, Schr. v. 12.04.2005, Tz. 3.4.10.2 Buchst. a; *BMF*, Verwaltungsgrundsätze Funktionsverlagerung, Schr. v. 13.10.2010, Tz. 218.

[2] Vgl. *Wassermeyer, F./Baumhoff, H./Greinert, M.*, F/W/B, 2009, § 1 AStG, Rz. V 72; *Kaminski, B.*, S/K/K, 2010, § 1 AStG n. F., Rz. 49; *Baumhoff, H./Ditz, X./Greinert, M.*, Funktionsverlagerung, 2007, S. 1650; *Kroppen, H.-K.*, Kroppen, 2010, FVerlV, Anm. 115; *Frischmuth, M.*, Funktionsverlagerungsbesteuerung, 2007, S. 387 f.; *Ditz, X./Just, D.*, Produktionsverlagerung, 2009, S. 142; *Jahndorf, C.*, Funktionsverlagerung, 2008, S. 106; *Kahle, H.*, Funktionsverlagerung, 2009, S. 561. *Borstell/Schäperclaus* gehen hingegen davon aus, dass die Funktionsabspaltung „bei wörtlicher Lesart" auch unter den Begriff der Funktionsverlagerung i. S. d. AStG subsumiert werden kann, stellen aber zugleich fest, dass fremde Dritte die Übernahme der Ausführung einer Funktion nicht vergüten würden. Vgl. *Borstell, T./Schäperclaus, J.*, Funktion, 2008, S. 280.

[3] Vgl. *OECD*, Transfer Pricing Guidelines, 2010, Tz. 9.99.

[4] Die Annahme einer Funktionsverlagerung i. S. d. AStG ist nur möglich, wenn Gewinnpotenzial von einem Unternehmen auf ein anderes Unternehmen übertragen wird, auf das das abgebende Unternehmen nicht unentgeltlich verzichten würde und für das das aufnehmende Unternehmen bereit wäre, ein Entgelt zu zahlen. S. § 1 Abs. 4 FVerlV.

winnpotenzial in Höhe des Wertes der übergehenden Einzelwirtschaftsgüter verlagert wird, kann der Übergang sonstiger Vorteile und somit eines Transferpaketes ausgeschlossen werden. Im Folgenden wird dargestellt, inwieweit Gewinnpotenzial im Rahmen einer Funktionsabspaltung zwischen den verbundenen Unternehmen übertragen wird.

Aus Sicht des abgebenden Unternehmens ist eine Funktionsabspaltung vorteilhaft, wenn der Zukauf einer Leistung – beispielsweise von einem Auftragsfertiger – zu einem höheren Unternehmenswert führt als die eigenständige Erbringung dieser Leistung. Das funktionsabgebende Unternehmen wird eine Funktionsabspaltung deshalb nur dann vornehmen, wenn der Unternehmenswert nach der Funktionsabspaltung – beispielsweise auf Grund erzielter Kostenvorteile – höher ist als vor der Funktionsabspaltung. Da das verlagernde Unternehmen in diesem Fall kein Gewinnpotenzial abgibt,[1] sondern sein Gewinnpotenzial erhöht, wird es von dem funktionsaufnehmenden Unternehmen in der Regel kein Entgelt für die Übernahme der Tätigkeit verlangen, das über die Vergütung einzelner im Ausnahmefall übergehender Einzelwirtschaftsgüter hinausgeht.[2] Der Übergang von sonstigen Vorteilen kann aus Sicht des abgebenden Unternehmens somit ausgeschlossen werden.

Das aufnehmende Unternehmen erhält im Anschluss an die Funktionsabspaltung für die Ausführung der Routinetätigkeit eine geringe, aber stabile Vergütung.[3] Wenn die Ausübung einer Routinefunktion angemessen vergütet wird und die für die Funktionsausübung erforderlichen Wirtschaftsgüter unentgeltlich beigestellt werden, entsprechen die zukünftigen Zahlungsmittelüberschüsse aus der Funktionsausübung deshalb in der Regel einer marktüblichen Verzinsung des eingesetzten Kapitals.[4] Sofern im Ausnahmefall bestimmte für die Funktionsausübung erforderliche Einzelwirtschaftsgüter auf das funktionsaufnehmende Unternehmen übertragen werden, entspricht – eine fremdvergleichs-

---

1 Vgl. *Ditz, X./Just, D.*, Produktionsverlagerung, 2009, S. 142.

2 Vgl. *OECD*, Transfer Pricing Guidelines, 2010, Tz. 9.99 sowie FG Münster, Urt. v. 16.03.2006, 8 K 2348/02 E, rkr., EFG 2006, S. 1562 f. *Rasch/Schmidtke* gehen auf die Möglichkeit ein, dass das funktionsabspaltende Unternehmen auf Grund des erzielten Vorteils eine Kompensationszahlung leisten könnte, schließen diese aber – bei einer bestehenden Konkurrenzsituation bezüglich der nachgefragten Leistung – zutreffend aus. Vgl. *Rasch, S./Schmidtke, R.*, hypothetischer Fremdvergleich, 2009, S. 93 f.

3 Vgl. *BMF*, Verwaltungsgrundsätze – Verfahren, Schr. v. 12.04.2005, Tz. 3.4.10.2 Buchst. a.

4 Vgl. *Baumhoff, H./Ditz, X./Greinert, M.*, Funktionsverlagerung, 2007, S. 1652; *Rasch, S./Schmidtke, R.*, hypothetischer Fremdvergleich, 2009, S. 95 u. 96; *Greinert, M.*, Funktionsverlagerungen, 2009, S. 757.

konforme Vergütung der Tätigkeit vorausgesetzt – der Barwert der zukünftigen Zahlungsmittelüberschüsse aus der Funktionsausübung in der Regel dem kumulierten Wert der übergegangenen Einzelwirtschaftsgüter.[1] Eine fremdvergleichskonforme Vergütung einer Routinefunktion lässt somit keinen Raum für die Annahme des Übergangs eines Gewinnpotenzials aus sonstigen Vorteilen, das vom übernehmenden Unternehmen zu vergüten wäre.[2]

Der Nachweis, dass im Rahmen einer Verlagerung keine sonstigen Vorteile übergegangen sind und eine Funktionsabspaltung und keine Funktionsverlagerung im Sinne des AStG vorliegt, kann einerseits aus Sicht des abgebenden Unternehmens durch dessen Gesamtbewertung vor und nach der Funktionsabspaltung erbracht werden. Anderseits kann bereits auf Basis der Vergütung des funktionsaufnehmenden Unternehmens aus dessen Sicht eine Funktionsverlagerung im Sinne des AStG ausgeschlossen werden, wenn dieses eine fremdvergleichskonforme Vergütung für die Ausübung einer Routinetätigkeit erhält.

Im Falle der Verlagerung von Routinefunktionen liegt ebenso nur dann eine Funktionsverlagerung im Sinne des AStG vor, wenn immaterielle Wirtschaftsgüter und sonstige Vorteile übergehen. Allein der fehlende Übergang von sonstigen Vorteilen reicht aus, um eine Funktionsverlagerung zu verneinen. Sonstige Vorteile können nur dann mit einer Funktion übertragen werden, wenn die Funktion in der Vergangenheit mit Entscheidungskompetenzen ausgestattet war und somit sonstige Vorteile aufbauen konnte; dies ist jedoch bei Routinefunktionen regelmäßig nicht der Fall. Ebenso verfügen Routinefunktionen regelmäßig nicht über wesentliche immaterielle Wirtschaftsgüter,[3] sondern setzen nur in geringem Umfang Wirtschaftsgüter ein.[4] Im Regelfall erfüllt die Verlagerung einer Routinefunktion deshalb nicht die Tatbestandsvoraussetzungen einer

---

[1] Vgl. hierzu auch das Beispiel von *Oestreicher, A.*, Funktionsverlagerung, 2009, S. 84.

[2] Vgl. FG Münster, Urt. v. 16.03.2006, 8 K 2348/02 E, rkr., EFG 2006, S. 1562-1564 sowie *Ditz, X./Just, D.*, Produktionsverlagerung, 2009, S. 142; *Rasch, S./Schmidtke, R.*, hypothetischer Fremdvergleich, 2009, S. 93 f.; *Baumhoff, H./Ditz, X./Greinert, M.*, Funktionsverlagerungsverordnung, 2008, S. 1950; ähnlich *Schreiber, R.*, Funktionsverlagerung, 2008, S. 436.

[3] Vgl. *Brüninghaus, D./Bodenmüller, R.*, Funktionsverlagerung, 2009, S. 1289.

[4] Vgl. *BMF*, Verwaltungsgrundsätze – Verfahren, Schr. v. 12.04.2005, Tz. 3.4.10.2 Buchst. a.

Funktionsverlagerung im Sinne des AStG, da kein Transferpaket übergeht.[1] Der fehlende Übergang eines Transferpaketes bei Funktionsabspaltungen und Verlagerungen von Routinefunktionen ist in Abbildung 23 dargestellt:

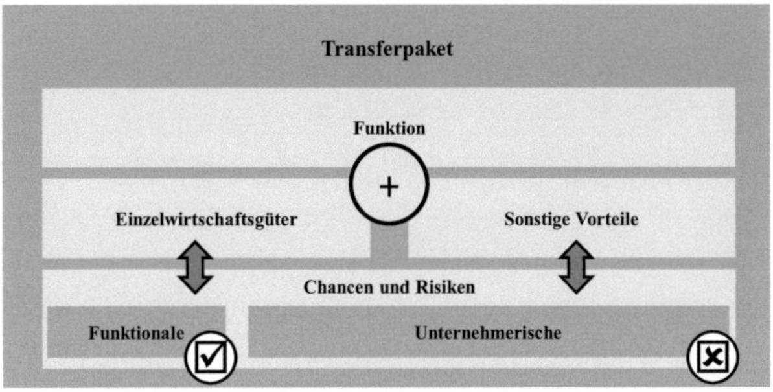

Abbildung 23: Fehlender Übergang eines Transferpaketes bei Funktionsabspaltungen und Verlagerungen von Routinefunktionen

Auch bei der Verlagerung von Routinefunktionen muss nachgewiesen werden, dass keine immateriellen Wirtschaftsgüter und sonstigen Vorteile übergehen. Wie im Falle der Funktionsabspaltung kann der fehlende Übergang sonstiger Vorteile und somit eines Transferpaktes durch den Nachweis einer niedrigen, stabilen und fremdvergleichskonformen Tätigkeitsvergütung beim funktionsaufnehmenden Unternehmen belegt werden.

4.4.4 Beweislasterleichterung bei der Funktionsabspaltung und der Verlagerung von Routinefunktionen

Die Idee, eine Funktionsabspaltung und die Verlagerung einer Routinefunktion anhand der Vergütung im Anschluss an die Transaktion zu identifizieren, liegt auch den Ausführungen der FVerlV zugrunde.[2] Dort wird in den Fällen der Funktionsabspaltung und der Verlagerung von Routinefunktionen – anstelle der Transferpaketbetrachtung – die Einzelbewertung der übergehenden Wirtschaftsgüter durch die *grundsätzliche Annahme*

---

1 Vgl. auch *Rasch, S./Schmidtke, R.*, hypothetischer Fremdvergleich, 2009, S. 94, die aus dem tatsächlichen Fremdvergleich ableiten, dass eine Kompensation für die Verlagerung einer Routinefunktion zwischen fremden Dritten nicht zu erwarten ist. Ebenso bereits *Burkert, M.*, Funktionsverlagerungen (Teil I), 2003, S. 324. *Schreiber, R.*, Funktionsverlagerung, 2008, S. 436 sieht in der Verlagerung von Routinefunktionen ebenfalls keine Funktionsverlagerung im Sinne des AStG, sondern den Anwendungsbereich des § 1 Abs. 7 S. 2 FVerlV erfüllt. *Frischmuth* ist der Auffassung, dass neben dem fehlenden Übergang immaterieller Wirtschaftsgüter und sonstiger Vorteile Hilfs- bzw. Routinefunktionen nicht unter den Funktionsbegriff des AStG fallen und somit eine weitere Tatbestandsvoraussetzung der Funktionsverlagerung nicht erfüllt ist. Vgl. *Frischmuth, M.*, Funktionsverlagerung, 2008, S. 866.

2 S. § 2 Abs. 2 S. 1 FVerlV.

ermöglicht, dass die erste Variante der Escapeklausel erfüllt ist.[1] Die Escapeklausel ermöglicht – trotz des Vorliegens einer Funktionsverlagerung im Sinne des AStG – einen Ansatz der Einzelverrechnungspreise aller übergehenden Wirtschaftsgüter, sofern der Steuerpflichtige glaubhaft macht, dass keine *wesentlichen* immateriellen Wirtschaftsgüter und Vorteile übergegangen sind.[2] Der Verweis auf die Escapeklausel infolge einer Verlagerung einer Routinefunktion[3] zeigt, dass im Rahmen der Verordnung – entgegen der im voranstehenden Kapitel vertretenen Auffassung – die Verlagerung von Routinefunktionen grundsätzlich als Funktionsverlagerung im Sinne des AStG klassifiziert und der Übergang immaterieller Wirtschaftsgüter und sonstiger Vorteile angenommen wird.[4] Gleichzeitig wird jedoch die pauschale Annahme getroffen, dass keine *wesentlichen* immateriellen Wirtschaftsgüter und sonstigen Vorteile übergehen.

Im Rahmen der Escapeklausel muss nachgewiesen werden, dass die Werte der immateriellen Wirtschaftsgüter zusammen mit den sonstigen Vorteilen genau oder weniger als 25 % des Wertes des Transferpaketes ausmachen und somit nicht wesentlich sind.[5] Die pauschale Annahme, dass bei der Verlagerung von Routinefunktionen keine *wesentlichen* immateriellen Wirtschaftsgüter und sonstigen Vorteile übergehen, hat zur Folge, dass der Wert eines übergehenden Transferpaketes nicht zu Vergleichszwecken ermittelt werden muss und erleichtert so die Beweisführung des Steuerpflichtigen.

Die Voraussetzung der pauschalen Annahme, dass keine wesentlichen immateriellen Wirtschaftsgüter und sonstigen Vorteile übergehen, sind,[6] dass

- das Entgelt für die Ausübung der Funktion nach der Kostenaufschlagsmethode ermittelt wird und

---

1 S. § 2 Abs. 2 FVerlV.

2 S. § 1 Abs. 3 S. 10 AStG. Zu den Escapeklauseln vgl. ausführlich 5.7, S. 170.

3 Aufgrund der Vergleichbarkeit von Funktionsabspaltungen und der Verlagerung von Routinefunktionen bzgl. des fehlenden Übergangs von sonstigen Vorteilen wird im Folgenden nur noch die Verlagerung von Routinefunktionen genannt werden. Die Ergebnisse gelten jedoch für beide Verlagerungen gleichermaßen.

4 Vgl. auch *Deutscher Bundesrat*, BR-Drs. 352/08, 2008, S. 16: In der Begründung der Verordnung wird festgehalten, dass durch § 2 Abs. 2 S. 1 FVerlV Sachverhalte von der Transferpaketbetrachtung ausgenommen werden sollen, die nach der Definition des § 1 Abs. 2 S. 1 FVerlV als Funktionsverlagerungen im Sinne des AStG anzusehen sind. Ebenso *BMF*, Verwaltungsgrundsätze Funktionsverlagerung, Schr. v. 13.10.2010, Tz. 207 u. 218.

5 S. § 1 Abs. 5 FVerlV.

6 S. § 2 Abs. 2 S. 1 FVerlV.

- die Funktion ausschließlich gegenüber dem verlagernden Unternehmen ausgeführt wird.

Die Tätigkeitsvergütung für Routinefunktionen ist in der Regel gering und stabil, da nur in geringem Umfang Wirtschaftsgüter eingesetzt und Risiken übernommen werden.[1] Eine geringe und stabile Tätigkeitsvergütung im Anschluss an die Verlagerung lässt den Rückschluss zu, dass eine Routinefunktion ausgeführt wird, deren Verlagerung nicht zum Übergang wesentlicher immaterieller Wirtschaftsgüter und sonstiger Vorteile führt.[2] Die Verordnung greift zum Nachweis einer geringen und stabilen Vergütung auf die Kostenaufschlagsmethode zurück. Die Klassifizierung einer Tätigkeit als Routinetätigkeit ist jedoch grundsätzlich unabhängig von der gewählten Verrechnungspreismethode; für die Annahme, dass keine wesentlichen immateriellen Wirtschaftsgüter und sonstigen Vorteile übergehen, sollte deshalb entscheidend sein, dass die ermittelte Vergütung nicht über ein Tätigkeitsentgelt zuzüglich einer Verzinsung des eingesetzten Kapitals hinausgeht.[3]

Neben der Verrechnungspreisermittlung mittels der Kostenaufschlagsmethode wird in § 2 Abs. 2 S. 1 FVerlV gefordert, dass die Leistungserbringung im Anschluss an die Verlagerung ausschließlich gegenüber dem verlagernden Unternehmen erfolgen darf. Der Wortlaut legt den Schluss nahe, dass ein Transferpaketansatz immer dann vorzunehmen ist, wenn die Leistungserbringung auch gegenüber anderen Unternehmen erfolgt. Diese Schlussfolgerung wird jedoch in § 2 Abs. 2 S. 2 FVerlV widerlegt. Dort wird geregelt, dass ein Transferpaket ab dem Zeitpunkt anzusetzen ist, ab dem die Routinefunktion auch gegenüber anderen Unternehmen angeboten wird, allerdings nur unter der weiteren Voraussetzung, dass das erzielte Entgelt höher ist als das Entgelt, das nach der Kostenaufschlagsmethode ermittelt werden würde.

---

1 Vgl. *BMF*, Verwaltungsgrundsätze – Verfahren, Schr. v. 12.04.2005, Tz. 3.4.10.2 Buchst. a.

2 Vgl. Kapitel 4.4.3, S. 112. Vgl. auch *Deutscher Bundesrat*, BR-Drs. 352/08, 2008, S. 16.

3 Vgl. *Kroppen, H.-K.*, Kroppen, 2010, FVerlV, Anm. 115; *Looks, C./Freudenberg, M.*, Konfliktfelder, 2009, S. 2516; *Brüninghaus, D./Bodenmüller, R.*, Funktionsverlagerung, 2009, S. 1289; *Ditz, X./Just, D.*, Produktionsverlagerung, 2009, S. 142; *Oestreicher, A.*, Funktionsverlagerung, 2009, S. 84. Nach Ansicht des *BMF* ist neben der Kostenaufschlagsmethode auch eine auf Kosten basierende, geschäftsvorfallbezogene Nettomargenmethode zur Ermittlung der Verrechnungspreise anwendbar oder die Vereinbarung einer Provision möglich, die das niedrige Risiko des funktionsaufnehmenden Unternehmens berücksichtigt. Vgl. *BMF*, Verwaltungsgrundsätze Funktionsverlagerung, Schr. v. 13.10.2010, Tz. 67.

Unter Fremdvergleichsgesichtspunkten ist der Feststellung in § 2 Abs. 2 S. 2 FVerlV zu folgen, da die Vergütung der Verlagerung einer Routinefunktion unabhängig davon ist, ob diese ausschließlich gegenüber dem verlagernden Unternehmen ausgeübt wird oder auch gegenüber fremden Dritten. Sofern das leistende Unternehmen lediglich eine geringe und stabile Vergütung erhält und diese Vergütung fremdvergleichskonform ist, wird es auch bei einer zusätzlichen Leistungserbringung gegenüber weiteren Unternehmen keinen Gewinn erzielen, der über eine angemessene Verzinsung des eingesetzten Kapitals hinausgeht. Das aufnehmende Unternehmen hat folglich auch bei einer zusätzlichen Leistungserbringung gegenüber weiteren Unternehmen keine Zahlungsbereitschaft für die Übernahme einer Routinefunktion.

Aus der zusammenfassenden Betrachtung der Sätze 1 und 2 des § 2 Abs. 2 der FVerlV ist festzustellen, dass ein Übergang wesentlicher immaterieller Wirtschaftsgüter und sonstiger Vorteile immer dann nicht angenommen werden kann, wenn das Entgelt für die Funktionsausübung einer geringen und stabilen Vergütung einer Routinetätigkeit entspricht. Der Ansatz von Einzelverrechnungspreisen der im Rahmen der Verlagerung übergehenden Wirtschaftsgüter ist in diesem Fall auch dann möglich, wenn die Leistung nicht ausschließlich gegenüber dem verlagernden Unternehmen, sondern auch gegenüber anderen Unternehmen erbracht wird.[1]

4.4.5 Zwischenfazit

Eine Funktionsverlagerung im Sinne des AStG liegt nur dann vor, wenn neben der Funktion auch Wirtschaftsgüter *und* sonstige Vorteile kumulativ übergehen. Die Funktion bildet zusammen mit den Wirtschaftsgütern, den sonstigen Vorteilen und den damit zusammenhängenden Chancen und Risiken das Transferpaket, das der Gesamtbewertung zugrunde liegt.

Durch die Forderung des Übergangs von sonstigen Vorteilen werden die Funktionsabspaltung und die Verlagerung von Routinefunktionen aus dem Geltungsbereich des § 1 Abs. 3 S. 9 AStG ausgenommen. Eine derartige Verlagerung ist immer dann anzuneh-

[1] Vgl. ebenso *Kroppen, H.-K./Rasch, S.*, Funktionsverlagerungsverordnung, 2008, S. 2348; *Kroppen, H.-K.*, Kroppen, 2010, FVerlV, Anm. 113 u. 116; *Brüninghaus, D./Bodenmüller, R.*, Funktionsverlagerung, 2009, S. 1289; *BMF*, Verwaltungsgrundsätze Funktionsverlagerung, Schr. v. 13.10.2010, Tz. 68.

men, wenn nachgewiesen wird, dass das funktionsaufnehmende Unternehmen lediglich eine geringe, aber stabile Vergütung für seine Tätigkeit erhält.

Die Ausnahme der Funktionsabspaltung aus dem Anwendungsbereich des Transferpaketansatzes entspricht der Interpretation des Fremdvergleichsgrundsatzes in den OECD-Verrechnungspreisrichtlinien, da auch dort die Funktionsabspaltung von der Übertragung einer „activity“ differenziert wird. In den Verrechnungspreisrichtlinien wird argumentiert, dass eine Funktionsabspaltung nicht zu vergüten ist, wenn das funktionsabgebende Unternehmen durch Kostenersparnisse von der Abspaltung profitiert.[1] Eine Kostenersparnis beim abgebenden Unternehmen liegt in der Regel auch bei der Verlagerung einer Routinefunktion vor, weshalb angenommen werden kann, dass auch die Ausnahme der Verlagerung von Routinefunktionen aus dem Anwendungsbereich des Transferpaketansatzes mit der Interpretation des Fremdvergleichsgrundsatzes in den OECD-Verrechnungspreisrichtlinien konform ist.

4.5 Weitere Ausnahmen vom Anwendungsbereich der Funktionsverlagerung

In der FVerlV werden bestimmte Geschäftsvorfälle explizit aus dem Anwendungsbereich der Funktionsverlagerung im Sinne des AStG ausgenommen.[2] Die Aufführung dieser Ausnahmen ist jedoch lediglich deklaratorisch, da sie verschiedene Tatbestandsvoraussetzungen der Funktionsverlagerung nicht erfüllen.

Beispielsweise ist die ausschließliche Übertragung oder Nutzungsüberlassung von Wirtschaftsgütern bzw. Dienstleistungserbringung keine Funktionsverlagerung im Sinne des AStG. Diese Aussage bestätigt, dass ein Transferpaket übergehen muss, welches eine Funktion sowie Wirtschaftsgüter *und* sonstige Vorteile und die damit verbundenen Chancen und Risiken umfasst.[3] Ebenso stellt die Entsendung von Personal keine Funktionsverlagerung dar, wenn nicht zusätzlich ein Transferpaket übergeht. Grundlegender Bestandteil des Transferpaketes ist die Funktion, die als abgrenzbare organisatorische Einheit beim abgebenden Unternehmen bestanden haben muss. Einzelne Personen können nur in Ausnahmefällen eine organisatorische Einheit eines Unternehmens darstellen, weshalb in der Regel bei Personalentsendung keine Funktionsverlagerung im Sinne

---

[1] Vgl. *OECD*, Transfer Pricing Guidelines, 2010, Tz. 9.99.

[2] S. § 1 Abs. 7 FVerlV.

[3] Vgl. Kapitel 4.4.2, S. 111.

des AStG vorliegt.[1] Vorgänge, die unter fremden Dritten nicht als Veräußerung oder Erwerb einer Funktion angesehen werden, sind ebenfalls keine Funktionsverlagerungen im Sinne des AStG. Unter diesen Punkt fällt beispielsweise die fristgerechte Kündigung von Verträgen oder das Auslaufen einer Lieferbeziehung.[2] Auch in diesen Fällen würde die Übertragung einer Funktion unter fremden Dritten nicht vergütet werden.

4.6 Konsequenz der Ausgestaltung der Tatbestandsvoraussetzungen

Die Ausgestaltung der Tatbestandsvoraussetzungen der Funktionsverlagerung hat zur Konsequenz, dass die Verdoppelung einer Funktion und die Abspaltung einer Funktion nicht unter den Anwendungsbereich des § 1 Abs. 3 S. 9 AStG fallen, die Ausgliederung einer Funktion und die Abschmelzung einer Funktion hingegen schon. Nur bei einer Funktionsausgliederung und einer Funktionsabschmelzung wird Gewinnpotenzial vom Inland in das Ausland überführt, das auf Basis des Transferpaketansatzes zu bewerten ist. Die Erfüllung der verschiedenen Tatbestandsvoraussetzungen bei den unterschiedlichen Restrukturierungsformen ist in Abbildung 24 zusammengefasst.

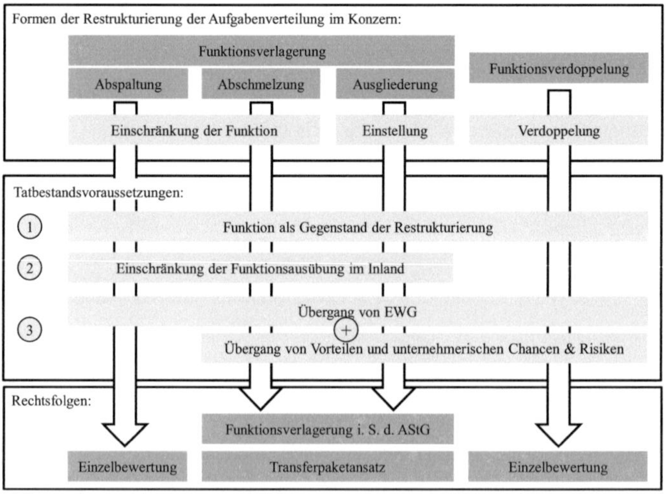

Abbildung 24: Tatbestandsvoraussetzungen und Formen von Funktionsverlagerungen

[1] Vgl. *Kroppen, H.-K./Rasch, S.*, Funktionsverlagerungsverordnung, 2008, S. 2346; *BMF*, Verwaltungsgrundsätze Funktionsverlagerung, Schr. v. 13.10.2010, Tz. 54.

[2] Vgl. *Deutscher Bundesrat*, BR-Drs. 352/08, 2008, S. 15.

Im Rahmen der Abgrenzung des Funktionsbegriffes wurde festgestellt, dass eine Funktion grundsätzlich Träger eines Geschäfts- oder Firmenwertes sein kann. Die Analyse der dritten Tatbestandsvoraussetzung – die Verlagerung von Wirtschaftsgütern *und* sonstigen Vorteilen – hat gezeigt, dass die sonstigen Vorteile, die als geschäftswertbildende Faktoren anzusehen sind, unverzichtbarer Bestandteil des Transferpaketes sind und eine Funktionsverlagerung im Sinne des AStG nur vorliegt, wenn diese im Rahmen der Verlagerung übergehen. Eine Funktionsverlagerung im Sinne des AStG liegt folglich nur dann vor, wenn ein funktionsanteiliger Geschäfts- oder Firmenwert mit der Funktion von einem Unternehmen auf das andere übergeht und ist somit grundsätzlich als fremdvergleichskonform anzusehen. In den OECD-Verrechnungspreisrichtlinien wird eine Gesamtbewertung jedoch erst bei der Verlagerung einer „activity“ als notwendig erachtet. Die Gesamtbewertung einer singulären Funktion infolge deren Verlagerung ist somit nicht international abgestimmt und es besteht die Gefahr einer Doppelbesteuerung.

5 Steuerliche Konsequenzen einer Funktionsverlagerung

5.1 Verrechnungspreismethoden und deren Stufenverhältnis

Sofern eine Funktionsverlagerung im Sinne des AStG vorliegt, muss eine fremdvergleichskonforme Vergütung der Verlagerung nach dessen Vorschriften erfolgen. Fremdvergleichspreise können grundsätzlich anhand verschiedener Verrechnungspreismethoden ermittelt werden, deren Anwendbarkeit von der Verfügbarkeit und der Qualität von Fremdvergleichsdaten abhängig ist. Für grenzüberschreitende Geschäftsvorfälle ist in § 1 Abs. 3 AStG eine Anwendungsreihenfolge – das sogenannte Stufenverhältnis – der Verrechnungspreismethoden vorgegeben, die auch für die Fremdvergleichspreisbestimmung im Rahmen einer Funktionsverlagerung anzuwenden ist:[1] Die Anwendungsreihenfolge ist in nachstehender Abbildung veranschaulicht:

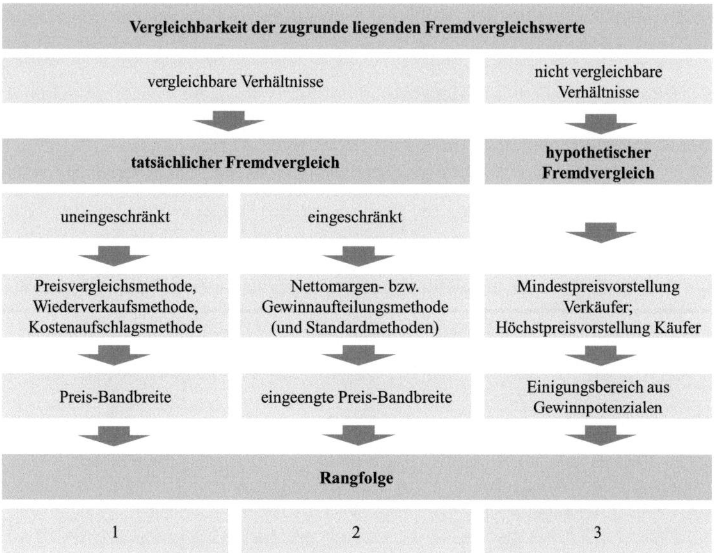

Abbildung 25: Anwendungsreihenfolge der Verrechnungspreismethoden

Bei der Wahl der geeigneten Verrechnungspreismethode ist in einem ersten Schritt zwischen vergleichbaren und nicht vergleichbaren Verhältnissen und daraus resultierenden

---

[1] S. § 1 Abs. 3 S. 9 sowie § 2 Abs. 1 S. 1 FVerlV.

vergleichbaren und nicht vergleichbaren Fremdvergleichswerten zu unterscheiden.[1] Sofern vergleichbare Fremdvergleichswerte gegeben sind, ist der Fremdvergleichspreis unter Anwendung des *tatsächlichen Fremdvergleichs* zu ermitteln. In einem zweiten Schritt sind die Vergleichstransaktionen, denen vergleichbare Verhältnisse zugrunde liegen, zu untergliedern in Vergleichstransaktionen, die uneingeschränkt vergleichbare Fremdvergleichswerte liefern und Vergleichstransaktionen, die eingeschränkt vergleichbare Fremdvergleichswerte liefern.

Sind Fremdvergleichswerte verfügbar, die mit oder ohne Anpassungen uneingeschränkt vergleichbar sind, ist der Fremdvergleichspreis vorrangig nach einer der Standardmethoden (Preisvergleichsmethode, Wiederverkaufspreismethode, Kostenaufschlagsmethode) zu bestimmen.[2] Eingeschränkt vergleichbare Fremdvergleichswerte liegen – in Abgrenzung zu uneingeschränkt vergleichbaren Fremdvergleichswerten – dann vor, wenn die Unterschiede zu den Vergleichstransaktionen durch Anpassungsrechnungen nicht vollständig beseitigt werden können.[3] Für diesen Fall schreibt der Gesetzgeber die Anwendung einer bestimmten Methode nicht explizit vor. Eine Preisbestimmung durch Standardmethoden wird allerdings nicht möglich sein, da die Qualität der verfügbaren Daten nicht ausreicht, um die Standardmethoden überhaupt anzuwenden oder die Fremdvergleichspreisbestimmung auf deren alleinige Anwendung zu stützen.[4] Da Unterschiede zu den Vergleichstransaktionen die Ergebnisse der gewinnorientierten Methoden (Nettomargen- bzw. Gewinnaufteilungsmethode) weniger beeinflussen als die Ergebnisse der Standardmethoden,[5] ist der Fremdvergleichspreis entweder unter der

---

1 Bzgl. der Voraussetzungen einer Vergleichbarkeit der Verhältnisse vgl. Kapitel 2.4.2, S. 29.

2 S. § 1 Abs. 3 S. 1 AStG. Der Vorrang der Standardmethoden vor den gewinnorientierten Methoden (Nettomargen- bzw. Gewinnaufteilungsmethode) ist auch in den OECD-Verrechnungspreisrichtlinien vorgesehen und deshalb international anerkannt. Vgl. *OECD*, Transfer Pricing Guidelines, 2010, Tz. 2.49.

3 Vgl. *BMF*, Verwaltungsgrundsätze – Verfahren, Schr. v. 12.04.2005, Tz. 3.4.12.7.

4 Vgl. *OECD*, Transfer Pricing Guidelines, 2010, Tz. 2.49.

5 Vgl. *OECD*, Transfer Pricing Guidelines, 2010, Tz. 3.27. Die Ermittlung vergleichbarer Preise oder Bruttomargen durch Standardmethoden erfordert eine wesentlich höhere Vergleichbarkeit der zugrunde liegenden Verhältnisse als z. B. die Ermittlung vergleichbarer Nettomargen, da bei ersteren der durch die Methode zugewiesene Gewinn stärker von den tatsächlichen Kosten (und damit von der Risiko- und Funktionsverteilung) abhängt.

ergänzenden oder alleinigen Anwendung der gewinnorientierten Methoden zu ermitteln.[1]

Liegen lediglich eingeschränkt vergleichbare Fremdvergleichswerte vor, ist eine ermittelte Bandbreite von Fremdvergleichspreisen einzuengen.[2] Die Einengung der Preisbandbreite kann der Gesetzesbegründung zufolge entsprechend den „Verwaltungsgrundsätze Verfahren" erfolgen;[3] dort werden Kontrollrechnungen, Plausibilitätsüberlegungen oder mathematische Verfahren als Möglichkeiten aufgezählt.[4] Da die Bandbreiteneinengung nur bei eingeschränkt vergleichbaren Fremdvergleichswerten vorgeschrieben ist, kann im Umkehrschluss, bei Vorliegen mehrerer uneingeschränkt vergleichbarer Fremdvergleichswerte, die gesamte Bandbreite ausgeschöpft werden.[5]

Der *hypothetische Fremdvergleich* wird nur angewendet, wenn keine vergleichbaren Verhältnisse vorliegen und deshalb kein tatsächlicher Fremdvergleich durchgeführt werden kann.[6] Der Fremdvergleichspreis wird in diesem Fall durch die Simulation eines Preisbildungsprozesses ermittelt.[7] Die Zahlungsbereitschaft der beteiligten Parteien bestimmt sich nach deren Gewinnpotenzial und bildet die Grenzen des Einigungsbereiches. Innerhalb des Einigungsbereiches ist der Preis anzusetzen, der dem Fremdver-

---

1 Vgl. auch *Jenzen, H.*, Funktionsverlagerungen, 2007, S. 9423. *Frotscher* setzt für das Vorliegen eingeschränkt vergleichbarer Werte und die Anwendung der gewinnorientierten Methoden voraus, dass die Standardmethoden nicht angewendet werden können. Vgl. *Frotscher, G.*, Steuerrecht, 2009, Rz. 585. Aus dem Wortlaut der Regierungsbegründung zur Unternehmensteuerreform 2008 kann allerdings die alleinige Anwendung der gewinnorientierten Methoden bei Vorliegen lediglich eingeschränkt vergleichbarer Werte nicht gefolgert werden, da als Beispiele für eingeschränkt vergleichbare Fremdvergleichswerte Werte aufgezählt werden (Preise, Bruttomargen, Kostenaufschlagsätze, Provisionssätze), die im Rahmen der Standardmethoden verwendet werden. Vgl. *Deutscher Bundestag*, BT-Drs. 220/07, 2007, S. 143.

2 S. § 1 Abs. 3 S. 2 u. 3 AStG. Auch in den OECD-Verrechnungspreisrichtlinien wird zwischen eingeschränkt und uneingeschränkt vergleichbaren Werten unterschieden und die Einengung einer Bandbreite eingeschränkt vergleichbarer Werte vorgeschlagen. Vgl. *OECD*, Transfer Pricing Guidelines, 2010, Tz. 3.55-3.57. *Förster, H.*, OECD-Verrechnungspreisleitlinien, 2009, S. 726 geht davon aus, dass die nationalen Regelungen mit den OECD-Verrechnungspreisrichtlinien übereinstimmen.

3 Vgl. *Deutscher Bundestag*, BT-Drs. 220/07, 2007, S. 143.

4 Vgl. *BMF*, Verwaltungsgrundsätze – Verfahren, Schr. v. 12.04.2005, Tz. 3.4.12.5. Zur Kritik an dem Vorgehen des *BMF* zu Bandbreiteneinengung vgl. *Kaminski, B.*, Unternehmensteuerreform, 2007, S. 596 f.; *Baumhoff, H./Ditz, X./Greinert, M.*, Verrechnungspreise, 2007, S. 1463.

5 Vgl. *Baumhoff, H./Ditz, X./Greinert, M.*, Verrechnungspreise, 2007, S. 1463; so auch schon *BMF*, Verwaltungsgrundsätze – Verfahren, Schr. v. 12.04.2005, Tz. 3.4.12.7.

6 S. § 1 Abs. 3. S. 5 AStG; § 2 Abs. 1 FVerlV. Vgl. *BMF*, Verwaltungsgrundsätze Funktionsverlagerung, Schr. v. 13.10.2010, Tz. 61. Zu den gesetzlichen Anwendungsbestimmungen des hypothetischen Fremdvergleichs s. § 1 Abs. 3 S. 5-7 AStG.

7 Vgl. *Kroppen, H.-K./Rasch, S./Eigelshoven, A.*, Unternehmensteuerreform, 2007, S. 2209; *Scheffler, W.*, Unternehmensteuerreform, 2008, S. 138.

gleichsgrundsatz mit höchster Wahrscheinlichkeit entspricht oder, sofern kein anderer Wert glaubhaft gemacht werden kann, der Mittelwert des Einigungsbereiches.[1]

Im Falle der Funktionsverlagerung ist sowohl im Rahmen des tatsächlichen als auch des hypothetischen Fremdvergleichs der Transferpaketansatz der Fremdvergleichspreisermittlung zugrunde zu legen.[2] Bei Funktionsverlagerungen werden jedoch nur in Ausnahmefällen tatsächliche Fremdvergleichswerte für eine Gesamtbewertung zur Verfügung stehen,[3] da eine Ermittlung von Fremdvergleichswerten in der Regel an der Vergleichbarkeit der Verhältnisse scheitert – beispielsweise im Hinblick auf Art und Umfang der Funktion.[4] Die Anwendung des tatsächlichen Fremdvergleichs zur Bestimmung eines Fremdvergleichspreises für die Verlagerung einer Funktion wird im Folgenden nicht vertieft.

5.2 Grundlagen des hypothetischen Fremdvergleichs

Die Ermittlung des Fremdvergleichspreises für die Verlagerung einer Funktion mittels des hypothetischen Fremdvergleichs erfolgt in zwei Schritten. Zunächst muss der Höchstpreis des funktionsaufnehmenden Unternehmens und der Mindestpreis des funktionsabgebenden Unternehmens auf Basis der jeweiligen Gewinnpotenziale aus der Funktionsausübung ermittelt werden; diese beiden Preise, die den Einigungsbereich der Parteien bestimmen, werden als Grenzpreise bezeichnet.[5] Die Gewinnpotenziale einer Funktion werden in der FVerlV als die diskontierten Gewinnerwartungen aus der Funk-

---

1 S. § 1 Abs. 3 S. 7 AStG.

2 S. § 1 Abs. 3 S. 9 AStG.

3 Vgl. *Jenzen, H.*, Funktionsverlagerungen, 2007, S. 9422; *Frotscher, G.*, Funktionsverlagerung, 2008, S. 50; *Kraft, G.*, Kraft, 2009, § 1 AStG, Rz. 402; *Baumhoff, H.*, Transferpakete, 2009, S. 5456; *Vögele, A.*, Transferpakete, 2010, S. 421; *BMF*, Verwaltungsgrundsätze Funktionsverlagerung, Schr. v. 13.10.2010, Tz. 62. Ausführlich zur Preisbestimmung mittels tatsächlichen Fremdvergleichs – auch unter der Verwendung von Datenbanken – vgl. *Oestreicher, A.*, Funktionsverlagerung, 2009, S. 88-90.

4 Vgl. *Wulf, M.*, Außensteuerrecht, 2007, S. 2283. Die Verlagerung einer Routinefunktion auf einen Dienstleister ist eine gängige Strategie zur Kostenreduzierung in Unternehmen und wird auch zwischen fremden Dritten vollzogen, weshalb in diesem Fall Transaktionen vorliegen, die in Abhängigkeit der Vergleichbarkeit der Verhältnisse für einen tatsächlichen Fremdvergleich herangezogen werden könnten. Vgl. *Jahndorf, C.*, Funktionsverlagerung, 2008, S. 107. Allerdings ist bei der Verlagerung von Routinefunktionen der Transferpaketansatz nicht heranzuziehen, da keine sonstigen Vorteile übergehen. Vgl. Kapitel 4.4.3, S. 112. Die Verlagerung von Routinefunktionen kann somit auf Grund der fehlenden Vergleichbarkeit nicht der Fremdvergleichspreisermittlung einer Funktionsverlagerung i. S. d. AStG durch tatsächlichen Fremdvergleich zugrunde gelegt werden. Vgl. *Oestreicher, A.*, Funktionsverlagerung, 2009, S. 89, Fn. 42.

5 S. § 1 Abs. 3 S. 6 AStG i. V. m. § 7 FVerlV.

tionsausübung definiert.[1] Der Grenzpreis des funktionsabgebenden Unternehmens (GP_i) entspricht dem Preis, den dieses mindestens fordern muss, damit sich dessen Unternehmenswert infolge der Funktionsveräußerung nicht reduziert; der Grenzpreis des funktionsaufnehmenden Unternehmens (GP_a) entspricht dem Preis, den dieses für die Funktionsverlagerung maximal leisten kann, ohne dass sich dessen Wert verringert.[2]

In einem zweiten Schritt muss der Einigungsbereich zwischen den Parteien aufgeteilt werden und der Transferpaketpreis (TP), der mit der höchsten Wahrscheinlichkeit dem Fremdvergleichsgrundsatz entspricht, glaubhaft gemacht werden.[3] Ein Einigungsbereich existiert, wenn der Höchstpreis des funktionsaufnehmenden Unternehmens über dem Mindestpreis des funktionsabgebenden Unternehmens liegt. Liegt der Mindestpreis über dem Höchstpreis, entsteht kein Einigungsbereich und zwei ordentliche und gewissenhafte Geschäftsführer hätten einer Funktionsverlagerung nicht zugestimmt.[4]

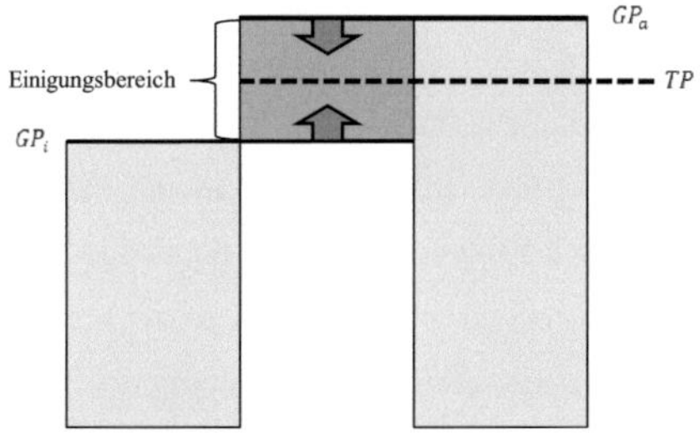

Abbildung 26: Ermittlung des Transferpaketpreises bei Funktionsverlagerungen

Im Rahmen des tatsächlichen Fremdvergleichs liegen beobachtbare Marktpreise und damit objektiv nachprüfbare Werte der Besteuerung zugrunde. Da für die Verlagerung von Funktionen nur in Ausnahmefällen tatsächliche Vergleichspreise beobachtbar sind

---

[1] S. § 1 Abs. 4 FVerlV.

[2] S. § 7 Abs. 1 FVerlV. Der Grundgedanke des Grenzpreiskalküls ist, dass ein potenzieller Käufer oder Verkäufer einer Transaktion nur zustimmt, wenn sich durch die Transaktion seine ökonomische Situation nicht verschlechtert. Vgl. *Wagner, F. W.*, Einfluß, 1972, S. 1637; *Sieben, G./Schildbach, T.*, Bewertung, 1979, S. 455; *Ballwieser, W./Leuthier, R.*, Unternehmensbewertung (Teil I), 1986, S. 547; *Drukarczyk, J./Schüler, A.*, Unternehmensbewertung, 2009, S. 87; *Bodenmüller, R./Hülster, T.*, Handlungsalternative, 2010, S. 652.

[3] S. § 1 Abs. 3 S. 7 AStG.

[4] Vgl. auch *Ballwieser, W./Leuthier, R.*, Unternehmensbewertung (Teil I), 1986, S. 549 und *Sieben, G./Schildbach, T.*, Bewertung, 1979, S. 457: Eine Person, die in einer Vermittlungsfunktion einen Schiedspreis zwischen zwei Parteien bestimmen soll, muss bei fehlendem Einigungsbereich im Rahmen eines nicht dominierten Bewertungsanlasses den Parteien von der für sie unvorteilhaften Transaktion abraten.

und im Rahmen des hypothetischen Fremdvergleichs die Ermittlung von Grenzpreisen gefordert wird, liegen der Besteuerung von Funktionsverlagerungen in der Regel subjektive Entscheidungswerte zugrunde. Die grundsätzliche Fremdvergleichskonformität und internationale Akzeptanz des Rückgriffes auf subjektive Entscheidungswerte wird im Folgenden geprüft.

Das Ziel des Fremdvergleichsgrundsatzes ist, den Preis der Besteuerung zugrunde zu legen, zu dem fremde Dritte eine Funktionsverlagerung vollzogen hätten. Da fremde Dritte die Preisbestimmung von dem Wert der Funktion abhängig machen, muss diese zunächst bewertet werden. Auf Grund des Zweckadäquanzprinzips gilt für die Bewertung von Unternehmen, dass diese nicht einen Wert an sich haben, sondern deren Wert vom Zweck der Bewertung abhängt.[1] Da Funktionen organisatorische Einheiten sind und deshalb auch nach den Methoden der Unternehmensbewertung bewertet werden müssen, ist auch deren Wert vom Zweck der Bewertung abhängig. Sofern eine Funktion verlagert bzw. veräußert werden soll, dient die Bewertung der Funktion dem Zweck der Entscheidungsvorbereitung und Entscheidungsfindung bezüglich der Verlagerung; der zweckadäquate Unternehmenswert bemisst sich in diesen Fällen nach den jeweiligen Grenzpreisen der Parteien.[2] Da folglich die Preisbestimmung für eine Funktionsverlagerung zwischen fremden Dritten von deren Grenzpreisen abhängt, kann festgehalten werden, dass die im AStG vorgeschriebene Ermittlung von Verrechnungspreisen auf Basis subjektiver Entscheidungswerte dem Verhalten fremder Dritter entspricht.

Die internationale Akzeptanz des Rückgriffes auf subjektive Entscheidungswerte kann anhand der Auslegung des Fremdvergleichsgrundsatzes in den Verrechnungspreisrichtlinien der OECD geprüft werden. Bezüglich der Übertragung von immateriellen Wirtschaftsgütern sehen die Verrechnungspreisrichtlinien vor, dass deren Wert sowohl aus Sicht des abgebenden als auch aus Sicht des aufnehmenden Unternehmens bestimmt werden soll.[3] Sofern eine „activity" verlagert wird, die als Ganzes bewertet werden muss, soll deren Bewertung nach den Methoden erfolgen, die bei Unternehmenskäufen

---

[1] Vgl. grundlegend *Moxter, A.*, Unternehmensbewertung, 1983, S. 5-8. Zu einer Zusammenstellung wichtiger Bewertungszwecke vgl. *Ballwieser, W.*, Unternehmensbewertung, 2011, S. 1.

[2] Vgl. *Moxter, A.*, Unternehmensbewertung, 1983, S. 6; *Drukarczyk, J./Schüler, A.*, Unternehmensbewertung, 2009, S. 87; bezüglich der Vorbereitung fremder Entscheidungen durch einen Gutachter vgl. *Sieben, G./Schildbach, T.*, Bewertung, 1979, S. 455; *Ballwieser, W./Leuthier, R.*, Unternehmensbewertung (Teil I), 1986, S. 546.

[3] Vgl. *OECD*, Transfer Pricing Guidelines, 2010, Tz. 6.14 u. 9.85.

zum Einsatz kommen.[1] Da beide Forderungen eine Preisbestimmung auf Basis subjektiver Entscheidungswerte andeuten, kann m. E. von einer internationalen Akzeptanz dieses Vorgehens ausgegangen werden.

Im Ergebnis ist festzuhalten, dass die Besteuerung von Funktionsverlagerungen auf Basis subjektiver Entscheidungswerte grundsätzlich dem Fremdvergleichsgrundsatz entspricht und international anerkannt ist. In den folgenden Kapiteln wird aufbauend auf dieser Feststellung geprüft, ob die einzelnen Regelungen des AStG und der FVerlV zur Bewertung der Gewinnpotenziale aus der Funktionsausübung, zur Grenzpreisbestimmung der Parteien und zur Aufteilung des Einigungsbereiches dem Fremdvergleichsgrundsatz entsprechen. Da fremde Dritte bei der Preisbestimmung für die Verlagerung einer Funktion allgemein anerkannte betriebswirtschaftliche Bewertungsgrundsätze beachten werden,[2] wird die Fremdvergleichskonformität der nationalen Regelungen an diesen Grundsätzen gemessen.

5.3 Ermittlung der Gewinnpotenziale aus der Funktionsausübung

5.3.1 Kapitalisierungszeitraum

Ein Bestandteil der Grenzpreise des funktionsaufnehmenden und des funktionsabgebenden Unternehmens sind die jeweiligen Gewinnpotenziale aus der Funktionsausübung.[3] Die Gewinnpotenziale aus der Funktionsausübung entsprechen nach dem Wortlaut der Verordnung den Barwerten der erwarteten Reingewinne nach Steuern.[4] In den folgenden Kapiteln wird die Ermittlung der Gewinnpotenziale getrennt nach dem Kapitalisierungszeitraum, der Isolierung und Prognose der finanziellen Überschüsse, dem Kapitalisierungszinssatz und den anwendbaren Bewertungsverfahren analysiert.

Der Bewertung von Unternehmen werden – dem Fortführungsprinzip folgend – grundsätzlich unbegrenzte Kapitalisierungszeiträume zugrunde gelegt.[5] Nach der FVerlV ist der Bewertung einer Funktion dementsprechend ebenfalls grundsätzlich ein unbe-

---

[1] Vgl. *OECD*, Transfer Pricing Guidelines, 2010, Tz. 9.94: „Valuation methods that are used, in acquisition deals, between independent parties may prove useful to valuing the transfer of an ongoing concern between associated enterprises."

[2] Bzgl. der Bewertung einer „activity" vgl. *OECD*, Transfer Pricing Guidelines, 2010, Tz. 9.94.

[3] S. § 1 Abs. 3 S. 6 AStG.

[4] S. § 1 Abs. 4 FVerlV.

[5] Vgl. *Ballwieser, W.*, Unternehmensbewertung, 2011, S. 85; *IDW*, IDW S 1, 2008, Tz. 85.

grenzter Kapitalisierungszeitraum zugrunde zu legen, der in begründeten Fällen durch einen begrenzten Kapitalisierungszeitraum ersetzt werden kann.[1] In der Literatur wird der Nachweis eines begrenzten Kapitalisierungszeitraums für die Funktionsbewertung zwar nicht näher spezifiziert, aber vielfach für möglich gehalten und davon ausgegangen, dass der Bewertung einer Funktion in der Regel ein begrenzter Kapitalisierungszeitraum zugrunde zu legen ist.[2] Im Folgenden soll der Grundsatz eines unbeschränkten Kapitalisierungszeitraumes für die Bewertung von Funktionen zunächst auf Fremdvergleichskonformität und internationale Akzeptanz geprüft und anschließend erörtert werden, unter welchen Voraussetzungen die Bewertung einer Funktion über einen begrenzten Kapitalisierungszeitraum erfolgen kann.

Da der Unternehmensbegriff für Zwecke der Unternehmensbewertung wirtschaftlich und nicht rechtlich abgegrenzt ist, sind auch Unternehmensteile, die weniger als einen Betrieb darstellen – wie beispielsweise ein Teilbetrieb[3] – nach den Verfahren der Unternehmensbewertung zu bewerten und deren finanzielle Überschüsse über einen unendlichen Zeitraum zu diskontieren.[4] Eine Funktion ist in der Regel eine Untereinheit eines Teilbetriebs und im Gegensatz zu diesem nicht selbstständig lebensfähig.[5] *Oestreicher/Hundeshagen* stellen auf das letztgenannte Merkmal einer Funktion ab und sind der Auffassung, dass wirtschaftliche Einheiten, die nicht selbstständig lebensfähig sind, nicht über einen unbegrenzten Kapitalisierungszeitraum bewertet werden dürfen, da sie sich nicht ohne die Unterstützung Dritter dauerhaft erhalten können.[6] Auch *Krop-*

---

[1] S. § 6 FVerlV.

[2] Vgl. *Frotscher, G.*, Funktionsverlagerung, 2008, S. 56; *Endres, D./Oestreicher, A.*, Funktionsverlagerung, 2009, S. 14; *Kroppen, H.-K./Rasch, S.*, Funktionsverlagerungsverordnung, 2008, S. 2350; *Baumhoff, H.*, Transferpakete, 2009, S. 553; *Oestreicher, A./Hundeshagen, C.*, Verlagerung, 2009, S. 150; *Vögele, A.*, Transferpakete, 2010, S. 421. Vgl. auch *BMF*, Verwaltungsgrundsätze Funktionsverlagerung, Schr. v. 13.10.2010, Tz. 89 i. V. m. 109: Im Einzelfall ist die Funktion eine selbstständig lebensfähige Einheit, bei deren Bewertung ein unbegrenzter Kapitalisierungszeitraum zur Anwendung kommt. *Ditz, X.*, Geschäftschancen 2006, S. 1628 verlangt auch bei der Bewertung von Geschäftschancen einen begrenzten Kapitalisierungszeitraum.

[3] Bzgl. der Bewertung eines Teilbetriebs vgl. *Bodenmüller, R.*, Funktionsverlagerungen, 2004, S. 246 f.; *Serg, O.*, Funktionsverlagerungen, 2006, S. 159; *Wolter, H./Pitzal, C.*, Funktion, 2008, S. 794; *BMF*, Verwaltungsgrundsätze Funktionsverlagerung, Schr. v. 13.10.2010, Tz. 109.

[4] Vgl. *Ballwieser, W.*, Unternehmensbewertung, 2011, S. 6.

[5] Vgl. Kapitel 4.2.3.2, S. 63.

[6] Vgl. *Oestreicher, A./Hundeshagen, C.*, Bewertung (Teil 2), 2008, S. 1693; ebenso *Oestreicher, A.*, Funktionsverlagerung, 2009, S. 94. Auch das *BMF* ist der Auffassung, dass ein unbegrenzter Kapitalisierungszeitraum in der Regel bei Einheiten zur Anwendung kommt, die eigenständig lebensfähig sind. Vgl. *BMF*, Verwaltungsgrundsätze Funktionsverlagerung, Schr. v. 13.10.2010, Tz. 109.

pen/Roeder stellen fest, dass der Kapitalisierungszeitraum einer Funktion nicht unendlich sein kann, da eine Funktion im Gegensatz zu einem selbstständig lebensfähigen Unternehmen nicht über einen unbegrenzten Zeitraum Zahlungsmittelüberschüsse generieren kann.[1]

Der Aussage, dass eine Funktion keine selbstständige, unabhängige Einkunftsquelle ist und sich infolgedessen von einem Betrieb und einem Teilbetrieb unterscheidet, ist zuzustimmen.[2] Für die Bestimmung des angemessenen Kapitalisierungszeitraums ist jedoch m. E. nicht die fehlende selbstständige Lebensfähigkeit einer Funktion ausschlaggebend, sondern die Tatsache, dass die Ausübung einer Funktion – wie die Ausübung eines selbstständig lebensfähigen Teilbetriebs – eine Tätigkeit darstellt. Die Annahme der unbegrenzten Fortführung eines Unternehmens, die die Bewertung eines Unternehmens über einen unbegrenzten Kapitalisierungszeitraum bedingt, verlangt auch die zeitlich unbeschränkte Ausübung aller Tätigkeiten in diesem Unternehmen, da nur durch die Erhaltung aller Funktionen das Unternehmen selbst erhalten werden kann. Da eine Funktion eine Tätigkeit ist, die als integraler Bestandteil der Unternehmenstätigkeit fortgeführt werden muss, muss auch deren Bewertung grundsätzlich nach dem Fortführungsprinzip erfolgen. Der Bewertung einer Funktion ist somit in einem ersten Schritt grundsätzlich ein unbegrenzter Kapitalisierungszeitraum zugrunde zu legen. Erst in einem zweiten Schritt ist zu prüfen, ob der unbeschränkten Fortführung der Funktion rechtliche oder tatsächliche Gegebenheiten entgegenstehen.[3]

---

1 Vgl. *Kroppen, H.-K./Roeder, A.*, Kroppen, 2010, FVerlV, Anm. 157.

2 In der Begründung der FVerlV wird ein unbegrenzter Kapitalisierungszeitraum bei der Bewertung einer Funktion damit gerechtfertigt, dass sowohl Betriebe als auch Teilbetriebe auf Basis eines unbegrenzten Kapitalisierungszeitraums bewertet werden und eine Funktion mit diesen vergleichbar ist. Vgl. *Deutscher Bundesrat*, BR-Drs. 352/08, 2008, S. 21. Auf Grund der Unterschiede zwischen Betrieben und Teilbetrieb einerseits und Funktionen andererseits kann diese Begründung jedoch nicht überzeugen. Vgl. ebenso *Oestreicher, A./Hundeshagen, C.*, Bewertung (Teil 2), 2008, S. 1693; *Kroppen, H.-K./Roeder, A.*, Kroppen, 2010, FVerlV, Anm. 157.

3 Bei der Bewertung von im Jahresabschluss ausgewiesenen Vermögensgegenständen wird ebenfalls grundsätzlich von der Fortführung des Unternehmens ausgegangen und von dieser Annahme nur abgewichen, wenn ihr tatsächliche oder rechtliche Gegebenheiten entgegenstehen. S. § 252 Abs. 1 Nr. 2 HGB. Die rechtlichen und tatsächlichen Gegebenheiten, die der Annahme der Fortführung eines Unternehmens entgegenstehen, sind bspw. die Zahlungsunfähigkeit, die Unfähigkeit der Finanzierung oder die Eröffnung eines Insolvenzverfahrens. Vgl. *Winkeljohann, N./Büssow, T.*, Beck'scher Bilanz-Kommentar, 2010, § 252 HGB, Tz. 15. Da sich diese Gegebenheiten auf den Unternehmensverbund beziehen, der als Gläubiger nach Außen auftritt, können sie nicht analog für die Beurteilung der Fortführungsannahme einer Funktion herangezogen werden.

Aus den voranstehenden Ausführungen kann gefolgert werden, dass das in der Verordnung festgehaltene Vorgehen, nach dem grundsätzlich auf einen unbeschränkten und nur in begründeten Ausnahmefällen auf einen beschränkten Kapitalisierungszeitraum abzustellen ist, betriebswirtschaftlich begründet und als fremdvergleichskonform anzusehen ist. Da nach Ansicht der OECD für die Bewertung einer „activity" Unternehmensbewertungsverfahren herangezogen werden sollen[1] und deshalb auch bei der Bewertung einer „activity" grundsätzlich von einem unbegrenzten Kapitalisierungszeitraum auszugehen ist, kann von einer internationalen Akzeptanz der nationalen Vorschrift ausgegangen werden, sofern die verlagerte Funktion mit einer „activity" vergleichbar ist.[2] Aufbauend auf diesen Erkenntnissen werden nun die Möglichkeiten des Nachweises eines begrenzten Kapitalisierungszeitraumes analysiert und auf dessen Abgrenzung eingegangen.

Die Annahme der Unternehmensfortführung bedingt, dass alle betrieblichen Funktionen aufrecht erhalten werden. Die Einstellung einer Funktion auf der höchsten Aggregationsebene – beispielsweise eine rein aufgabenbezogen abgegrenzte Funktion, wie die Produktion – ist deshalb nur möglich, wenn nachgewiesen wird, dass sie nicht oder nicht mehr betriebsnotwendig ist. Der Bewertung einer Funktion auf einer höheren Aggregationsebene kann somit nur in Ausnahmefällen ein begrenzter Kapitalisierungszeitraum zugrunde gelegt werden. Wird hingegen eine Funktion bewertet, die auf einer niedrigen Aggregationsebene angesiedelt ist, beispielsweise die Produktion eines bestimmten Produktes, kann ein begrenzter Kapitalisierungszeitraum zugrunde gelegt werden, wenn nachgewiesen wird, dass das Unternehmen keine Anstrengungen unternimmt, die Produktion des Produktes am Ende des Produktlebenszyklus durch die Produktion eines anderen, vergleichbaren Produkts zu ersetzen. Sofern die Produktion weiterer Produkte aufrechterhalten bleibt, steht die Einstellung der Produktion eines Produktes und somit die Einstellung einer Funktion auf niedriger Aggregationsebene der Annahme der Unternehmensfortführung nicht entgegen. Der Nachweis einer begrenzten

---

1 Vgl. *OECD*, Transfer Pricing Guidelines, 2010, Tz. 9.94.

2 Zur Vergleichbarkeit einer Funktion im Sinne des AStG und einer „activity" im Sinne der OECD-RL vgl. Kapitel 4.2.6, S. 95.

Lebensdauer einer Funktion fällt folglich umso leichter, je niedriger die Aggregationsstufe einer Funktion ist.[1]

Letztlich muss ein beschränkter Kapitalisierungszeitraum einer Funktion durch konkrete rechtliche oder tatsächliche Gründe glaubhaft gemacht werden. Beispiele für rechtliche bzw. vertragliche Gründe sind beschränkte Laufzeiten bezüglich der Funktionsausführung selbst oder bezüglich wesentlicher der Funktionsausübung zugrunde liegender Wirtschaftsgüter.[2] Während rechtliche bzw. vertragliche Gegebenheiten zur Konsequenz haben, dass die Fortführung einer Funktion unmöglich ist, ist bei tatsächlichen bzw. wirtschaftlichen Gegebenheiten die Fortführung einer Funktion zwar möglich, jedoch aus ökonomischer Sicht nicht sinnvoll; dies ist der Fall, wenn der Bruttokapitalwert aus der Funktionsausübung unter dem Liquidationswert der Funktion liegt.[3] Beispiele für wirtschaftliche Gegebenheiten, die der Fortführung einer Funktion entgegenstehen, sind technische Entwicklungen oder eine Bedarfswandlung am Markt.[4] Ist die Substitution eines Produkts am Ende dessen Produktlebenszyklus auf Grund technischer Entwicklungen oder eines Bedarfswandels am Markt nicht sinnvoll, ist der Bewertung der Produktionsfunktion bezüglich dieses Produktes eine begrenzte Kapitalisierungsdauer zugrunde zu legen.[5]

Sofern ein begrenzter Kapitalisierungszeitraum glaubhaft gemacht werden kann, muss dieser anhand bestimmter Kriterien abgegrenzt werden. Wenn die Funktion auf Grund

---

[1] Vgl. dazu auch *Schreiber, R.*, Kroppen, 2010, FVerlV, Anm. 44 f., der feststellt, dass die grundsätzliche Annahme eines unbegrenzten Kapitalisierungszeitraums darauf hindeutet, dass Funktionen i. S. d. AStG tätigkeitsbezogen abzugrenzen sind und im Umkehrschluss bei der Abgrenzung einer Funktion auf einer niedrigeren Aggregationsebene von einer begrenzten Lebensdauer auszugehen ist.

[2] Vgl. *Baumhoff, H./Ditz, X./Greinert, M.*, Funktionsverlagerung, 2007, S. 1653; *Oestreicher, A./Hundeshagen, C.*, Bewertung (Teil 2), 2008, S. 1693; *BMF*, Verwaltungsgrundsätze Funktionsverlagerung, Schr. v. 13.10.2010, Tz. 110.

[3] Vgl. auch Kapitel 5.4.3, S. 151; ähnlich *Oestreicher, A./Hundeshagen, C.*, Transferpakete, 2009, S. 94.

[4] Vgl. *Baumhoff, H./Ditz, X./Greinert, M.*, Funktionsverlagerung, 2007, S. 1653; *Baumhoff, H.*, Transferpakete, 2009, S. 552; *Vögele, A.*, Transferpakete, 2010, S. 422.

[5] Ein Indiz für eine geplante Beendigung einer Funktionsausübung kann bspw. die Unterlassung von Ersatzinvestitionen sein. Nach der Begründung der FVerlV ist ein begrenzter Kapitalisierungszeitraum zudem dann anzunehmen, wenn die ursprünglichen Investitionen und Vorleistungen des verlagernden Unternehmens mit der Zeit ihren Wert verlieren und die eigenen Investitionen des übernehmenden Unternehmens für die Ausübung der Funktion an Bedeutung gewinnen. Vgl. *Deutscher Bundesrat*, BR-Drs. 352/08, 2008, S. 19. Dieses Argument kann jedoch nicht überzeugen, da fast jede Einkunftsquelle durch Ersatzinvestitionen aufrechterhalten werden muss und die ursprünglichen Investitionen zwangsläufig an Wert verlieren. Vgl. ebenso *Oestreicher, A./Hundeshagen, C.*, Verlagerung, 2009, S. 149 f.

vertraglicher oder rechtlicher Gründe nicht fortgeführt werden kann, ist der Kapitalisierungszeitraum durch die vertragliche oder rechtliche Beschränkung vorgegeben. Sofern die Funktion aus wirtschaftlichen Gründen eingestellt werden muss, ist grundsätzlich der Zeitraum der Kapitalisierung zugrunde zu legen, über den ein maximaler Bruttokapitalwert erzielt werden kann.[1] Unter anderem kann infolge unternehmensindividueller Vorteile oder länderspezifischer Standortvorteile der Kapitalisierungszeitraum beim aufnehmenden Unternehmen von dem Kapitalisierungszeitraum beim abgebenden Unternehmen abweichen.

Im Ergebnis ist festzuhalten, dass der Bewertung einer Funktion grundsätzlich ein unbegrenzter Kapitalisierungszeitraum zugrunde zu legen ist, die Kapitalisierung der Funktionserträge über einen begrenzten Zeitraum jedoch immer dann möglich ist, wenn bezüglich der verlagerten Funktion aus wirtschaftlichen oder rechtlichen Gründen von dem Fortführungsprinzip abgewichen werden muss. Die Verwendung eines beschränkten Kapitalisierungszeitraums ist bei Vorliegen rechtlicher oder vertraglicher Gründe möglich und bei wirtschaftlichen Gründen durch die ohnehin für die Bewertung der Funktion notwendige Planrechnung glaubhaft zu machen. Der Ansatz eines begrenzten Kapitalisierungszeitraums wird durch die in § 1 Abs. 3 S. 12 AStG gesetzlich vorgeschriebene nachträgliche Preisanpassung über einen Zeitraum von 10 Jahren überprüfbar, da infolge einer tatsächlichen längeren Funktionsausübung in der Regel eine erhebliche Abweichung der erwarteten von der tatsächlichen Gewinnentwicklung vorliegen wird.[2]

---

[1] Die Kapitalisierung der Zahlungsmittelüberschüsse über die Nutzungsdauer des langlebigsten Wirtschaftsgutes – wie es von Seiten des *BMF* vorgeschlagen wird (vgl. *BMF*, Verwaltungsgrundsätze Funktionsverlagerung, Schr. v. 13.10.2010, Tz. 110) – ist nicht fremdvergleichskonform und kann auch nicht durch die erreichte Vereinfachung und Rechtssicherheit gerechtfertigt werden. *Looks, C./Freudenberg, M.*, Konfliktfelder, 2009, S. 2518 gehen davon aus, dass die Kapitalisierung der Erträge einer Funktion über die Nutzungsdauer des langlebigsten Wirtschaftsgutes nur dann fremdvergleichskonform ist, wenn dieses die Funktion dominiert. Unter fremden Dritten wäre ihrer Meinung nach eine Orientierung an der durchschnittlichen Lebenserwartung aller Wirtschaftsgüter eher zu erwarten.

[2] Zu den Voraussetzungen einer nachträglichen Preisanpassung vgl. Kapitel 5.8, S. 177.

5.3.2 Isolierung und Prognose der finanziellen Überschüsse

Theoretisch kann die Ermittlung der Gewinnpotenziale[1] aus einer Funktionsausübung direkt oder indirekt erfolgen.[2] Im Rahmen einer indirekten Ermittlung werden das funktionsaufnehmende und das funktionsabgebende Unternehmen jeweils vor und nach der Funktionsverlagerung bewertet. Das Gewinnpotenzial aus der Funktionsausübung entspricht dann der Differenz aus den jeweiligen Unternehmenswerten vor und nach der Verlagerung. Die indirekte Ermittlung der Gewinnpotenziale erfordert somit die Durchführung von vier Unternehmensbewertungen. Im Rahmen einer direkten Ermittlung der Gewinnpotenziale müssen die Gewinne aus der Ausübung der Funktion aus den Unternehmensgewinnen zunächst isoliert und anschließend prognostiziert und diskontiert werden. Die Funktion selbst ist dann zweimal zu bewerten: einerseits aus Sicht des abgebenden Unternehmens, andererseits aus Sicht des aufnehmenden Unternehmens.

Bei der indirekten Bewertung werden Verbundeffekte zwischen den einzelnen Funktionen in einem Unternehmen automatisch berücksichtigt und vollständig der zu verlagernden Funktion zugerechnet.[3] Im Rahmen der direkten Ermittlung der Gewinnpotenziale wird die Funktion aus dem Erfolgs- oder Risikoverbund des Unternehmens isoliert und die Verbundeffekte zwischen den Funktionen werden unter Umständen nicht vollständig berücksichtigt.[4] Da die Verbundeffekte die Grenzpreise für die Veräußerung und den Erwerb einer Funktion beeinflussen,[5] müssen diese bei der Ermittlung eines Einigungsbereiches auf Basis subjektiver Entscheidungswerte berücksichtigt werden.[6] Die Berücksichtigung von Verbundeffekten durch die indirekte Bewertung zieht nach sich, dass jede Veränderung des Unternehmenswertes nach der Verlagerung als durch

---

[1] Die Gewinnpotenziale einer Funktion sind die diskontierten Gewinnerwartungen aus der Funktionsausübung. S. § 1 Abs. 4 FVerlV.

[2] Vgl. *Oestreicher, A./Hundeshagen, C.*, Verlagerung, 2009, S. 148; *Baumhoff, H.*, Transferpakete, 2009, S. 547-550; *BMF*, *BMF*, Verwaltungsgrundsätze Funktionsverlagerung, Schr. v. 13.10.2010, Tz. 31 f.; zur direkten und indirekten Methode vgl. *Oestreicher, A./Hundeshagen, C.*, Bewertung (Teil 1), 2008, S. 1638-1640; *Looks, C./Scholz, C. M.*, Funktionsverlagerungen, 2007, S. 2542.

[3] Vgl. *Oestreicher, A./Hundeshagen, C.*, Verlagerung, 2009, S. 148 f.

[4] Allgemein zur Berücksichtigung von Verbundeffekten bei der Isolierung eines Bewertungsobjekts vgl. *Ballwieser, W.*, Unternehmensbewertung, 2011, S. 14.

[5] Vgl. *Moxter, A.*, Unternehmensbewertung, 1983, S. 91-93.

[6] *Oestreicher, A./Hundeshagen, C.*, Verlagerung, 2009, S. 148 f., erachten es als falsch, alle aus einer Reorganisation erwarteten Vorteile und Synergien in die Zahlungsbereitschaft für die Funktion einzukalkulieren und lediglich die Berücksichtigung der funktionsbezogenen Synergien als angemessen anzusehen.

die Funktionsverlagerung veranlasst gilt und den Wert des Transferpaketes beeinflusst. Die Ergebnisse einer indirekten Bewertung sind deshalb bei undifferenzierter Anwendung oftmals nicht aussagefähig.[1] Neben der Qualität der Ergebnisse wird auch der Bewertungsaufwand einer indirekten Bewertung – auf Grund der notwendigen vierfachen Unternehmensbewertung – kritisiert und als unverhältnismäßig bezeichnet.[2]

Im Rahmen der direkten Bewertung wird von Schwierigkeiten bei der Isolierung der zu prognostizierenden Funktionsgewinne ausgegangen; insbesondere bei der Verlagerung von Funktionen, die sich auf einer niedrigen Aggregationsstufe befinden.[3] Die direkte Ermittlung der Gewinne und Gewinnpotenziale einer Funktion ist m. E. immer möglich, da im Rahmen der Abgrenzung des Funktionsbegriffes belegt wurde, dass ein Verlagerungsgegenstand nur dann als Funktion im Sinne des AStG klassifiziert werden kann, wenn ihm Aufwendungen und Erträge eindeutig zugerechnet werden können.[4] Ist die Zurechnung von Aufwendungen und Erträgen nicht möglich, sind die Tatbestandsvoraussetzungen einer Funktionsverlagerung nicht erfüllt und die Isolierung der Funktionsgewinne für eine Gesamtbewertung der Funktion ist nicht notwendig.

In der FVerlV wird geregelt, dass die Gewinnpotenziale – die Barwerte der Reingewinne aus der Funktionsausübung[5] – auf Basis einer Funktionsanalyse vor und nach der Funktionsverlagerung zu ermitteln sind.[6] Diese Bestimmung kann dahingehend ausgelegt werden, dass die Funktion – direkt – einmal aus Sicht des abgebenden Unternehmens vor der Verlagerung und einmal aus Sicht des aufnehmenden Unternehmens nach der Verlagerung zu bewerten ist. In der Begründung der Verordnung wird hingegen

---

[1] Vgl. *Kroppen, H.-K.*, Kroppen, 2010, FVerlV, Anm. 135; *Blumers, W.*, Transferpaket, 2007, S. 1762.

[2] Vgl. *Baumhoff, H.*, Transferpakete, 2009, S. 547 f.; *Baumhoff, H./Ditz, X./Greinert, M.*, Funktionsverlagerungsverordnung, 2008, S. 1950; *Kroppen, H.-K.*, Kroppen, 2010, FVerlV, Anm. 135; *Frischmuth, M.*, Funktionsverlagerung, 2008, S. 865; *Blumers, W.*, Transferpaket, 2007, S. 1762; *Günter, S.*, Funktionsverlagerung, 2007, S. 1086.

[3] Vgl. *Baumhoff, H./Ditz, X./Greinert, M.*, Funktionsverlagerung, 2007, S. 1652; *Blumers, W.*, Transferpaket, 2007, S. 1762; *Kahle, H.*, Funktionsverlagerung, 2007, S. 652; *Baumhoff, H.*, Transferpakete, 2009, S. 548; *Oestreicher, A.*, Funktionsverlagerung, 2009, S. 93; *Vögele, A.*, Transferpakete, 2010, S. 419. *Kroppen* geht davon aus, dass für Funktionen in der Regel keine isolierten Ergebnisbeiträge oder -prognosen vorliegen, sodass diese aus den Ergebnissen größerer Einheiten heraus gerechnet werden müssen. Vgl. *Kroppen, H.-K.*, Kroppen, 2010, FVerlV, Anm. 134.

[4] Vgl. Kapitel 4.2.3.1, S. 60. Als Ergebnis des Kapitels 4.2 wurde deshalb festgehalten, dass die kleinsten Einheiten des internen und externen Rechnungswesens den Ausgangspunkt für die Beurteilungen bilden sollten, ob eine Funktionsverlagerung vorliegt oder nicht. Vgl. Kapitel 4.2.7, S. 98.

[5] S. § 1 Abs. 4 FVerlV.

[6] S. § 3 Abs. 2 FVerlV.

konkretisiert, dass die Funktionsanalyse sowohl für das abgebende als auch für das aufnehmende Unternehmen vor und nach der Verlagerung durchzuführen ist und folglich eine indirekte Ermittlung der Gewinnpotenziale und eine vierfache Unternehmensbewertung erfolgen soll.[1] Da die Begründung der Verordnung keine Bindungswirkung für Steuerpflichtige und die Finanzverwaltung entfaltet, ist infolge des reinen Wortlautes der Verordnung davon auszugehen, dass zwischen der indirekten und der direkten Methode frei gewählt werden kann.[2]

In Abhängigkeit davon, ob die indirekte oder direkte Methode zur Bewertung der Funktion gewählt wird, müssen die beteiligten Unternehmen oder die Funktion auf Basis von kapitalwertorientierten Verfahren bewertet werden. In der Verordnung wird festgelegt, dass dieser Bewertung die Reingewinne nach Steuern zugrunde gelegt werden müssen.[3] Aus betriebswirtschaftlicher Sicht bestimmt sich der Wert eines Vermögensgegenstandes jedoch nach dem erwarteten zukünftigen finanziellen Nutzen, den ein Inhaber oder Erwerber aus einem Vermögensgegenstand ziehen kann.[4] Grundlage einer kapitalwertorientierten Unternehmensbewertung sind deshalb die finanziellen Überschüsse, die den Investoren zufließen.[5] Die Diskontierung von Gewinnen ist hingegen ökonomisch falsch,[6] da Gewinne eine periodengerechte Darstellung des Erfolgs des Unternehmens wiedergeben, aber keine periodengerechte Ermittlung der finanziellen Zuflüsse bei den

---

1 Vgl. *Deutscher Bundesrat*, BR-Drs. 352/08, 2008, S. 18 sowie *Kroppen, H.-K.*, Kroppen, 2010, FVerlV, Anm. 135.

2 Vgl. auch *Oestreicher, A./Hundeshagen, C.*, Bewertung (Teil 1), 2008, S. 1638-1640; *Oestreicher, A./Hundeshagen, C.*, Verlagerung, 2009, S. 148; *Baumhoff, H.*, Transferpakete, 2009, S. 546; *BMF*, Verwaltungsgrundsätze Funktionsverlagerung, Schr. v. 13.10.2010, Tz. 32.

3 S. § 1 Abs. 4 FVerlV.

4 Vgl. *Greinert, M.*, Funktionsverlagerungen, 2009, S. 757; *Baumhoff, H./Ditz, X./Greinert, M.*, Funktionsverlagerungsverordnung, 2008, S. 1949; *Oestreicher, A./Hundeshagen, C.*, Verlagerung, 2009, S. 146; *BMF*, Verwaltungsgrundsätze Funktionsverlagerung, Schr. v. 13.10.2010, Tz. 90.

5 Vgl. *Moxter, A.*, Unternehmensbewertung, 1983, S. 9: Der Unternehmenswert wird bestimmt durch die Summe aller Vorteile, die der Unternehmenseigner aus dem Unternehmen erwarten darf. *Ballwieser/Leuthier* begründen die Orientierung des Unternehmenswertes an den möglichen Entnahmen damit, dass im Vergleich zu thesaurierten Gewinnen nur diese für Konsumausgaben und somit zur Bedürfnisbefriedigung zur Verfügung stehen. *Ballwieser, W./Leuthier, R.*, Unternehmensbewertung (Teil I), 1986, S. 549. Des Weiteren vgl. *Ballwieser, W.*, Unternehmensbewertung, 2011, S. 9; *Drukarczyk, J./Schüler, A.*, Unternehmensbewertung, 2009, S. 91; *Kruschwitz, L./Löffler, A.*, Discounted Cash Flow, 2006, S. 1-3; *IDW*, IDW S 1, 2008, Tz. 24-26 sowie in Bezug auf die Bewertung immaterieller Vermögenswerte *IDW*, IDW S 5, 2007, Tz. 22-47.

6 Vgl. *Rasch, S./Schmidtke, R.*, hypothetischer Fremdvergleich, 2009, S. 96; *Oestreicher, A./Hundeshagen, C.*, Bewertung (Teil 2), 2008, S. 1697; *Günter, S.*, Funktionsverlagerung, 2007, S. 1086.

Investoren.[1] Die Regelung des § 1 Abs. 4 FVerlV steht somit im Widerspruch zum Fremdvergleichsgrundsatz, da ein ordentlicher und gewissenhafter Geschäftsleiter seine Entscheidung nicht – wie im Wortlaut gefordert – auf Reingewinne, sondern auf Zahlungsströme stützt.[2] Da der Rückgriff auf Gewinne ökonomisch falsch und nicht fremdvergleichskonform ist und von einer internationalen Akzeptanz einer Bewertung auf Basis diskontierter Gewinne nicht ausgegangen werden kann, ist die Verordnung anzupassen und das Gewinnpotenzial als diskontierte Zahlungsströme aus der Funktionsausübung zu definieren.

Sofern keine Anpassung der FVerlV erfolgt, stellt sich die Frage, ob auf Grund des Sinns und Zwecks des § 1 AStG und der FVerlV – eine fremdvergleichskonforme Bewertung und Verrechnung der Funktionsverlagerung sicherzustellen – eine teleologische Reduktion des Verordnungswortlautes möglich ist.[3] Die Funktionsbewertung durch Diskontierung von Zahlungsmittelüberschüssen wäre möglich, wenn die Bestimmung in der Verordnung – zur Ermittlung der Barwerte der Reingewinne – lediglich als Hinweis auf eine kapitalwertorientierte Bewertung und nicht als Vorschrift bezüglich der zu diskontierenden Größe interpretiert werden kann. Für die Möglichkeit einer teleologischen Reduktion des Wortlautes spricht auch, dass in der Begründung der Verordnung festgehalten wird, dass eine Funktionsbewertung nach betriebswirtschaftlichen Bewertungsgrundsätzen und Bewertungsmethoden anzuerkennen ist, sofern sie nicht gegen den Fremdvergleichsgrundsatz verstößt;[4] dies ist bei der Diskontierung finanzieller Überschüsse der Fall. Da auch das *BMF* in dem Schreiben „Verwaltungsgrundsätze Funkti-

---

1 Die Überschüsse im Sinne einer Aufwands- und Ertragsrechnung sind nur dann zur fehlerfreien Herleitung von Unternehmenswerten geeignet, wenn sie zahlungswirksam sind. Vgl. *Drukarczyk, J./Schüler, A.*, Unternehmensbewertung, 2009, S. 91. Allerdings können die Reingewinne einer Funktion – als Ergebnis einer Planrechnung nach handelsrechtlichen oder anderen Vorschriften (IFRS, US-GAAP) – die Ausgangsbasis für eine Ermittlung der Zahlungsströme bieten, müssen dann aber in wesentlichen Punkten angepasst werden. Vgl. dazu *Drukarczyk, J./Schüler, A.*, Unternehmensbewertung, 2009, S. 94-104; *IDW*, IDW S 1, 2008, Tz. 102 f.

2 Vgl. auch *Kahle, H.*, Funktionsverlagerung, 2007, S. 652; *Looks, C./Scholz, C. M.*, Funktionsverlagerungen, 2007, S. 2544; *Günter, S.*, Funktionsverlagerung, 2007, S. 1086; *Baumhoff, H./Ditz, X./Greinert, M.*, Funktionsverlagerungsverordnung, 2008, S. 1949; *Roeder, A.*, Aspekte, 2008, S. 206; *Oestreicher, A./Hundeshagen, C.*, Verlagerung, 2009, S. 151; *Rasch, S./Schmidtke, R.*, hypothetischer Fremdvergleich, 2009, S. 96; *Greinert, M.*, Funktionsverlagerungen, 2009, S. 758; *Vögele, A.*, Transferpakete, 2010, S. 421; *BMF*, Verwaltungsgrundsätze Funktionsverlagerung, Schr. v. 13.10.2010, Tz. 31 u. 90.

3 Vgl. *Lang, J.*, Rechtsanwendung, 2010, Rz. 67: Durch eine teleologische Reduktion kann der Gesetzeswortlaut auf Grund objektiv-teleologischer Kriterien eingeschränkt werden.

4 Vgl. *Deutscher Bundesrat*, BR-Drs. 352/08, 2008, S. 12.

onsverlagerung“ von der Bewertung einer Funktion auf Basis deren Zahlungsmittelüberschüsse ausgeht,[1] erscheint eine fremdvergleichskonforme Funktionsbewertung, die international und national akzeptiert wird, derzeit zumindest möglich.[2]

Bei der Ermittlung subjektiver Entscheidungswerte sind auch geplante, aber noch nicht realisierte Maßnahmen und deren Auswirkungen auf die zukünftigen finanziellen Überschüsse zu berücksichtigen. Im Rahmen der Unternehmensbewertung bestimmt sich deshalb der subjektive Wert nicht zwingend nach der vorliegenden Nutzung des Betriebs, sondern nach der „rentabelsten“ Nutzung des Betriebs, die unter den voraussichtlichen individuellen Verhältnissen möglich ist.[3] In der Verordnung ist dementsprechend – fremdvergleichskonform – festgehalten, dass die Gewinnpotenziale einer Funktion unter Berücksichtigung aller tatsächlich bestehenden Handlungsmöglichkeiten zu ermitteln sind.[4] Besteht beispielsweise beim abgebenden Unternehmen die konkrete Möglichkeit, durch Erweiterungsinvestition die Rentabilität der eigenen Funktionsausübung zu steigern, ist der zukünftig mögliche, höhere Funktionsgewinn bzw. die daraus resultierenden höheren finanziellen Überschüsse für die Höhe des Grenzpreises entscheidend.[5] Erwartet hingegen beispielsweise das funktionsabgebende Unternehmen aus einer Funktionssubstitution höhere Gewinne, wird es die Ausübung der aktuellen Funktion substituieren und deren subjektiven Wert dementsprechend mit null Euro ansetzen.[6]

Unterstellt man einen fehlenden Interessengegensatz zwischen den verbundenen Unternehmen, kann deren gemeinsames Ziel darin bestehen, durch die gezielte Beeinflussung

---

1 Vgl. *BMF*, Verwaltungsgrundsätze Funktionsverlagerung, Schr. v. 13.10.2010, Tz. 31 u. 90.

2 Hierzu kritisch: *Baumhoff, H./Ditz, X./Greinert, M.*, Funktionsverlagerungsverordnung, 2008, S. 1949; *Oestreicher, A./Hundeshagen, C.*, Verlagerung, 2009, S. 149; *Endres, D./Oestreicher, A.*, Funktionsverlagerung, 2009, S. 13.

3 Vgl. *IDW*, IDW S 1, 2008, Tz. 49.

4 S. § 3 Abs. 2 S. 1 FVerlV. Auch im Rahmen der OECD-Verrechnungspreisrichtlinien wird festgehalten, dass fremde Dritte alle bestehenden Handlungsmöglichkeiten in die Ermittlung der Vergütung einbeziehen und nur dann eine Transaktion durchführen, wenn keine bessere Handlungsalternative besteht. Vgl. *OECD*, Transfer Pricing Guidelines, 2010, Tz. 9.59.

5 *Roeder* weißt darauf hin, dass das jeweilige Unternehmen die bestehenden Handlungsmöglichkeiten bzgl. der Funktionsveränderung nur dann in sein Grenzpreiskalkül einbeziehen kann, wenn es diese selbstständig – also ohne die (finanzielle) Unterstützung verbundener Unternehmen – ausüben kann. Vgl. *Roeder, A.*, Aspekte, 2008, S. 205.

6 Bzgl. der Funktionssubstitution mit anschließender Verlagerung der „alten“ Funktion ins Ausland ist darauf hinzuweisen, dass diese Reorganisation nur dann eine Funktionsverlagerung im Sinne des AStG darstellt, wenn die neue Funktion im Wesentlichen auf anderen immateriellen Wirtschaftsgütern und sonstigen Vorteilen beruht; ist dies nicht der Fall, liegt eine Funktionsverdoppelung vor. Zur Erfüllung der Tatbestandsvoraussetzungen bei der Funktionssubstitution vgl. Kapitel 4.2.4.1, S. 76. Zur Grenzpreisbemessung bei Funktionssubstitutionen vgl. Kapitel 5.5, S. 161.

von Verrechnungspreisen die Gesamtsteuerlast im Konzern zu senken.[1] Infolge der Informationsasymmetrie zwischen dem funktionsabgebenden Unternehmen und der Finanzverwaltung bezüglich der bestehenden Handlungsmöglichkeiten und der – auf Grund der Einstellung der Funktionsausübung im Inland – fehlenden Möglichkeit, die prognostizierten finanziellen Überschüsse mit tatsächlichen finanziellen Überschüssen zu vergleichen, ist fraglich, ob eine theoretisch richtige Bestimmung der Preisuntergrenze unter Berücksichtigung aller Handlungsmöglichkeiten in der Praxis überhaupt möglich ist. Beim funktionsaufnehmenden Unternehmen erscheint eine theoretisch korrekte Grenzpreisermittlung auf Basis der „rentabelsten" Funktionsnutzung hingegen möglich, da einerseits davon auszugehen ist, dass das funktionsaufnehmende Unternehmen gewinnmaximierend handelt und die „rentabelste" Funktionsnutzung umsetzt[2] und andererseits die Beobachtung der tatsächlichen finanziellen Überschüsse und im Rahmen der gesetzlichen Preisanpassungsklausel[3] eine Anpassung des Grenzpreises über zehn Jahre möglich ist.

Im Ergebnis lässt sich festhalten, dass – entgegen der Literaturmeinung – nicht die Isolierung der finanziellen Überschüsse aus der Funktionsausübung Probleme bei der Ermittlung von Fremdvergleichspreisen für Funktionsverlagerung aufwerfen wird, sondern deren Prognose, da auf Grund der Informationsasymmetrien zwischen den Steuerpflichtigen und der Finanzverwaltung der Ansatz eines subjektiven Entscheidungswertes, der alle Handlungsmöglichkeiten berücksichtigt, beim funktionsabgebenden Unternehmen nur eine theoretische Idealvorstellung ist, nicht aber die Realität darstellen wird. Handlungsbedarf besteht bezüglich der Vorschrift in der Verordnung, die die Diskontierung der Reingewinne aus der Funktionsausübung fordert, da sie nicht das Verhalten fremder Dritter widerspiegelt und das Risiko einer Doppelbesteuerung erhöht.

---

[1] Vgl. Kapitel 2.1, S. 9.

[2] Auch wenn das funktionsaufnehmende Unternehmen nicht die rentabelste Funktionsnutzung wählt, ist der Grenzpreis dennoch auf Basis der tatsächlichen finanziellen Überschüsse zu bilden und auf Grund der Dispositionsfreiheit steuerlich anzuerkennen.

[3] Zur Preisanpassungsklausel s. § 1 Abs. 3 S. 11 u. 12 AStG i. V. m. §§ 9-11 FVerlV sowie Kapitel 5.8, S. 177.

5.3.3 Kapitalisierungszinssatz

Die zukünftigen Zahlungsmittelüberschüsse aus der Funktionsausübung sind über die erwartete Lebensdauer der Funktion zu prognostizieren und auf den Bewertungsstichtag zu diskontieren. Nach der Verordnung hat der anzuwendende Kapitalisierungszinssatz aus einem Basiszinssatz sowie einem Risikozuschlag zu bestehen, der die Unsicherheit der zukünftigen Zahlungsströme erfasst.[1] Durch die Verwendung des Kapitalisierungszinssatzes wird ein Bewertungsobjekt dem Vergleichsobjekt gegenübergestellt, das die beste alternative Mittelverwendung zu diesem darstellt.[2] Da das Vergleichsobjekt als Bewertungsmaßstab dient, müssen beide Objekte nach den allgemein anerkannten Grundsätzen ordnungsmäßiger Unternehmensbewertung in bestimmten Kriterien vergleichbar und äquivalent sein.[3] Die folgenden Ausführungen beschränken sich auf die Ermittlung des Kapitalisierungszinssatzes im Rahmen der direkten Funktionsbewertung, da bezüglich der Ermittlung der Kapitalisierungszinssätze zur Bewertung des funktionsabgebenden und des funktionsaufnehmenden Unternehmens im Rahmen der indirekten Funktionsbewertung auf die Literatur zur Unternehmensbewertung verwiesen werden kann.[4]

Der Basiszinssatz bestimmt sich nach der Rendite einer quasirisikolosen Investition und muss deshalb unter Berücksichtigung der voraussichtlichen Nutzungsdauer der Funktion ermittelt werden, da auch die Zinssätze quasirisikoloser Investitionen laufzeitabhängig sind.[5] Die Ermittlung des Basiszinssatzes kann unter Rückgriff auf Zinsstrukturda-

---

[1] S. § 5 FVerlV i. V. m. § 1 Abs. 3 S. 9 AStG. In der Unternehmensbewertung werden im Wesentlichen zwei Möglichkeiten zur Erfassung der Unsicherheit zukünftiger Zahlungsströme herangezogen: Im Rahmen der Sicherheitsäquivalenzmethode erfolgt ein Abschlag vom Erwartungswert der finanziellen Überschüsse. Die so ermittelten Sicherheitsäquivalente werden dann mit einem quasirisikolosen Zinssatz diskontiert. Alternativ werden im Rahmen der Risikozuschlagsmethode die erwarteten finanziellen Überschüsse mit einem Zinssatz diskontiert, der aus einem sicheren Basiszinssatz und einem Risikozuschlag zusammengesetzt ist. Vgl. *Moxter, A.*, Unternehmensbewertung, 1983, S. 146-167; *Ballwieser, W.*, Unternehmensbewertung, 2011, S. 67-84; *IDW*, IDW S 1, 2008, Tz. 89.

[2] Vgl. *Moxter, A.*, Unternehmensbewertung, 1983, S. 123-131.

[3] *Ballwieser* unterscheidet im Rahmen der Bestimmung des Kapitalisierungszinssatzes die Währungs-, Laufzeit-, Kapitaleinsatz-, Geldwert-, Risiko- und Verfügbarkeitsäquivalenz. Vgl. *Ballwieser, W.*, Unternehmensbewertung, 2011, S. 84-119.

[4] Zur Bestimmung des Kapitalisierungszinssatzes im Rahmen der Bewertung von Unternehmen vgl. *Ballwieser, W.*, Unternehmensbewertung, 2011, S. 84-128; *Drukarczyk, J./Schüler, A.*, Unternehmensbewertung, 2009, S. 209-234; *IDW*, IDW S 1, 2008, Tz. 113-123 u. 133-135.

[5] Vgl. *Baumhoff, H.*, Transferpakete, 2009, S. 554; *Dörschell, A./Franken, L./Schulte, J.*, Kapitalisierungszinssatz, 2009, S. 294; *BMF*, Verwaltungsgrundsätze Funktionsverlagerung, Schr. v. 13.10.2010, Tz. 104 f. Die Laufzeitäquivalenz ist auch in der FVerlV verankert. S. § 5 S. 2 FVerlV.

ten beispielsweise durch die Verwendung von Staatsanleihen und der Svensson-Methode erfolgen.[1]

Der Risikozuschlag kann bei der Bewertung börsennotierter Unternehmen mit Hilfe von Kapitalmarktpreisbildungsmodellen wie beispielsweise dem CAPM abgeleitet werden, das sich aus einer allgemeinen Marktrisikoprämie und einem unternehmensindividuellen Betafaktor zusammensetzt, der das systematische Risiko eines Investitionsobjekts ausdrückt.[2] Da der Betafaktor auf Basis der Kursrenditen börsennotierter Unternehmen ermittelt wird und für Funktionen diese Werte nicht vorliegen, ist eine Bestimmung des Risikozuschlags einer Funktion durch das CAPM nicht direkt möglich.[3] Für die Ermittlung des Risikozuschlags einer Funktion bestehen deshalb grundsätzlich zwei Möglichkeiten.[4] Zum einen kann der Risikozuschlag aus Kapitalmarktdaten börsennotierter Unternehmen, deren Tätigkeit mit der Tätigkeit der Funktion vergleichbar ist (sog. Peer-Group), abgeleitet und gegebenenfalls an das Funktions- und Risikoprofil der Funktion angepasst werden.[5] Allerdings ist fraglich, ob überhaupt ein – bezüglich des Funktions- und Risikoprofils – vergleichbares Unternehmen gefunden werden kann, da in der Regel erst durch die Kombination mehrerer Funktionen ein Unternehmen auf dem Markt erwerbswirtschaftlich tätig werden kann.[6] Insbesondere wenn die Funktion Gegenstand einer niedrigen Aggregationsstufe ist, sind vergleichbare Unternehmen die Ausnahme.

---

[1] Vgl. *Dörschell, A./Franken, L./Schulte, J.*, Kapitalisierungszinssatz, 2009, S. 295 u. S. 52-79; *Günter, S.*, Funktionsverlagerung, 2007, S. 1087. Zur kapitalmarktorientierten Bestimmung des Basiszinssatzes im Rahmen der Unternehmensbewertung vgl. *Wiese, J./Gampenrieder, P.*, Basiszins, 2008, S. 1722-1726; *IDW*, IDW S 1, 2008, Tz. 117; *Drukarczyk, J./Schüler, A.*, Unternehmensbewertung, 2009, S. 209-213. Bezüglich der Ermittlung des Basiszinssatzes zur Bewertung von Unternehmen bzw. immateriellen Vermögenswerten mit zeitlich begrenzter Lebensdauer vgl. *IDW*, IDW S 1, 2008, Tz. 117 bzw. *IDW*, IDW S 5, 2007, Tz. 43.

[2] Vgl. *Ballwieser, W.*, Unternehmensbewertung, 2011, S. 97; *IDW*, IDW S 1, 2008, Tz. 118-122.

[3] Vgl. *Günter, S.*, Funktionsverlagerung, 2007, S. 1087; *Baumhoff, H./Ditz, X./Greinert, M.*, Funktionsverlagerungsverordnung, 2008, S. 1952; *Baumhoff, H.*, Transferpakete, 2009, S. 555; *Oestreicher, A.*, Funktionsverlagerung, 2009, S. 90; *Vögele, A.*, Transferpakete, 2010, S. 423.

[4] Vgl. *Dörschell, A./Franken, L./Schulte, J.*, Kapitalisierungszinssatz, 2009, S. 296; *Vögele, A.*, Transferpakete, 2010, S. 423; *BMF*, Verwaltungsgrundsätze Funktionsverlagerung, Schr. v. 13.10.2010, Tz. 106. Dieses Vorgehen wird von Seiten des IDW auch für die Ermittlung des Risikozuschlags bei der Bewertung immaterieller Wirtschaftsgüter vorgeschlagen. Vgl. *IDW*, IDW S 5, 2007, Tz. 42 f.

[5] Vgl. *Günter, S.*, Funktionsverlagerung, 2007, S. 1087; *Baumhoff, H./Ditz, X./Greinert, M.*, Funktionsverlagerungsverordnung, 2008, S. 1952. Im Rahmen der Bewertung immaterieller Vermögenswerte kann die Peer-Group auch aus Unternehmen einer vergleichbaren Branche bestehen, wenn vergleichbare Unternehmen nicht verfügbar sind. Vgl. *IDW*, IDW S 5, 2007, S. 69.

[6] Vgl. *Günter, S.*, Funktionsverlagerung, 2007, S. 1088; *Baumhoff, H.*, Transferpakete, 2009, S. 555. *Oestreicher* geht davon aus, dass börsennotierte Unternehmen, deren Funktions- und Risikoprofil dem der Funktion entspricht, selten vorliegen, da eine Funktion nicht selbstständig lebensfähig ist. Vgl. *Oestreicher, A.*, Funktionsverlagerung, 2009, S. 93.

Zum anderen kann der jeweilige Risikozuschlag des funktionsabgebenden oder des funktionsaufnehmenden Unternehmens der jeweiligen Bewertung der Funktion zugrunde gelegt und gegebenenfalls an das Funktions- und Risikoprofil der Funktion angepasst werden.[1] Die Verwendung des unternehmensindividuellen Risikozuschlags der beteiligten Unternehmen ohne Anpassung ist nur dann gerechtfertigt, wenn der Risikozuschlag des Unternehmens sich durch die Funktionsverlagerung nicht verändert. Da eine Peer-Group mehrerer börsennotierter Unternehmen, deren Funktions- und Risikoprofile mit dem der Funktion vergleichbar sind, nur in Ausnahmefällen ermittelt werden kann, wird in der Regel auf den angepassten unternehmensindividuellen Risikozuschlag zurückgegriffen werden müssen.

Das beschriebene Vorgehen ermöglicht die Bestimmung von Kapitalisierungszinssätzen, die der Ermittlung objektiver Unternehmenswerte dienen. Bei der Ermittlung subjektiver Entscheidungswerte – wie dies im Rahmen des hypothetischen Fremdvergleichs notwendig ist – richtet sich der Kapitalisierungszins nach den individuellen Verhältnissen des Investors und es können unternehmensintern vorgegebene oder anderweitig abgeleitete Renditeerwartungen zur Diskontierung herangezogen werden.[2] Obwohl das AStG die Ermittlung subjektiver Entscheidungswerte und somit die Verwendung subjektiver Kapitalisierungszinssätze fordert, ist fraglich, ob der Steuerpflichtige diese der Ermittlung seiner Einkünfte tatsächlich zugrunde legen kann, da sie nicht immer intersubjektiv nachprüfbar sind. Wie bereits bei der Berücksichtigung aller Handlungsmöglichkeiten zur Bestimmung der bewertungsrelevanten finanziellen Überschüsse gilt auch hier, dass die Besteuerung der Funktionsverlagerung auf Basis subjektiver Entscheidungswerte eher eine theoretische Idealvorstellung ist als gelebte Praxis. Da die Kombination aus Basiszinssatz und unternehmensindividuellem Risikozuschlag einen intersubjektiv nachprüfbaren Ausgangspunkt zur Ermittlung eines subjektiven Kapitalisierungszinssatzes bietet,[3] sollte diese einer Grenzpreisermittlung zugrunde gelegt werden und auf Grund individueller Überlegungen angepasst werden.

---

1 Vgl. hierzu auch *Deutscher Bundesrat*, BR-Drs. 352/08, 2008, S. 21.

2 Vgl. *IDW*, IDW S 1, 2008, Tz. 123; *IDW*, IDW S 5, 2007, Tz. 41.

3 Vgl. auch *Oestreicher, A./Hundeshagen, C.*, Verlagerung, 2009, S. 150; *Kroppen, H.-K./Roeder, A.*, Kroppen, 2010, FVerlV, Anm. 154; *Greinert, M.*, Pensionszusage, 2004, S. 2117; *IDW*, IDW S 1, 2008, Tz. 123. Bezüglich der Bewertung immaterieller Vermögenswerte vgl. auch *Beyer, S./Mackenstedt, A.*, Bewertung, 2008, S. 345.

Bezüglich des Kapitalisierungszinssatzes lässt sich festhalten, dass die Vorgabe der FVerlV, die Zahlungsströme mit einem kombinierten Kapitalisierungszinssatz – bestehend aus einem Basiszinssatz und einem Risikozuschlag – zu diskontieren, fremdvergleichskonform ist, aber ein subjektiver Kapitalisierungszinssatz nur bedingt nachprüfbar ist und dieser deshalb einerseits auf Grund einer fehlenden Anerkennung durch die nationale Finanzverwaltung teilweise nicht zum Ansatz kommen kann und andererseits das Risiko einer Doppelbesteuerung infolge einer fehlenden Anerkennung durch die ausländische Finanzverwaltung besteht.

5.3.4 Anwendbare Bewertungsverfahren

Für die Gesamtbewertung einer Funktion stehen das Ertragswertverfahren sowie verschiedene Varianten von Discounted-Cash-Flow-Verfahren zur Verfügung.[1] In der steuerlichen Literatur wird bezüglich der Bewertung insbesondere die Anwendbarkeit der Bewertungsstandards des IDW (IDW S 1 und IDW S 5) diskutiert.[2] Auch das *BMF* orientiert in dem Schreiben „Verwaltungsgrundsätze Funktionsverlagerung" die Bewertung von Funktionen an den Grundsätzen des IDW.[3] Im IDW S 1 sind die Grundsätze zusammengefasst, die Wirtschaftsprüfer bei der Bewertung von Unternehmen befolgen sollen. Da Funktionen im AStG als organisatorische Einheiten interpretiert werden, die einer Gesamtbewertung zu unterziehen sind, bietet der IDW-Standard eine gute Ausgangsbasis für eine fremdvergleichskonforme Funktionsbewertung.[4] Der IDW S 5 beinhaltet die Grundsätze, die Wirtschaftsprüfer bei der Bewertung immaterieller Vermögenswerte berücksichtigen sollen. Für die Bewertung von Funktionen kann das dort beschriebene kapitalwertorientierte Bewertungsverfahren von Bedeutung sein.[5] Im Rahmen der Ausführungen zum kapitalwertorientierten Verfahren verweist der IDW S 5 auf die grundlegenden Ausführungen des IDW S 1 und ergänzt diese in den für die Be-

---

[1] Vgl. auch *BMF*, Verwaltungsgrundsätze Funktionsverlagerung, Schr. v. 13.10.2010, Tz. 88. Zum Ertragswertverfahren sowie zu einer Übersicht über die Varianten von DCF-Verfahren und deren Abgrenzung vgl. *Ballwieser, W.*, Unternehmensbewertung, 2011, S. 13-131 bzw. 132-198.

[2] Vgl. *Greinert, M.*, Funktionsverlagerungen, 2009, S. 756; *Oestreicher, A./Hundeshagen, C.*, Verlagerung, 2009, S. 151; *Vögele, A.*, Transferpakete, 2010, S. 421.

[3] Vgl. auch *BMF*, Verwaltungsgrundsätze Funktionsverlagerung, Schr. v. 13.10.2010, Tz. 87-89.

[4] Auch *Greinert* fordert die Anwendung des IDW S 1 für die Bewertung von Transferpaketen mit der Begründung, dass dieser Standard sich mit der Gesamtbewertung von organisatorischen Einheiten beschäftigt. Vgl. *Greinert, M.*, Funktionsverlagerungen, 2009, S. 756.

[5] Vgl. *IDW*, IDW S 5, 2007, Tz. 23-47.

wertung von immateriellen Vermögenswerten wesentlichen Punkten: Isolierung der bewertungsrelevanten Zahlungsmittelüberschüsse, Ermittlung der Nutzungsdauer und Ableitung eines risikoäquivalenten Kapitalisierungszinssatzes.[1] Da die genannten Aspekte bei der Bewertung von immateriellen Vermögenswerten ebenso wie bei der Bewertung von Funktionen von Bedeutung sind, sind die Ausführungen des IDW S 5 ebenfalls nützlich für eine fremdvergleichskonforme Bewertung von Funktionen und sollten ergänzend zum IDW S 1 herangezogen werden.[2]

5.4 Ermittlung des Grenzpreises des funktionsabgebenden Unternehmens

5.4.1 Gewinnpotenzial der Funktion im Inland und Steuerlast aus der Funktionsveräußerung

Das Gewinnpotenzial aus der Funktionsausübung ist der grundlegende Bestandteil des Grenzpreises des funktionsabgebenden Unternehmens, da dieses mindestens den Barwert der zukünftigen Gewinne aus der eigenständigen Funktionsausübung fordern muss, um sich durch die Veräußerung der Funktion nicht schlechter zu stellen.

Sofern der Fremdvergleichspreis für die Verlagerung der Funktion die Summe der Buchwerte der Wirtschaftsgüter übersteigt, die der Funktionsausübung zugrunde liegen, werden stillen Reserven aufgedeckt und der Besteuerung in Deutschland unterzogen. Das funktionsabgebende Unternehmen ist in diesem Fall nur dann indifferent zwischen der Veräußerung der Funktion und der eigenständigen Ausübung der Funktion, wenn es zusätzlich zu dem Gewinnpotenzial aus der Funktionsausübung die Steuerlast aus der Aufdeckung der stillen Reserven im Transferpaket vom Erwerber vergütet bekommt.[3] Der Grenzpreis des funktionsabgebenden Unternehmens ist deshalb nur dann fremdver-

---

1 Vgl. auch *Beyer, S./Mackenstedt, A.*, Bewertung, 2008, S. 343.

2 Zur Relevanz des IDW S 5 für die direkte Bewertung von Funktionen vgl. auch *Vögele, A.*, Transferpakete, 2010, S. 421; *Oestreicher, A./Hundeshagen, C.*, Verlagerung, 2009, S. 151. *Baumhoff, H.*, Transferpakete, 2009, S. 548 vertritt die Auffassung, dass Funktionen auf niedriger Aggregationsstufe tendenziell nach dem IDW S 5 und Funktionen auf höheren Aggregationsstufen tendenziell nach dem IDW S 1 bewertet werden sollten.

3 Vgl. mit einem rechnerischen Beispiel *Oestreicher, A./Hundeshagen, C.*, Verlagerung, 2009, S. 147 sowie *Oestreicher, A.*, Funktionsverlagerung, 2009, S. 92; des Weiteren *Greil, S.*, Funktionsverlagerung, 2009, S. 719 und *Schreiber, U.*, Besteuerung, 2008, S. 472 u. 805; *Schreiber, U.*, Gewinnverlagerungen, 2009, S. 541. *Wagner* erörterte bereits 1972, dass die Steuern auf den Veräußerungsgewinn den Mindestbetrag des Kaufpreises für ein Unternehmen wesentlich beeinflussen und fordert, diese bei der Entscheidung zu berücksichtigen. Vgl. *Wagner, F. W.*, Einfluß, 1972, S. 1639-1642 sowie *Wagner, F. W./Rümmele, P.*, Unternehmensbewertung, 1995, S. 438; auch *Theisen, M. R.*, Veräußerung, 1991, S. 111; *Theisen, M. R.*, Unternehmensveräußerung, 1996, S. 142.

gleichskonform, wenn die Steuerlast aus der Veräußerung der Funktion in das Grenzpreiskalkül einbezogen wird.[1]

In der FVerlV wird die Berücksichtigung der Steuerlast auf die aufgedeckten stillen Reserven im Transferpaket nicht explizit genannt, sondern allgemein die Berücksichtigung von Schließungskosten gefordert.[2] Auch in der Begründung der Verordnung wird die Berücksichtigung der Steuerlast nicht explizit angesprochen, aber bezüglich der Berücksichtigung von Schließungskosten festgehalten, dass die Grenzpreisberechnung aus der Sicht eines ordentlichen und gewissenhaften Geschäftsleiters erfolgen muss.[3] Da der Begriff der Schließungskosten in der FVerlV nicht definiert wird und nach der Begründung der FVerlV alle Kosten zu berücksichtigen sind, die ein ordentlicher und gewissenhafter Geschäftsleiter in seine Grenzpreisberechnung einbeziehen würde, steht es dem Wortlaut der FVerlV nicht entgegen, die Steuerlast aus der Veräußerung der Funktion unter die Schließungskosten im Sinne des § 7 Abs. 1 S. 1 FVerlV zu subsumieren und im Rahmen der Ermittlung der Untergrenze des Einigungsbereiches zu berücksichtigen.[4]

Sowohl *Oestreicher/Hundeshagen* als auch *Schreiber* beziehen die Steuerlast aus der Aufdeckung der stillen Reserven in die Berechnung des Grenzpreises ein, allerdings verwendet *Schreiber* die Differenz aus dem Verrechnungspreis und den Buchwerten der verlagerten Wirtschaftsgüter als Bemessungsgrundlage, *Oestreicher/Hundeshagen* hingegen die Differenz aus dem Grenzpreis und den Buchwerten.[5] Zur Ermittlung des Grenzpreises ist die Steuerlast auf Grund des Preises einzubeziehen, zu dem die Veräußerung der Funktion gerade noch vorteilhaft ist. Entscheidungsrelevant ist deshalb die Steuerbelastung aus einer Veräußerung zum Grenzpreis und nicht zu einem anderen

---

1 Vgl. *Schreiber, U.*, Besteuerung, 2008, S. 472 u. 805. Wird das Gewinnpotenzial mittels der indirekten Methode ermittelt, sind die Steuerlast aus der Veräußerung und auch die – in den folgenden Kapiteln diskutierten – Schließungskosten bereits im Gewinnpotenzial berücksichtigt. Sofern das Gewinnpotenzial nach der direkten Methode ermittelt wird, müssen die Steuerlast aus der Verlagerung und die Schließungskosten zum Gewinnpotenzial hinzugerechnet werden.

2 S. § 7 Abs. 1 S. 1 FVerlV.

3 Vgl. *Deutscher Bundesrat*, BR-Drs. 352/08, 2008, S. 21 f.

4 Vgl. auch *Schreiber, U.*, Besteuerung, 2008, S. 472, Fn. 312, der ebenfalls die Steuern aus der Verlagerung der Funktion unter die Schließungskosten subsumiert.

5 Vgl. *Schreiber, U.*, Besteuerung, 2008, S. 806; *Oestreicher, A./Hundeshagen, C.*, Bewertung (Teil 2), 2008, S. 1698.

Wert aus dem Einigungsbereich.[1] Der Grenzpreisberechnung von *Oestreicher/Hundeshagen* ist somit der Vorzug zu geben.

Die Ermittlung des Grenzpreises des abgebenden Unternehmens (GP_i) setzt sich aus dem Gewinnpotenzial aus der Funktionsausübung (GWP_i) und der Steuerlast auf die Differenz des Grenzpreises und der Buchwerte der der Funktionsausübung zugrunde liegenden Wirtschaftsgüter (BW_F) zusammen:

$$GP_i = GWP_i + (GP_i - BW_F)\, s_i^u \qquad (5\text{-}01)$$

Aufgelöst nach dem Grenzpreis des abgebenden Unternehmens ergibt sich:[2]

$$GP_i = \frac{GWP_i - BW_F\, s_i^u}{(1 - s_i^u)} \qquad (5\text{-}02)$$

5.4.2 Berücksichtigung von Verlagerungskosten

Neben der Steuerlast aus der Veräußerung der Funktion sind auch die weiteren Kosten, die dem funktionsabgebenden Unternehmen auf Grund der Verlagerung *zusätzlich* entstehen und von diesem getragen werden, bei der Ermittlung dessen Grenzpreises zu berücksichtigen.[3] Die Kosten aus der Verlagerung der Funktion werden in der FVerlV unter dem Begriff der Schließungskosten zusammengefasst.[4] Als Schließungskosten nennt *Puls*: Abfindungszahlungen an zu entlassende Arbeitnehmer, Miet- oder Pachtzahlungen für restliche Vertragslaufzeiten, Vertragsstrafen bei vorzeitigem Austritt aus Mietverträgen, Ausgleichszahlungen für die vorzeitige Auflösung von Leasingverträgen für Firmenautos, Maschinen und Infrastruktur.[5]

---

1 Vgl. auch die Berechnung bei *Wagner, F. W.*, Einfluß, 1972, S. 1640 f.

2 Vgl. bzgl. der Ermittlung des Mindestpreises im Rahmen des Unternehmenskaufs *Wagner, F. W.*, Einfluß, 1972, S. 1641.

3 Vgl. *Freudenberg, M./Peters, H. M.*, Funktionsverlagerungen, 2008, S. 1428 sowie *Oestreicher, A./Hundeshagen, C.*, Bewertung (Teil 2), 2008, S. 1698, die unter die Verlagerungskosten auch die Steuerlast aus der Veräußerung der Funktion subsumieren.

4 S. § 7 Abs. 1 S. 1 FVerlV.

5 Vgl. *Puls, M.*, Funktionsverlagerungsbesteuerung, 2010, S. 92. Vgl. auch *Freudenberg, M./Peters, H. M.*, Funktionsverlagerungen, 2008, S. 1425, die folgende Kosten im Einzelnen nennen: Sozialplankosten, Abbruchkosten, Umweltkosten, Kosten aufgrund laufender Verträge, Schadenersatzansprüche, IT-Kosten für die Umstellung.

Im Rahmen der Grenzpreisermittlung müssen allerdings nicht nur die Schließungskosten berücksichtigt werden, sondern sämtliche Kosten, die durch die Funktionsverlagerung verursacht werden und zu einer erfolgswirksamen Belastung des Ergebnisses des verlagernden Unternehmens führen;[1] dazu zählen auch die Transaktionskosten. Als Transaktionskosten bezeichnen *Oestreicher/Hundeshagen* die Kosten, die im Zusammenhang mit der Transaktion von Verfügungsrechten anfallen, und nennen im Einzelnen: Informationskosten, Kosten der Vertragsanbahnung und Vertragsvereinbarung, Kosten der Vertragsabwicklung, Kontrollkosten und ggf. Änderungskosten.[2]

Bezüglich der Transaktionskosten stellt sich – wie bei der Steuerlast aus der Veräußerung der Funktion – die Frage, ob diese unter die Schließungskosten im Sinne des § 1 Abs. 1 S. 1 FVerlV subsumiert werden können. Da ein ordentlicher und gewissenhafter Geschäftsleiter alle Kosten in seine Grenzpreisberechnung einbeziehen würde, die durch die Verlagerung der Funktion zusätzlich entstehen, und nach der Begründung der Verordnung bei der Abgrenzung der Schließungskosten auf das Verhalten eines ordentlichen und gewissenhaften Geschäftsleiters abzustellen ist,[3] sind neben den Schließungskosten durch die Verlagerung der Funktion (SK_i^{FVerl}) auch die Transaktionskosten (TK_i) und somit sämtliche Verlagerungskosten (VK_i) bei der Grenzpreisermittlung zu berücksichtigen. Um die formale Darstellung übersichtlich zu gestalten, wird die Steuerlast aus der Veräußerung der Funktion neben den Verlagerungskosten separat ausgewiesen und nicht unter den Begriff der Verlagerungskosten subsumiert. Bezüglich der Verlagerungskosten gilt somit:

$$VK_i = SK_i^{FVerl} + TK_i \qquad (5\text{-}03)$$

Aufbauend auf der Trennung zwischen Transaktionskosten und Schließungskosten müssen die Schließungskosten weiter differenziert werden: Wird grundsätzlich von der Funktionsfortführung im Inland ausgegangen, entstehen im Fall einer Verlagerung *zusätzlich* Schließungskosten aus der Verlagerung (SK_i^{FVerl}) und Transaktionskosten; wird hingegen grundsätzlich von der Liquidation einer Funktion ausgegangen, fallen die Schließungskosten aus der Liquidation (SK_i^L) unabhängig von der Verlagerung an und

---

1 Vgl. *Freudenberg, M./Peters, H. M.*, Funktionsverlagerungen, 2008, S. 1425.

2 Vgl. *Oestreicher, A./Hundeshagen, C.*, Verlagerung, 2009, S. 147.

3 Vgl. *Deutscher Bundesrat*, BR-Drs. 352/08, 2008, S. 21 f.

im Grenzpreis ist nur die Differenz aus den Schließungskosten bei Verlagerung (SK_i^{FVerl}) und den Schließungskosten bei der Liquidation (SK_i^L) zuzüglich der zusätzlich anfallenden Transaktionskosten zu berücksichtigen.[1] Im Folgenden wird davon ausgegangen, dass im Falle einer Verlagerung der Funktion die Schließungskosten, die infolge einer Liquidation anfallen würden, in einem bestimmten Umfang eingespart werden können[2] und folglich die Schließungskosten aus der Liquidation über den Schließungskosten aus der Verlagerung liegen:

$$SK_i^\Delta = SK_i^L - SK_i^{FVerl} \quad (5\text{-}04)$$

$$\text{Mit } SK_i^\Delta > 0 \quad (5\text{-}05)$$

Sofern grundsätzlich von einer alternativen Fortführung der Funktion im Inland auszugehen ist, müssen die Verlagerungskosten – ermittelt nach Gleichung (5-03) – im Rahmen der Grenzpreisermittlung berücksichtigt werden. Sofern hingegen grundsätzlich von einer alternativen Liquidation der Funktion auszugehen ist, müssen zur Ermittlung der entscheidungsrelevanten Kosten von den Verlagerungskosten die Schließungskosten abgezogen werden, die bei der Liquidation anfallen:

$$VK_i - SK_i^L = SK_i^{FVerl} - SK_i^L + TK_i \quad (5\text{-}06)$$

$$VK_i - SK_i^L = TK_i - SK_i^\Delta \quad (5\text{-}07)$$

5.4.3 Handlungsalternativen bei der Verlagerung gewinnbringender Funktionen

In der FVerlV wird sowohl bezüglich der Ermittlung der Gewinnpotenziale als auch bezüglich der Ermittlung des Grenzpreises festgehalten, dass alle tatsächlich bestehenden Handlungsmöglichkeiten berücksichtigt werden müssen.[3] Sofern bei der Ermittlung

---

1 Auch *Bodenmüller/Hülster* sind der Auffassung, dass Schließungskosten, die unabhängig von der Verlagerung anfallen, den Grenzpreis nicht beeinflussen dürfen. Vgl. *Bodenmüller, R./Hülster, T.*, Handlungsalternative, 2010, S. 654.

2 Die Schließungskosten infolge einer Verlagerung werden sich in der Regel von den Schließungskosten infolge der Liquidation unterscheiden, da die Funktion nach der Verlagerung fortgeführt wird. Da die Fortführung allerdings an einem anderen Ort erfolgt, fallen bestimmte Schließungskosten – bspw. Miet- oder Pachtzahlungen für restliche Vertragslaufzeiten – auch im Falle der Verlagerung an.

3 Bezüglich der Ermittlung der Gewinnpotenziale s. § 3 Abs. 2 S. 1 FVerlV; bezüglich der Ermittlung der Grenzpreise s. § 7 Abs. 1 S. 2 FVerlV.

der Gewinnpotenziale aus der Funktionsausübung die verschiedenen Handlungsmöglichkeiten und deren Auswirkungen auf die zu diskontierenden Gewinne berücksichtigt worden sind,[1] kann im Rahmen der Grenzpreisermittlung nur noch zwischen zwei Möglichkeiten differenziert werden: der Funktionsfortführung einerseits und der Funktionsaufgabe andererseits. Der Grenzpreisermittlung ist die Alternative zugrunde zu legen, die den höheren Gewinn erwarten lässt.[2]

Im Folgenden werden zunächst die Bedingungen dargestellt, unter denen entweder von einer – zur Verlagerung der Funktion alternativen – Fortführung oder Liquidation der Funktion im Inland auszugehen ist. Anschließend werden die fremdvergleichskonformen Grenzpreise für die Verlagerung einer gewinnbringenden Funktion ermittelt und auf Basis dieser Ergebnisse die Vorgaben in der FVerlV bezüglich der Ermittlung der Grenzpreise kritisch gewürdigt.

Sofern der Barwert der Zahlungsmittelüberschüsse aus der Funktionsausübung (GWP_i) den Liquidationsgewinn (LG_i) übersteigt, der sich aus dem Erlös aus der Aufgabe der Funktion (LE_i) abzüglich der Schließungskosten und anfallenden Steuern (Liquidationsgewinn) zusammensetzt,[3] ist von der Fortführung der Funktion auszugehen. Ein ordentlicher und gewissenhafter Geschäftsleiter würde in diesem Fall den Grenzpreis für die Funktionsverlagerung auf Basis der Gewinne aus der Funktionsausübung bestimmen. Ist hingegen der Liquidationsgewinn höher als der Barwert der Zahlungsmittelüberschüsse aus der Funktionsausübung, ist dieser der Grenzpreisermittlung zugrunde zu legen. Die Bedingungen für eine Fortführung oder Liquidation der Funktion sind in Tabelle 3 zusammengefasst:

---

[1] Vgl. dazu Kapitel 5.3.2, S. 137.

[2] Vgl. auch *BMF*, Verwaltungsgrundsätze Funktionsverlagerung, Schr. v. 13.10.2010, Tz. 115 f. u. 120 sowie bezüglich der Bewertung von Unternehmen *IDW*, IDW S 1, 2008, Tz. 5 u. 140.

[3] Vgl. auch *IDW*, IDW S 1, 2008, Tz. 141. Im IDW S 1 werden neben den Schließungskosten und der Steuerbelastung auch die Schulden vom Liquidationserlös abgezogen. Der Abzug von Schulden wird in dieser Arbeit nicht berücksichtigt.

Fortführung der Funktion bei:	
$GWP_i > LG_i = (LE_i - SK_i^L) - (LE_i - SK_i^L - BW_F)\, s_i^u$	(5-08)
Liquidation der Funktion bei:	
$GWP_i < LG_i = (LE_i - SK_i^L) - (LE_i - SK_i^L - BW_F)\, s_i^u$	(5-09)

Tabelle 3: Bedingungen für die Fortführung oder Liquidation gewinnbringender Funktionen

Nach dem Wortlaut des § 7 Abs. 2 FVerlV ist – unabhängig davon, dass die Gleichung (5-09) erfüllt ist – der Liquidationsgewinn der Grenzpreisermittlung immer dann zugrunde zu legen, wenn das Unternehmen aus rechtlichen, tatsächlichen oder wirtschaftlichen Gründen nicht mehr in der Lage ist, die Funktion mit eigenen Mitteln auszuführen.[1] Ein wirtschaftlicher Grund, der gegen die Funktionsfortführung im Inland spricht, liegt unter anderem dann vor, wenn das Unternehmen entscheidet, eine gewinnbringende Funktion im Inland durch eine andere Funktion zu ersetzen, aus deren Ausübung höhere Gewinne erwartet werden. Da die Ausübung der substituierten Funktion im Inland – unabhängig von einer Verlagerung – beendet wird, entspricht deren Wert im Inland dem Liquidationswert. Wird die Ausübung der substituierten Funktion anschließend im Ausland fortgeführt und sind die Tatbestandsvoraussetzungen des § 1 Abs. 3 S. 9 AStG erfüllt,[2] hat die Ermittlung des Grenzpreises des funktionsabgebenden Unternehmens auf Basis des Liquidationswertes zu erfolgen. Das *BMF* geht im Falle der Substitution einer Funktion nicht von der Ermittlung des Grenzpreises auf Basis des Liquidationswertes aus, sondern – unter der Bedingung, dass das Produkt technisch oder

[1] Die Differenzierung zwischen tatsächlichen und wirtschaftlichen Gründen ist nicht trennscharf und wird deshalb wie im Kapitel 5.3.1, S. 131 nicht vorgenommen; bezüglich rechtlicher Gegebenheiten, die einer Funktionsfortführung entgegenstehen, kann ebenfalls auf das Kapitel 5.3.1 verwiesen werden. In der Begründung der FVerlV werden als Beispiele für § 7 Abs. 2 FVerlV genannt, dass ein Kunde die Verlagerung der Funktion verlangt oder auf Grund der räumlichen Entfernung zum Markt eine direkte Erschließung vom Inland aus nicht möglich ist. Vgl. *Deutscher Bundesrat*, BR-Drs. 352/08, 2008, S. 22; ebenso *BMF*, Verwaltungsgrundsätze Funktionsverlagerung, Schr. v. 13.10.2010, Tz. 120.

[2] Zum Vorliegen der Tatbestandsvoraussetzungen einer Funktionsverlagerung im Falle einer Funktionssubstitution vgl. Kapitel 4.2.4.1, S. 76.

wirtschaftlich veraltet ist und weitere Voraussetzungen erfüllt sind[1] – von einem Mindestpreis von null Euro.[2] Da infolge der Funktionssubstitution jedoch in keinem Fall von einer Fortführung der Funktion im Inland ausgegangen werden kann, kann – unabhängig von den Voraussetzungen, die das *BMF* fordert – höchstens der Liquidationswert der Funktion der Grenzpreisbestimmung im Inland zugrunde gelegt werden.[3]

Der fremdvergleichskonforme Grenzpreis für die Verlagerung bei alternativer Fortführung der Funktion muss das Gewinnpotenzial aus der Funktionsausübung und die infolge der Verlagerung anfallenden Kosten einschließlich der Steuerlast aus der Veräußerung der Funktion umfassen, nur unter diesen Voraussetzungen ist ein ordentlicher und gewissenhafter Geschäftsleiter indifferent bezüglich der Fortführung oder der Verlagerung der Funktion.[4] Im Falle einer alternativen Liquidation der Funktion wäre ein ordentlicher und gewissenhafter Geschäftsleiter immer dann indifferent zwischen einer Liquidation der Funktion und einer Veräußerung der Funktion, wenn der Erlös aus der Veräußerung der Funktion dem Liquidationserlös zuzüglich der durch die Verlagerung zusätzlich entstehenden Kosten entspricht.[5] Der fremdvergleichskonforme Grenzpreis für eine gewinnbringende Funktion ist in Tabelle 4 formal dargestellt.[6]

Im Falle der Liquidation einer Funktion fallen beim liquidierenden Unternehmen – wie aus der Gleichung (5-09) ersichtlich – Steuern aus der Veräußerung der Wirtschaftsgüter und die Schließungskosten bei Liquidation an. Da für die Berechnung des Grenzpreises nur die Kosten angesetzt werden dürfen, die durch die Verlagerung zusätzlich entstehen,[7] sind die Steuerlast aus der Liquidation und die Schließungskosten infolge

---

[1] Nach Auffassung des *BMF* ist in den Fällen einer Funktionssubstitution ein Mindestpreis von null Euro nicht zu beanstanden, wenn das Produkt technisch oder wirtschaftlich veraltet ist; das Produkt auf den bisher belieferten Märkten nicht mehr abgesetzt werden kann; die Verlagerung erforderlich war, um die Produktion eines Nachfolgeproduktes mit höheren Gewinnerwartungen im Inland aufnehmen zu können und die für die verlagerte Produktion notwendigen immateriellen Wirtschaftsgüter nicht veräußert, sondern lizenziert werden. Vgl. *BMF*, Verwaltungsgrundsätze Funktionsverlagerung, Schr. v. 13.10.2010, Tz. 119.

[2] Vgl. dazu *BMF*, Verwaltungsgrundsätze Funktionsverlagerung, Schr. v. 13.10.2010, Tz. 119.

[3] Vgl. ebenso *Kroppen, H.-K./Rasch, S.*, Funktionsverlagerung, 2009, S. 2459.

[4] Vgl. auch *Oestreicher, A./Hundeshagen, C.*, Transferpakete, 2009, S. 836. Zu einer rechnerischen Darstellung der Indifferenz zwischen der Fortführung und der Verlagerung einer gewinnbringenden Funktion vgl. Anhang I, S. 243.

[5] Zu einer rechnerischen Darstellung der Indifferenz zwischen der Liquidation und der Verlagerung einer gewinnbringenden Funktion vgl. Anhang II, S. 244.

[6] Vgl. Tabelle 4, S. 155. Zur Herleitung der Grenzpreise vgl. Anhang III, S. 245.

[7] Vgl. Kapitel 5.4.2, S. 149.

der Liquidation nicht zu berücksichtigen bzw. können nach dem Einsetzen der Gleichung (5-09) in die Gleichung (5-10) gekürzt werden.[1]

Grenzpreis bei alternativer Fortführung der Funktion:	
$GP_i = \frac{GWP_i - BW_F\, s_i^u + VK_i\,(1 - s_i^u)}{(1 - s_i^u)}$	(5-10)
Für $GWP_i > LG_i = (LE_i - SK_i^L) - (LE_i - SK_i^L - BW_F)\, s_i^u$	(5-08)
Grenzpreis bei alternativer Liquidation der Funktion:	
$GP_i = LE_i - SK_i^L + VK_i = LE_i - SK_i^\Delta + TK_i$	(5-11)
Für $GWP_i < LG_i = (LE_i - SK_i^L) - (LE_i - SK_i^L - BW_F)\, s_i^u$	(5-09)

Tabelle 4: Fremdvergleichskonforme Grenzpreise für gewinnbringende Funktionen

Im Folgenden wird geprüft, ob die Vorgaben in der FVerlV eine fremdvergleichskonforme Ermittlung der Grenzpreise auf Basis der Gleichungen in Tabelle 4 ermöglichen. Im Falle einer alternativen Fortführung der Funktion schreibt die FVerlV vor, dass der Grenzpreis dem Gewinnpotenzial zuzüglich der Schließungskosten entspricht.[2] Wie in den beiden voranstehenden Kapiteln dargestellt, steht es dem Wortlaut der Verordnung nicht entgegen, sämtliche Verlagerungskosten – einschließlich der Steuerlast aus der Funktionsverlagerung – als Schließungskosten im Sinne des § 7 Abs. 1 S. 1 FVerlV zu berücksichtigen und einen fremdvergleichskonformen Grenzpreis nach der Gleichung (5-10) zu berechnen.

Im Falle einer alternativen Liquidation der Funktion schreibt die FVerlV vor, dass der Grenzpreis dem „Liquidationswert" der Funktion entspricht.[3] In der Begründung der Verordnung wird konkretisierend festgehalten, dass der Liquidationswert auch die Schließungskosten umfasst.[4] In den voranstehenden Kapiteln wurde festgehalten, dass ein ordentlicher und gewissenhafter Geschäftsleiter alle Kosten, die durch die Funktionsverlagerung zusätzlich entstehen, in die Grenzpreisermittlung einbeziehen würde.

---

[1] Vgl. auch die Herleitung der Gleichung (5-11) im Anhang III, S. 245.

[2] S. § 7 Abs. 1 S. 1 FVerlV.

[3] S. § 7 Abs. 1 u. 2 FVerlV.

[4] Vgl. *Deutscher Bundesrat*, BR-Drs. 352/08, 2008, S. 22.

Die zusätzlichen Kosten bestehen – wie in Gleichung (5-11) dargestellt – aus der Differenz aus den jeweiligen Schließungskosten und den Transaktionskosten. Der Verweis in der FVerlV auf den Liquidationswert ist m. E. – auch unter Berücksichtigung der Forderung nach der Berücksichtigung von Schließungskosten in der Begründung der Verordnung – nicht differenziert genug, um eine fremdvergleichskonforme Ermittlung des Grenzpreises sicherzustellen. Auf Grund des Wortlautes der Verordnung drohen Konflikte bei der Ermittlung der Grenzpreise, die durch eine Konkretisierung der FVerlV beseitigt werden sollten. Rechtssicherheit und die Ermittlung fremdvergleichskonformer Verrechnungspreise könnten erreicht werden, wenn in der Verordnung ergänzt würde, dass bei der Ermittlung von Grenzpreisen in allen Fällen die durch die Verlagerung *zusätzlich* ausgelösten und entstandenen Kosten berücksichtigt werden müssen.

In der Begründung der Verordnung wird zudem festgehalten, dass der Grenzpreis im Falle einer alternativen Liquidation einer Funktion negativ sein kann und somit das funktionsabgebende Unternehmen unter Umständen bereit sein kann, eine Ausgleichszahlung für die Verlagerung der Funktion zu leisten.[1] Die Existenz negativer Grenzpreise ($GP_i < 0$) bei alternativer Liquidation einer gewinnbringenden Funktion kann nicht direkt aus den Gleichungen (5-10) und (5-11) abgelesen werden, da zwei Nebenbedingungen erfüllt sein müssen: Zum einen muss berücksichtigt werden, dass die Fortführung und die Liquidation einer Funktion sich gegenseitig ausschließende Alternativen sind. Im Rahmen des Nachweises der Existenz eines negativen Grenzpreises muss deshalb von einer Liquidation und nicht einer Fortführung der Funktion ausgegangen werden – also $LG_i > GWP_i$ gelten. Zum anderen muss für die gewinnbringende Funktion ein positives Gewinnpotenzial vorliegen – also $GWP_i > 0$ gelten. Der Aussage in der Begründung der Verordnung, dass der inländische Grenzpreis bei alternativer Liquidation negativ sein kann, kann auf Basis des mathematischen Beweises, der die Nebenbedingungen berücksichtigt und im Anhang IV geführt ist, zugestimmt werden.[2]

Ein negativer Grenzpreis ist aber nicht nur bei einer alternativen Liquidation einer Funktion möglich, sondern auch im Falle einer alternativen Fortführung einer gewinn-

---

[1] Vgl. *Deutscher Bundesrat*, BR-Drs. 352/08, 2008, S. 22.

[2] Zum mathematischen Nachweis vgl. Anhang IV, S. 246. Die Bedingungen, unter denen ein negativer Grenzpreis im Falle einer alternativen Liquidation möglich ist, sind ebenfalls dem Anhang IV zu entnehmen.

bringenden Funktion. Die Existenz eines negativen Grenzpreises bei alternativer Fortführung einer gewinnbringenden Funktion kann ebenfalls unter der Berücksichtigung von zwei Nebenbedingungen nachgewiesen werden: Zum einen muss von einer Fortführung und nicht einer Liquidation ausgegangen werden und zum anderen muss das Gewinnpotenzial positiv sein. Die Existenz negativer Grenzpreise ist wiederum durch einen im Anhang V geführten mathematischen Beweis belegt, der die genannten Nebenbedingungen berücksichtigt.[1]

5.4.4 Handlungsalternativen bei der Verlagerung verlustbringender Funktionen

Im Falle der Verlagerung einer verlustbringenden Funktion hat das verlagernde Unternehmen zunächst wiederum die Handlungsalternativen Fortführung und Aufgabe der Funktionstätigkeit gegeneinander abzuwägen.[2] Ein ordentlicher und gewissenhafter Geschäftsleiter wird eine verlustbringende Funktionsausübung immer dann einstellen, wenn ein positives Ergebnis aus der Liquidation erwartet wird oder wenn die finanziellen Aufwendungen aus der Funktionsausübung die finanziellen Aufwendungen aus der Einstellung der Funktion übersteigen.[3] Bezüglich der formalen Darstellung der Bedingungen für eine alternative Fortführung und eine alternative Liquidation der Funktion kann auf die Tabelle 3 im voranstehenden Kapitel verwiesen werden.[4] Im Folgenden werden – analog zum voranstehenden Kapitel – zunächst die fremdvergleichskonformen Grenzpreise der Handlungsalternativen ermittelt und anschließend auf Basis dieser Ergebnisse die Vorgaben in der FVerlV zur Ermittlung der Grenzpreise kritisch gewürdigt.

Sofern die Funktionsfortführung auf Grund hoher Schließungskosten und eines niedrigen Liquidationserlöses der Funktionseinstellung vorzuziehen ist, müssen die Verluste aus der Funktionsausübung der Bestimmung des Grenzpreises des abgebenden Unternehmens zugrunde gelegt werden. Ein ordentlicher und gewissenhafter Geschäftsleiter

---

[1] Zum mathematischen Nachweis und einer Übersicht über die Bedingungen für einen negativen Grenzpreis in Abhängigkeit des Gewinnpotenzials aus der Funktionsausübung vgl. Anhang V, S. 249.

[2] Vgl. auch *Bodenmüller, R./Hülster, T.*, Handlungsalternative, 2010, S. 655 f. sowie *OECD*, Transfer Pricing Guidelines, 2010, Tz. 9.97.

[3] Vgl. auch *Deutscher Bundesrat*, BR-Drs. 352/08, 2008, S. 22; ebenso *Oestreicher, A.*, Funktionsverlagerung, 2009, S. 86 f., der allerdings in Anlehnung an den Wortlaut der Verordnung nur die Schließungskosten dem Verlust aus der Ausübung der Funktion gegenüberstellt und den Liquidationserlös vernachlässigt.

[4] Vgl. Tabelle 3, S. 153.

wird dementsprechend der Veräußerung der Funktion bereits dann zustimmen, wenn er die Verluste aus der Funktionsausübung vermindern kann und wäre somit grundsätzlich bereit, eine Ausgleichszahlung für die Übernahme der Funktion zu leisten. Zusätzlich zu dem negativen Gewinnpotenzial würde ein ordentlicher und gewissenhafter Geschäftsleiter die Verlagerungskosten einschließlich der steuerlichen Konsequenzen aus der Verlagerung in die Grenzpreisermittlung einbeziehen.[1] Übersteigen die Verlagerungskosten das negative Gewinnpotenzial und die steuerlichen Effekte aus der Verlagerung, wird der ordentliche und gewissenhafte Geschäftsleiter mindestens die positive Differenz als Vergütung fordern.[2] Sofern der Liquidationsgewinn das negative Gewinnpotenzial übersteigt, ist die Funktionseinstellung der Funktionsfortführung vorziehen und der Liquidationsgewinn der Grenzpreisermittlung zugrunde zu legen. Übersteigen in diesem Fall die Schließungskosten bei Liquidation den Liquidationserlös und die Verlagerungskosten, wäre ein ordentlicher und gewissenhafter Geschäftsleiter wiederum bereit, eine Ausgleichszahlung zu leisten; im umgekehrten Fall würde er eine Vergütung für die Verlagerung fordern.[3] Die formale Darstellung der fremdvergleichskonformen Grenzpreise bei der Verlagerung einer Funktion im Verlustfall ist der Tabelle 5 zu entnehmen und entspricht der formalen Darstellung der Grenzpreise im Gewinnfall.[4]

Die Existenz positiver Grenzpreise ($GP_i > 0$) sowohl bei alternativer Funktionsfortführung als auch bei alternativer Liquidation einer verlustbringenden Funktion ist wiederum von zwei Nebenbedingungen abhängig. Dem Nachweis eines positiven Grenzpreises bei alternativer Liquidation müssen die Annahmen zugrunde liegen, dass einerseits von einer Liquidation und nicht einer Fortführung der Funktion auszugehen ist – also $LG_i > GWP_i$ ist – und andererseits das Gewinnpotenzial negativ ist – also $GWP_i < 0$

---

1 Die steuerlichen Konsequenzen werden unter der Annahme in die Grenzpreisermittlung einbezogen, dass die anderen Bereiche des Unternehmens profitabel sind und der Verlust aus der Verlagerung mit den Gewinnen der anderen Bereiche verrechnet werden kann. Zu einer rechnerischen Darstellung der Indifferenz zwischen der Fortführung und der Verlagerung einer verlustbringenden Funktion vgl. Anhang VI, S. 253.

2 Vgl. dazu auch *Oestreicher, A.*, Funktionsverlagerung, 2009, S. 86 f.; *Freudenberg, M./Peters, H. M.*, Funktionsverlagerungen, 2008, S. 1428. Auch die OECD geht in den Verrechnungspreisrichtlinien davon aus, dass das Unternehmen, welches eine „activity" abgibt, nur dann einen Vorteil aus einer Verlagerung hat, wenn das negative Gewinnpotenzial höher ist, als die Verlagerungskosten. Vgl. *OECD*, Transfer Pricing Guidelines, 2010, Tz. 9.96. Nur wenn das abgebende Unternehmen einen Vorteil aus der Verlagerung zieht, ist es auch zu einer Ausgleichszahlung bereit.

3 Zu einer rechnerischen Darstellung der Indifferenz zwischen der Liquidation und der Verlagerung einer verlustbringenden Funktion vgl. Anhang VII, S. 254.

4 Vgl. Tabelle 5, S. 159.

ist. Der Nachweis eines positiven Grenzpreises bei alternativer Fortführung der Funktion muss dementsprechend unter Berücksichtigung der Nebenbedingungen geführt werden, dass zum einen von einer alternativen Fortführung und nicht einer alternativen Liquidation der Funktion auszugehen ist und zum anderen das Gewinnpotenzial negativ ist. Der mathematische Beweis der Existenz positiver Grenzpreise ist im Anhang geführt und zeigt, dass positive Grenzpreise sowohl bei alternativer Funktionsfortführung als auch bei alternativer Funktionsliquidation unter bestimmten Voraussetzungen existieren können.[1]

Grenzpreis bei alternativer Fortführung der Funktion:	
$GP_i = \frac{GWP_i - BW_F\, s_i^u + VK_i\,(1 - s_i^u)}{(1 - s_i^u)}$	(5-10)
Für: $GWP_i > (LE_i - SK_i^L) - (LE_i - SK_i^L - BW_F)\, s_i^u$	(5-08)
Grenzpreis bei alternativer Liquidation der Funktion:	
$GP_i = LE_i - SK_i^L + VK_i = LE_i - SK_i^{\Delta} + TK_i$	(5-11)
Für: $GWP_i < (LE_i - SK_i^L) - (LE_i - SK_i^L - BW_F)\, s_i^u$	(5-09)

Tabelle 5: Fremdvergleichskonforme Grenzpreise für verlustbringende Funktionen

Auf Basis der voranstehenden Erkenntnisse werden nachfolgend die Vorgaben der FVerlV zur Ermittlung der Grenzpreise für verlustbringende Funktionen einer kritischen Würdigung unterzogen. Nach den Feststellungen in der FVerlV wird im Falle der Verlagerung einer verlustbringenden Funktion „der Verhandlungsrahmen für das verlagernde Unternehmen durch die zu erwartenden Verluste oder die gegebenenfalls anfallenden Schließungskosten begrenzt; maßgeblich ist der niedrigere absolute Betrag."[2] In der Verordnung wird folglich davon ausgegangen, dass sowohl bei alternativer Liquidation als auch bei alternativer Fortführung der Funktion der Grenzpreis für eine Verlagerung negativ ist und deshalb der „niedrigere absolute Betrag" maßgebend ist.[3] Geht man bei-

[1] Zum mathematischen Nachweis des positiven Grenzpreises bei alternativer Fortführung der Funktion vgl. Anhang VIII, S. 255. Zum mathematischen Nachweis des positiven Grenzpreises bei alternativer Liquidation der Funktion vgl. Anhang IX, S. 258.

[2] S. § 7 Abs. 3 S. 1 FVerlV.

[3] Vgl. *Oestreicher, A.*, Funktionsverlagerung, 2009, S. 87.

spielsweise davon aus, dass das Gewinnpotenzial aus der Fortführung der Funktion (GWP_i) -100 GE beträgt und die Schließungskosten bei Liquidation (SK_i^L) -20 GE betragen, entspricht der niedrigere absolute Betrag den 20 GE, die durch die Schließung anfallen; diese sind nach dem Wortlaut der Verordnung der Grenzpreisermittlung zugrunde zu legen. Betrachtet man die einzelnen Komponenten der Grenzpreise in den Gleichungen (5-10) und (5-11), wird deutlich, dass die Verordnung ausschließlich eine Erfassung von Komponenten fordert, die negativ sind und den Grenzpreis mindern: In der Gleichung (5-10) haben das negative Gewinnpotenzial (GWP_i) und die Steuerlast aus der Verlagerung einen negativen Einfluss auf den Grenzpreis; die Verlagerungskosten (VK_i), die den Grenzpreis erhöhen, werden nach den Vorgaben der FVerlV nicht berücksichtigt. In der Gleichung (5-11) haben die Schließungskosten aus der Liquidation (SK_i^L) einen negativen Einfluss auf den Grenzpreis; die Verlagerungskosten (VK_i) und der Liquidationserlös (LE_i), die den Grenzpreis erhöhen, werden nach den Vorgaben der FVerlV wiederum nicht berücksichtigt.

Die Feststellung in der FVerlV, dass der niedrigere absolute Betrag aus den erwarteten Verlusten oder den anfallenden Schließungskosten für die Grenzpreisbestimmung maßgebend ist, steht einer fremdvergleichskonformen Ermittlung eines Grenzpreises entgegen: Die voranstehenden Ausführungen haben gezeigt, dass ein ordentlicher und gewissenhafter Geschäftsleiter bei der Ermittlung seines Grenzpreises nicht auf den Einbezug der positiven preissteigernden Komponenten verzichten würde. Aus der Berücksichtigung der preissteigernden Komponenten folgt, dass der Grenzpreis des funktionsabgebenden Unternehmens nicht – wie in der Verordnung angenommen – zwangsläufig negativ sein muss, sondern – wie im Anhang dargestellt[1] – sowohl bei alternativer Fortführung der Funktion als auch bei alternativer Liquidation der Funktion positiv sein kann.[2] Sind entweder der Grenzpreis bei alternativer Fortführung oder der Grenzpreis bei alternativer Liquidation oder beide Beträge positiv, ist nicht der *absolut niedrigere,* sondern der *tatsächlich höhere* Betrag der jeweiligen Grenzpreise als Untergrenze für den Einigungsbereich maßgebend.

---

[1] Vgl. Anhang VIII, S. 255; Anhang IX, S. 258.

[2] Vgl. ebenso *Bodenmüller, R./Hülster, T.*, Handlungsalternative, 2010, S. 656.

Im Ergebnis sollte die gesonderte Regelung der Grenzpreisermittlung für verlustbringende Funktionen in § 7 Abs. 3 FVerlV gestrichen werden, da die fremdvergleichskonforme Ermittlung der Grenzpreise bei verlustbringenden Funktionen – wie aus der formalen Darstellung ersichtlich – keine Unterschiede zur Ermittlung bei gewinnbringenden Funktionen aufweist und die Regelung in ihrer derzeitigen Ausgestaltung einer fremdvergleichskonformen Grenzpreisermittlung entgegen steht.

5.5 Ermittlung des Grenzpreises des funktionsaufnehmenden Unternehmens

Der Grenzpreis des funktionsaufnehmenden Unternehmens entspricht dessen Gewinnpotenzial aus der Ausübung der Funktion.[1] Da das Gewinnpotenzial dem Barwert der Zahlungsmittelüberschüsse nach Steuern entspricht,[2] wird das Gewinnpotenzial und somit auch der Grenzpreis erhöht, sofern der Kaufpreis für die Funktion vom aufnehmenden Unternehmen im Ausland steuermindernd geltend gemacht werden kann.[3] Die Höhe des Steuervorteils wird von einer Reihe von Einflussfaktoren bestimmt: der Höhe des Kaufpreises, einer Aktivierungspflicht oder sofortigen Abzugsfähigkeit der Bestandteile des Transferpaketes, der Nutzungsdauer der identifizierbaren Wirtschaftsgüter, der Abschreibungsmethode usw.

Bei der Ermittlung des Grenzpreises ist der Steuervorteil aus der Abschreibung des Preises zu berücksichtigen, zu dem es gerade noch vorteilhaft ist, die Funktion zu erwerben. Entscheidungsrelevant ist deshalb der Steuervorteil, der durch den Erwerb der Funktion zum Grenzpreis realisiert werden könnte.[4] Die Abhängigkeit des Grenzpreises des funktionsaufnehmenden Unternehmens vom Steuervorteil aus der Abschreibung des

---

1 S. § 7 Abs. 4 S. 1 FVerlV.

2 S. § 1 Abs. 4 FVerlV.

3 Vgl. *Oestreicher, A./Hundeshagen, C.*, Bewertung (Teil 2), 2008, S. 1699; *Oestreicher, A./Hundeshagen, C.*, Transferpakete, 2009, S. 832 u. 838 f. sowie *Schreiber, U.*, Besteuerung, 2008, S. 806, der allerdings bei der Grenzpreisberechnung den Steuervorteil aus dem Ansatz des tatsächlich gezahlten Verrechnungspreises berücksichtigt und nicht den Steuervorteil aus dem Ansatz des Grenzpreises. Bezüglich der Ermittlung des Grenzpreises für einen Unternehmenserwerb unter Berücksichtigung des Steuervorteils aus einer Abschreibung des Kaufpreises vgl. *Wagner, F. W./Rümmele, P.*, Unternehmensbewertung, 1995, S. 437. Zur Berücksichtigung eines abschreibungsbedingten Steuervorteils bei der Bewertung immaterieller Wirtschaftsgüter vgl. *IDW*, IDW S 5, 2007, Tz. 47.

4 Zu einer rechnerischen Darstellung der Indifferenz zwischen der Fortführung des Unternehmens ohne die Aufnahme der Funktion und mit Aufnahme der Funktion vgl. Anhang X, S. 260. Der Berechnung wird die Annahme zugrunde gelegt, dass der Grenzpreis (GP_a) im Ausland sofort steuerlich abzugsfähig ist, weshalb sich die Gleichung (5-13) auf $GP_a = GWP_a^{oAFA} / (1 - s_a^u)$ reduziert.

Grenzpreises ist in Gleichung (5-12) formal dargestellt.[1] Der Steuervorteil hängt von der Höhe des ausländischen Grenzpreises (GP_a), der Nutzungsdauer des Transferpaketes (n_{TP}), des Kapitalisierungszinssatzes im Ausland (i_a) und dem Unternehmensteuersatz im Ausland (s_a^u) ab.

$$GP_a = GWP_a^{oAFA} + \frac{GP_a}{n_{TP}} RBF(i_a, n_{TP})\, s_a^u \qquad (5\text{-}12)$$

$$GP_a = \frac{GWP_a^{oAFA}}{1 - \frac{RBF(i_a, n_{TP})\, s_a^u}{n_{TP}}} \qquad (5\text{-}13)$$

Im Rahmen der formalen Darstellung der Ermittlung des Grenzpreises des funktionsabgebenden Unternehmens ist der Steuervorteil aus der Abschreibung der Buchwerte der Wirtschaftsgüter im Gewinnpotenzial aus der Funktionsausübung (GWP_i) enthalten.[2] Da bei der Grenzpreisbestimmung des funktionsaufnehmenden Unternehmens der Grenzpreis vom Steuervorteil aus der Abschreibung des Grenzpreises abhängt, wird in Gleichung (5-12) von einem Gewinnpotenzial aus der Funktionsausübung vor der Berücksichtigung des Steuervorteils aus der Abschreibung (GWP_a^{oAFA}) ausgegangen und der Steuervorteil separat hinzugerechnet. Die Berechnung des Steuervorteils basiert in dieser Gleichung auf den vereinfachten Annahmen, dass der Grenzpreis über einen jährlich gleichbleibenden Betrag abgeschrieben wird und vernachlässigt, dass im Rahmen einer Kaufpreisaufteilung das Entgelt für eine Funktionsverlagerung auf die verschiedenen Wirtschaftsgüter aufgeteilt werden muss und diese über ihre individuellen Laufzeiten durch Anwendung unterschiedlicher Methoden abgeschrieben werden. Eine fremdvergleichskonforme Berechnung des Grenzpreises ist nur möglich, wenn bei der Berechnung des Steuervorteils nach Wirtschaftsgütern und somit hinsichtlich der individuellen Nutzungsdauer und der Abschreibungsmethode differenziert wird.[3]

Die Einflussfaktoren des Steuervorteils hängen von der jeweiligen Gesetzgebung im Land des funktionsaufnehmenden Unternehmens ab. Grundsätzlich kann davon ausge-

---

[1] Sofern von einer linearen Abschreibung des Grenzpreises ausgegangen wird, kann der Steuervorteil aus der Abschreibung durch einen Rentenbarwertfaktor (*RBF*) dargestellt werden. Zu einer vergleichbaren formalen Darstellung der Ermittlung des Barwertes eines immateriellen Wirtschaftsgutes vgl. *Beyer, S./Mackenstedt, A.*, Bewertung, 2008, S. 348.

[2] Vgl. Kapitel 5.4.1, S. 147, insbesondere Gleichung (5-01).

[3] Vgl. *Oestreicher, A./Hundeshagen, C.*, Verlagerung, 2009, S. 149.

gangen werden, dass die mit der Funktion übergehenden materiellen und immateriellen Einzelwirtschaftsgüter beim funktionsaufnehmenden Unternehmen mit den jeweiligen Fremdvergleichspreisen (FP_{mat} bzw. FP_{imat}) aktiviert und abgeschrieben werden können.[1] Sofern der Fremdvergleichspreis für die Funktion als Ganzes höher ist, als die Summe der Fremdvergleichspreise der übergehenden Einzelwirtschaftsgüter, entspricht der Differenzbetrag einem funktionsanteiligen Geschäfts- oder Firmenwert (GoF_F),[2] der bei einer Funktionsverlagerung nach Deutschland hinein aktiviert und abgeschrieben werden kann.[3] Die Höhe des Grenzpreises hängt somit von der Frage ab, ob die ausländische Finanzverwaltung die in dieser Arbeit vertretene Auffassung teilt, dass eine Funktion Träger eines Geschäfts- oder Firmenwertes sein kann und dieser mit der Funktion übergehen kann.[4] Kann der funktionsanteilige Geschäfts- oder Firmenwert im Ausland nicht planmäßig, sondern nur außerplanmäßig abgeschrieben werden, führt dieser Teil des Grenzpreises nur in Fällen einer tatsächlichen Wertminderung des Geschäfts- oder Firmenwertes zu einer steuerlichen Entlastung durch Abschreibung beim funktionsaufnehmenden Unternehmen.[5]

Die Funktionsverlagerung stellt einen Entscheidungsprozess in einem Konzernverbund dar. Da ein Konzern aus betriebswirtschaftlicher Sicht eine Entscheidungs- und Handlungseinheit bildet,[6] wird die Vorteilhaftigkeit des Erwerbs einer Funktion nicht aus Sicht der Tochterkapitalgesellschaft beurteilt, sondern aus Sicht der Mutterkapitalgesellschaft, die eine Funktion selbst oder mittelbar durch eine Tochterkapitalgesellschaft erwerben und ausüben kann. Die Ermittlung des Grenzpreises für den Erwerb einer Funktion muss somit aus Sicht der Mutterkapitalgesellschaft erfolgen und eine eventuell anfallende Steuerlast aus der Ausschüttung der Zahlungsmittelüberschüsse der Tochter-

---

1 Vgl. *Kaminski, B.*, Unternehmensteuerreform, 2007, S. 600.

2 Vgl. Kapitel 3.2.3, S. 47und 4.2.3.3, S. 69.

3 Vgl. *BMF*, Verwaltungsgrundsätze Funktionsverlagerung, Schr. v. 13.10.2010, Tz. 173 mit Verweis auf: BFH, Urt. v. 27.03.2001, I R 42/00, BStBl II 2001, S. 771-773.

4 Vgl. Kapitel 4.2.3.3, S. 69.

5 Vgl. *Kaminski, B.*, Unternehmensteuerreform, 2007, S. 600.

6 Vgl. dazu *Theisen, M. R.*, Konzern, 2000, S. 15 sowie *Theisen, M. R.*, Konzernunternehmungslehre, 1988, S. 280.

an die Mutterkapitalgesellschaft berücksichtigen.[1] Dieses Vorgehen steht m. E. den Anforderungen der FVerlV an die Grenzpreisbestimmung nicht entgegen, da das Gewinnpotenzial als Reingewinn nach Steuern definiert wird[2] und demnach die Steuerlast aus der Ausschüttung der Tochterkapitalgesellschaft zu berücksichtigen ist. Die Grenzpreisermittlung für den Erwerb einer Funktion durch eine Tochterkapitalgesellschaft stellt sich formal wie folgt dar:

$$GP_a = GWP_a^{oAFA} \, (1 - 0{,}05 \, s_i^u) + \frac{GP_a}{n_{TP}} RBF(i_a, n_{TP}) \, s_a^u \, (1 - 0{,}05 \, s_i^u) \quad (5\text{-}14)$$

$$GP_a = \frac{GWP_a^{oAFA} \, (1 - 0{,}05 \, s_i^u)}{1 - \frac{RBF(i_a, n_{TP}) \, s_a^u}{n_{TP}} \, (1 - 0{,}05 \, s_i^u)} \quad (5\text{-}15)$$

Wie bei der Ermittlung des Grenzpreises des funktionsabgebenden Unternehmens sind auch bei der Ermittlung des Grenzpreises des aufnehmenden Unternehmens tatsächlich bestehende Handlungsmöglichkeiten zu berücksichtigen.[3] Auf Grund dieser Feststellung in der FVerlV kann grundsätzlich auch ein kostenorientiertes Verfahren für die Ermittlung des maßgebenden subjektiven Entscheidungswertes herangezogen werden,[4] da die Zahlungsbereitschaft des funktionsaufnehmenden Unternehmens grundsätzlich durch den Betrag begrenzt wird, den es aufbringen müsste, um die Funktion selbst nachzubilden.[5]

---

1 Zu einer rechnerischen Darstellung der Indifferenz zwischen der Fortführung des Unternehmens ohne die Aufnahme der Funktion und mit Aufnahme der Funktion durch eine Tochterkapitalgesellschaft vgl. Anhang X, S. 260. Der Berechnung wird die Annahme zugrunde gelegt, dass der Grenzpreis (GP_a) im Ausland sofort steuerlich abzugsfähig ist, weshalb sich die Gleichung (5-15) auf $GP_a = GWP_a^{oAFA}(1 - 0{,}05 \, s_i^u) / \, [1 - s_a^u(1 - 0{,}05 \, s_i^u)]$ reduziert.

2 S. § 1 Abs. 4 FVerlV.

3 S. § 7 Abs. 4 S. 2 FVerlV.

4 Vgl. *Bodenmüller, R./Hülster, T.*, Handlungsalternative, 2010, S. 652.

5 Vgl. dazu *Moxter, A.*, Unternehmensbewertung, 1983, S. 9: „Für den aus dem zu bewertenden Unternehmen U zu erwartenden Ertrag mehr zu zahlen als den Preis, den dieser Ertrag anderweitig kostet, bedeutet ‚irrationales' Handeln." Im IDW S 5 zur Bewertung immaterieller Wirtschaftsgüter wird das kostenorientierte Verfahren als dritte Möglichkeit der Wertermittlung genannt. Auf Grund des fehlenden Einbezugs des zukünftigen finanziellen Nutzens in die Bewertung wird das Verfahren allerdings nur zu Plausibilisierungszwecken eingesetzt oder bei fehlender Anwendbarkeit des marktpreisorientierten oder marktwertorientierten Verfahrens angewendet. Vgl. *IDW*, IDW S 5, 2007, Tz. 48.

5.6 Aufteilung des Einigungsbereiches

Der Mindestpreis des funktionsabgebenden Unternehmens und der Höchstpreis des funktionsaufnehmenden Unternehmens bestimmen die Grenzen des Einigungsbereiches, in dem der Preis liegt, den fremde Dritte als Vergütung für die Verlagerung einer Funktion festsetzen würden. Nach dem Gesetzeswortlaut ist der Preis aus dem Einigungsbereich maßgebend, der dem Fremdvergleichsgrundsatz mit höchster Wahrscheinlichkeit entspricht.[1] Sofern allerdings kein anderer Wert glaubhaft gemacht werden kann, ist der Mittelwert des Einigungsbereiches der Einkünfteermittlung zugrunde zu legen. Der Einigungsbereich ist das Ergebnis eines hypothetischen Fremdvergleichs, der nur angewandt wird, wenn keine tatsächlichen – beobachtbaren – Vergleichspreise vorliegen. Da keine Vergleichspreise vorliegen, sind auch keine Häufigkeiten bezüglich der Preise beobachtbar und der Nachweis einer „höchsten Wahrscheinlichkeit" eines Preises kann nicht erbracht werden.[2] Ein quantitativer Nachweis eines bestimmten Preises aus dem Einigungsbereich ist somit nicht möglich und dem Steuerpflichtigen bleibt nur die Möglichkeit, durch qualitative Argumente den Preis im Einigungsbereich glaubhaft zu machen, der dem Fremdvergleich am besten entspricht.[3]

Der Preis, auf den sich fremde Dritte einigen, hängt von der Verhandlungsmacht und dem Verhandlungsgeschick der Parteien ab.[4] Von Seiten des *BMF* wird im Schreiben „Verwaltungsgrundsätze Funktionsverlagerung" dementsprechend vorgeschlagen, die Verhandlungsmacht und somit einen bestimmten Preis beispielsweise mit Hilfe der jeweiligen Marktposition, der bestehenden Standortvorteile oder entstehenden Synergieeffekte zu begründen.[5] In Abhängigkeit der Verhandlungsmacht (α) und der jeweili-

---

1 S. § 1 Abs. 3 S. 7 AStG.

2 Vgl. *Kroppen, H.-K./Rasch, S./Eigelshoven, A.*, Unternehmensteuerreform, 2007, S. 2217; *Baumhoff, H./Ditz, X./Greinert, M.*, Funktionsverlagerungsverordnung, 2008, S. 1951; *Oestreicher, A.*, Funktionsverlagerung, 2009, S. 90.

3 Vgl. auch *Deutscher Bundestag*, BT-Drs. 220/07, 2007, S. 144: Nach der Gesetzesbegründung ist – im Gegensatz zum Gesetzestext selbst – nicht der Preis im Einigungsbereich maßgebend, der dem Fremdvergleich mit der *höchsten Wahrscheinlichkeit* entspricht, sondern der Preis, der dem Fremdvergleich *am besten* entspricht.

4 Vgl. *Luckhaupt, H.*, Preisanpassungsklausel, 2009, S. 2359; *Oestreicher, A.*, Funktionsverlagerung, 2009, S. 90; *Baumhoff, H./Greinert, M.*, Standortvorteile, 2006, S. 792 sowie *OECD*, Transfer Pricing Guidelines, 2010, Tz. 9.149. Die Verhandlungsstärke einer Partei kann auch aus asymmetrischen Informationen resultieren, weshalb die Annahme der vollständigen Information ausschließlich der fremdvergleichskonformen Abgrenzung des Einigungsbereiches zugrunde gelegt werden kann, nicht aber der Auswahl eines Preises aus diesem. Vgl. Kapitel 2.4.3, S. 30.

5 Vgl. dazu *BMF*, Verwaltungsgrundsätze Funktionsverlagerung, Schr. v. 13.10.2010, Tz. 128.

gen Grenzpreise kann der Fremdvergleichspreis für die Verrechnung einer Funktionsverlagerung – der Transferpaketpreis (TP) – wie folgt dargestellt werden:[1]

$$TP = \alpha\, GP_i + (1 - \alpha)\, GP_a \tag{5-16}$$

$$\text{mit}\, \{\alpha \in \mathbb{R} | 0 \leq \alpha \leq 1\}; \tag{5-17}$$

Die Variable α symbolisiert die Verhandlungsmacht des funktionsaufnehmenden Unternehmens. Wenn die Verhandlungsmacht des funktionsaufnehmenden Unternehmens beispielsweise 100 % beträgt (α = 1), kann dieses einen Transferpaketpreis (TP) durchsetzen, der dem Grenzpreis des funktionsabgebenden Unternehmens (GP_i) entspricht.

Fraglich ist allerdings, ob überhaupt unter Berücksichtigung der Machtverhältnisse und Geschicke der Parteien eine Verhandlung zwischen diesen simuliert und so ein Preis durch qualitative Argumente aus dem Einigungsbereich ermittelt werden kann. Eine solche Simulation wird im Rahmen der schiedsgutachterlichen Unternehmensbewertung nicht durchgeführt, da das Verhandlungsergebnis auf Grund der psychologischen Komponenten der Verhandlung nicht sinnvoll prognostiziert werden kann und ein simuliertes Ergebnis folglich immer willkürlich sein wird.[2] Da der vom Schiedsgutachter festzusetzende Unternehmenswert einen freundschaftlichen Interessenausgleich darstellen soll, wird im Rahmen der Unternehmensbewertung in der Regel der Mittelwert des Einigungsbereiches angesetzt.[3] Die Ermittlung von Verrechnungspreisen durch die Simulation eines Preisbildungsprozesses wird zudem dadurch beeinträchtigt, dass die Verhandlungsstärke der beiden Parteien auf Grund der gesellschaftsrechtlichen Einflussmöglichkeit durch die Obergesellschaft geprägt sein kann.[4] Sofern die Verhandlungsstärken durch ein Gesellschaftsverhältnis beeinflusst sind, ist der aus der Simulation resultierende Verrechnungspreis durch dieses Gesellschaftsverhältnis veranlasst und somit nicht fremdvergleichskonform.[5] Im Ergebnis kommt eine Fremdvergleichspreis-

---

1 Vgl. auch *Schreiber, U.*, Gewinnverlagerungen, 2009, S. 541.

2 Vgl. *Moxter, A.*, Unternehmensbewertung, 1983, S. 16 f.

3 Vgl. *Sieben, G./Schildbach, T.*, Bewertung, 1979, S. 457; *Moxter, A.*, Unternehmensbewertung, 1983, S. 16 f.; *Ballwieser, W./Leuthier, R.*, Unternehmensbewertung (Teil I), 1986, S. 550; *Drukarczyk, J./Schüler, A.*, Unternehmensbewertung, 2009, S. 90.

4 Vgl. dazu *Baumhoff, H./Greinert, M.*, Standortvorteile, 2006, S. 792: „Die Ausstattung einer Gesellschaft mit Kapital, Personal, Informationen und sonstigen materiellen und immateriellen Wirtschaftsgütern determiniert ihre wirtschaftliche Machtstellung und damit auch ihre Verhandlungsstärke".

5 Vgl. *Baumhoff, H.*, Dienstleistungen, 1986, S. 250; *Baumhoff, H./Greinert, M.*, Standortvorteile, 2006, S. 789.

bestimmung durch die Simulation eines Preisbildungsprozesses nicht in Betracht, da bereits unter fremden Dritten eine sinnvolle Simulation eines Preisbildungsprozesses nicht möglich ist und bei verbundenen Unternehmen zudem die Verhandlungsstärken durch ein Gesellschaftsverhältnis beeinflusst sein können.[1] Insoweit ist keine Möglichkeit ersichtlich, einen anderen Wert als den Mittelwert des Einigungsbereiches durch quantitative oder qualitative Argumente glaubhaft zu machen. Die Möglichkeiten zur Bestimmung eines Preises aus dem Einigungsbereich sind in folgender Abbildung zusammengefasst:

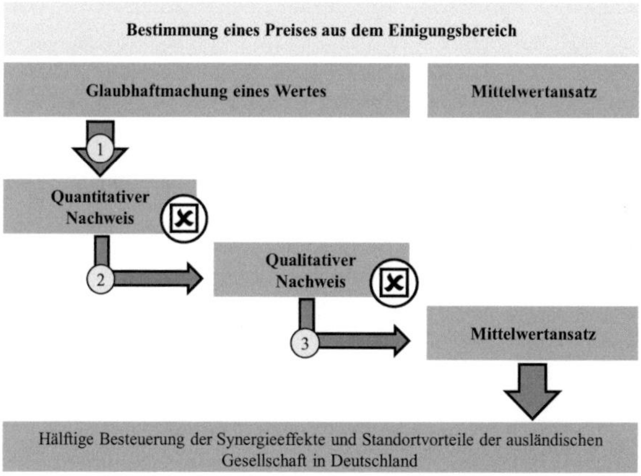

Abbildung 27: Bestimmung eines Preises aus dem Einigungsbereich

Der Ansatz des Mittelwertes des Einigungsbereiches als Vergütung für eine Funktionsverlagerung wird kritisiert, da infolgedessen die Hälfte der Synergien und Standortvorteile des ausländischen, funktionsaufnehmenden Unternehmens und somit nicht nur in Deutschland entstandene Werte, sondern auch Werte, die erst im Ausland entstehen können, in Deutschland der Besteuerung unterliegen.[2]

---

1 Vgl. auch *Baumhoff, H./Greinert, M.*, Standortvorteile, 2006, S. 789.

2 Vgl. *Hey, J.*, Gegenfinanzierungsmaßnahmen, 2007, S. 1308; *Baumhoff, H./Ditz, X./Greinert, M.*, Funktionsverlagerung, 2007, S. 1651 u. 1652; *Blumers, W.*, Transferpaket, 2007, S. 1761; *Frotscher, G.*, Funktionsverlagerung, 2008, S. 53 f.; *Kroppen, H.-K./Rasch, S.*, Funktionsverlagerungsverordnung, 2008, S. 2343 u. 2349. Nach Ansicht von *Baumhoff, H./Ditz, X./Greinert, M.*, Funktionsverlagerung, 2007, S. 1652 begründen sich die Unterschiede in den Gewinnpotenzialen und somit in den Grenzpreisen im Wesentlichen in Synergieeffekten oder Standortvorteilen, die lediglich das ausländische Unternehmen nutzen kann.

Die Berücksichtigung der Sichtweisen des Verkäufers wie des Käufers und die daraus resultierende Abgrenzung eines Einigungsbereiches durch Grenzpreise ist im Rahmen der Unternehmensbewertung üblich und unter Fremdvergleichsgesichtspunkten nicht zu beanstanden.[1] Die Kritik an der Besteuerung von Teilen des ausländischen Gewinnpotenzials muss deshalb entweder in einer *fehlerhaften Abgrenzung* des Einigungsbereiches oder in einer *fehlerhaften Aufteilung* des Einigungsbereiches begründet sein. Eine fehlerhafte Abgrenzung des Einigungsbereiches würde vorliegen, wenn die Berücksichtigung der Synergieeffekte und Standortvorteile bei der Grenzpreisermittlung des funktionsaufnehmenden Unternehmens, die in der FVerlV gefordert ist,[2] nicht fremdvergleichskonform wäre. Da die Synergieeffekte und Standortvorteile des ausländischen Unternehmens dessen Gewinnpotenzial aus der Funktionsausübung jedoch tatsächlich erhöhen, werden diese unter fremden Dritten bei der Grenzpreisermittlung berücksichtigt.[3] Lediglich solche Vorteile, die das Unternehmen auch in der – der Funktionsbewertung zugrunde liegenden – Alternativanlage für sich beanspruchen kann, erhöhen das Gewinnpotenzial aus der Funktionsausübung und den Grenzpreis nicht,[4] da die höheren finanziellen Überschüsse durch einen höheren Kapitalisierungszinssatz kompensiert werden.[5] Sofern bei der Ermittlung des Gewinnpotenzials die Äquivalenzprinzipien[6] berücksichtigt werden, kann der Grenzpreis des funktionsaufnehmenden Unternehmens – und dessen Bestandteile – nicht kritisiert werden. Die Kritik an dem Einbezug der ausländischen Steuervorteile könnte nur noch in einer unangemessenen – und gegen den

---

[1] Vgl. Kapitel 5.2, S. 128.

[2] S. § 3 Abs. 2 S. 1 FVerlV.

[3] Vgl. *Moxter, A.*, Unternehmensbewertung, 1983, S. 9, der festhält, dass der Grenzpreis eines Unternehmens von dessen Ertragswert abhängt und somit der Summe aller Vorteile entspricht, die der Unternehmenseigner aus diesem erwarten darf. Sofern bspw. die Standortvorteile und Synergieeffekte nicht im Grenzpreis berücksichtigt wären, könnte die Situation entstehen, dass das ausländische Unternehmen eine Funktion nicht erwirbt, obwohl der Erwerb auf Grund der Standortvorteile vorteilhaft gewesen wäre.

[4] Unter der Annahme, dass ein Unternehmen im Rahmen seiner sonstigen Tätigkeit bestehende Standortvorteile vollständig für sich beanspruchen kann, spiegeln sich diese Vorteile in einer vergleichsweise hohen Rendite des Unternehmens wider und somit in einem vergleichsweise hohen Kapitalisierungszinssatz. Sofern einer Funktionsbewertung dieser unternehmensindividuelle Kapitalisierungszinssatz zugrunde gelegt wird (vgl. Kapitel 5.3.3, S. 143), werden die – auf Grund der ausländischen Standortvorteile – erhöhten finanziellen Überschüsse durch die Diskontierung mit einem erhöhten Kapitalisierungszinssatz kompensiert.

[5] Vgl. hierzu *Frotscher, G./Oestreicher, A.*, Restructurings, 2009, S. 380 sowie *Oestreicher, A./Hundeshagen, C.*, Transferpakete, 2009, S. 839 f. und *Endres, D./Oestreicher, A.*, Funktionsverlagerung, 2009, S. 13.

[6] Vgl. Kapitel 5.3.3, S. 143.

Fremdvergleichsgrundsatz verstoßenden – Aufteilung des Einigungsbereiches begründet sein.

Die Kritik an der Besteuerung ausländischer Standortvorteile und Synergieeffekte wird teilweise damit begründet, dass das inländische Unternehmen die ausländischen Synergieeffekte und Standortvorteile selbst nicht realisieren kann.[1] Diese Feststellung ist nachvollziehbar, ebenso gilt jedoch aus Sicht des funktionsaufnehmenden Unternehmens, dass dieses sein Gewinnpotenzial ohne den Erwerb der Funktion ebenfalls nicht realisieren könnte und das inländische Unternehmen das Gewinnpotenzial des ausländischen Unternehmens durch seine Vorleistung erst ermöglicht. *Moxter* bezeichnet deshalb den Einigungsbereich als „gemeinsamen Gewinn".[2] Ein solcher gemeinsamer Gewinn steht nicht zwangsläufig einer der beiden Parteien zu, sondern ist in Abhängigkeit des Einzelfalles aufzuteilen. Da jede Aufteilung des Einigungsbereiches dem Fremdvergleichsgrundsatz entsprechen kann und jeder Wert im Einigungsbereich fremdvergleichskonform sein kann,[3] kann auch die daraus resultierende Besteuerung ausländischer Standortvorteile oder Synergieeffekte in Deutschland nicht beanstandet werden.

Im Ergebnis ist festzuhalten, dass der Mittelwertansatz als ultima ratio mit Blick auf die Schiedsrichterlösung in der Unternehmensbewertung nachvollziehbar ist und dementsprechend von *Wassermeyer/Baumhoff/Greinert* begrüßt wird.[4] Die Tatsache, dass dem Steuerpflichtigen im Gesetz die Möglichkeit aufgezeigt wird, einen anderen Wert als den Mittelwert glaubhaft zu machen, dies aber weder durch einen quantitativen Nachweis noch durch qualitative Argumentation möglich ist, ist allerdings zu kritisie-

---

1 Vgl. *Frotscher, G.*, Funktionsverlagerung, 2008, S. 53 f.

2 Vgl. *Moxter, A.*, Unternehmensbewertung, 1983, S. 18.

3 Die Auffassung, dass grundsätzlich alle Preise innerhalb eines Einigungsbereiches als Ergebnis einer Preisverhandlung zwischen fremden Dritten zustande kommen können und somit eine fremdvergleichskonforme Vergütung darstellen können, ist vielfach in der Literatur bestätigt: Vgl. *Baumhoff, H./Greinert, M.*, Standortvorteile, 2006, S. 792; *Ditz, X.*, Geschäftschancen 2006, S. 1628; *Frischmuth, M.*, Funktionsverlagerungsbesteuerung, 2007, S. 389; *Günther, T./Ott, C.*, Ressourcen, 2008, S. 1085; *Borstell, T./Jamin, C.*, Verlagerung, 2008, S. 787; *Kroppen, H.-K./Rasch, S.*, Funktionsverlagerungsverordnung, 2008, S. 2350; *Greinert, M.*, Bewertung, 2010, S. 106. Der BFH hat in seinem Urteil vom 15.09.2004 entschieden, dass als Ergebnis eines hypothetischen Fremdvergleichs nicht nur ein bestimmter Preis, sondern eine Bandbreite von Preisen als fremdüblich angesehen werden kann. Vgl. BFH, Urt. v. 15.09.2004, I R 7/02, BStBl II 2005, S. 871. Durch den Verweis auf das Urteil vom 17.10.2001 macht der BFH allerdings deutlich, dass eine Preisbandbreite unter Umständen eingeengt werden muss und erst nach dieser Einengung alle verbleibenden Werte als Fremdvergleichspreise angesetzt werden können (Vgl. BFH, Urt. v. 17.10.2001, I R 103/00, BStBl II 2004, S. 176 f.). Vgl. dazu auch *Schreiber, R.*, Funktionsverlagerung, 2008, S. 439 f.

4 Vgl. *Wassermeyer, F./Baumhoff, H./Greinert, M.*, F/W/B, 2009, § 1 AStG, Anm. V 62.

ren.[1] Da grundsätzlich jeder Wert innerhalb des Einigungsbereiches zwischen fremden Dritten vereinbart werden kann, sollten dem Steuerpflichtigen durch den Gesetzgeber tatsächliche, konkrete Möglichkeiten aufgezeigt werden, wie er einen bestimmten Wert glaubhaft machen kann. Sofern nicht der Grenzpreis des funktionsabgebenden Unternehmens als Verrechnungspreis für die Funktionsverlagerung angesetzt wird, sondern ein anderer Wert innerhalb des Einigungsbereiches, wird nicht nur der originäre Geschäfts- oder Firmenwert der Funktion beim abgebenden Unternehmen besteuert, sondern auch ein Teil des originären Geschäfts- oder Firmenwertes des funktionsaufnehmenden Unternehmens. Dieses Ergebnis steht im Einklang mit dem Fremdvergleichsgrundsatz und ist unter diesem Aspekt nicht zu beanstanden.

5.7 Möglichkeiten zum Ansatz von Einzelverrechnungspreisen

Die Gesamtbewertung der Funktion mittels des Transferpaketansatzes ist grundsätzlich in allen Fällen von Funktionsverlagerungen im Sinne des AStG anzuwenden. Die Behandlung einer Funktionsverlagerung als Übertragung einzelner Vermögenswerte und der daraus resultierende Ansatz von Einzelverrechnungspreisen aller übergehenden Wirtschaftsgüter ist nur in drei Ausnahmefällen möglich, die in § 1 Abs. 3 S. 10 AStG kodifiziert und nachstehend zusammengefasst sind:

1. Die Summe der Einzelverrechnungspreise aller betroffenen Wirtschaftsgüter ist als Fremdvergleichspreis für die Funktionsverlagerung anzuerkennen, wenn der Wert der übergehenden immateriellen Wirtschaftsgüter und Vorteile gemessen am Wert aller übergehenden Wirtschaftsgüter und Vorteile weniger als 25 % beträgt (erste Escapeklausel).[2]

---

[1] Ein Mittelwertansatz – ohne reale Ausweichmöglichkeit – steht unter dem Verdacht, gegen den international anerkannten Fremdvergleichsgrundsatz zu verstoßen. Vgl. dazu *Cauwenbergh, P./Lucas Mas, M. O.*, Functions, 2008, S. 522.

[2] S. § 1 Abs. 3 S. 10 1. HS AStG i. V. m. § 1 Abs. 5 FVerlV. Im Gesetz ist die erste Escapeklausel an die Bedingung geknüpft, dass keine wesentlichen immateriellen Wirtschaftsgüter und Vorteile im Rahmen der Verlagerung übergehen. In der FVerlV wird konkretisiert, dass immaterielle Wirtschaftsgüter und Vorteile immer dann nicht wesentlich sind, wenn die Summe deren Einzelverrechnungspreise zusammen weniger als 25 % der Summe der Einzelverrechnungspreise aller übergehenden Wirtschaftsgüter und Vorteile beträgt. Sofern keine wesentlichen immateriellen Wirtschaftsgüter und sonstigen Vorteile übergehen, können im Falle einer Funktionsentziehung und einer Funktionsabschmelzung auch fremdübliche Schadensersatz-, Entschädigungs- und Ausgleichsansprüche der Besteuerung zugrunde gelegt werden. S. hierzu § 8 FVerlV; zu weiteren Ausführungen vgl. *Puls, M.*, Funktionsverlagerungsbesteuerung, 2010.

2. Die Summe der Einzelverrechnungspreise aller betroffenen Wirtschaftsgüter ist als Fremdvergleichspreis für die Funktionsverlagerung anzuerkennen, wenn die Summe der angesetzten Einzelverrechnungspreise in dem mittels des Transferpaketansatzes ermittelten Einigungsbereich liegt (zweite Escapeklausel).[1]

3. Die Summe der Einzelverrechnungspreise der Bestandteile des Transferpaketes ist als Fremdvergleichspreis anzuerkennen, wenn zumindest ein wesentliches immaterielles Wirtschaftsgut Gegenstand der Funktionsverlagerung ist und der Steuerpflichtige dieses genau bezeichnet (dritte Escapeklausel).[2]

Der Ansatz von Einzelverrechnungspreisen infolge der Erfüllung der Voraussetzungen einer der drei Escapeklauseln ist möglich, aber nicht zwingend. Ein Steuerpflichtiger wird die Escapeklauseln deshalb nur dann nutzen, wenn er aus dem Ansatz der Einzelverrechnungspreise einen Vorteil erwartet. Ein Vorteil kann beispielsweise in der *Senkung der Bemessungsgrundlage* des Steuerpflichtigen liegen oder in einer *Senkung der Deklarationskosten*. Drei diesbezügliche Vorteile, die durch den Ansatz von Einzelverrechnungspreisen entstehen können, sollen im Folgenden diskutiert werden:

- Der Wert des funktionsanteiligen Geschäfts- oder Firmenwertes kann nicht direkt, sondern nur indirekt als Residualgröße ermittelt werden. Da eine Einzelbewertung des Geschäfts- oder Firmenwertes nicht möglich ist, ist dieser in die Summe der Einzelverrechnungspreise nicht einzubeziehen (Senkung der Bemessungsgrundlage).[3]

- Im voranstehenden Kapitel wurde festgehalten, dass keine Möglichkeit ersichtlich ist, einen bestimmten Wert innerhalb des Einigungsbereiches glaubhaft zu machen, der mittels des Transferpaketansatzes ermittelt wird. Eine Glaubhaftmachung könnte allerdings gelingen, sofern die Summe der Einzelverrechnungspreise in diesem Einigungsbereich liegt. Liegt die Summe der Einzelverrechnungspreise unter dem Mittelwert des Einigungsbereiches, erfolgt eine Senkung der Bemessungsgrundlage.[4]

---

[1] S. § 1 Abs. 3 S. 10, 1. HS AStG i. V. m. § 2 Abs. 3 FVerlV.

[2] S. § 1 Abs. 3 S. 10, 2. HS AStG.

[3] Vgl. *Kroppen, H.-K./Rasch, S.*, Funktionsverlagerung, 2010, S. 320; *Baumhoff, H./Ditz, X./Greinert, M.*, Änderungen, 2010, S. 1312; *Eigelshoven, A./Nientimp, A.*, Änderungen, 2010, S. 235.

[4] Vgl. *Oestreicher, A./Wilcke, D.*, Einzelbewertung, 2010, S. 228; *Haas, W.*, DBA, 2009, S. 723.

- Der Ansatz von Einzelverrechnungspreisen ist im Vergleich zur Gesamtbewertung mittels des Transferpaketansatzes einfacher und weniger aufwendig (Senkung der Deklarationskosten).[1]

Während die erste und zweite Escapeklausel mit dem Transferpaketansatz im Rahmen des Unternehmensteuerreformgesetzes 2008[2] in das AStG aufgenommen wurden, ist die dritte Escapeklausel erst nachträglich im Rahmen des Gesetzes zur Umsetzung steuerlicher EU-Vorgaben sowie zur Änderung steuerlicher Vorschriften[3] eingeführt worden. Für die Beantwortung der Frage, ob im Rahmen der Escapeklauseln ein funktionsanteiliger Geschäfts- oder Firmenwert zu berücksichtigen ist, werden die erste und zweite Klausel zunächst getrennt von der dritten Klausel betrachtet.

Nach dem Gesetzeswortlaut sind – bei der Anwendung der ersten und zweiten Escapeklausel – die Einzelverrechnungspreise *aller Wirtschaftsgüter* zu berücksichtigen.[4] Da auch der Geschäfts- oder Firmenwert als Wirtschaftsgut zu qualifizieren ist,[5] muss nach dem Gesetzeswortlaut auch dessen Einzelverrechnungspreis in die Summe der Einzelverrechnungspreise eingehen. Diese Schlussfolgerung wird in der FVerlV und der Gesetzesbegründung bestätigt, da dort neben der Einzelbewertung *aller übergegangenen Wirtschaftsgüter* auch die Einzelbewertung *aller Vorteile* gefordert wird,[6] die im Rahmen dieser Arbeit mit geschäftswertbildenden Faktoren und somit einem funktionsanteiligen Geschäfts- oder Firmenwert gleichgesetzt werden.[7]

Der Wortlaut der dritten Escapeklausel unterscheidet sich von dem der ersten und zweiten Escapeklausel, da dort nicht die Summe der Einzelverrechnungspreise aller Wirtschaftsgüter, sondern die Summe der Einzelverrechnungspreise *aller Bestandteile des Transferpaketes* als Verrechnungspreis für die Funktionsverlagerung anzusetzen ist.[8] Der abweichende Wortlaut führt jedoch nicht zu Unterschieden in den Rechtsfolgen, da

---

1 Vgl. *Deutscher Bundestag*, BT-Drs. 17/939, 2010, S. 8 u. 10.

2 Vgl. Unternehmensteuerreformgesetz 2008 vom 14.08.2007, BGBl I 2007, S. 1912.

3 Vgl. Gesetzes zur Umsetzung steuerlicher EU-Vorgaben sowie zur Änderung steuerlicher Vorschriften vom 08.04.2010, BGBl I 2010, S. 386.

4 S. § 1 Abs. 3 S. 10, 1. HS AStG bzw. vgl. die Aufzählung auf der voranstehenden Seite.

5 Vgl. Kapitel 3.1.1, S. 35.

6 S. § 2 Abs. 3 S. 1 FVerlV. Bzgl. der Gesetzesbegründung vgl. *Deutscher Bundestag*, BT-Drs. 220/07, 2007, S. 145.

7 Vgl. Kapitel 3.2.2, S. 44.

8 S. § 1 Abs. 3 S. 10, 2. HS AStG.

– nach der Auffassung in dieser Arbeit – der Inhalt des Transferpaketes aus *allen übergehenden Wirtschaftsgütern und Vorteilen* besteht.[1] Diese Schlussfolgerung wird wiederum durch die Begründung des Gesetzes bestätigt, da dort festgehalten ist, dass die Einzelverrechnungspreise aller Wirtschaftsgüter und Vorteile ermittelt werden müssen.[2] Auf der Grundlage des Gesetzeswortlautes ist insofern von einer einheitlichen Rechtsfolge der Escapeklauseln auszugehen, die eine Erfassung des funktionsanteiligen Geschäfts- oder Firmenwertes einschließt.

Auch wenn der Gesetzeswortlaut die Erfassung eines funktionsanteiligen Geschäfts- oder Firmenwertes fordert, ist diese nicht frei von Kritik. Da der Geschäfts- oder Firmenwert nicht direkt, sondern lediglich als Residualgröße ermittelt werden kann,[3] wird hinterfragt, ob dieser überhaupt einen Einzelverrechnungspreis besitzen kann und ob der Geschäfts- oder Firmenwert dementsprechend in die Summe der Einzelverrechnungspreise eingehen kann.[4] Dieser Auffassung ist m. E. entgegenzuhalten, dass ein Geschäfts- oder Firmenwert – gerade auf Grund seiner Bewertbarkeit als Residualgröße – als selbstständig bewertbar gilt[5] und somit Bestandteil einer Summe von Einzelverrechnungspreisen sein kann. Die Frage, ob der Geschäfts- oder Firmenwert in die Summe der Einzelverrechnungspreise eingehen kann, erscheint jedoch in Bezug auf die dritte Escapeklausel berechtigt, da in der Gesetzesbegründung zu dieser Regel betont wird, dass ein Ansatz der Einzelverrechnungspreise möglich ist, „ohne dass es einer Bewertung auf der Grundlage des Transferpaketes ... bedarf."[6] Nach dem Wortlaut der Gesetzesbegründung ist der Ansatz eines funktionsanteiligen Geschäfts- oder Firmenwertes ausgeschlossen, da dieser nur als Differenz aus der Gesamtbewertung mittels des Transferpaketansatzes und den Einzelverrechnungspreisen der Einzelwirtschaftsgüter ermittelt werden kann. Ungeachtet, dass die Gesetzesbegründung dem Gesetzeswortlaut, der die Erfassung des Geschäfts- oder Firmenwertes fordert, entgegensteht, muss der Ge-

---

1 Vgl. Kapitel 3.2.2, S. 44 und 4.4.1, S. 109; ebenso *Pohl, C.*, Ergänzung, 2010, S. 360.

2 Vgl. *Deutscher Bundestag*, BT-Drs. 17/939, 2010, S. 16.

3 Ein Geschäfts- oder Firmenwert kann nur als Residualgröße ermittelt werden, da er nur in Abhängigkeit von weiteren Vermögenswerten zu Cashflows führen kann. S. IAS 36.81.

4 Vgl. *Baumhoff, H./Ditz, X./Greinert, M.*, Änderungen, 2010, S. 1312; *Oestreicher, A./Wilcke, D.*, Einzelbewertung, 2010, S. 229 f.; *Kroppen, H.-K./Rasch, S.*, Funktionsverlagerung, 2010, S. 320; *Eigelshoven, A./Nientimp, A.*, Änderungen, 2010, S. 235; *Lenz, M./Rautenstrauch, G.*, Öffnungsklausel, 2010, S. 698.

5 Vgl. Kapitel 3.1.1, S. 35.

6 Vgl. *Deutscher Bundestag*, BT-Drs. 17/939, 2010, S. 16.

schäfts- oder Firmenwert in der Summe der Einzelverrechnungspreise erfasst werden, da eine Gesetzesbegründung lediglich eine Auslegungshilfe des Gesetzestextes darstellen kann.

Ein Ansatz von Einzelverrechnungspreisen unter Vernachlässigung eines funktionsanteiligen Geschäfts- oder Firmenwertes ist zudem aus Fremdvergleichsgesichtspunkten nicht möglich. Durch die Vernachlässigung eines funktionsanteiligen Geschäfts- oder Firmenwertes im Rahmen der Escapeklauseln würden für ein und denselben Sachverhalt, je nach Wahl des Bewertungsverfahrens (Einzel- oder Gesamtbewertung), zwei unterschiedliche Verrechnungspreise resultieren. Da nur einer der beiden Preise fremdvergleichskonform sein kann, würde die Vernachlässigung des funktionsanteiligen Geschäfts- oder Firmenwertes im Rahmen der Escapeklauseln den Transferpaketansatz per se in Frage stellen. Im Rahmen dieser Arbeit wurde jedoch dargelegt, dass ein funktionsanteiliger Geschäfts- oder Firmenwert im Rahmen einer Funktionsverlagerung übergehen kann und deshalb dessen Berücksichtigung im Rahmen des Transferpaketansatzes für die Ermittlung einer fremdvergleichskonformen Vergütung notwendig ist.[1] Im Ergebnis kann festgehalten werden, dass einerseits der Einbezug eines funktionsanteiligen Geschäfts- oder Firmenwertes in die Summe der Einzelverrechnungspreise im Gesetz gefordert wird und andererseits die Vergütung nur unter dieser Voraussetzung fremdvergleichskonform ist.[2]

Aus der zwingenden Berücksichtigung eines funktionsanteiligen Geschäfts- oder Firmenwertes im Rahmen der drei Escapeklauseln ergeben sich bezüglich des zweiten Ziels – der Glaubhaftmachung eines bestimmten Wertes aus dem Einigungsbereich – zwei Konsequenzen. Zum einen liegt der Preis, der durch den Ansatz von Einzelverrechnungspreisen ermittelt werden kann, immer innerhalb des Einigungsbereiches, der aus einer Gesamtbewertung mittels des Transferpaketansatzes resultiert. Da der Geschäfts- oder Firmenwert nur als Differenz aus der Gesamtbewertung mittels des Trans-

---

[1] Vgl. Kapitel 3.2.3, S. 47 und Kapitel 4.2.3.3, S. 69.

[2] Zur Fremdvergleichskonformität der Berücksichtigung des funktionsanteiligen Geschäfts- oder Firmenwertes vgl. ebenso *Oestreicher, A./Wilcke, D.*, Einzelbewertung, 2010, S. 230 sowie *Greil, S.*, Ausnahmen, 2010, S. 482. A. A. *Baumhoff, H./Ditz, X./Greinert, M.*, Änderungen, 2010, S. 1312 f., die sich gegen eine Berücksichtigung des Geschäfts- oder Firmenwertes im Rahmen der dritten Escapeklausel aussprechen, da ihrer Auffassung nach eben kein funktionsanteiliger Geschäfts- oder Firmenwert im Rahmen einer Funktionsverlagerung übergehen kann. Vgl. ebenso *Kroppen, H.-K./Rasch, S.*, Funktionsverlagerung, 2010, S. 320; *Lenz, M./Rautenstrauch, G.*, Öffnungsklausel, 2010, S. 699.

ferpaketansatzes und den Einzelverrechnungspreisen der Einzelwirtschaftsgüter ermittelt werden kann, entspricht die Summe aus den Einzelverrechnungspreisen der Einzelwirtschaftsgüter zuzüglich des Geschäfts- oder Firmenwertes immer dem Ergebnis der Gesamtbewertung. Durch die Nutzung einer der drei Escapeklauseln kann somit lediglich ein Wert innerhalb des Einigungsbereiches glaubhaft gemacht werden, nicht jedoch ein Wert außerhalb des Einigungsbereiches.

Zum anderen ist durch den Ansatz des Geschäfts- oder Firmenwertes immer mindestens ein Wirtschaftsgut Bestandteil der Summe der zu bewertenden Wirtschaftsgüter, dessen Bewertung nicht einen bestimmten Wert ergibt, sondern einen Einigungsbereich. Da der Bewertung des Geschäfts- oder Firmenwertes immer der Einigungsbereich aus der Gesamtbewertung der Funktion zugrunde liegt, ergibt sich für diesen immer ein Einigungsbereich. Zusätzlich können in der Summe der Einzelverrechnungspreise weitere Einigungsbereiche enthalten sein; diese entstehen immer dann, wenn der Fremdvergleichspreis eines immateriellen Wirtschaftsgutes nur mittels des hypothetischen Fremdvergleichs möglich ist. Da folglich bei der Fremdvergleichspreisbestimmung durch den Ansatz von Einzelverrechnungspreisen immer mindestens ein Einigungsbereich aufzuteilen und ein Preis aus diesem zu bestimmen ist, ist – wie bei der Gesamtbewertung mittels des Transferpaketansatzes[1] – nicht ersichtlich, wie ein bestimmter Preis glaubhaft gemacht werden kann.

Das dritte genannte Ziel der Ermittlung von Einzelverrechnungspreisen – die Senkung von Deklarationskosten – kann ebenso wie die anderen beiden Ziele nicht realisiert werden. Die Senkung von Deklarationskosten ist nur möglich, wenn die Einzelbewertung weniger aufwendig ist als die Gesamtbewertung. Da die Gesamtbewertung jedoch bei allen drei Escapeklauseln zusätzlich zu der Ermittlung der Einzelverrechnungspreise notwendig ist, um den Wert des Geschäfts- oder Firmenwertes zu ermitteln,[2] kann der Bewertungsaufwand nicht reduziert werden.[3]

---

[1] Vgl. Kapitel 5.6, S. 165.

[2] Neben der Tatsache, dass die Gesamtbewertung notwendig ist, um einen Geschäfts- oder Firmenwert zu ermitteln, ist bei der ersten Escapeklausel eine Gesamtbewertung auch deshalb notwendig, um zu beweisen, dass die immateriellen Wirtschaftsgüter und sonstigen Vorteile nicht wesentlich sind und bei der zweiten Escapeklausel, um zu beweisen, dass die Summe der Einzelverrechnungspreise in dem Einigungsbereich liegt, der aus der Gesamtbewertung resultiert.

[3] Vgl. *Kroppen, H.-K.*, Kroppen, 2010, FVerlV, Anm. 119; *Oestreicher, A./Wilcke, D.*, Einzelbewertung, 2010, S. 226 u. 229.

Die Rechtsfolgen der drei Escapeklauseln sind auf Grund der einheitlichen Berücksichtigung eines funktionsanteiligen Geschäfts- oder Firmenwertes deckungsgleich. Ein Unterschied zwischen den Regelungen kann somit nur aus einem abweichend Anwendungsbereich resultieren. Die erste Escapeklausel ist immer anzuwenden, wenn nachgewiesen wird, dass im Rahmen der Funktionsverlagerung nur unwesentliche immaterielle Wirtschaftsgüter und sonstige Vorteile übergehen. Die zweite Escapeklausel ist immer anzuwenden, wenn die Summe der Einzelverrechnungspreise in dem Einigungsbereich liegt, der aus dem Transferpaketansatz resultiert. Da der Wert des funktionsanteiligen Geschäfts- oder Firmenwertes in die Summe der Einzelverrechnungspreise eingeht, liegt die Summe der Einzelverrechnungspreise immer innerhalb des Einigungsbereiches und der Anwendungsbereich der zweiten Escapeklausel ist nicht beschränkt, sondern kann auf alle Funktionsverlagerungen angewandt werden. In Anbetracht des unbeschränkten Anwendungsbereiches der zweiten Escapeklausel ist die erste Escapeklausel – mit ihrem beschränkten Anwendungsbereich – obsolet. Die dritte Escapeklausel kann immer angewendet werden, wenn mindestens ein wesentliches[1] immaterielles Wirtschaftsgut mit der Funktion übergeht und dieses genau bezeichnet wird. Da der Übergang von immateriellen Wirtschaftsgütern und sonstigen Vorteilen eine Tatbestandsvoraussetzung der Funktionsverlagerung im Sinne des AStG ist,[2] ist die dritte Escapeklausel – wie die zweite Escapeklausel – unbeschränkt anwendbar[3] und eine der beiden Klauseln wiederum obsolet.[4]

Zusammenfassend lassen sich zwei Erkenntnisse festhalten: Zum einen ist der Einbezug des funktionsanteiligen Geschäfts- oder Firmenwertes in die Preisermittlung durch den

---

[1] Die Konkretisierung in der FVerlV, dass immaterielle Wirtschaftsgüter und Vorteile immer dann wesentlich sind, wenn deren Einzelverrechnungspreis (bzw. deren Summe von Einzelverrechnungspreisen) mehr als 25 % der Summe der Einzelverrechnungspreise aller übergehenden Wirtschaftsgüter und Vorteile betragen, ist nach dem Verordnungswortlaut auf die dritte Escapeklausel nicht anzuwenden, da im Rahmen der Konkretisierung explizit und ausschließlich auf die erste Escapeklausel in § 1 Abs. 3 S. 10, 1. HS AStG verwiesen wird. S. § 1 Abs. 5 FVerlV.

[2] Vgl. Kapitel 4.4.2, S. 111.

[3] Zieht man die Konkretisierung der Wesentlichkeit von immateriellen Wirtschaftsgütern und Vorteilen aus § 1 Abs. 5 FVerlV entgegen dem Wortlaut der Verordnung für die dritte Escapeklausel heran, schließen sich der Anwendungsbereich der ersten und der dritten Escapeklausel einerseits gegenseitig aus, decken aber andererseits gemeinsam alle Verlagerungen ab, da eine Funktionsverlagerung ohne wesentliche immaterielle Wirtschaftsgüter und Vorteile unter den Anwendungsbereich der ersten Escapeklausel fällt und eine Funktionsverlagerung mit wesentlichen immateriellen Wirtschaftsgütern oder Vorteilen unter den Anwendungsbereich der dritten Escapeklausel fällt.

[4] Vgl. mit gleichem Ergebnis *Eigelshoven, A./Nientimp, A.*, Änderungen, 2010, S. 235 f.; *Oestreicher, A./Wilcke, D.*, Einzelbewertung, 2010, S. 228.

Ansatz von Einzelverrechnungspreisen gesetzlich vorgeschrieben. Erfolgt dieser nicht, entspricht einerseits die ermittelte Vergütung nicht dem Fremdvergleichsgrundsatz; andererseits könnten auf Grund des unbeschränkten Anwendungsbereiches der dritten Escapeklausel die Einzelverrechnungspreise ohne die Berücksichtigung des Geschäfts- oder Firmenwertes bei jeder Funktionsverlagerung angesetzt werden. Wenn der Gesetzgeber dieses Ziel verfolgt hätte, hätte der Transferpaketansatz vollständig aus dem Gesetz gestrichen werden können. Zum anderen sind infolge der Berücksichtigung des funktionsanteiligen Geschäfts- oder Firmenwertes zwei der drei Escapeklauseln obsolet und die Dritte wird nicht zur Anwendung kommen, da ein ersichtlicher Vorteil aus der Einzelbewertung für den Steuerpflichtigen fehlt.

5.8 Nachträgliche Preisanpassung

Der Bewertung einer Funktion liegen die zukünftigen finanziellen Überschüsse aus dieser zugrunde, deren Prognose zwangsläufig mit Unsicherheit behaftet ist.[1] Diese Unsicherheit ist auch in den steuerlichen Vorschriften zur Funktionsverlagerung berücksichtigt: Der Gesetzgeber stellt die widerlegbare Vermutung auf, dass im Falle einer erheblichen Abweichung der tatsächlichen Gewinnentwicklung von der erwarteten Gewinnentwicklung so hohe Unsicherheiten zum Zeitpunkt des Geschäftsabschlusses bestanden haben, dass fremde Dritte eine Preisanpassungsklausel vereinbart hätten.[2] Sofern eine solche vertragliche Preisanpassungsklausel zwischen den verbundenen Unternehmen geschlossen wurde, wird infolge einer erheblichen Abweichung der Gewinnentwicklung eine Anpassung des ursprünglich vereinbarten Verrechnungspreises auf Grundlage dieser Klausel durchgeführt. Sofern hingegen eine vertragliche Preisanpassungsklausel nicht vereinbart wurde, wird infolge einer erheblichen Gewinnabweichung innerhalb von 10 Jahren nach der Funktionsverlagerung der ursprüngliche Preis auf gesetzlicher

---

1 Vgl. grundlegend *Ballwieser, W.*, Unternehmensbewertung, 2011, S. 49 f.

2 S. § 1 Abs. 3 S. 11 AStG.

Grundlage angepasst.[1] Die Voraussetzungen einer nachträglichen Preisanpassung sind in nachstehender Abbildung zusammengefasst:[2]

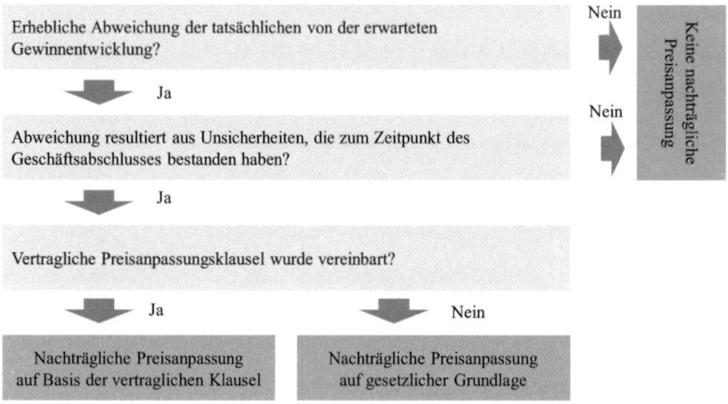

Abbildung 28: Voraussetzungen einer nachträglichen Preisanpassung

In der Gesetzesbegründung werden die Anpassungsregeln mit dem Argument gerechtfertigt, dass Anpassungsregelungen den Verrechnungspreisrichtlinien der OECD entsprechen und eine betriebswirtschaftlich zutreffende und dem Fremdvergleichsgrundsatz entsprechende Besteuerung sicherstellen.[3] Im Folgenden wird auf Basis dieser Aussage untersucht, inwieweit die Ausgestaltung der Preisanpassungsregelung des AStG im Einklang mit den Vorgaben der OECD steht und eine fremdvergleichskonforme Besteuerung der Funktionsverlagerung sicherstellt.

Anpassungsklauseln werden zwischen fremden Dritten in der Regel auf Grund von Informationsasymmetrien geschlossen.[4] Informationsasymmetrien sind jedoch durch die Annahme der Kenntnis aller wesentlichen Umstände der Geschäftsbeziehung in § 1

---

1 S. § 1 Abs. 3 S. 12 AStG.

2 Neben dem Vorliegen einer erheblichen Gewinnabweichung und der Existenz von Unsicherheiten im Zeitpunkt der Funktionsverlagerung ist eine weitere Voraussetzung für eine nachträgliche Preisanpassung, dass wesentliche immaterielle Wirtschaftsgüter und Vorteile Gegenstand der Funktionsverlagerung sind. Als Maßstab für die Wesentlichkeit von immateriellen Wirtschaftsgütern und Vorteilen kann die Wesentlichkeitsgrenze des § 1 Abs. 5 FVerlV, die im Rahmen der Escapeklausel gilt, herangezogen werden. Vgl. *Schaumburg, H.*, Anpassungsklausel, 2009, S. 878. *Pohl* geht davon aus, dass die Preisanpassungsregelung nicht nur im Falle einer Funktionsverlagerung gilt, sondern auch wenn einzelne immaterielle Wirtschaftsgüter oder sonstige Vorteile übertragen oder überlassen werden. Vgl. *Pohl, C.*, Preisanpassungsregelung, 2010, S. 690-692.

3 Vgl. *Deutscher Bundesrat*, BR-Drs. 352/08, 2008, S. 145.

4 Vgl. *Scholz, C. M.*, Preisanpassungsklausel, 2007, S. 524 f.; *Peter, M./Spohn, P./Hogg, R.*, Preisanpassungsklauseln, 2008, S. 865; *Kahle, H.*, Preisanpassungsklauseln, 2009, S. 384; *Schreiber, R.*, Kroppen, 2010, FVerlV, Anm. 230.

Abs. 1 S. 2 AStG ausgeschlossen[1] und können deshalb bei Funktionsverlagerungen im Sinne des AStG nicht Grundlage einer nachträglichen Preisanpassung sein. Preisanpassungsklauseln im Rahmen der Verrechnungspreisbestimmung nach dem AStG müssen somit lediglich auf Grund von Unsicherheiten bei der Bewertung abgeschlossen werden. Preisanpassungsklauseln auf Grund von Unsicherheiten bei der Bewertung sind somit einerseits unter fremden Dritten grundsätzlich möglich und damit fremdvergleichskonform,[2] stellen jedoch andererseits die Ausnahme dar.

Nach dem AStG ist eine nachträgliche Preisanpassung nur dann möglich, wenn die Ursache für die erhebliche Abweichung der Gewinnentwicklung im Zeitpunkt des Geschäftsabschlusses bereits bestanden hat und grundsätzlich nicht möglich, wenn ein wertbegründendes Ereignis erst nach dem Geschäftsabschluss eintritt. Diese Voraussetzung ist durch die Verrechnungspreisrichtlinien der OECD gedeckt[3] und wird auch in der Literatur als fremdvergleichskonform angesehen.[4] Auch die weitere Voraussetzung – die erhebliche Abweichung der tatsächlichen von der erwarteten Gewinnentwicklung – scheint mit den Verrechnungspreisrichtlinien der OECD vereinbar: Dort ist ebenfalls festgehalten, dass eine Unsicherheit, die eine Preisanpassungsklausel rechtfertigen kann, vorliegt, wenn die tatsächliche von der erwarteten Gewinnentwicklung erheblich abweicht.[5] Allerdings bezieht die OECD lediglich die Gewinnentwicklung beim funktionsaufnehmenden Unternehmen in die Beurteilung ein, ob eine erhebliche Gewinnabweichung vorliegt, während nach den Vorschriften des AStG bzw. deren Konkretisierung im Rahmen der FVerlV sowohl der Grenzpreis des funktionsaufnehmenden Unternehmens als auch der des funktionsabgebenden Unternehmens in die Beurteilung eingeht. Eine erhebliche Abweichung der Gewinnentwicklung liegt nach der FVerlV demnach vor, wenn der auf Basis der tatsächlichen Gewinnentwicklung errechnete *neue*

---

1 Vgl. Kapitel 2.4.3, S. 30.

2 Auch in den OECD-Verrechnungspreisrichtlinien ist festgehalten, dass im Falle von Unsicherheiten im Bewertungszeitpunkt zu prüfen ist, ob fremde Dritte auf Grund der bestehenden Unsicherheiten die Möglichkeit einer nachträglichen Preisanpassung vereinbart hätten. Vgl. *OECD*, Transfer Pricing Guidelines, 2010, Tz. 9.87 f.

3 Vgl. *OECD*, Transfer Pricing Guidelines, 2010, Tz. 9.88.

4 Vgl. *Greil, S.*, Preisanpassung, 2009, S. 569; *Schaumburg, H.*, Anpassungsklausel, 2009, S. 880; *Greinert, M.*, Bewertung, 2010, S. 107. Vgl. auch *IDW*, IDW S 1, 2008, Tz. 22 f: Da Unternehmenswerte zeitpunktbezogen zu ermitteln sind, muss der Bewertung der Informationsstand zugrunde liegen, der bei angemessener Sorgfalt zum Bewertungsstichtag hätte erreicht werden können.

5 Vgl. *OECD*, Transfer Pricing Guidelines, 2010, Tz. 9.87 f.

Verrechnungspreis (TP^{neu}) außerhalb des alten Einigungsbereiches (EB^{alt}) liegt, der auf Basis der erwarteten Gewinne ermittelt wurde, und somit über dem alten Grenzpreis des funktionsaufnehmenden Unternehmens (GP_a^{alt}) liegt.[1] Der *neue* Einigungsbereich (EB^{neu}), in dem der *neue* Verrechnungspreis liegt, wird dabei durch den *alten* Grenzpreis des inländischen Unternehmens (GP_i^{alt}) und den *neuen* – auf Basis der tatsächlichen Gewinnentwicklung ermittelten – Grenzpreis des ausländischen Unternehmens (GP_a^{neu}) abgegrenzt.[2] Der alte und der neue Einigungsbereich sind in Abbildung 29 einander gegenübergestellt:

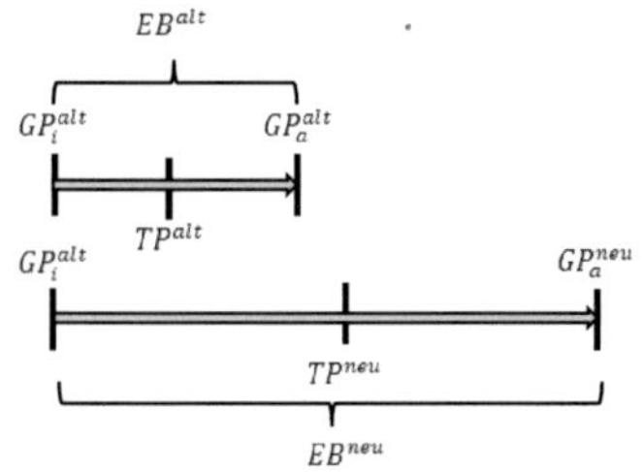

Abbildung 29: Neuer und alter Einigungsbereich bei erheblicher Gewinnabweichung

Die Bedingung für eine nachträgliche Preiskorrektur nach den Regelungen des AStG und der FVerlV lässt sich in Abhängigkeit des neuen Grenzpreises des funktionsabgebenden Unternehmens formal wie folgt darstellen:[3]

$$GP_a^{neu} > \frac{GP_a^{alt}\left[1 - \frac{\alpha}{(1+x)}\right]}{(1-\alpha)} \qquad (5\text{-}18)$$

Die Höhe des neuen Grenzpreises des funktionsaufnehmenden Unternehmens, der eine erhebliche Gewinnabweichung begründet, im Folgenden auch als kritischer Grenzpreis bezeichnet, hängt von der Verhandlungsstärke der beiden Parteien und von der Größe

---

[1] S. § 10 S. 1 FVerlV. In § 1 Abs. 3 S. 8 AStG ist bezüglich der Preisermittlung im Zeitpunkt der Verlagerung geregelt, dass ein Verrechnungspreis, der auf Basis eines unzutreffenden Einigungsbereiches festgesetzt wurde, nicht korrigiert werden muss, wenn dieser innerhalb des zutreffenden Einigungsbereiches liegt. Da eine nachträgliche Preiskorrektur ebenfalls nur dann erfolgt, wenn der neue Preis außerhalb des alten Einigungsbereiches liegt, orientiert sich der Gesetzgeber an der genannten Regelung zur erstmaligen Festsetzung des Fremdvergleichspreises.

[2] S. § 10 S. 2 FVerlV.

[3] Zur Herleitung der Gleichung vgl. Anhang XII, S. 262. Mit einer ähnlichen formalen Darstellung vgl. *Luckhaupt, H.*, Preisanpassungsklausel, 2009, S. 2361 f. Im Gegensatz zu der Darstellung bei *Luckhaupt* wird hier der Einigungsbereich in Abhängigkeit von *x* und nicht in Abhängigkeit des inländischen Grenzpreises angegeben.

des Einigungsbereiches ab. Die Verhandlungsmacht des funktionsaufnehmenden Unternehmens wird durch α ausgedrückt;[1] die Größe des Einigungsbereiches wird durch x ausgedrückt und in Prozent des inländischen Grenzpreises angegeben.[2] Die Wirkung der Regelung des AStG bestimmt sich durch folgende Abhängigkeitsverhältnisse:

- Abhängigkeit der nachträglichen Preisanpassung von der Verhandlungsmacht
- Abhängigkeit der nachträglichen Preisanpassung von der Größe des Einigungsbereiches
- Unabhängigkeit der nachträglichen Preisanpassung von der Fehlkalkulation des Grenzpreises des funktionsabgebenden Unternehmens

Die Wahrscheinlichkeit einer nachträglichen Preisanpassung hängt von der Verhandlungsmacht der Parteien ab, da die Höhe des *neuen* Verrechnungspreises von dieser abhängt. Die Erhöhung des Grenzpreises des funktionsaufnehmenden Unternehmens, die für eine nachträgliche Preisanpassung notwendig ist, ist in Abhängigkeit von α in der folgenden Abbildung veranschaulicht:[3]

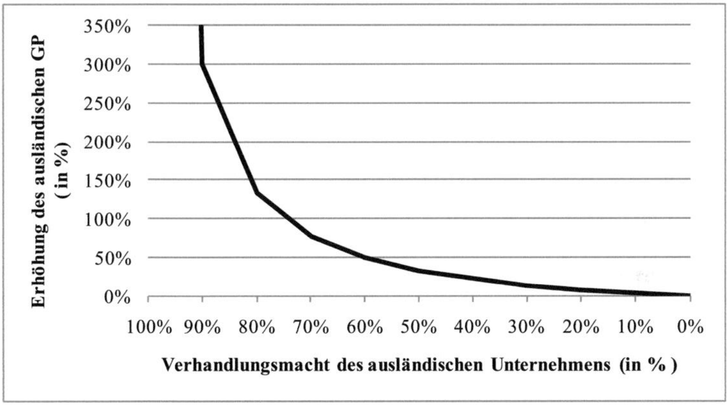

Abbildung 30: Erhebliche positive Abweichung der Gewinnentwicklung in Abhängigkeit von α

---

1 Vgl. Kapitel 5.6, S. 165.

2 Für die Grenzpreise, die den Einigungsbereich bestimmen, gilt: $GP_a^{alt} = (1 + x)\ GP_i^{alt}$; mit $0 \leq x \leq 1$.

3 Die Größe des Einigungsbereiches ist in Abbildung 30 mit x = 0,5 festgelegt. Zudem wird angenommen, dass die Aufteilung des neuen Einigungsbereiches auf Basis derselben Verhandlungsmacht (α) erfolgt, wie die Aufteilung des alten Einigungsbereiches. Einzelne Werte sind der Tabelle 6 im Anhang XII, S. 262 zu entnehmen.

Mit sinkender Verhandlungsmacht des funktionsaufnehmenden Unternehmens – und folglich steigendem Verrechnungspreis – sinkt die für eine erhebliche Abweichung notwendige Erhöhung des Grenzpreises des funktionsaufnehmenden Unternehmens. Gelingt es beispielsweise dem Verkäufer, den vollständigen Einigungsbereich für sich zu beanspruchen (α = 0 %) und kann er einen Verrechnungspreis durchsetzen, der dem Grenzpreis des funktionsaufnehmenden Unternehmens entspricht, ist – wie in Abbildung 31 näherungsweise verdeutlicht – jede noch so geringe Abweichung der Gewinnentwicklung als „erhebliche Abweichung" im Sinne des AStG zu klassifizieren, die eine nachträgliche Preiskorrektur auslöst.[1] Auf Grund der dargestellten Abhängigkeit der erheblichen Abweichung der Gewinnentwicklung von der Verhandlungsmacht kann dessen Ausgestaltung nicht als fremdvergleichskonform angesehen werden.

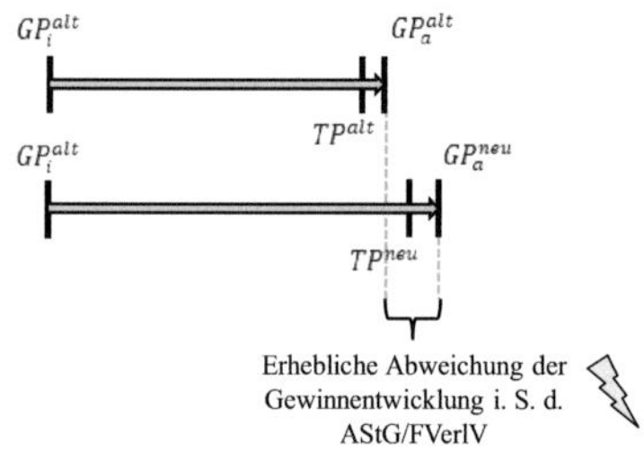

Abbildung 31: Erhebliche positive Abweichung der Gewinnentwicklung bei niedrigem α

Die Höhe des kritischen Grenzpreises des ausländischen Unternehmens hängt zudem von der Größe des *alten* Einigungsbereiches ab. Die Erhöhung des Grenzpreises des funktionsaufnehmenden Unternehmens, die für eine nachträgliche Preisanpassung notwendig ist, ist in Abhängigkeit von der Größe des Einigungsbereiches in der nachstehenden Abbildung veranschaulicht.[2] Da keine Gründe ersichtlich sind, weshalb infolge eines größeren Einigungsbereiches auch eine höhere Gewinnabweichung für eine Preis-

[1] Kann der Käufer den vollständigen Einigungsbereich für sich beanspruchen und gilt somit α = 100 %, führt keine noch so große Abweichung zu einer erheblichen Abweichung im Sinne des AStG. Vgl. ebenso *Luckhaupt, H.*, Preisanpassungsklausel, 2009, S. 2360.

[2] Die Verhandlungsmacht des funktionsaufnehmenden Unternehmens ist in Abbildung 32 mit 50 % festgesetzt; somit wird der Mittelwert des Einigungsbereiches der Berechnung zugrunde gelegt. Einzelne Werte sind der Tabelle 7, S. 263 im Anhang XII zu entnehmen.

anpassung gefordert werden soll, ist auch die Abhängigkeit einer nachträglichen Preisanpassung von der Größe des Einigungsbereiches zu kritisieren.[1]

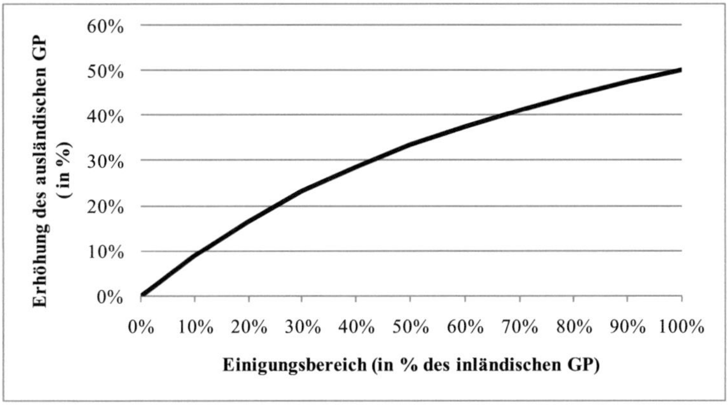

Abbildung 32: Erhebliche positive Abweichung der Gewinnentwicklung in Abhängigkeit von *x*

Abschließend wird die Unabhängigkeit einer nachträglichen Preisanpassung von der Fehlkalkulation des Grenzpreises des funktionsabgebenden Unternehmens untersucht. Da bei der Berechnung des *neuen* Einigungsbereiches auf den *alten* Grenzpreis des funktionsabgebenden Unternehmens abgestellt wird, wird angenommen, dass trotz einer erheblichen Gewinnabweichung beim funktionsaufnehmenden Unternehmen die *alte* Kalkulation des funktionsabgebenden Unternehmens richtig gewesen ist. Diese Annahme kann nur durch Informationsasymmetrie zwischen den beiden Unternehmen begründet werden. Da eine Informationsasymmetrie – wie voranstehend erwähnt – bei der Berechnung der Grenzpreise jedoch durch das AStG ausgeschlossen ist,[2] kann die Kalkulation des Grenzpreises des funktionsabgebenden Unternehmens ebenso fehlerhaft sein, wie die Kalkulation des funktionsaufnehmenden Unternehmens und muss infolgedessen

[1] *Kahle, H.*, Funktionsverlagerung, 2007, S. 657 weißt darauf hin, dass auf Grund einer Vergrößerung des Einigungsbereiches die Wahrscheinlichkeit einer Preisanpassung sinkt. Vgl. ebenso *Luckhaupt, H.*, Preisanpassungsklausel, 2009, S. 2362; *Heining, B.*, Funktionsverlagerung, 2009, S. 195; *Greil, S.*, Preisanpassung, 2009, S. 569.

[2] S. § 1 Abs. 1 S. 2 AStG.

angepasst werden.[1] Die jeweiligen kritischen Grenzpreise des funktionsaufnehmenden Unternehmens, die aus dem Ansatz einerseits fixer und andererseits angepasster inländischer Grenzpreise resultieren, sind in der folgenden Abbildung in Abhängigkeit der Größe des Einigungsbereiches dargestellt:[2]

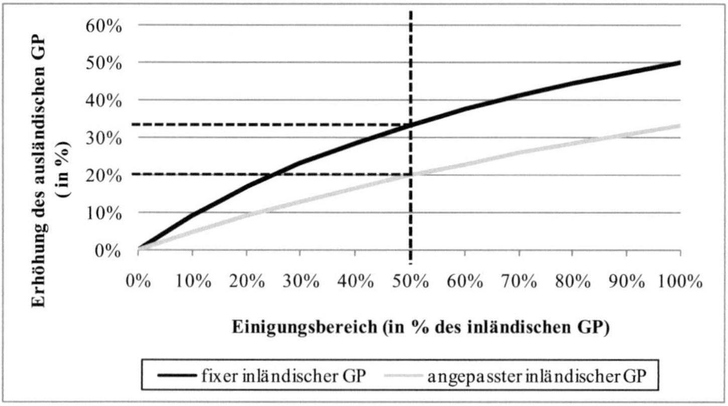

Abbildung 33: Erhebliche positive Abweichung der Gewinnentwicklung bei fixem und angepasstem inländischen Grenzpreis

Beispielsweise erfolgt bei einem Einigungsbereich – dessen ursprünglicher Grenzpreis des funktionsaufnehmenden Unternehmens den ursprünglichen Grenzpreis des funktionsabgebenden Unternehmens um 50 % übersteigt – bei einem fixen inländischen Grenzpreis erst dann eine Preisanpassung, wenn sich der ausländische Grenzpreis um 33 % erhöht; bei einem angepassten inländischen Grenzpreis hingegen erfolgt eine Preisanpassung bereits bei einer Erhöhung des ausländischen Grenzpreises um 20 %.[3] Die zulässige Änderung des ausländischen Grenzpreises, die keine Preiskorrektur aus-

---

[1] Vgl. *Greil, S.*, Preisanpassung, 2009, S. 569; *Oestreicher, A./Wilcke, D.*, Berichtigung, 2010, S. 469 f. Vgl. zudem *Oestreicher, A.*, Funktionsverlagerung, 2009, S. 88: Auch wenn die tatsächliche Gewinnentwicklung nur beim funktionsaufnehmenden Unternehmen beobachtet werden kann, ist der Grenzpreis des funktionsabgebenden Unternehmens infolge einer Fehlkalkulation durch eine Korrektur der ursprünglichen Planrechnung anzupassen. A. A. *Deutscher Bundesrat*, BR-Drs. 352/08, 2008, S. 25 sowie *BMF*, Verwaltungsgrundsätze Funktionsverlagerung, Schr. v. 13.10.2010, Tz. 139: Der Mindestpreis ist nicht anzupassen, da beim funktionsabgebenden Unternehmen keine Änderung eintreten kann.

[2] Zur formalen Darstellung und Herleitung des kritischen Grenzpreises bei angepasstem inländischen Grenzpreis vgl. Anhang XIII, S. 264. Die Verhandlungsmacht des funktionsaufnehmenden Unternehmens ist – wie in der Abbildung 33 – wiederum mit 50 % festgesetzt. Des Weiteren liegt der Abbildung die Annahme zugrunde, dass sich der inländische und der ausländische Grenzpreis um denselben Prozentsatz (x) erhöhen.

[3] Die einzelnen Werte sind der Tabelle 8 im Anhang XIII, S. 264 zu entnehmen.

löst, beträgt somit bei variablem inländischem Grenzpreis nur ca. 61 % der Änderung, die bei einem fixen inländischen Grenzpreis zulässig wäre.[1]

Die Annahme eines fixen inländischen Grenzpreises gilt auch im Falle einer unerwartet negativen Gewinnentwicklung. Infolge einer tatsächlichen Gewinnentwicklung, die niedriger ist, als die erwartete Gewinnentwicklung, erfolgt ebenfalls eine Anpassung des Verrechnungspreises, wenn eine erhebliche Abweichung vorliegt; diese ist ebenfalls nur dann gegeben, wenn der *neue* Verrechnungspreis nicht im *alten* Einigungsbereich liegt.[2] Da der *alte* Grenzpreis des funktionsabgebenden Unternehmens auch dem *neuen* Einigungsbereich zugrunde liegt, kann der *neue* Verrechnungspreis nur dann außerhalb des *alten* Einigungsbereiches liegen, wenn der *neue* Grenzpreis des funktionsaufnehmenden Unternehmens niedriger ist, als der *alte* – und zugleich *neue* – Grenzpreis des funktionsabgebenden Unternehmens.[3] Da eine Preisanpassung folglich nur dann vorgenommen wird, wenn kein Einigungsbereich zwischen den Parteien besteht, ein Einigungsbereich aber gerade die Voraussetzung für das Zustandekommen einer Funktionsverlagerung ist, steht die Voraussetzungen einer Korrektur auf einen niedrigeren als den ursprünglich angesetzten Verrechnungspreis der Logik des Grenzpreiskalküls und dem Fremdvergleichsgrundsatz entgegen.[4]

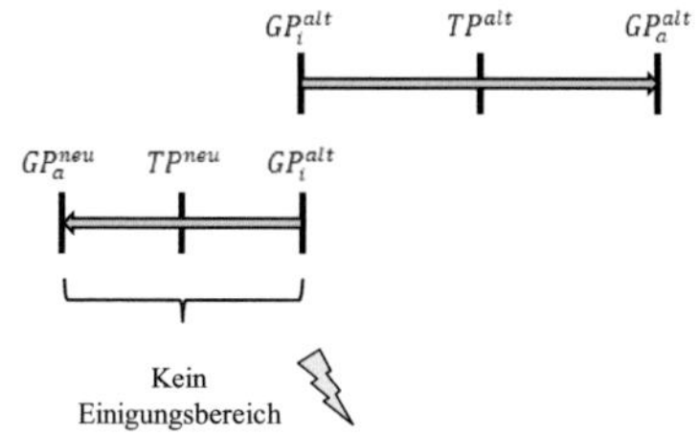

Abbildung 34: Preisanpassung bei erheblicher negativer Gewinnentwicklung

---

[1] 60,61 % = 20 % / 33 %.

[2] Infolge unerwartet niedriger Funktionsgewinne hängt – ebenso wie bei unerwartet hohen Funktionsgewinnen – eine nachträgliche Preisanpassung von dem Rückgriff auf fixe oder angepasste inländische Grenzpreise ab. Zur formalen Darstellung und Herleitung des kritischen Grenzpreises bei unerwartet niedrigen Gewinnen sowie für eine grafische und tabellarische Darstellung der unterschiedlichen kritischen Grenzpreise vgl. Anhang XIV, S. 266.

[3] S. § 10 S. 3 FVerlV.

[4] Vgl. ähnlich *Frotscher, G./Oestreicher, A.*, Restructurings, 2009, S. 378; *Heining, B.*, Funktionsverlagerung, 2009, S. 197; *Kahle, H.*, Preisanpassungsklauseln, 2009, S. 386.

Die voranstehenden Ausführungen machen deutlich, dass die Definition der erheblichen Gewinnabweichung im AStG und der FVerlV nicht als fremdvergleichskonform angesehen werden kann. Zudem führt die Ermittlung einer erheblichen Gewinnabweichung nach den nationalen Vorschriften zu anderen Ergebnissen, als die Ermittlung einer erheblichen Abweichung ausschließlich in Abhängigkeit der Entwicklung des ausländischen Grenzpreises und steht somit nicht im Einklang mit den Regelungen der OECD.

Sofern die Voraussetzungen für eine nachträgliche Preisanpassung erfüllt sind, muss geprüft werden, ob eine individuelle Preisanpassungsklausel vereinbart wurde. Nur wenn keine vertragliche Preisanpassungsklausel vereinbart wurde, erfolgt eine Preisanpassung kraft Gesetz.[1] In Abhängigkeit der Ausgestaltung der vertraglichen Preisanpassungsklausel ist es deshalb möglich, dass zwar eine erhebliche Gewinnabweichung nach der Definition des AStG vorliegt, eine nachträgliche Gewinnanpassung jedoch unterbleibt. Da die fremdübliche Laufzeit einer Preisanpassungsklausel mit 1-7 Jahre angenommen wird,[2] kann eine gesetzliche Preisanpassung, die grundsätzlich über einen Zeitraum von 10 Jahren möglich ist, beispielsweise in den Jahren 8 bis 10 nach der Funktionsverlagerung durch die Vereinbarung einer fremdvergleichskonformen vertraglichen Preisanpassungsklausel vermieden werden, die lediglich eine Laufzeit von 7 Jahren vorsieht.[3] Bezüglich der gesetzlichen Preisanpassungsklausel ist grundsätzlich festzuhalten, dass deren 10-jährige Laufzeit nicht als *fremdvergleichskonform* angesehen wird[4] und auf Grund dessen nicht mit den Verrechnungspreisrichtlinien der OECD vereinbar ist,

---

1 Vgl. *Deutscher Bundesrat*, BR-Drs. 352/08, 2008, S. 25. Der Ausschluss der gesetzlichen Preisanpassung ist nicht vom Greifen der vertraglichen Preisanpassungsklausel abhängt, sondern lediglich von deren Existenz.

2 *Kroppen, H.-K./Rasch, S./Eigelshoven, A.*, Unternehmensteuerreform, 2007, S. 2220 gehen bei Preisanpassungsklauseln von kurzfristigen Laufzeiten aus, die in der Regel bei einem Jahr liegen. *Scholz, C. M.*, Preisanpassungsklausel, 2007, S. 524 stellt fest, dass die Laufzeiten in der Regel ein bis drei Jahre betragen. *Greil, S.*, Preisanpassung, 2009, S. 568 nennt einen Zeitraum von 2 bis 7 Jahren.

3 Vgl. *Deutscher Bundesrat*, BR-Drs. 352/08, 2008, S. 25; *BMF*, Verwaltungsgrundsätze Funktionsverlagerung, Schr. v. 13.10.2010, Tz. 137; *Looks, C./Scholz, C. M.*, Funktionsverlagerungen, 2007, S. 2543; *Bernhardt, L./van der Ham, S./Kluge, S.*, Preisanpassungsklausel, 2008, S. 849; *Schreiber, R.*, Kroppen, 2010, FVerlV, Anm. 230. *Scholz, C. M.*, Preisanpassungsklausel, 2007, S. 525 weißt zudem darauf hin, dass einseitige – zum Schutz einer Partei vor Informationsasymmetrien wirkende – Preisanpassungsklauseln eine Auswirkung auf den vereinbarten Verrechnungspreis haben und somit durch die Vereinbarung einer vertraglichen einseitigen Anpassungsklauseln der Verrechnungspreis für eine Funktionsverlagerung gesteuert werden kann.

4 Vgl. Fn. 2, S. 186.

da dort bei einer fehlenden vertraglichen Preisanpassungsklausel eine *fremdvergleichskonforme* Preisanpassung durch die Finanzverwaltung gefordert wird.[1]

Auf Basis der voranstehenden Ausführungen kann festgehalten werden, dass einerseits Preisanpassungsregelungen grundsätzlich fremdvergleichskonform sein können und auch nach den OECD-Verrechnungspreisrichtlinien möglich sind, andererseits jedoch die Ausgestaltung der nachträglichen Preisanpassung im AStG nicht fremdvergleichskonform ist und nicht im Einklang mit den OECD-Verrechnungspreisrichtlinien steht. Mögliche Doppelbesteuerungskonflikte auf Grund der nationalen Regelungen können unter Umständen durch die Vereinbarung einer vertraglichen Preisanpassungsklausel vermieden werden, die an den Verrechnungspreisrichtlinien der OECD orientiert ist.

5.9 Konsequenz der Ausgestaltung der Rechtsfolgen

Ziel des Kapitels 5 war, die Regelungen des AStG und der FVerlV auf ihre Fremdvergleichskonformität zu prüfen und unter diesem Aspekt einer kritischen Würdigung zu unterziehen.[2] Die Ergebnisse der Analyse geben ein differenziertes Bild.

Der grundsätzliche Ansatz, Fremdvergleichspreise – bei fehlenden beobachtbaren Vergleichswerten – durch die Simulation eines Preisbildungsprozesses zu ermitteln und subjektive Entscheidungswerte der Besteuerung zugrunde zu legen, ist fremdvergleichskonform. Gleiches gilt für das Vorhaben, einen Wert aus dem Einigungsbereich der Besteuerung zugrunde zu legen und infolgedessen auch ausländische Standortvorteile und Synergieeffekte zum Teil der Besteuerung in Deutschland zu unterziehen. Die Vermutung, dass fremde Dritte bei einer erheblichen Unsicherheit bezüglich der Bewertung der Funktion unter Umständen eine Preisanpassungsklausel vereinbaren würden, kann ebenfalls nicht widerlegt werden und ist als fremdvergleichskonform anzusehen; allerdings wird eine solche Klausel die Ausnahme darstellen.

Die Ermittlung des Fremdvergleichspreises auf Basis subjektiver Entscheidungswerte muss jedoch als ein theoretisches Ideal bezeichnet werden, das in der Praxis nicht immer erreicht werden kann. Der Grund für die unvollkommene Zielerreichung liegt darin, dass die subjektiven Entscheidungswerte einerseits infolge von Informationsasym-

[1] Vgl. *OECD*, Transfer Pricing Guidelines, 2010, Tz. 9.88.

[2] Vgl. Kapitel 5.2, S. 128.

metrien zwischen dem Steuerpflichtigen und der Finanzverwaltung teilweise nicht zum Ansatz kommen und andererseits infolge der mangelhaften intersubjektiven Nachprüfbarkeit teilweise von dem Steuerpflichtigen nicht durchgesetzt werden können.

Schließlich ist die konkrete Ausgestaltung der im Grundsatz fremdvergleichskonformen Ansätze zu kritisieren, da die konkrete Ausgestaltung in einigen Punkten nicht fremdvergleichskonform ist und die Gefahr einer Doppelbesteuerung begründen. Bezüglich dieser im Folgenden zusammengefassten Punkte ist eine Anpassung des Gesetzes- und Verordnungswortlautes notwendig, um die negativen Folgen für die Unternehmen zu vermeiden, die aus einer Doppelbesteuerung bzw. bereits der Gefahr einer Doppelbesteuerung resultieren. Die Verordnung fordert die Bewertung einer Funktion auf Basis der diskontierten Reingewinne nach Steuern, da fremde Dritte jedoch ihre Entscheidungen auf Zahlungsströme stützen, ist sie in diesem Punkt anzupassen. Im Rahmen der Ermittlung der Grenzpreise sind die Ausführungen bezüglich der Komponenten, die neben dem Gewinnpotenzial den Grenzpreis beeinflussen, nicht ausreichend. Die Regelungen, die bezüglich der Grenzpreisermittlung bei der Verlagerung einer gewinnbringenden Funktion bestehen, sollten dahin gehend ergänzt werden, dass alle durch die Verlagerung zusätzlich entstehenden Kosten zu berücksichtigen sind und deren Anwendungsbereich sollte auf die Verlagerung verlustbringender Funktionen ausgeweitet werden. Bezüglich der Aufteilung des Einigungsbereiches stellt der Gesetzgeber dem Steuerpflichtigen zwar die Möglichkeit in Aussicht, einen anderen Wert als den Mittelwert des Einigungsbereiches anzusetzen, nimmt ihm aber, auf Grund des geforderten quantitativen Nachweises die Möglichkeit, einen solchen glaubhaft zu machen. Da ein qualitativer Nachweis nicht frei von Kritik ist, werden konkrete Vorschriften benötigt, die ausführen, wie ein bestimmter Wert glaubhaft gemacht werden kann. Die Regelungen zur nachträglichen Preisanpassungsklausel sind bezüglich der Definition einer erheblichen Gewinnabweichung und des gesetzlich vorgeschriebenen 10-jährigen Anpassungszeitraums nicht fremdvergleichskonform. Eine Anpassung der Vorschrift sollte sich an den Ausführungen der OECD-Verrechnungspreisrichtlinien orientieren, um ein international anerkanntes Vorgehen zu erreichen. Das Ziel der Regelungen zum Ansatz von Einzelverrechnungspreisen ist nicht erkennbar, weshalb keine Verbesserungsvorschläge erfolgen können. Nach derzeitiger Ausgestaltung ist für den Steuerpflichtigen kein Vorteil aus dem Ansatz von Einzelverrechnungspreisen ersichtlich.

6 Quantitative Steuerwirkungsanalyse

6.1 Aufbau der Untersuchung

Nachdem die steuerlichen Normen einer Funktionsverlagerung qualitativ dargestellt und gewürdigt wurden, werden im Folgenden die steuerlichen Konsequenzen der Verlagerung einer Funktion quantitativ analysiert. Da Steuerrechtsnormen mit einer Liquiditäts- und Renditewirkung einhergehen, müssen sie in Entscheidungsprozessen berücksichtigt werden.[1] Das Ziel einer quantitativen Steuerwirkungsanalyse ist, den Einfluss der Besteuerung auf die relative und absolute Vorteilhaftigkeit von Handlungsalternativen und somit auf die Entscheidungsfindung aufzuzeigen.[2]

Der Untersuchungsgegenstand der folgenden Analyse ist die Verlagerung einer Funktion, die vor der Verlagerung von einer deutschen Mutterkapitalgesellschaft ausgeübt wurde und nach der Verlagerung von einer 100-prozentigen Tochterkapitalgesellschaft im Ausland ausgeübt werden soll. Die bezüglich ihrer Vorteilhaftigkeit zu beurteilenden Handlungsalternativen sind dementsprechend einerseits die Fortführung der Funktionsausübung im Inland und andererseits die Verlagerung der Funktion und deren Ausübung durch die Tochterkapitalgesellschaft im Ausland.

Rational handelnde Steuerpflichtige verfolgen das Ziel, die Summe ihrer Steuerzahlungen zu minimieren. Die Minimierung der Steuerzahllast ist jedoch kein absolutes Ziel, sondern dem Ziel der Maximierung der Zahlungsmittelüberschüsse nach Steuern untergeordnet.[3] Das Standardmodell der Investitionsrechnung mit Steuern, welches das Vorteilhaftigkeitskriterium des Nettokapitalwertes als Barwert der Zahlungsmittelüberschüsse abzüglich der resultierenden Steuern modelliert, ist die verbreitetste Form der Modellbildung zur Ermittlung der Steuerwirkung von Investitionsentscheidungen.[4] Le-

---

1 Vgl. *Schneider, D.*, Steuerwirkung, 2002, S. 20; *Fischer, L./Kleineidam, H.-J./Warneke, P.*, Steuerlehre, 2005, S. 251 f.

2 Vgl. *Wagner, F. W./Dirrigl, H.*, Steuerplanung, 1980, S. 33 f.; *Spengel, C.*, Unternehmensbesteuerung, 2003, S. 59; *Wagner, F. W.*, Steuerforschung, 2008, S. 99; *Hundsdoerfer, J./Kiesewetter, D./Sureth, C.*, Betriebswirtschaftliche Steuerlehre, 2008, S. 63 m. w. N.

3 Vgl. *Wagner, F. W./Dirrigl, H.*, Steuerplanung, 1980, S. 12 f.; *Schneider, D.*, Steuerwirkung, 2002, S. 20; *Schreiber, U.*, Besteuerung, 2008, S. 528; *Schneeloch, D.*, Steuerlehre, 2009, S. 70.

4 Vgl. *Wagner, F. W.*, Steuerforschung, 2004, S. 240; *König, R./Wosnitza, M.*, Steuerwirkungslehre, 2004, S. 9. Zu einer Darstellung des „Standardmodells“ zur Kapitalwertberechnung unter Berücksichtigung von Steuern vgl. *Wagner, F. W./Dirrigl, H.*, Steuerplanung, 1980, S. 24-33. In der deutschen Literatur erstmals verwendet durch *Schneider, D.*, Investition, 1970, S. 270.

diglich bei identischen Zahlungsmittelüberschüssen vor Steuern aus den Handlungsalternativen können diese bei der Vorteilhaftigkeitsbeurteilung der Alternativen vernachlässigt werden und statt einer Kapitalwertmaximierung das Ziel einer Steuerbarwertminimierung angestrebt werden.[1]

Die Steuerwirkung einer Funktionsverlagerung wurde sowohl auf Basis der Rechtslage vor[2] als auch nach[3] der Unternehmensteuerreform 2008 mittels einer Steuerbarwertanalyse untersucht. Diesen Untersuchungen liegt jeweils die Annahme zugrunde, dass der Transferpaketpreis für die Verlagerung der Funktion exogen gegeben ist. Auf Grund der gesetzlichen Regelung nach der Unternehmensteuerreform 2008 ist der Verrechnungspreis für die Verlagerung einer Funktion jedoch als Ganzes und unter Berücksichtigung funktions- und risikoadäquater Kapitalisierungszinssätze zu ermitteln[4] und wird zudem durch die steuerlichen Konsequenzen aus der Funktionsausübung und der Funktionsverlagerung beeinflusst.[5] Da somit nicht nur die Steuerlast, sondern auch der Transferpaketpreis durch eine Veränderung des Kapitalisierungszinssatzes oder beispielsweise des ausländischen Steuersatzes beeinflusst wird, ist der Transferpaketpreis endogen – unter Berücksichtigung der Dependenzen und Interdependenzen – aus dem Modell zu bestimmen. Im Rahmen des Kapitels 6.4 wird deshalb eine Steuerbarwertanalyse unter der Berücksichtigung eines endogen ermittelten Transferpaketpreises durchgeführt und dadurch überprüft, ob die bestehenden Erkenntnisse, die auf der Annahme eines exogen gegebenen Transferpaketpreises beruhen, auch bei einer endogenen Ermittlung des Transferpaketpreises Bestand haben.[6]

Auf Grund der zahlreichen Parameter, die die steuerliche Vorteilhaftigkeit einer Funktionsverlagerung beeinflussen und deren interdependenter Wirkung kann eine exakte Beurteilung der Vorteilhaftigkeit nur einzelfallbezogen im Rahmen einer kasuistischen Veranlagungssimulation erfolgen. Um dennoch allgemeingültige Aussagen bezüglich

---

[1] Vgl. *Schneeloch, D.*, Steuerlehre, 2009, S. 72. *Schneeloch* bezeichnet die Steuerbarwertminimierung als steuerliche Partialplanung. Der Steuerbarwert ist der Betrag, der erforderlich ist, um die Steuerzahlungen, die aus einer Investition resultieren, zu begleichen. Vgl. *Schreiber, U.*, Unternehmensbesteuerung, 1987, S. 25.

[2] Vgl. *Scheffler, W./Eickhorst, D.*, Funktionsverlagerung, 2004, S. 818-823; *Serg, O.*, Funktionsverlagerungen, 2006, S. 250-262.

[3] Vgl. *Scheffler, W.*, Steuerlehre, 2009, S. 544-553.

[4] S. § 1 Abs. 3 S. 9 AStG.

[5] Vgl. Kapitel 5.4, S. 147 und Kapitel 5.5, S. 161.

[6] Vgl. Kapitel 6.4, S. 206.

der steuerlichen Vorteilhaftigkeit einer Funktionsverlagerung treffen zu können, werden die verschiedenen Einflussfaktoren zunächst in die Parameter unterteilt, die einen Steuersatzeffekt, einen Zeiteffekt und einen Bemessungsgrundlageneffekt begründen und anschließend deren Einfluss auf den Steuervorteil isoliert, durch die Anwendung der Ceteris-paribus-Methode, quantifiziert.[1] Die Variation einzelner Annahmen der Ausgangssituation im Rahmen einer Sensitivitätsanalyse ermöglicht, Bandbreiten für Steuerbelastungen zu ermitteln und die wichtigsten Einflussfaktoren auf diese zu identifizieren.[2] Die einzelnen Parameter können bezüglich eines negativen oder positiven Einflusses auf den Steuervorteil nominal und bezüglich ihres Wirkungsgrades metrisch skaliert werden.

Neben dem Steuervorteil einer Funktionsverlagerung, dessen Ermittlung die Annahme identischer Zahlungsmittelüberschüsse vor Steuern aus der Funktionsausübung im In- und Ausland zugrunde liegt, wird in Kapitel 6.5 der Einfluss der Besteuerung auf die absolute und relative Vorteilhaftigkeit einer Funktionsverlagerung untersucht.[3] Die Vorteilhaftigkeitsanalyse wird durch einen Vergleich der Bruttokapitalwerte der Zahlungsmittelüberschüsse nach Steuern aus der Funktionsausübung im In- und Ausland durchgeführt; die Annahme identischer Zahlungsmittelüberschüsse vor Steuern aus der Funktionsausübung im In- und Ausland wird für diese Untersuchung aufgehoben. Die Variation der Höhe der Zahlungsmittelüberschüsse vor Steuern aus der Funktionsausübung im Ausland erlaubt zudem, den Einfluss bestimmter steuerlicher Parameter zu untersuchen, die im Rahmen der Steuerbarwertanalyse keine oder nur eine eingeschränkte Wirkung entfalten haben.

Neben dem Steuervorteil und der Vorteilhaftigkeit auf Grund der jeweiligen Bruttokapitalwerte der Zahlungsmittelüberschüsse nach Steuern werden auch die jeweiligen Indifferenzsteuersätze im Ausland in Abhängigkeit der einzelnen Parameter berechnet und durch deren Vergleich mit den nominalen Steuersätzen ausgewählter Länder potenzielle Zielländer einer Funktionsverlagerung aus steuerlicher Sicht identifiziert. Die nominalen Steuersätze der EU-Staaten sowie die Steuersätze von USA, Kanada, Japan,

---

[1] Zur Anwendung der Ceteris-paribus-Methode bei der Untersuchung steuerlicher Einflussfaktoren auf unternehmerische Entscheidung vgl. *Raßhofer, M.*, Kapitalstruktur, 2010, S. 9.

[2] Vgl. *Spengel, C.*, Unternehmensbesteuerung, 2003, S. 61.

[3] Vgl. Kapitel 6.5, S. 227.

Schweiz und Norwegen auf Basis der jeweiligen Rechtsstände zum Ende des Jahres 2009 sind in der nachstehenden Abbildung zusammengefasst.[1]

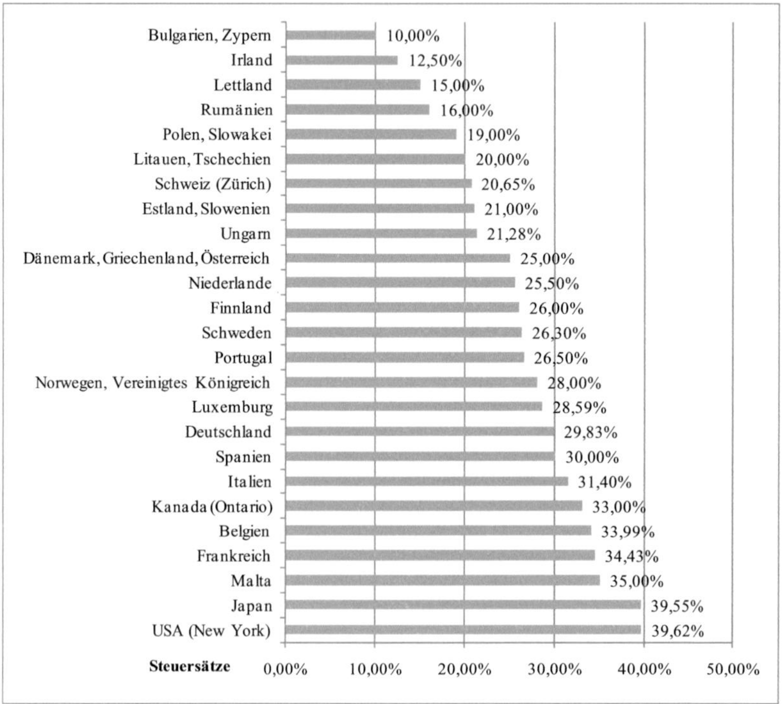

Abbildung 35: Nominale Unternehmensteuersätze im internationalen Vergleich[2]

[1] Die Daten wurden vom *BMF* gesammelt und veröffentlicht. Vgl. *BMF*, Vergleich, 2010, S. 11-18. Zur eingeschränkten Aussagefähigkeit nominaler Steuersätze im Vergleich zu effektiven Steuersätzen vgl. *Thömmes, O.*, Besteuerung, 2005, S. 519 f.; *Spengel, C.*, Unternehmensbesteuerung, 2003, S. 60.

[2] Die in Abbildung 35 dargestellten Unternehmensteuersätze geben die tarifliche Belastung des Gewinns von Kapitalgesellschaften an, einschließlich der Körperschaftsteuern, Gewerbeertragsteuern und vergleichbaren Steuern des Zentralstaats und der Gebietskörperschaften. In der Schweiz und den USA sind die von den lokalen Gebietskörperschaften erhobenen Steuern von der Steuerbemessungsgrundlage der übergeordneten Gebietskörperschaften abzugsfähig. Die Darstellung erfolgt in Anlehnung an *BMF*, Vergleich, 2010, S. 22.

6.2 Zusammensetzung des Steuervorteils einer Funktionsverlagerung

Unter der Annahme identischer Zahlungsmittelüberschüsse vor Steuern aus der Funktionsausübung im Inland und im Ausland kann die Vorteilhaftigkeitsbeurteilung einer Funktionsverlagerung auf steuerliche Aspekte beschränkt werden. Die steuerliche Vorteilhaftigkeit einer Funktionsverlagerung ($S^{VorFVerl}$) wird durch die Subtraktion des Barwertes der Steuerbelastung aus der Funktionsausübung im Ausland (S_a^F) zuzüglich der Steuerbelastung aus der Verlagerung der Funktion (S_i^{FVerl}) von dem Barwert der Steuerbelastung aus der Funktionsausübung im Inland (S_i^F) ermittelt:[1]

$$S^{VorFVerl} = S_i^F - (S_a^F + S_i^{FVerl}) \qquad (6\text{-}01)$$

Scheffler erklärt den Steuervorteil aus einer Funktionsverlagerung durch einen *positiven Steuersatzeffekt*, der auf Grund der Besteuerung der Einkünfte aus der Funktionsausübung mit einem niedrigeren ausländischen Steuersatz resultiert und einen *negativen Steuersatzeffekt* und einen *negativen Zeiteffekt,* die infolge der Auflösung und Besteuerung stiller Reserven im Verlagerungszeitpunkt entstehen.[2] Die Wirkung des positiven und negativen Steuersatzeffekts und des negativen Zeiteffekts wird im Folgenden formal dargestellt. Die Darstellungen beruhen jeweils auf vereinfachenden Annahmen, die die Wirkung der Effekte auf den Steuervorteil verdeutlichen sollen.

Ein steuerlicher Vorteil aus der Verlagerung einer Funktion ist nur dann möglich, wenn ein positiver Steuersatzeffekt infolge eines grenzüberschreitenden Steuersatzgefälles genutzt werden kann. In Gleichung (6-03) ist der positive dem negativen Steuersatzeffekt gegenübergestellt. Die formale Darstellung basiert auf folgenden vereinfachenden Annahmen: Die Zahlungsmittelüberschüsse aus der Funktionsausübung (CF) sind konstant und deren Barwert kann durch einen Rentenbarwertfaktor (*RBF*) in Abhängigkeit des Zinssatzes (i) und der Lebensdauer der Funktion (n_F) dargestellt werden; der Kapitalisierungszins im Inland entspricht dem Kapitalisierungszins im Ausland; es bestehen keine Buchwerte, die bei der Ermittlung der Steuerlast aus der Verlagerung der Funktion vom Transferpaketpreis (TP) abgezogen werden können; der Transferpaketpreis ist exogen gegeben und im Ausland sofort und in voller Höhe steuerlich abzugsfähig.

---

[1] Vgl. ähnlich *Scheffler, W./Eickhorst, D.*, Funktionsverlagerung, 2004, S. 818; *Serg, O.*, Funktionsverlagerungen, 2006, S. 231; *Scheffler, W.*, Steuerlehre, 2009, S. 542 f.

[2] Vgl. *Scheffler, W.*, Steuerlehre, 2009, S. 542 f.

$$S^{VorFVerl} = S_i^F - (S_a^F + S_i^{FVerl}) \tag{6-01}$$

$$S^{VorFVerl} = CF \cdot RBF(i, n_F)\, s_i^u - [(CF \cdot RBF(i, n_F) - TP)\, s_a^u + TP\, s_i^u] \tag{6-02}$$

$$S^{VorFVerl} = [CF \cdot RBF(i, n_F) - TP]\,(s_i^u - s_a^u) \tag{6-03}$$

Wie aus Gleichung (6-03) entnommen werden kann, entsteht der positive wie negative Steuersatzeffekt durch die Differenz der Unternehmensteuersätze im In- und Ausland $(s_i^u - s_a^u)$. Durch die Verlagerung der Zahlungsmittelüberschüsse aus der Funktionsausübung (CF) in das niedrig besteuerte Ausland entsteht der positive Steuersatzeffekt; durch die Aufdeckung von stillen Reserven und die Besteuerung des Transferpaketpreises (TP) im Verlagerungszeitpunkt entsteht der negative Steuersatzeffekt. Sofern der Transferpaketpreis kleiner als die Zahlungsmittelüberschüsse aus der Funktionsausübung ist und der ausländische Unternehmensteuersatz niedriger als der inländische ist, ist der positive Steuersatzeffekt größer als der negative Steuersatzeffekt und in Summe resultiert ein positiver Steuervorteil der Funktionsverlagerung, der den Ausgangspunkt für die Darstellung der weiteren Effekte bildet. Aus den Steuersatzeffekten leitet *Scheffler* die Aussage ab, dass der Steuervorteil der Funktionsverlagerung umso höher ist, je höher das internationale Steuersatzgefälle und je niedriger der Transferpaketpreis ist.[1]

Die Situationen vor und nach der Funktionsverlagerung sind nur dann miteinander vergleichbar, wenn die Zahlungsmittelüberschüsse aus der Funktionsausübung derselben Gesellschaft zur Verfügung stehen; somit muss die Ausschüttung der Zahlungsmittelüberschüsse aus der Funktionsausübung im Ausland an die Mutterkapitalgesellschaft angenommen und die Steuerbelastung der Ausschüttung in die Vorteilhaftigkeitsanalyse einbezogen werden.[2] Die Ausschüttung der Tochterkapitalgesellschaft ist in Deutschland grundsätzlich steuerfrei, da jedoch 5 % der Ausschüttung als nichtabzugsfähige Betriebsausgaben klassifiziert werden, unterliegt sie zu 5 % der Besteuerung.[3] Die Berücksichtigung der Besteuerung der Ausschüttungen der ausländischen Tochterkapitalgesellschaft an die inländische Mutterkapitalgesellschaft führt zu einer Erhöhung der Steuerlast aus der Funktionsausübung im Ausland (S_a^F). Die Minderung des positiven

---

1 Vgl. *Scheffler, W.*, Steuerlehre, 2009, S. 551 f.

2 Vgl. ebenso *Scheffler, W.*, Steuerlehre, 2009, S. 554.

3 S. § 8 b Abs. 1 S. 1 i. V. m. Abs. 5 S. 2 KStG. Quellensteuern, die unter Umständen im Sitzstaat der Tochterkapitalgesellschaft erhoben werden, werden nicht berücksichtigt.

Steuersatzeffekts aus Gleichung (6-03) durch die Berücksichtigung der Steuerbelastung der Ausschüttung an die inländische Mutterkapitalgesellschaft ist in Gleichung (6-05) dargestellt.[1]

$$S^{VorFVerl} = S_i^F - (S_a^F + S_i^{FVerl}) \qquad (6\text{-}01)$$

$$\begin{aligned} S^{VorFVerl} = {} & CF \cdot RBF(i, n_F)\, s_i^u \\ & - [(CF \cdot RBF(i, n_F) - TP)\, s_a^u \\ & \quad + (CF \cdot RBF(i, n_F) - (CF \cdot RBF(i, n_F) - TP)\, s_a^u)\, 0{,}05\, s_i^u] \\ & - TP\, s_i^u \end{aligned} \qquad (6\text{-}04)$$

$$\begin{aligned} S^{VorFVerl} = {} & [CF \cdot RBF(i, n_F) - TP]\,(s_i^u - s_a^u) \\ & \boldsymbol{- [CF \cdot RBF(i, n_F) - (CF \cdot RBF(i, n_F) - TP)\, s_a^u]\, 0{,}05\, s_i^u} \end{aligned} \qquad (6\text{-}05)$$

Aus der Gleichung (6-05) wird deutlich, dass der Steuervorteil aus der Funktionsverlagerung in Höhe der Steuerbelastung der Ausschüttung sinkt.

Sofern der Transferpaketpreis nicht sofort, sondern – infolge einer Aktivierung und Abschreibung beim funktionsaufnehmenden Unternehmen – zeitlich gestreckt abzugsfähig ist, ist der Barwert des im Ausland abzugsfähigen Betrags geringer als der im Inland der Besteuerung unterliegende Transferpaketpreis. Der Barwert der Bemessungsgrundlage infolge der Funktionsverlagerung ist auf Grund eines *Zeiteffekts* größer als der Barwert der Bemessungsgrundlage ohne Funktionsverlagerung. Da der Steuervorteil aus dem Steuersatzeffekt sinkt, spricht *Scheffler* von einem negativen Zeiteffekt.[2] Der Steuervorteil unter Berücksichtigung des Zeiteffekts ist in Gleichung (6-07) dargestellt; die Veränderung des Steuervorteils durch die zusätzliche Berücksichtigung des Zeiteffekts wird durch einen Vergleich der Gleichungen (6-07) mit (6-03) deutlich.[3]

---

[1] Die Ausschüttung wird nach den Zahlungsmittelüberschüssen aus der Funktionsausübung abzüglich der Steuerlast im Ausland bemessen; handelsrechtliche Ausschüttungsrestriktionen werden nicht berücksichtigt.

[2] Vgl. *Scheffler, W.*, Steuerlehre, 2009, S. 551.

[3] Für eine übersichtliche formale Darstellung der Wirkung des Zeiteffekts wird in den Gleichungen (6-06) und (6-07) die – in Gleichung (6-05) berücksichtigte – Steuerlast aus der Ausschüttung der Zahlungsmittelüberschüsse an die Mutterkapitalgesellschaft vernachlässigt.

$$S^{VorFVerl} = S_i^F - (S_a^F + S_i^{FVerl}) \qquad (6\text{-}01)$$

$$S^{VorFVerl} = CF \cdot RBF(i, n_F)\, s_i^u - [(CF\, RBF(i, n_F) - TP\, RBF(i, n_{TP}))\, s_a^u + TP\, s_i^u)] \qquad (6\text{-}06)$$

$$S^{VorFVerl} = [CF \cdot RBF(i, n_F) - TP]\,(s_i^u - s_a^u) - [\boldsymbol{TP} - \boldsymbol{TP} \cdot \boldsymbol{RBF}(\boldsymbol{i}, \boldsymbol{n_{TP}})]\, \boldsymbol{s_a^u} \qquad (6\text{-}07)$$

Aus dem Zeiteffekt leitet *Scheffler* die Aussage ab, dass der Steuervorteil einer Funktionsverlagerung umso höher ist, je niedriger der Kapitalisierungszins und die Abschreibungsdauer des Transferpaketes ist.[1]

Der Analyse von *Scheffler* liegen die Annahmen zugrunde, dass der Transferpaketpreis einerseits exogen gegeben und andererseits im Ausland in voller Höhe abzugsfähig ist. Im Folgenden werden diese beiden Annahmen aufgehoben. Infolge einer endogenen Bestimmung des Transferpaketpreises wird unter dem *Zeiteffekt* nicht nur die Wirkung einer Veränderung des Zinssatzes auf den Barwert der Abschreibung, sondern auch auf die Höhe des Transferpaketes erfasst. Da durch die endogene Ermittlung des Transferpaketpreises die Bestimmungen des AStG zur Ermittlung von Verrechnungspreisen infolge von Funktionsverlagerung umgesetzt werden,[2] können die Ergebnisse von *Scheffler* unter „gesetzesnäheren" Annahmen überprüft werden. Die endogene Ermittlung des Transferpaketpreises ermöglicht zudem, die Auswirkung einer unterschiedlichen Verteilung der Verhandlungsmacht zwischen den beiden Parteien auf den Steuervorteil einer Funktionsverlagerung zu untersuchen. Die Wirkung der Veränderung der Verhandlungsmacht wird im Folgenden als *Verteilungseffekt* bezeichnet. Infolge der Aufgabe der Annahme, dass der Transferpaketpreis im Ausland in voller Höhe abzugsfähig ist, kann zusätzlich ein *Bemessungsgrundlageneffekt* erfasst werden. Neben der Überprüfung der Ergebnisse von *Scheffler* bezüglich des *Steuersatz-* und *Zeiteffekts* unter der Annahme eines endogen ermittelten Transferpaketpreises wird dessen Analyse um einen *Verteilungs-* und einen *Bemessungsgrundlageneffekt* erweitert, deren Wirkung im Folgenden verdeutlicht wird.

---

[1] Vgl. *Scheffler, W.*, Steuerlehre, 2009, S. 551.

[2] Vgl. Kapitel 6.1, S. 189.

Die Höhe des Steuervorteils hängt von dem Umfang der Einkünfte, die in das Ausland verlagert werden können, und somit von der Höhe des Transferpaketpreises ab (*Verteilungseffekt*). Die Höhe des Transferpaketpreises hängt wiederum von der Höhe der Grenzpreise des funktionsabgebenden (GP_i) und des funktionsaufnehmenden (GP_a) Unternehmens und von der jeweiligen Verhandlungsmacht der beiden Parteien ab. Die Verhandlungsmacht des funktionsaufnehmenden Unternehmens wurde in Kapitel 5.6 durch die Variable α gekennzeichnet, die die Aufteilung der Bemessungsgrundlage zwischen den beiden Staaten bestimmt.[1]

Durch die Untersuchung des Verteilungseffekts wird ein wesentlicher Kritikpunkt an der derzeitigen Ausgestaltung der Besteuerung von Funktionsverlagerungen nach dem AStG in die Steuerwirkungsanalyse aufgenommen. Die gesetzliche Vorgabe, dass der Mittelwert des Einigungsbereiches immer dann anzusetzen ist, wenn kein anderer Wert glaubhaft gemacht werden kann, wird in der Literatur kritisiert, da infolgedessen ausländische Standortvorteile und Synergieeffekte zumindest anteilig in Deutschland der Besteuerung unterliegen.[2] Im Rahmen des Kapitels 5.6 wurde aufgezeigt, dass jeder Wert innerhalb des Einigungsbereiches fremdvergleichskonform sein kann und deshalb die Besteuerung ausländischer Synergieeffekte und Standortvorteile in Deutschland nicht per se beanstandet werden kann; kritisiert wurde allerdings, dass dem Steuerpflichtigen im Gesetz zwar die Möglichkeit aufgezeigt wird, einen anderen Wert als den Mittelwert glaubhaft zu machen, dies aber weder durch einen quantitativen Nachweis noch durch qualitative Argumentation möglich ist.[3] Die Wirkung der Verteilung der Verhandlungsmacht auf den – in Gleichung (6-03) dargestellten – Steuervorteil ist der Gleichung (6-09) zu entnehmen.

---

1 Vgl. Kapitel 5.6, S. 165.

2 Vgl. *Hey, J.*, Gegenfinanzierungsmaßnahmen, 2007, S. 1308; *Baumhoff, H./Ditz, X./Greinert, M.*, Funktionsverlagerung, 2007, S. 1651 u. 1652; *Blumers, W.*, Transferpaket, 2007, S. 1761; *Frotscher, G.*, Funktionsverlagerung, 2008, S. 53 f.; *Kroppen, H.-K./Rasch, S.*, Funktionsverlagerungsverordnung, 2008, S. 2343 u. 2349.

3 Vgl. Kapitel 5.6, S. 165.

$$S^{VorFVerl} = (CF \cdot RBF(i, n_F) - TP)\,(s_i^u - s_a^u) \tag{6-03}$$

$$TP = \alpha\, GP_i + (1 - \alpha)\, GP_a \tag{6-08}$$

$$S^{VorFVerl} = [CF \cdot RBF(i, n_F) - (\boldsymbol{\alpha\, GP_i + (1 - \alpha)\, GP_a})]\,(s_i^u - s_a^u) \tag{6-09}$$

Aus der Gleichung (6-09) ist ersichtlich, dass der Transferpaketpreis mit steigendem α fällt und infolgedessen der Steuervorteil aus der Funktionsverlagerung umso größer ist, je höher die Verhandlungsmacht des funktionsaufnehmenden Unternehmens ist. Durch die nachfolgende Analyse der Steuerwirkung wird die Auswirkung einer Veränderung der Verhandlungsmacht auf die Vorteilhaftigkeit einer Funktionsverlagerung quantifiziert und somit die materielle Bedeutung der Kritikpunkte untersucht.

Dem positiven Steuersatzeffekt steht zudem entgegen, dass infolge einer Funktionsverlagerung die – über beide beteiligten Staaten kumulierte – Bemessungsgrundlage höher sein kann als die Bemessungsgrundlage infolge der Funktionsausübung im Inland. Sofern der im Inland der Besteuerung unterliegende Transferpaketpreis im Ausland nicht in voller Höhe von der Steuerbemessungsgrundlage abgezogen werden kann, entsteht eine Doppelbesteuerung und somit ein *Bemessungsgrundlageneffekt*.[1] Mit dem Bemessungsgrundlageneffekt wird ein weiterer wesentlicher Kritikpunkt an der Ausgestaltung des AStG in die Wirkungsanalyse aufgenommen, da in der Gesamtbewertung der Funktion vielfach eine Abkehr vom international anerkannten Fremdvergleichsgrundsatz gesehen und deshalb von einer Gefahr der Doppelbesteuerung von Funktionsverlagerungen ausgegangen wird.[2] In Kapitel 3.2 wurde diese Kritik unter Berücksichtigung der Neufassung der OECD-Verrechnungspreisrichtlinien entkräftet und festgehalten, dass eine Gesamtbewertung grundsätzlich immer dann fremdvergleichskonform ist, wenn sie der Erfassung und Besteuerung eines Geschäfts- oder Firmenwertes dient.[3] Der Vergleich des Funktionsbegriffes mit dem Begriff der „activity“ im Sinne der

---

1 Vgl. auch *Heining, B.*, Funktionsverlagerung, 2009, S. 69.

2 Vgl. *Hey, J.*, Gegenfinanzierungsmaßnahmen, 2007, S. 1308; *Kaminski, B.*, Unternehmensteuerreform, 2007, S. 598 f.; *Kroppen, H.-K./Rasch, S./Eigelshoven, A.*, Unternehmensteuerreform, 2007, S. 2220 f.; *Borstell, T./Jamin, C.*, Verlagerung, 2008, S. 819; *Baumhoff, H./Ditz, X./Greinert, M.*, Funktionsverlagerungsverordnung, 2008, S. 1952; *Frotscher, G.*, Funktionsverlagerung, 2008, S. 54-57; *Scheffler, W.*, Unternehmensteuerreform, 2008, S. 139; *Oestreicher, A.*, Funktionsverlagerung, 2009, S. 80 u. 95; *Haas, W.*, DBA, 2009, S. 739; *Welling, B.*, Funktionsverlagerungsbesteuerung, 2009, S. 994; *Wehnert, O./Sano, Y.*, Funktionsverlagerung, 2010, S. 57.

3 Vgl. Kapitel 3.2.3, S. 47.

OECD-Verrechnungspreisrichtlinien hat allerdings gezeigt, dass eine Funktion in der Regel eine Untereinheit einer „activity“ darstellt und demzufolge von einer erhöhten Doppelbesteuerungsgefahr auszugehen ist, wenn eine Funktion verlagert wird, die nicht als „activity“ im Sinne der OECD-Verrechnungspreisrichtlinien anzusehen ist.[1] Zudem wird die Akzeptanz eines pauschalen Ansatzes des Mittelwertes des Einigungsbereiches durch die ausländische Finanzverwaltung bezweifelt.[2] Die Reduzierung des Steuervorteils durch die Berücksichtigung des Bemessungsgrundlageneffekts wird durch einen Vergleich der Gleichung (6-03) mit der Gleichung (6-11) ersichtlich.

$$S^{VorFVerl} = S_i^F - (S_a^F + S_i^{FVerl}) \qquad (6\text{-}01)$$

$$S^{VorFVerl} = CF \cdot RBF(i,n_F)\, s_i^u - \left[\left(CF \cdot RBF(i,n_F)\right) s_a^u + TP\, s_i^u\right] \qquad (6\text{-}10)$$

$$S^{VorFVerl} = [CF \cdot RBF(i,n_F) - TP]\,(s_i^u - s_a^u) - \boldsymbol{TP\, s_a^u} \qquad (6\text{-}11)$$

In Gleichung (6-11) wird eine vollständige Versagung des Abzugs des Transferpaketpreises im Ausland angenommen, weshalb der Steuervorteil der Funktionsverlagerung in Höhe des fehlenden Vorteils der steuerlichen Berücksichtigung des Transferpaketpreises im Ausland sinkt. Der Steuervorteil der Funktionsverlagerung ist umso niedriger, je größer der Anteil des Transferpaketes ist, dessen steuerlicher Abzug im Ausland versagt wird. In den folgenden Kapiteln wird aufbauend auf dieser Erkenntnis die Wirkung einer fehlenden Anerkennung bestimmter Bestandteile des Transferpaketes auf die Vorteilhaftigkeit der Funktionsverlagerung quantifiziert und damit das Ausmaß der Doppelbesteuerung konkretisiert.

6.3 Ermittlung des Steuervorteils einer Funktionsverlagerung

Die vereinfachenden Annahmen, unter denen im voranstehenden Kapitel die verschiedenen Effekte auf den Steuervorteil einer Funktionsverlagerung verdeutlicht wurden, werden für die Steuerbarwertanalyse des folgenden Kapitels teilweise aufgelöst. Die *Steuerbelastung aus der Funktionsausübung im Inland* setzt sich wie folgt zusammen:

[1] Vgl. Kapitel 4.2.6, S. 95.

[2] Vgl. Fn. 2, S. 197.

$$S_i^F = CF_i\ RBF(i, n_F)\ s_i^u - \frac{BW_F}{n_{BW}}\ RBF(i, n_{BW})\ s_i^u \tag{6-12}$$

Die Zahlungsmittelüberschüsse aus der Funktionsausübung im Inland (CF_i) werden zur Ermittlung der steuerlichen Bemessungsgrundlage um die Abschreibung der Buchwerte der funktionseigenen Wirtschaftsgüter (BW_F) korrigiert.[1] Da von konstanten Zahlungsmittelüberschüssen aus der Funktionsausübung und einer linearen Abschreibung ausgegangen wird, können deren Barwerte durch einen Rentenbarwertfaktor in Abhängigkeit des Zinssatzes (i) und der jeweiligen Nutzungsdauer (n_F/n_{BW}) dargestellt werden.

Die *Steuerbelastung aus der Verlagerung* der Funktion wurde im Kapitel 5 diskutiert und deren formale Darstellungen hergeleitet.[2] Im Zeitpunkt der Verlagerung unterliegt der vereinbarte Transferpaketpreis (TP) der Besteuerung im Inland, von dem die Buchwerte der funktionseigenen Wirtschaftsgüter (BW_F) abgezogen werden:

$$S_i^{FVerl} = (TP - BW_F)\ s_i^u \tag{6-13}$$

Die Berücksichtigung der Buchwerte der funktionseigenen Wirtschaftsgüter als Einflussfaktor der steuerlichen Vorteilhaftigkeit der Funktionsverlagerung ermöglicht die Höhe der stillen Reserven, die durch die Verlagerung aufgedeckt und besteuert werden, zu variieren. Der Transferpaketpreis setzt sich aus den jeweiligen Grenzpreisen und der Verhandlungsmacht des funktionsaufnehmenden Unternehmens zusammen, die durch die Variable α gekennzeichnet ist:

$$TP = \alpha\ GP_i + (1 - \alpha)\ GP_a \tag{6-08}$$

Der Grenzpreis des funktionsabgebenden Unternehmens (GP_i) hängt von den zugrunde liegenden Handlungsalternativen ab.[3] Da von der Verlagerung einer gewinnbringenden Funktion ausgegangen wird, deren Alternative die Fortführung der Funktion im Inland ist, setzt sich der inländische Grenzpreis aus dem Gewinnpotenzial aus der Funktions-

1 Die Verwendung der Zahlungsmittelüberschüsse als steuerliche Bemessungsgrundlage mit Korrektur um die Abschreibung der Anschaffungsausgaben ist üblich, stellt aber eine vereinfachte Annahme dar. Vgl. dazu *Wagner, F. W.*, Steuerforschung, 2004, S. 240. Zur Untersuchung von Antizipationsfehlern bei Investitionsrechnungen mit vereinfachter Steuerbemessungsgrundlage. Vgl. *Knirsch, D.*, Steuerplanung, 2007, S. 487-507.

2 Vgl. Kapitel 5, S. 125.

3 Vgl. Kapitel 5.4.3, S. 151

ausübung im Inland (GWP_i) und der Steuerbelastung aus der Funktionsverlagerung zusammen:[1]

$$GP_i = \frac{GWP_i - BW_F\, s_i^u}{(1 - s_i^u)} \tag{6-14}$$

Das Gewinnpotenzial aus der Ausübung der Funktion im Inland (GWP_i) entspricht dem Barwert der Zahlungsmittelüberschüsse aus der Funktionsausübung im Inland (CF_i) nach Steuern, erhöht um den Barwert der steuerlichen Entlastung aus der Abschreibung der Buchwerte der funktionseigenen Wirtschaftsgüter:[2]

$$GWP_i = CF_i\, RBF(i, n_F)\,(1 - s_i^u) + \frac{BW_F}{n_{BW}}\, RBF(i, n_{BW})\, s_i^u \tag{6-15}$$

Aus der Kombination der Gleichungen (6-14) und (6-15) folgt der nachstehende Grenzpreis, der schließlich in die Formel (6-08) eingeht und der Ermittlung des Transferpaketpreises zugrunde liegt:

$$GP_i = \frac{CF_i\, RBF(i, n_F)\,(1 - s_i^u) + \frac{BW_F}{n_{BW}}\, RBF(i, n_{BW})\, s_i^u - BW_F\, s_i^u}{(1 - s_i^u)} \tag{6-16}$$

In Kapitel 5.5 wurde festgehalten, dass der Grenzpreis des funktionsaufnehmenden Unternehmens (GP_a) vom erwarteten Gewinnpotenzial aus der Funktionsausübung (GWP_a^{oAFA}) im Ausland und dem Steuervorteil aus der Abschreibung des Transferpaketes abhängt.[3] Um den Einfluss der Abschreibung des Transferpaketes auf den ausländischen Grenzpreis möglichst detailliert darzustellen, wird das Transferpaket in materielle und immaterielle Einzelwirtschaftsgüter (FP_{mat}/FP_{imat}) und den originären Geschäfts- oder Firmenwert der Funktion beim aufnehmenden Unternehmen (GoF_a^{orig}) aufgeteilt. Allen drei Komponenten wird eine lineare Abschreibung zugrunde gelegt, die eine Darstellung des Barwertes des Steuervorteils aus der Abschreibung durch einen Rentenbarwertfaktor ermöglicht. Die Kaufpreisaufteilung ermöglicht, die Abschreibung der

[1] Im Vergleich zur Grenzpreisermittlung nach der Gleichung (5-10) wird an dieser Stelle aus Gründen der Übersichtlichkeit auf den Einbezug der grenzpreisbestimmenden Verlagerungskosten verzichtet. Vgl. Kapitel 5.4.3, S. 151.

[2] Vgl. zu dieser Formel auch *Schreiber, U.*, Besteuerung, 2008, S. 804. Die Formel von *Schreiber* wurde dahin gehend verändert, dass für die finanziellen Überschüsse und den Steuervorteil aus der Abschreibung der Anfangsinvestition nicht der gleiche Kapitalisierungszeitraum angenommen und somit kein einheitlicher Rentenbarwertfaktor verwendet wird.

[3] Vgl. Kapitel 5.5, S. 161.

einzelnen Komponenten über unterschiedliche Nutzungsdauern ($n_{mat}/n_{imat}/n_{GoF}$) darzustellen und die Auswirkungen aus einer fehlenden Anerkennung der einzelnen Transferpaketkomponenten durch die ausländische Finanzverwaltung zu analysieren. Der ausländische Grenzpreis setzt sich dementsprechend wie folgt zusammen:

$$GP_a = GWP_a^{oAFA} + \frac{FP_{mat}}{n_{mat}} RBF(i, n_{mat})\, s_a^u + \frac{FP_{imat}}{n_{imat}} RBF(i, n_{imat})\, s_a^u + \frac{GoF_a^{orig}}{n_{GoF}} RBF(i, n_{GoF})\, s_a^u \tag{6-17}$$

Im Rahmen der Grenzpreisermittlung muss auch die Steuerlast aus der Ausschüttung der Zahlungsmittelüberschüsse aus der Funktionsausübung an die Mutterkapitalgesellschaft berücksichtigt werden, da die Vorteilhaftigkeit einer Verlagerung aus Sicht der Mutterkapitalgesellschaft beurteilt wird.[1] Analog zur Berücksichtigung der Steuerbelastung aus der Ausschüttung bei der Grenzpreisermittlung wird diese auch bei der Ermittlung der Steuerlast aus der Funktionsausübung im Ausland in Gleichung (6-24) berücksichtigt. Die formale Darstellung des ausländischen Grenzpreises aus Gleichung (6-17) erweitert sich somit wie folgt:

$$GP_a = \left[GWP_a^{oAFA} + \frac{FP_{mat}}{n_{mat}} RBF(i, n_{mat})\, s_a^u + \frac{FP_{imat}}{n_{imat}} RBF(i, n_{imat})\, s_a^u + \frac{GoF_a^{orig}}{n_{GoF}} RBF(i, n_{GoF})\, s_a^u\right](1 - 0{,}05\, s_i^u) \tag{6-18}$$

Der Aufteilung des ausländischen Grenzpreises auf die Bestandteile des Transferpaketes wird die Annahme zugrunde gelegt, dass die Fremdvergleichspreise der materiellen und immateriellen Einzelwirtschaftsgüter (FP_{mat}/FP_{imat}) am Markt beobachtbar sind und der Grenzpreis des ausländischen Unternehmens mindestens der Summe der Einzelverrechnungspreise dieser Wirtschaftsgüter entspricht. Der originäre funktionsanteilige Geschäfts- oder Firmenwert aus der Funktionsausübung im Ausland (GoF_a^{orig}) bildet

[1] Vgl. Kapitel 5.5, S. 161. Die Steuerlast auf Ebene der Anteilseigner der Mutterkapitalgesellschaft wird nicht betrachtet, da sich die steuerliche Vorteilhaftigkeit einer Handlungsalternative durch die Berücksichtigung der Steuerlast auf der Anteilseignerebene der Mutterkapitalgesellschaft nicht verändert. Vgl. ähnlich *Linn, A.*, Missbrauchsverhinderungsnormen, 2006, S. 137: Bei Maximierung des Nachsteuergewinns der Mutterkapitalgesellschaft wird auch das Einkommen der Anteilseigner nach Ausschüttung maximiert.

die Residualgröße, die sich als Differenz aus der Summe der Einzelverrechnungspreise und dem Grenzpreis des funktionsaufnehmenden Unternehmens ergibt:

$$GoF_a^{orig} = GP_a - (FP_{mat} + FP_{imat}) \tag{6-19}$$

$$mit: GP_a \geq FP_{mat} + FP_{imat} \tag{6-20}$$

Der ausländische Grenzpreis muss nach der Gleichung (6-23) ermittelt werden, da der Geschäfts- oder Firmenwert und somit der Steuervorteil aus dessen Abschreibung von der Höhe des Gewinnpotenzials abhängt. Die Gleichung (6-21) folgt aus einer Kombination der Gleichungen (6-18) und (6-19):

$$GP_a = \left[GWP_a^{oAFA} + \frac{FP_{mat}}{n_{mat}} RBF(i, n_{mat})\, s_a^u + \frac{FP_{imat}}{n_{imat}} RBF(i, n_{imat})\, s_a^u + \frac{GP_a - (FP_{mat} + FP_{imat})}{n_{GoF}} RBF(i, n_{GoF})\, s_a^u\right] (1 - 0{,}05\, s_i^u) \tag{6-21}$$

$$mit: GWP_a^{oAFA} = CF_a\, RBF(i, n_F)(1 - s_a^u), folgt: \tag{6-22}$$

$$GP_a = \left[CF_a\, RBF(i, n_F)(1 - s_a^u) + \frac{FP_{mat}\, RBF(i, n_{mat})\, s_a^u}{n_{mat}} + \frac{FP_{imat}\, RBF(i, n_{imat})\, s_a^u}{n_{imat}} - \frac{(FP_{mat} + FP_{imat})\, RBF(i, n_{GoF})\, s_a^u}{n_{GoF}}\right] \frac{(1 - 0{,}05\, s_i^u)\, n_{GoF}}{n_{GoF} - RBF(i, n_{GoF})\, s_a^u\, (1 - 0{,}05\, s_i^u)} \tag{6-23}$$

Die *Steuerbelastung der Funktionsausübung im Ausland* setzt sich aus der Besteuerung der Zahlungsmittelüberschüsse aus der Funktionsausübung im Ausland (CF_a) abzüglich der Abschreibung der einzelnen Komponenten des Transferpaketes und der Besteuerung der Ausschüttung der Zahlungsmittelüberschüsse an die Mutterkapitalgesellschaft zusammen und ist in Gleichung (6-24) dargestellt:

$$S_a^F = \Bigg[CF_a\, RBF(i,n_F) - \frac{FP_{mat}}{n_{mat}}\, RBF(i,n_{mat})$$
$$-\beta\, \frac{FP_{imat}}{n_{imat}}\, RBF(i,n_{imat})$$
$$-\gamma_1\, \frac{GP_i - (FP_{mat} + FP_{imat})}{n_{GoF}}\, RBF(i,n_{GoF})$$
$$-\gamma_2\, \frac{TP - GP_i}{n_{GoF}}\, RBF(i,n_{GoF})\Bigg]\, s_a^u$$
$$+\Bigg[CF_a\, RBF(i,n_F)\,(1 - s_a^u) + \frac{FP_{mat}}{n_{mat}}\, RBF(i,n_{mat})\, s_a^u \qquad (6\text{-}24)$$
$$+\beta\, \frac{FP_{imat}}{n_{imat}}\, RBF(i,n_{imat})\, s_a^u$$
$$+\gamma_1\, \frac{GP_i - (FP_{mat} + FP_{imat})}{n_{GoF}}\, RBF(i,n_{GoF})\, s_a^u$$
$$+\gamma_2\, \frac{TP - GP_i}{n_{GoF}}\, RBF(i,n_{GoF})\, s_a^u\Bigg]\, 0{,}05\, s_i^u$$

Sofern der im Inland der Besteuerung unterliegende Transferpaketpreis im Ausland nicht steuermindernd angesetzt werden kann, entsteht ein Bemessungsgrundlageneffekt.[1] Um dessen Auswirkungen möglichst detailliert analysieren zu können, wird der Transferpaketpreis – wie in Abbildung 36 verdeutlicht – in drei Bestandteile aufgeteilt: die Summe der Fremdvergleichspreise der materiellen Einzelwirtschaftsgüter (FP_{mat}), die Summe der Fremdvergleichspreise der immateriellen Einzelwirtschaftsgüter (FP_{imat}) und den derivativen Geschäfts- oder Firmenwert (GoF_F).

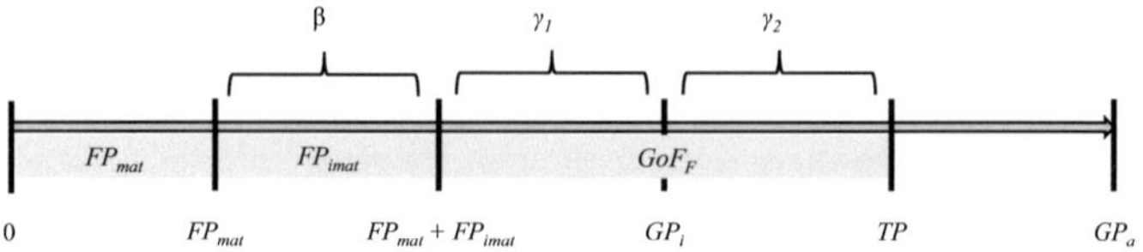

Abbildung 36: Aufteilung des Einigungsbereiches

Im Folgenden wird davon ausgegangen, dass die Fremdvergleichspreise der materiellen Einzelwirtschaftsgüter im Ausland in jedem Fall von der steuerlichen Bemessungs-

[1] Vgl. Kapitel 6.2, S. 193.

grundlage abgezogen werden können; die Fremdvergleichspreise der immateriellen Einzelwirtschaftsgüter und der derivative Geschäfts- oder Firmenwert hingegen unter Umständen nicht. Die Möglichkeit der Abschreibung der immateriellen Einzelwirtschaftsgüter wird durch die Variable β dargestellt: Ist die Abschreibung möglich, folgt $\beta = 1$; ist die Abschreibung nicht möglich, folgt $\beta = 0$. Die gleiche Differenzierung wird auch für die Abschreibungsmöglichkeit des Geschäfts- oder Firmenwertes (GoF_F) vorgenommen, der in zwei Komponenten geteilt wird: zum einen den originären Geschäfts- oder Firmenwert aus der Funktionsausübung im Inland, der sich aus der Differenz des inländischen Grenzpreises (GP_i) und der Summe der Fremdvergleichspreise der Einzelwirtschaftsgüter ($FP_{mat} + FP_{imat}$) ergibt und zum anderen den Teil des originären Geschäfts- oder Firmenwertes aus der Funktionsausübung im Ausland, der Bestandteil des Transferpaketes ist und der Differenz des Transferpaketpreises (TP) und dem inländischen Grenzpreis (GP_i) entspricht. Wie aus Abbildung 36 ersichtlich, wird die Abschreibungsmöglichkeit des originären Geschäfts- oder Firmenwertes aus der Funktionsausübung im Inland durch die Variablen γ_1 und die Abschreibungsmöglichkeit des darüber hinaus vergüteten Geschäfts- oder Firmenwertes durch die Variable γ_2 gekennzeichnet.

Die Aufteilung des Geschäfts- oder Firmenwertes ermöglicht, die Auswirkung der Akzeptanz der verschiedenen Komponenten des Transferpaketes durch die ausländische Finanzverwaltungen auf den Steuervorteil detailliert zu erfassen. Wird γ_2 gleich null gesetzt und somit das Abschreibungsvolumen im Ausland auf den Grenzpreis des funktionsabgebenden Unternehmens (GP_i) begrenzt, entspricht dies der Annahme, dass die ausländische Finanzverwaltung zwar grundsätzlich die Gesamtbewertung der Funktion und somit den Transferpaketansatz akzeptiert, allerdings nicht den Einbezug ausländischer Standortvorteile und Synergieeffekte.[1] Wird zusätzlich zu γ_2 auch γ_1 gleich null gesetzt und folglich das Abschreibungsvolumen auf die Summe der Fremdvergleichspreise der Einzelwirtschaftsgüter begrenzt, entspricht dies der Annahme, dass die ausländische Finanzverwaltung den Transferpaketansatz an sich ablehnt. Da durch die Veränderung der drei Variablen eine Doppelbesteuerung und der resultierende Bemessungsgrundlageneffekt dargestellt werden soll, wird davon ausgegangen, dass die Er-

[1] Zur Berücksichtigung ausländischer Standortvorteile und Synergieeffekte vgl. Kapitel 5.6, S. 165.

mittlung des Transferpaketes und die Grenzpreisermittlung nach den nationalen gesetzlichen Vorgaben erfolgt und der Steuervorteil aus der Abschreibung des originären Geschäftswertes in die Grenzpreisermittlung des funktionsaufnehmenden Unternehmens einbezogen wird.

Die zusammenfassende formale Darstellung des Steuervorteils der Funktionsverlagerung ist dem Anhang zu entnehmen.[1] Um den Steuervorteil aus der Funktionsverlagerung in Relation zur Ausgangssituation darzustellen, wird der Steuervorteil im Folgenden auch in Prozent der Steuerbelastung aus der Funktionsausübung im Inland als relativer Steuervorteil der Funktionsverlagerung ($s^{VorFVerlRel}$) angegeben:[2]

$$s^{VorFVerlRel} = \frac{S^{VorFVerl}}{S_i^F} = \frac{S_i^F - (S_a^F + S_i^{FVerl})}{S_i^F} \qquad (6\text{-}25)$$

6.4 Sensitivitätsanalyse des Steuervorteils einer Funktionsverlagerung

6.4.1 Ermittlung der Ausgangssituation

Bevor die einzelnen Parameter des Steuervorteils der Funktionsverlagerung variiert und deren Einfluss isoliert untersucht werden kann, muss zunächst eine Ausgangssituation und die Ausprägung der Parameter in der Ausgangssituation definiert werden. Die Parameter, deren Ausprägung in diesem Kapitel nicht verändert wird, werden wie folgt festgesetzt:

- Die konstanten periodischen Zahlungsmittelüberschüsse aus der Funktionsausübung im Inland und im Ausland werden mit 100 GE festgesetzt ($CF_i = CF_a = 100$).[3]
- Die Nutzungsdauer der Funktion wird entsprechend der Annahme in der FVerlV als unendlich angesehen ($n_F = \infty$).[1]

---

[1] Vgl. Anhang XV, S. 269.

[2] Für die Messung der Steuerbelastung werden üblicherweise Verhältniszahlen verwendet, die die Steuerzahlungen im Zähler ins Verhältnis zu einer Zielgröße für Entscheidungen im Nenner setzen. Vgl. *Schneider, D.*, Steuerwirkung, 2002, S. 19. Die Zielgröße für die Beurteilung der steuerlichen Vorteilhaftigkeit einer Funktionsverlagerung ist die Steuerlast aus der Funktionsausübung im Inland.

[3] Die Steuerwirkung wird im Rahmen dieser Arbeit unter der Annahme untersucht, dass Sicherheit bezüglich der zukünftig zu erwartenden Zahlungsmittelüberschüsse und der Steuerbelastungen besteht. Zu einer empirischen Analyse von Unsicherheit im Steuerrecht und der daraus resultierenden Unsicherheit der Steuerbelastungen vgl. *Brähler, G.*, Steuerbelastungsvergleiche, 2008, S. 659-666.

Die Parameter, die im Folgenden variiert werden, werden – sofern möglich – in der Ausgangssituation nach den Vorgaben des nationalen Steuerrechts festgesetzt. In der Ausgangssituation wird somit die Verlagerung einer Funktion aus Deutschland hinaus in ein Land unterstellt, dessen steuerliche Vorschriften – mit Ausnahme der Höhe des Steuersatzes – den nationalen steuerlichen Vorschriften entsprechen.

- Der inländische Steuersatz (s_i^u) setzt sich aus dem Körperschaftsteuersatz, dem Solidaritätszuschlag und dem Gewerbesteuersatz zusammen, der von der Höhe des Hebesatzes abhängt. In der Ausgangssituation wird ein Hebesatz von 400 % und der daraus resultierende inländische Steuersatz von 29,825 % angesetzt.[2]
- Die Verhandlungsmacht (α) des funktionsaufnehmenden Unternehmens entspricht in der Ausgangssituation 50 % und damit der gesetzlichen Annahme des Mittelwertansatzes des Einigungsbereiches.[3]
- Als durchschnittliche Nutzungsdauer der materiellen wie der immateriellen Einzelwirtschaftsgüter werden 5 Jahre angenommen, als Nutzungsdauer des Geschäfts- oder Firmenwertes analog zum nationalen Steuerrecht 15 Jahre ($n_{BW} = n_{mat} = n_{imat} = 5$; $n_{GoF} = 15$).[4]
- In der Ausgangssituation wird davon ausgegangen, dass der Transferpaketpreis im Ausland in voller Höhe steuerlich abzugsfähig ist und somit $\beta; \gamma_1; \gamma_2 = 1$ gilt.[5]

---

1 S. § 6 FVerlV.

2 Der Körperschaftsteuersatz beträgt 15 % und der Solidaritätszuschlag 5,5 % des Körperschaftsteuersatzes. S. § 23 Abs. 1 KStG u. § 4 SolZG. Der Gewerbesteuersatz ergibt sich aus der Multiplikation der Steuermesszahl in Höhe von 3,5 % und dem Hebesatz. S. § 11 Abs. 2 i. V. m. § 16 GewStG. Unter der Annahme eines Hebesatzes von 400 % folgt somit ein Unternehmensteuersatz von: 0,15*1,055+0,035*4=29,825 %.

3 S. § 1 Abs. 3 S. 7 AStG sowie Kapitel 5.6, S. 165.

4 Bezüglich der betriebsgewöhnlichen Nutzungsdauer des Geschäfts- oder Firmenwertes s. § 7 Abs. 1 S. 3 EStG.

5 Im Falle einer Funktionsverlagerung nach Deutschland geht das *BMF* im Schreiben „Verwaltungsgrundsätze Funktionsverlagerung" davon aus, dass die Differenz des Transferpaketpreises und der Summe der Fremdvergleichspreise der Einzelwirtschaftsgüter als Geschäfts- oder Firmenwert in der Bilanz des funktionsaufnehmenden Unternehmens auszuweisen ist. Vgl. *BMF*, Verwaltungsgrundsätze Funktionsverlagerung, Schr. v. 13.10.2010, Tz. 173. Auf Grund dieser Aussage kann für den Fall der Funktionsverlagerung nach Deutschland hinein von einer vollständigen Anerkennung des Transferpaketpreises und somit von $\beta; \gamma_1; \gamma_2 = 1$ ausgegangen werden.

- Der Kapitalisierungszinssatz nach Unternehmensteuern wird auf 10 % normiert ($i = 0{,}1$).
- Die Buchwerte der Wirtschaftsgüter im Zeitpunkt der Verlagerung sowie die Fremdvergleichspreise der materiellen und immateriellen Wirtschaftsgüter werden zunächst als Prozentsätze des Transferpaketpreises in der Ausgangssituation festgesetzt, die sich an empirischen Befunden zur Kaufpreisaufteilung infolge von Unternehmenszusammenschlüssen orientieren.[1] Die so gewonnenen absoluten Werte werden der weiteren Analyse zugrunde gelegt und somit die Annahme umgesetzt, dass die Fremdvergleichspreise der Einzelwirtschaftsgüter am Markt beobachtbar sind und lediglich der funktionsanteilige Geschäfts- oder Firmenwert als Residualgröße von der Höhe des Transferpaketpreises und der Variation der Einflussfaktoren abhängt. Der Analyse werden folgende absolute Werte zugrunde gelegt: $BW_F = 430$; $FP_{mat} = 411$; $FP_{imat} = 239$.[2]

Der ausländische Steuersatz (s_a^u) wird endogen aus dem Modell bestimmt, sodass der Steuervorteil der Funktionsverlagerung in der Ausgangssituation null GE beträgt ($S^{VorFVerl} = 0$). Infolge der Ausprägung der weiteren Parameter ergibt sich ein ausländischer Steuersatz von 8,44 %.[3] Auf Grund identischer Zahlungsmittelüberschüsse vor Steuern aus der Funktionsausübung im In- und Ausland und einem Steuervorteil von null GE sind beide Parteien in der Ausgangssituation indifferent bezüglich der Verlagerung der Funktion ($GP_i = GP_a$).

Die endogene Ermittlung des ausländischen Indifferenzsteuersatzes in der Ausgangssituation stellt die erste Erkenntnis der steuerlichen Vorteilhaftigkeitsanalyse der Funktionsverlagerung dar. Unterstellt man eine Verlagerung einer Funktion aus Deutschland

---

1 In Anlehnung an die empirischen Befunde von *Günter/Ott* werden die Buchwerte mit 45 % und die Summe der Fremdvergleichspreise der materiellen bzw. der immateriellen Einzelwirtschaftsgüter mit 43 % bzw. 25 % des Transferpaketpreises in der Ausgangssituation angesetzt. Vgl. *Günther, T./Ott, C.*, Ressourcen, 2008, S. 921.

2 Die Berechnung der absoluten Werte erfolgt iterativ mit Hilfe von Excel. Zunächst wurden die gesuchten Werte als Prozentsätze des Transferpaketpreises definiert und anschließend der ausländische Indifferenzsteuersatz mit Hilfe der „Solver-Funktion“ in Excel berechnet ($S^{VorFVerl} = 0$). Die erhaltenen absoluten Werte wurden gerundet und den weiteren Berechnungen zugrunde gelegt. Für den Geschäfts- oder Firmenwert ergibt sich in der Ausgangssituation ein Wert von 306 GE.

3 Die Berechnung des ausländischen Steuersatzes erfolgt durch die Gleichsetzung des Steuervorteils mit null und der Auflösung der in Anhang XV, S. 269 dargestellten Gleichung nach s_a^u. Da für s_a^u eine quadratische Gleichung resultiert, wird diese durch Anwendung der a-b-c-Formel (Mitternachtsformel) gelöst. Für eine Darstellung der quadratischen Gleichung vgl. Anhang XVI, S. 270.

hinaus in ein Land, in dem die Parameter des Steuervorteils die gleiche Ausprägung haben wie in Deutschland, darf der ausländische Steuersatz – statt der 29,825 % in Deutschland – maximal 8,44 % betragen. Aus der Grundgesamtheit der in Abbildung 35 genannten Länder weist kein Land einen niedrigeren Steuersatz als 8,44 % auf. Sofern die getroffenen Annahmen in diesen Ländern Bestand haben, wäre eine Funktionsverlagerung in diese Länder aus steuerlicher Sicht nachteilhaft und eine Funktionsverlagerung würde unter fremden Dritten nicht vollzogen werden, da kein Einigungsbereich vorliegt.

6.4.2 Steuersatzeffekt

Der Steuersatzeffekt bestimmt sich aus der Differenz zwischen dem inländischen und dem ausländischen Steuersatz und hängt einerseits vom Hebesatz und andererseits von der Variablen s_a^u ab. Unter den getroffenen Annahmen existiert für jeden Hebesatz größer als 400 % ein positiver Einigungsbereich und zwischen fremden Dritten grundsätzlich die Bereitschaft, eine Funktionsverlagerung durchzuführen. Infolge der Veränderung des ausländischen Steuersatzes ergibt sich ein positiver Einigungsbereich für alle s_a^u, die größer als 0 % und kleiner als 8,44 % sind.[1]

In Deutschland ist ein Hebesatz von mindestens 200 % gesetzlich vorgeschrieben.[2] Unter den getroffenen Annahmen beträgt der maximale negative Steuervorteil aus der Funktionsverlagerung in Abhängigkeit des Hebesatzes folglich -8,56 GE ($S^{VorFVerl}$) bzw. -5,56 % der Steuerlast einer alternativen Funktionsausübung im Inland ($s^{VorFVerlRel}$).[3] Mit steigendem Hebesatz steigen alle drei Komponenten des Steuervorteils der Funktionsverlagerung ($S_i^F; S_a^F; S_i^{FVerl}$) an. Während die Steuerbelastung aus der Funktionsausübung im Inland (S_i^F) mit zunehmendem Hebesatz konstant ansteigt, nimmt die Steigung der Steuerbelastung aus der Funktionsausübung im Ausland (ΔS_a^F) mit zunehmendem Hebesatz zu und die Steigung der Steuerbelastung aus der Verlage-

1 Die grafische Darstellung des Einigungsbereiches in Abhängigkeit des Hebesatzes bzw. des ausländischen Steuersatzes ist der Abbildung 58, S. 273 bzw. der Abbildung 59, S. 273 im Anhang XVII zu entnehmen.

2 S. § 16 Abs. 4 S. 2 GewStG.

3 Zu den genannten sowie den folgenden Werten vgl. die Tabelle 10, S. 274 im Anhang XVII.

rung (ΔS_i^{FVerl}) ab.[1] Da die abnehmende Steigung der Steuerbelastung aus der Verlagerung die zunehmende Steigung der Steuerbelastung aus der Funktionsausübung im Ausland überkompensiert, nimmt die Steigung beider Komponenten zusammen ab und ein positiver Steuervorteil entsteht ab einem Hebesatz von 400 %. Für einen Hebesatz von 600 % ergibt sich aus der Funktionsverlagerung ein Steuervorteil in Höhe von 10,23 GE bzw. ein relativer Steuervorteil ($s^{VorFVerlRel}$) in Höhe von 4,12 %. In der nachstehenden Abbildung sind die Steuerbelastung aus der Verlagerung (S aus FVerl) und die Steuerbelastung aus der Funktionsausübung im Ausland (S Ausland) kumuliert dargestellt und der Steuerbelastung aus der Funktionsausübung im Inland (S Inland) gegenübergestellt. Die Abbildung verdeutlicht die Entwicklung des Steuervorteils aus der Funktionsverlagerung (Steuervorteil aus der FVerl).

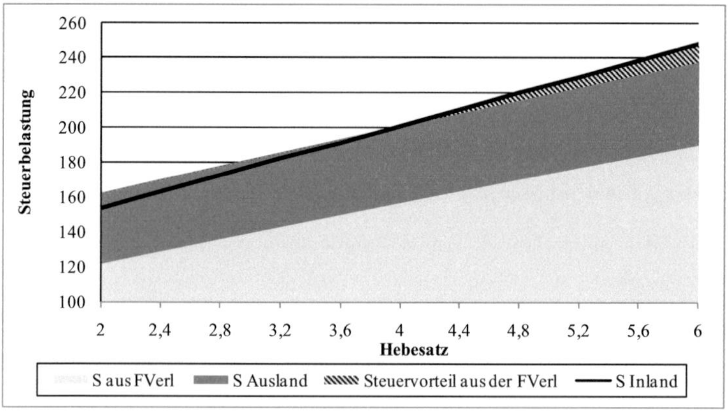

Abbildung 37: Steuervorteil einer Funktionsverlagerung in Abhängigkeit des Hebesatzes

Die Veränderung des Steuervorteils aus der Funktionsverlagerung in Abhängigkeit des ausländischen Steuersatzes ist in Abbildung 38 dargestellt. Die Steuerlast aus der Funktionsausübung im Inland bleibt infolge der Veränderung des ausländischen Steuersatzes konstant. Da der ausländische Grenzpreis und somit der anzusetzende Transferpaket-

[1] Vgl. hierzu die Werte von ΔS_i^F; ΔS_i^{FVerl}; ΔS_a^F in der Tabelle 10, S. 274 im Anhang XVII. Die Steuerbelastung aus der Funktionsausübung im Ausland steigt mit steigendem Hebesatz, da die Ausschüttung der Tochterkapitalgesellschaft bei der Mutterkapitalgesellschaft mit Gewerbesteuer belastet ist. Die Steigung nimmt mit zunehmendem Hebesatz zu, da zudem der Transferpaketpreis und somit das Abschreibungspotenzial im Ausland sinkt. Die Steuerbelastung aus der Verlagerung wächst mit steigendem Hebesatz. Da mit steigendem Hebesatz zudem der Transferpaketpreis und somit die Bemessungsgrundlage der Steuerbelastung sinkt, nimmt die Steigung der Steuerlast mit zunehmendem Hebesatz ab.

preis mit fallendem ausländischen Steuersatz steigt, erhöht sich die Steuerbelastung aus der Verlagerung der Funktion. Dieser Effekt wird durch die Abnahme der Steuerbelastung aus der Funktionsausübung im Ausland bei fallendem ausländischen Steuersatz überkompensiert, weshalb im Ergebnis der Steuervorteil aus der Funktionsverlagerung mit fallendem ausländischen Steuersatz steigt. Bei einem theoretischen ausländischen Steuersatz von 0 % würde der Steuervorteil aus der Funktionsverlagerung 24,92 GE ($S^{VorFVerl}$) bzw. 12,40 % der Steuerbelastung aus der Funktionsausübung im Inland ($s^{VorFVerlRel}$) betragen.[1]

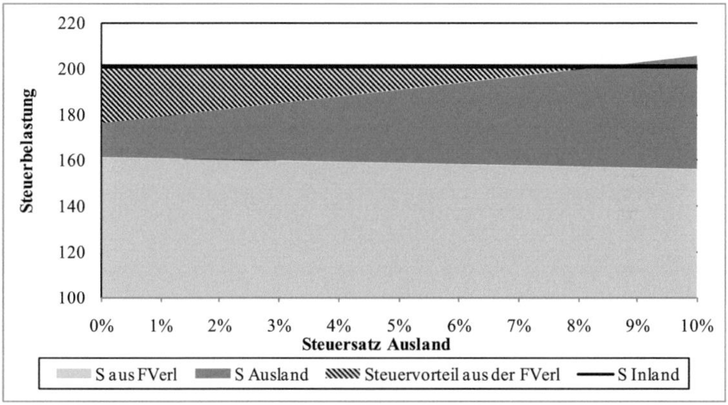

Abbildung 38: Steuervorteil einer Funktionsverlagerung in Abhängigkeit des ausländischen Steuersatzes

In Abbildung 39 werden die Auswirkungen der Veränderung des Hebesatzes und des ausländischen Steuersatzes auf den Steuervorteil einander gegenübergestellt. Um eine Gegenüberstellung der Einflussfaktoren zu ermöglichen, müssen die Steuervorteile aus der Abbildung 37 und der Abbildung 38 auf einer einheitlich skalierten Abszisse dargestellt werden. Die Werte der Variablen in der Ausgangssituation werden deshalb auf 100 % genormt und die Veränderung der Variablen auf der Abszisse in Prozent der jeweiligen Ausgangswerte dargestellt. Der Abbildung kann so entnommen werden, wie groß der relative Steuervorteil der Verlagerung ($s^{VorFVerlRel}$) ist, wenn die Einflussfaktoren um beispielsweise 20 % von der jeweiligen Ausgangsgröße – $h = 400$ %; $s_a^u = 8{,}44$ % – abweichen.

---

[1] Zu den genannten Werten vgl. die Tabelle 11, S. 275 im Anhang XVII.

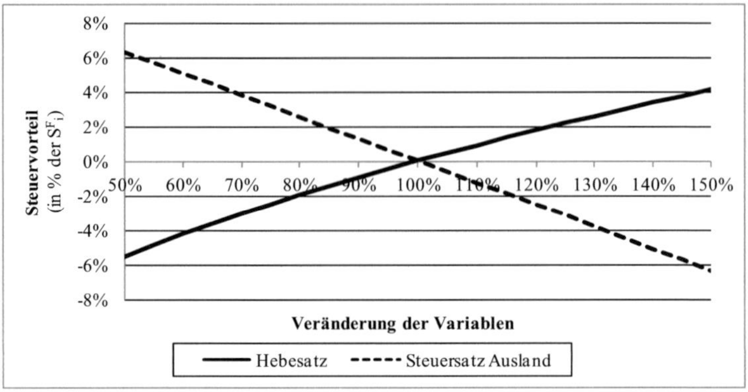

Abbildung 39: Gegenüberstellung der Wirkung der Variation des Hebesatzes und des ausländischen Steuersatzes

Die voranstehende Abbildung zeigt, dass der Steuervorteil der Funktionsverlagerung mit dem Hebesatz positiv und dem ausländischen Steuersatz negativ korreliert. In der Ausgangssituation (100 %) entfaltet eine Erhöhung des ausländischen Steuersatzes um 20 % mit einer Verringerung des Steuervorteils der Funktionsverlagerung um -2,63 Prozentpunkte ($s^{VorFVerlRel}$) eine größere Wirkung auf den Steuervorteil als eine Erhöhung des Hebesatzes um 20 %, die eine Erhöhung des Steuervorteils um 1,76 Prozentpunkte bedingt.[1] In Abhängigkeit des Hebesatzes verläuft der Steuervorteil konkav, da die Steigung des Steuervorteils ($\Delta s^{VorFVerlRel}$) mit steigendem Hebesatz abnimmt; in Abhängigkeit des ausländischen Steuersatzes verläuft der Steuervorteil ebenfalls konkav, da dessen negative Steigung mit steigendem ausländischen Steuersatz zunimmt.[2]

In der Ausgangssituation wurde der ausländische Steuersatz unter der Bedingung, dass ein Steuervorteil von Null entsteht, endogen aus dem Modell bestimmt und so der ausländische Indifferenzsteuersatz der Ausgangssituation zugrunde gelegt. In der nachstehenden Abbildung ist der Verlauf des Indifferenzsteuersatzes in Abhängigkeit des Hebesatzes dargestellt:

[1] Zu den genannten Werten vgl. die Tabelle 12, S. 276 im Anhang XVII.

[2] Vgl. hierzu die Werte von $\Delta s^{VorFVerlRel}$ in der Tabelle 12, S. 276 im Anhang XVII.

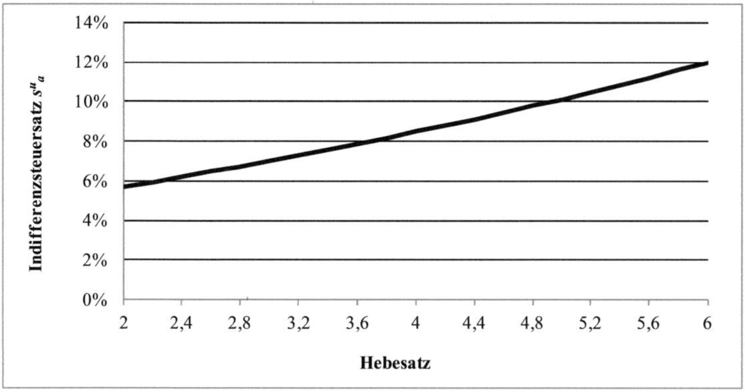

Abbildung 40: Ausländischer Indifferenzsteuersatz in Anhängigkeit des Hebesatzes

Der ausländische Indifferenzsteuersatz steigt mit einer Erhöhung des Hebesatzes, da der Steuervorteil der Funktionsverlagerung mit einer Änderung des Hebesatzes positiv korreliert. Der für einen Hebesatz von 600 % errechnete ausländische Indifferenzsteuersatz beträgt 11,93 %.[1] Selbst bei einem Hebesatz von 600 % wäre unter den gesetzten Annahmen aus der Menge der in Abbildung 35 dargestellten Länder nur eine Verlagerung der Funktion nach Bulgarien oder Zypern, also lediglich in zwei der insgesamt 32 Länder steuerlich vorteilhaft.[2]

Die Wirkung des Steuersatzeffekts hängt zum einen von dem Umfang der Einkünfte, die in das Ausland verlagert werden können, und somit von der Verhandlungsmacht der Vertragsparteien ab (Verteilungseffekt). Da in der Ausgangssituation der Grenzpreis des funktionsaufnehmenden Unternehmens dem Grenzpreis des funktionsabgebenden Unternehmens entspricht, besteht kein Einigungsbereich, der in Abhängigkeit der Verhandlungsmacht aufgeteilt werden kann.[3]

Zum anderen hängt die Wirkung des Steuersatzeffekts von der Höhe der Buchwerte der funktionseigenen Wirtschaftsgüter und somit der Höhe der stillen Reserven ab, die durch die Verlagerung aufgedeckt und besteuert werden. Die Buchwerte wurden in der

---

1 Weitere Werte können der Tabelle 13, S. 276 im Anhang XVII entnommen werden.

2 Vgl. Abbildung 35, S. 192.

3 In Kapitel 6.5 wird die Annahme identischer Zahlungsmittelüberschüsse aus der Funktionsausübung im Inland und im Ausland aufgehoben und in diesem Zusammenhang die Wirkung der Veränderung der Verhandlungsmacht auf die Vorteilhaftigkeit einer Funktionsverlagerung untersucht. Vgl. Kapitel 6.5, S. 227.

Ausgangssituation mit 45 % des Transferpaketpreises auf 430 GE normiert. Im Folgenden wird der Prozentsatz der Buchwerte am Transferpaketpreis variiert; die Relation der Summe der Fremdvergleichspreise der materiellen und immateriellen Einzelwirtschaftsgüter und des Geschäfts- oder Firmenwertes bleibt hingegen konstant.[1]

Mit steigenden Buchwerten sinkt der Grenzpreis des funktionsabgebenden Unternehmens.[2] Da der Grenzpreis des funktionsaufnehmenden Unternehmens von der Variation der Höhe der Buchwerte unberührt bleibt, fällt im Ergebnis der Transferpaketpreis mit steigenden Buchwerten. Auf Grund des fallenden Grenzpreises des funktionsabgebenden Unternehmens besteht ein positiver Einigungsbereich für alle Buchwert größer als 45 % des Transferpaketpreises.[3]

Die Steuerlast aus der Funktionsausübung im Ausland nimmt mit steigendem Buchwertanteil zu, da der Transferpaketpreis und folglich das Abschreibungsvolumen im Ausland sinkt. Die Steuerlast aus der Verlagerung und die Steuerlast aus der Funktionsausübung im Inland sinken mit steigendem Buchwertanteil; allerdings fällt die Steuerlast aus der Verlagerung stärker als die Steuerlast aus der Funktionsausübung im Inland,[4] da die Erhöhung des Buchwertanteils bei deren Berechnung doppelte Wirkung entfaltet: Zum einen sinkt der Grenzpreis und damit der Transferpaketpreis, zum anderen wird ein höherer Buchwert von dem Transferpaketpreis abgezogen. Wie aus Abbildung 41 ersichtlich, entsteht ab einem Buchwertanteil von 45 % des Transferpaketes ein positiver Steuervorteil aus der Funktionsverlagerung; für einen Buchwertanteil von bei-

---

1 Der Anteil der Fremdvergleichspreise der materiellen Wirtschaftsgüter am Transferpaketpreis beträgt wie in der Ausgangssituation 43 %, der Anteil der Fremdvergleichspreise der immateriellen Wirtschaftsgüter 25 % und der Anteil des Geschäfts- oder Firmenwertes 32 %. Vgl. auch Kapitel 6.4.1, S. 206. Die Berechnung des Steuervorteils in Abhängigkeit der Höhe der Buchwerte wurde iterativ mit Hilfe von Excel durchgeführt.

2 Einerseits steigt das Gewinnpotenzial aus der Funktionsausübung im Inland und somit der inländische Grenzpreis infolge steigender Buchwerte, da der Steuervorteil aus der Abschreibung zunimmt. Andererseits sinkt jedoch der Grenzpreis, da die Steuerlast aus der Verlagerung mit steigenden Buchwerten abnimmt. Da im Rahmen der Ermittlung des Gewinnpotenzials lediglich der Barwert aus der Abschreibung der Buchwerte eine grenzpreiserhöhende Wirkung entfaltet, im Rahmen der Ermittlung der Steuerlast aus der Verlagerung hingegen der tatsächliche Betrag der Buchwerte eine grenzpreismindernde Wirkung entfaltet, fällt der inländische Grenzpreis bei steigendem Buchwertanteil. Vgl. dazu auch die Gleichung (6-16) im Kapitel 6.3, S. 199.

3 Die grafische Darstellung des Einigungsbereiches ist der Abbildung 60, S. 277 im Anhang XVII zu entnehmen.

4 Vgl. die Entwicklung von ΔS_i^{FVerl} und ΔS_i^{F} in der Tabelle 14, S. 277 im Anhang XVII.

spielsweise 60 % resultiert ein relativer Steuervorteil aus der Verlagerung ($s^{VorFVerlRel}$) in Höhe von 6,94 %.[1]

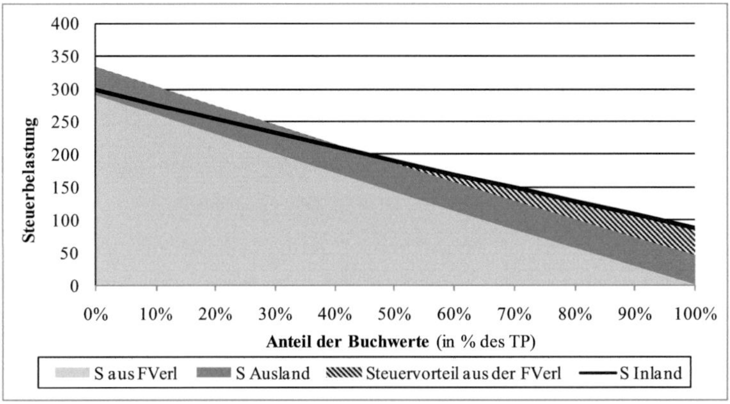

Abbildung 41: Steuervorteil einer Funktionsverlagerung in Anhängigkeit des Anteils der Buchwerte am Transferpaketpreis

Die steuerliche Vorteilhaftigkeit der Funktionsverlagerung wird nicht nur durch die Höhe der Buchwerte beim funktionsabgebenden Unternehmen beeinflusst, sondern auch durch die Verteilung der stillen Reserven auf die verschiedenen Wirtschaftsgüter im Rahmen der Kaufpreisaufteilung beim funktionsaufnehmenden Unternehmen. Um die Auswirkungen einer unterschiedlichen Verteilung der stillen Reserven auf den Steuervorteil zu untersuchen, werden im Folgenden konstante Fremdvergleichspreise der materiellen Wirtschaftsgüter angenommen und die Differenz aus dem Transferpaketpreis und der Summe der Fremdvergleichspreise der materiellen Wirtschaftsgüter in variierenden Quoten auf den Geschäfts- oder Firmenwert und die immateriellen Wirtschaftsgüter verteilt.[2]

Die unterschiedliche Verteilung der stillen Reserven wirkt auf den Grenzpreis des funktionsaufnehmenden Unternehmens, da die Nutzungsdauer des Geschäfts- oder Firmenwertes annahmegemäß 15 Jahre, die der immateriellen Wirtschaftsgüter hingegen ledig-

[1] Vgl. Tabelle 14, S. 277 im Anhang XVII.

[2] Die Fremdvergleichspreise der materiellen Wirtschaftsgüter werden – wie in der Ausgangssituation – auf 411 GE normiert. Für FP_{imat} gilt: $FP_{imat} = (TP - FP_{mat}) \cdot x$; für GoF_F gilt: $GoF_F = TP - FP_{imat} - FP_{mat}$. Die Berechnung des Steuervorteils in Abhängigkeit der Anteile der stillen Reserven in immateriellen Wirtschaftsgütern wurde iterativ mit Hilfe von Excel durchgeführt.

lich 5 Jahre beträgt. Mit einem steigenden Anteil der stillen Reserven in den immateriellen Wirtschaftsgütern steigt der Grenzpreis des funktionsaufnehmenden Unternehmens infolge des höheren Barwertes des Abschreibungspotenzials. Auf Grund des unveränderten Grenzpreises des funktionsabgebenden Unternehmens steigt der Transferpaketpreis mit zunehmendem Anteil der stillen Reserven. Da in der Ausgangssituation der Anteil der immateriellen Wirtschaftsgüter an der Differenz zwischen dem Transferpaketpreis und den Fremdvergleichspreisen der materiellen Wirtschaftsgüter ca. 43,87 % beträgt, entsteht ab diesem Prozentsatz ein positiver Einigungsbereich.[1]

In Folge des steigenden Transferpaketpreises steigt die Steuerbelastung aus der Verlagerung der Funktion mit einem zunehmenden Anteil der stillen Reserven in den immateriellen Wirtschaftsgütern. Die Erhöhung der Steuerlast aus der Verlagerung wird jedoch – wie aus Abbildung 42 ersichtlich – durch den Rückgang der Steuerbelastung aus der Funktionsausübung im Ausland überkompensiert, der in dem höheren Barwert des Abschreibungspotenzials begründet ist.

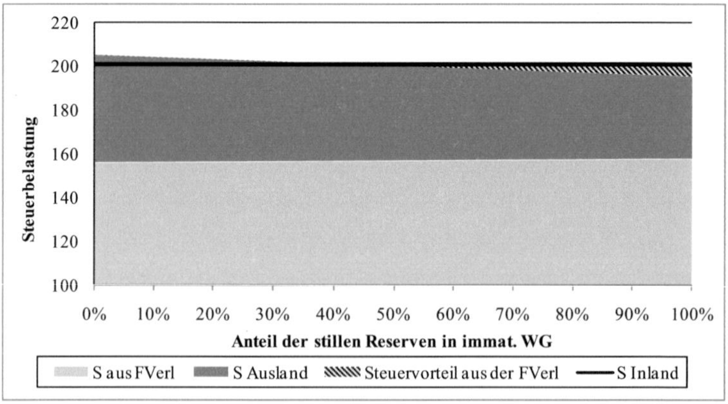

Abbildung 42: Steuervorteil einer Funktionsverlagerung in Abhängigkeit des Anteils der stillen Reserven in immateriellen Wirtschaftsgütern

[1] Die grafische Darstellung des Einigungsbereiches ist der Abbildung 61, S. 278 im Anhang XVII zu entnehmen. In der Ausgangssituation betragen die Fremdvergleichswerte der immateriellen Wirtschaftsgüter 239 GE, die der materiellen Wirtschaftsgüter 411 GE und der Transferpaketpreis 955,80 GE. Bezüglich des Transferpaketpreises vgl. bspw. für einen Hebesatz von 400 % die Werte der Tabelle 10, S. 274 im Anhang XVII. Der Anteil der Fremdvergleichspreise der immateriellen Wirtschaftsgüter an der Differenz aus dem Transferpaketpreis und den Fremdvergleichspreisen der materiellen Wirtschaftsgüter beträgt in der Ausgangssituation somit ca. 43,87 % = 239 / (955,80-411).

Die Höhe der Steuerlast aus der Funktionsausübung im Inland wird durch die Kaufpreisaufteilung beim funktionsaufnehmenden Unternehmen nicht tangiert und bleibt konstant. Für den Fall, dass die stillen Reserven vollständig auf immaterielle Wirtschaftsgüter entfallen, ergibt sich unter den getroffenen Annahmen maximal ein relativer Steuervorteil in Höhe von 2,78 % durch die Verlagerung.[1]

In Abbildung 43 ist die Wirkung der Variation des Anteils der Buchwerte am Transferpaketpreis der Wirkung der Variation des Anteils der stillen Reserven in immateriellen Wirtschaftsgütern auf einer – durch Angabe der prozentualen Abweichung vom Ausgangswert – einheitlich skalierten Abszisse gegenübergestellt. Der Steuervorteil aus der Funktionsverlagerung korreliert positiv mit der Höhe der Buchwerte und dem Anteil der stillen Reserven in immateriellen Wirtschaftsgütern. Die Wirkung einer Veränderung des Buchwertanteils ist durchwegs höher als die Wirkung der Veränderung des Anteils der stillen Reserven in immateriellen Wirtschaftsgütern. Durch eine Erhöhung des Anteils der Buchwerte am Transferpaket um 20 % zur Ausgangssituation kann ein relativer Steuervorteil von 3,89 % erreicht werden, während dieser infolge der Variation des Anteils der stillen Reserven in den immateriellen Wirtschaftsgütern um 20 % lediglich 0,43 % beträgt.[2]

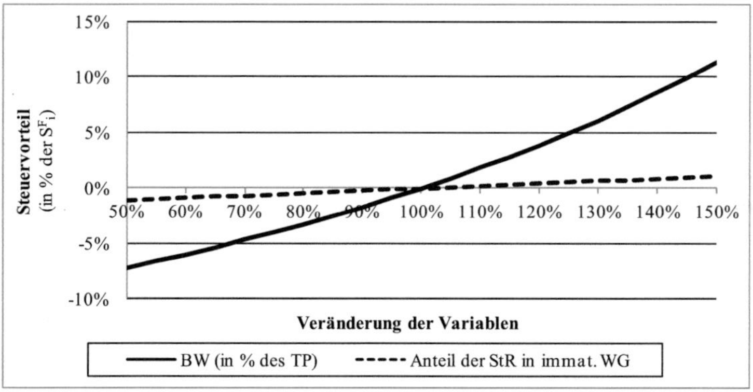

Abbildung 43: Gegenüberstellung der Wirkung der Variation des Anteils der Buchwerte am Transferpaketpreis und des Anteils der stillen Reserven in immateriellen Wirtschaftsgütern

1 Vgl. Tabelle 15, S. 278 im Anhang XVII.

2 Zu den genannten Werten vgl. Tabelle 16, S. 279 im Anhang XVII.

Die Auswirkung einer Veränderung des Anteils der Buchwerte am Transferpaketpreis und einer Veränderung des Anteils der stillen Reserven in den immateriellen Wirtschaftsgütern auf den ausländischen Indifferenzsteuersatz ist in Abbildung 44 dargestellt. Die Anzahl der in Abbildung 35 dargestellten Länder,[1] in die die Funktion ohne Steuernachteil verlagert werden könnte, bleibt gering. In dem – wohl nur theoretischen – Fall, dass der Transferpaketpreis zu 100 % aus Buchwerten besteht, wäre mit einem ausländischen Indifferenzsteuersatz von 20,62 % eine Verlagerung nur in 9 der 32 genannten Länder steuerlich vorteilhaft. Durch eine Variation des Anteils der stillen Reserven in den immateriellen Wirtschaftsgütern kann unter den getroffenen Annahmen maximal ein Indifferenzsteuersatz von 10,80 % erreicht werden und so lediglich eine Verlagerung in 2 der genannten Länder ohne einen Steuernachteil vollzogen werden.[2]

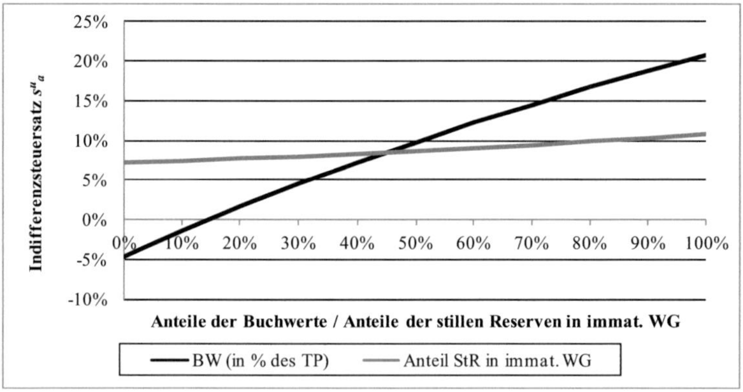

Abbildung 44: Ausländischer Indifferenzsteuersatz in Abhängigkeit des Anteils der Buchwerte am Transferpaketpreis und des Anteils der stillen Reserven in immateriellen Wirtschaftsgütern

6.4.3 Zeiteffekt

Wie in Kapitel 6.2 dargestellt, steht unter der Annahme eines exogen gegebenen Transferpaketpreises dem positiven Steuersatzeffekt ein negativer Zeiteffekt entgegen, wenn der Transferpaketpreis beim funktionsaufnehmenden Unternehmen nicht sofort, sondern – auf Grund einer Aktivierung und Abschreibung beim funktionsaufnehmenden Unter-

[1] Vgl. Abbildung 35, S. 192.

[2] Zu den genannten Werten vgl. Tabelle 17, S. 279 im Anhang XVII.

nehmen – zeitlich gestreckt steuerlich abzugsfähig ist.[1] Im Folgenden wird unter der Annahme eines endogen ermittelten Transferpaketpreises untersucht, wie der Steuervorteil der Funktionsverlagerung in Abhängigkeit des Zinssatzes und der Nutzungsdauer der einzelnen Komponenten des Transferpaketes variiert.

Bei niedrigen Zinssätzen ist der Grenzpreis des funktionsabgebenden Unternehmens höher als der des funktionsaufnehmenden und es besteht kein Einigungsbereich zwischen den beiden Parteien.[2] Mit einem steigenden Kapitalisierungszinssatz fallen die jeweiligen Grenzpreise der Parteien und somit der Transferpaketpreis, da die Grenzpreise wesentlich durch den Barwert der zukünftigen Gewinnpotenziale aus der Funktionsausübung geprägt sind. Im Bereich der positiven Zinssätze fällt der Grenzpreis des funktionsabgebenden Unternehmens stärker als der des funktionsaufnehmenden Unternehmens, weshalb bei einem Zinssatz von 10 % ein positiver Einigungsbereich entsteht. Bei einem Zinssatz von ca. 14,40 % beträgt der Transferpaketpreis 650 GE und entspricht damit der Summe der Fremdvergleichswerte der Einzelwirtschaftsgüter.[3] Bei einem Zinssatz größer als 14,40 % würde unter fremden Dritten nicht mehr der – durch Diskontierung der zukünftigen Zahlungsmittelüberschüsse ermittelte – Transferpaketpreis, sondern die Summe der Fremdvergleichswerte der Einzelwirtschaftsgüter als Vergütung für die Übertragung der Funktion herangezogen werden. Die Auswirkung der Veränderung des Zinssatzes auf den Steuervorteil der Funktionsverlagerung wird deshalb nur bis zu einem Zinssatz von 14 % betrachtet.

Mit steigendem Zinssatz fallen die Barwerte der Steuerbelastung aus der Funktionsausübung im In- und Ausland. Auch die Steuerbelastung aus der Verlagerung sinkt mit steigendem Zinssatz, da der Transferpaketpreis und somit die Bemessungsgrundlage der Steuerlast fällt. Die negative Steigung der Steuerlast aus der Verlagerung (ΔS_i^{FVerl}) ist für jeden Zinssatz größer als die negative Steigung der Steuerlast aus der Funktionsausübung im Inland (ΔS_i^F).[4] Da auch der Barwert der Steuerlast aus der Funktionsausübung

[1] Vgl. Kapitel 6.2, S. 193.

[2] Vgl. Tabelle 18, S. 280 im Anhang XVIII. Der Einigungsbereich in Abhängigkeit des Zinssatzes wird grafisch nicht abgebildet, da die Grenzpreise eine hohe negative Steigung aufweisen, nur gering voneinander abweichen und der Einigungsbereich somit nur eingeschränkt darstellbar ist.

[3] Der Zinssatz von 14,40 % wurde durch Gleichsetzung des Transferpaketpreises mit 650 GE in der Gleichung (XV-02) (vgl. Anhang XV, S. 269) berechnet.

[4] Vgl. die Werte von ΔS_i^{FVerl} und ΔS_i^F die Tabelle 18, S. 280 im Anhang XVIII.

im Ausland mit steigendem Zinssatz fällt, fällt die kumulierte Steuerlast aus der Funktionsausübung im Ausland und der Verlagerung stärker als die Steuerlast aus der Funktionsausübung im Inland. Unter den getroffenen Annahmen entsteht deshalb – wie aus Abbildung 45 ersichtlich – ab einem Zinssatz von 10 % ein positiver Steuervorteil aus der Funktionsverlagerung, der mit zunehmendem Zinssatz wächst. Bei einem Zinssatz von 7 % resultiert ein negativer relativer Steuervorteil in Höhe von -6,84 %; bei einem Zinssatz von 14 % ein relativer Steuervorteil von 16,97 %.[1]

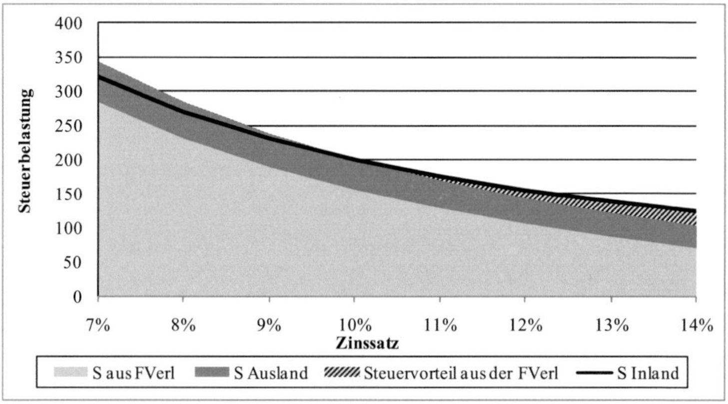

Abbildung 45: Steuervorteil einer Funktionsverlagerung in Abhängigkeit des Zinssatzes

Im Ergebnis nimmt der Steuervorteil der Funktionsverlagerung infolge eines endogen ermittelten Transferpaketpreises mit steigendem Zinssatz zu. Der Aussage von *Scheffler*,[2] dass der Steuervorteil der Verlagerung mit fallendem Zinssatz steigt, kann aufgrund der im AStG geforderten Ermittlung des Transferpaketpreises auf Basis funktions- und risikoadäquater Kapitalisierungszinssätze folglich nicht zugestimmt werden. *Scheffler* betrachtet infolge einer Variation des Zinssatzes lediglich die Veränderung des Steuervorteils aus der Abschreibung. Der Barwert des Steuervorteils aus der Abschreibung sinkt mit steigendem Zinssatz. Dieser Effekt wird allerdings durch die Diskontierung der Steuerlast aus den Zahlungsmittelüberschüssen mit einem höheren Zinssatz kompensiert, weshalb der Barwert der Steuerlast aus der Funktionsausübung im Aus-

[1] Zu den angegebenen Werten vgl. die Tabelle 18, S. 280 im Anhang XVIII.

[2] Vgl. *Scheffler, W.*, Steuerlehre, 2009, S. 551.

land insgesamt fällt.[1] Der positive Steuervorteil aus der Verlagerung, der mit steigendem Zinssatz zunimmt, entsteht schließlich, da die kumulierte Steuerlast aus der Verlagerung und der Funktionsausübung im Ausland stärker fällt als der Barwert der Steuerlast aus der Funktionsausübung im Inland. In Abbildung 46 ist die Veränderung der einzelnen Komponenten des Steuervorteils einer Funktionsverlagerung in Abhängigkeit des Zinssatzes dargestellt, die näherungsweise deren partieller Ableitung entspricht. Der Abbildung kann entnommen werden, dass der absolute Betrag der Veränderung der kumulierten Steuerlast aus der Verlagerung und der Funktionsausübung im Ausland (ΔS aus FVerl + ΔS Ausland) höher ist als der absolute Betrag der Veränderung der Steuerlast aus der Funktionsausübung im Inland (ΔS Inland) und somit die kumulierte Steuerlast aus der Verlagerung und der Ausübung im Ausland stärker fällt als die Steuerlast aus der Ausübung im Inland.[2]

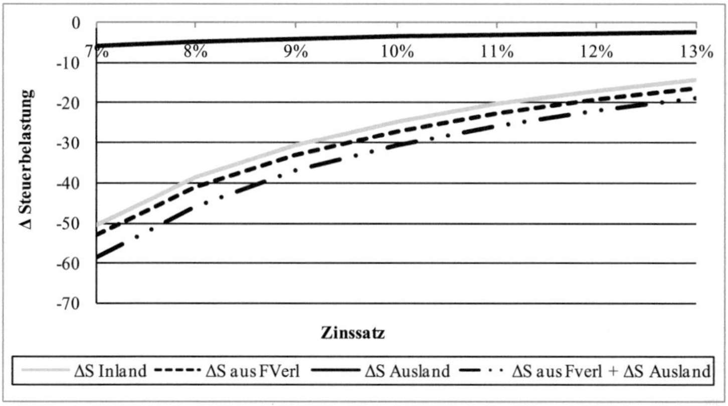

Abbildung 46: Veränderung der Komponenten des Steuervorteils in Abhängigkeit des Zinssatzes

Neben dem Zinssatz beeinflusst auch die Abschreibungsdauer der einzelnen Bestandteile des Transferpaketes den Steuervorteil einer Funktionsverlagerung. Im Folgenden wird deshalb die Auswirkung einer Veränderung der Nutzungsdauer der immateriellen Wirtschaftsgüter und des Geschäfts- oder Firmenwertes untersucht. Da eine Änderung dieser beiden Einflussfaktoren in gleicher Weise wirkt und sich lediglich deren Wir-

---

[1] Zur formalen Darstellung der Steuerlast aus der Funktionsausübung im Ausland vgl. Gleichung (6-24) in Kapitel 6.3, S. 199.

[2] Vgl. Tabelle 18, S. 280 im Anhang XVIII.

kungsgrad unterscheidet, wird die Wirkungsweise anhand einer Variation der Nutzungsdauer des Geschäfts- oder Firmenwertes dargestellt und anschließend der Wirkungsgrad der beiden Variablen verglichen.

Eine Variation der Nutzungsdauer des Geschäfts- oder Firmenwertes hat eine Änderung des ausländischen Grenzpreises zur Folge, der bei fallender Nutzungsdauer und somit einem höheren Barwert des Steuervorteils aus der Abschreibung steigt. Unter den getroffenen Annahmen existiert für alle Nutzungsdauern kleiner als 15 Jahre ein positiver Einigungsbereich.[1] Da mit dem ausländischen Grenzpreis auch der Transferpaketpreis mit fallender Nutzungsdauer steigt, erhöht sich die Steuerlast aus der Funktionsverlagerung. Dieser Effekt wird jedoch – wie in Abbildung 47 dargestellt – durch den Rückgang des Barwertes der Steuerbelastung aus der Funktionsausübung im Ausland überkompensiert.[2] Da zudem die Steuerbelastung der Funktionsausübung im Inland durch die Nutzungsdauer des Geschäfts- oder Firmenwertes im Ausland nicht beeinflusst wird, steigt der Steuervorteil aus der Funktionsverlagerung mit fallender Nutzungsdauer der Bestandteile des Transferpaketes.

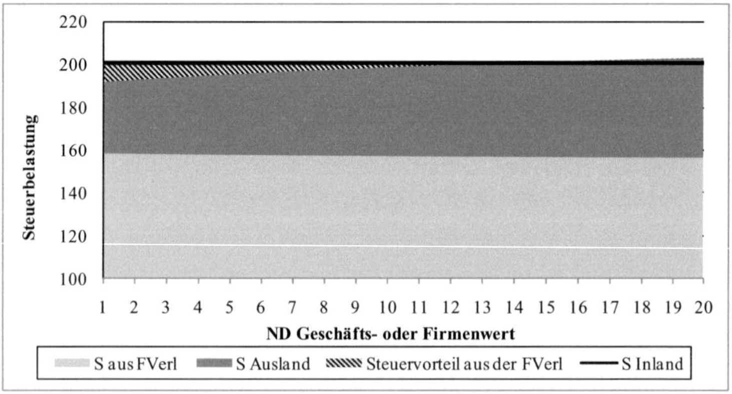

Abbildung 47: Steuervorteil einer Funktionsverlagerung in Abhängigkeit der Nutzungsdauer des Geschäfts- oder Firmenwertes

[1] Für eine grafische Darstellung des Einigungsbereiches in Abhängigkeit der Nutzungsdauer des Geschäfts- oder Firmenwertes vgl. Abbildung 62, S. 281 im Anhang XVIII. Für eine grafische Darstellung des Einigungsbereiches in Abhängigkeit der Nutzungsdauer der immateriellen Wirtschaftsgüter vgl. Abbildung 63, S. 281 im Anhang XVIII.

[2] Vgl. die Entwicklung von ΔS_I^F und ΔS_I^{FVerl} in der Tabelle 19, S. 282 im Anhang XVIII.

Infolge einer sofortigen Abschreibung des Geschäfts- oder Firmenwertes im Ausland entsteht unter den getroffenen Annahmen ein Steuervorteil im Vergleich zur Ausgangssituation von 8,99 GE bzw. 4,47 % der Steuerlast aus einer alternativen Funktionsausübung im Inland. Da die immateriellen Wirtschaftsgüter in der Ausgangssituation lediglich über 5 Jahre abgeschrieben werden, führt deren sofortige Abschreibung zu einem geringeren relativen Steuervorteil von 1,29 %.[1]

In Abbildung 48 sind die drei Einflussfaktoren, die den Zeiteffekt der steuerlichen Vorteilhaftigkeit einer Funktionsverlagerung bestimmen, auf einer – durch Angabe der prozentualen Abweichung vom Ausgangswert – einheitlich skalierten Abszisse einander gegenübergestellt. Der Steuervorteil einer Funktionsverlagerung korreliert positiv mit dem Einflussfaktor Zinssatz und negativ mit den Nutzungsdauern der Bestandteile des Transferpaketes. Der Wirkungsgrad ($\Delta s^{VorFVerlRel}$) einer Variation der Nutzungsdauer hängt von dem prozentualen Anteil dieses Bestandteils am gesamten Transferpaket und der Höhe der Nutzungsdauer in der Ausgangssituation ab. Unter den getroffenen Annahmen ist der Wirkungsgrad der Veränderung der Nutzungsdauer des Geschäfts- oder Firmenwertes höher als der Wirkungsgrad der gleichen prozentualen Veränderung der Nutzungsdauer der immateriellen Wirtschaftsgüter.[2] Der Wirkungsgrad einer Änderung des Kapitalisierungszinssatzes nimmt mit steigendem Kapitalisierungszins zu und ist in dem angegebenen Bereich stets höher als der Wirkungsgrad der Änderung der Nutzungsdauer des Geschäfts- oder Firmenwertes. Infolge einer Erhöhung der Nutzungsdauer der immateriellen Wirtschaftsgüter bzw. des Geschäfts- oder Firmenwertes um jeweils 20 % der Ausgangswerte entsteht ein relativer Steuervorteil von –0,28 % bzw. –0,56 %. Die gleiche Erhöhung des Ausgangswertes des Zinssatzes führt hingegen zu einem relativen Steuervorteil von 7,33 %.[3]

---

[1] Zu den genannten Werten vgl. die Tabelle 19, S. 282 bzw. die Tabelle 20, S. 283 im Anhang XVIII.

[2] Vgl. hierzu die unterschiedlichen Werte von $\Delta s^{VorFVerlRel}$ in der Tabelle 21, S. 284 im Anhang XVIII.

[3] Zu den genannten und weiteren Werten vgl. Tabelle 21, S. 284 im Anhang XVIII.

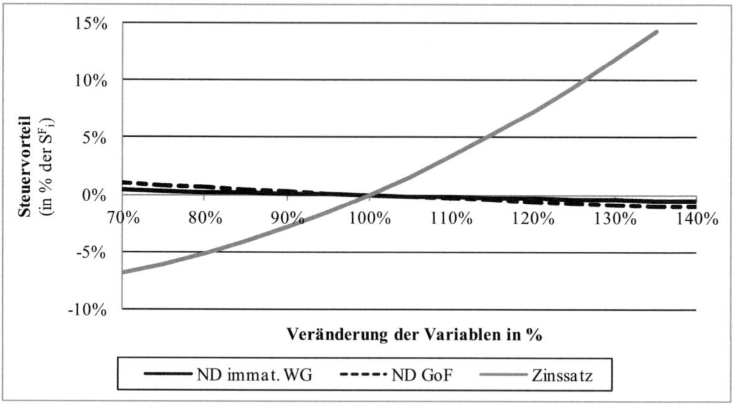

Abbildung 48: Gegenüberstellung der Wirkung der Parameter des Zeiteffekts

Abschließend wird die Auswirkung einer gleichzeitigen Variation des Kapitalisierungszinssatzes und der Nutzungsdauer des Geschäfts- oder Firmenwertes auf den ausländischen Indifferenzsteuersatz in Abbildung 49 dargestellt. Der Indifferenzsteuersatz steigt mit fallender Nutzungsdauer des Geschäfts- oder Firmenwertes und steigendem Kapitalisierungszinssatz. Unter Berücksichtigung der getroffenen Annahmen resultiert bei einem unveränderten Kapitalisierungszinssatz von 10 % und einer sofortigen steuermindernden Berücksichtigung des Geschäfts- oder Firmenwertes im Zeitpunkt der Verlagerung ein ausländischer Indifferenzsteuersatz von 12,97 %.[1] Vergleicht man diesen Steuersatz mit den in Abbildung 35 angegebenen Steuersätzen,[2] wäre eine Verlagerung in nur drei der genannten 32 Länder steuerlich vorteilhaft. Geht man zusätzlich zur sofortigen Abzugsfähigkeit des Geschäfts- oder Firmenwertes von einem Zinssatz von 14 % aus, ergibt sich ein ausländischer Indifferenzsteuersatz von 18,07 %, der lediglich über dem Steuersatz von fünf der genannten 32 Zielländer liegt.[3]

---

[1] Zu diesen und den folgenden Werten vgl. die Tabelle 22, S. 284 im Anhang XVIII.

[2] Vgl. Abbildung 35, S. 192.

[3] Aus Abbildung 49 wird die interdependente Wirkungsweise der Veränderung der Nutzungsdauer des Geschäfts- oder Firmenwertes und des Kapitalisierungszinssatzes ersichtlich. Da bei einem niedrigen Zinssatz der Transferpaketpreis und somit der derivative Geschäfts- oder Firmenwert höher ist, nimmt der Wirkungsgrad einer Senkung der Nutzungsdauer bei einem niedrigen Zinssatz stärker zu als bei einem hohen Zinssatz. Die Wirkung einer Erhöhung des Zinssatzes auf die Höhe des Indifferenzsteuersatzes nimmt bei einer niedrigen Nutzungsdauer mit steigendem Zinssatz ab, während sie bei einer hohen Nutzungsdauer mit steigendem Zinssatz zunimmt. Die Veränderung des Indifferenzsteuersatzes (Δs_a^u) in Abhängigkeit der Nutzungsdauer und des Kapitalisierungszinssatzes kann der Tabelle 22, S. 284 im Anhang XVIII entnommen werden.

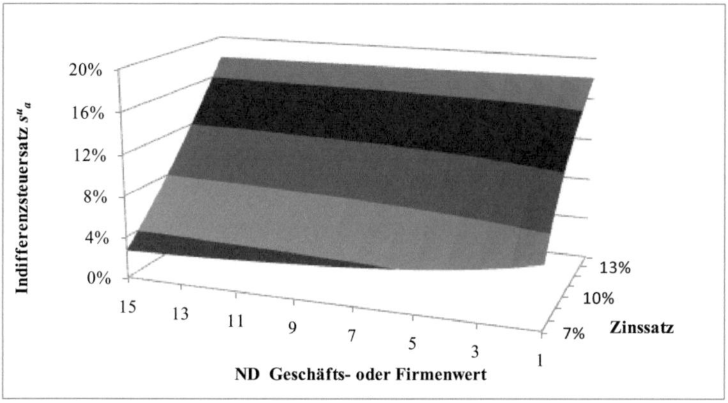

Abbildung 49: Ausländischer Indifferenzsteuersatz in Abhängigkeit der Nutzungsdauer des Geschäfts- oder Firmenwertes und des Kapitalisierungszinssatzes

6.4.4 Bemessungsgrundlageneffekt

Der potenzielle Steuervorteil einer Funktionsverlagerung auf Grund eines grenzüberschreitenden Steuersatzgefälles wird infolge einer Doppelbesteuerung durch einen Bemessungsgrundlageneffekt gemindert. Um die Auswirkungen einer Doppelbesteuerung auf die Vorteilhaftigkeit einer Funktionsverlagerung analysieren zu können, wird bei der Berechnung der Steuerbelastung aus der Funktionsausübung im Ausland die Möglichkeit der Anerkennung und infolgedessen der Abschreibung der verschiedenen Bestandteile des Transferpaketes durch die Variablen β; γ_1; γ_2 beschrieben.[1] Die Abgrenzung der drei Variablen wurde in Abbildung 36 zusammengefasst.[2]

Infolge einer Änderung der Variablen bleibt der Einigungsbereich und somit der anzusetzende Transferpaketpreis konstant, da die Grenzpreise nach den nationalen Vorschriften des AStG ermittelt werden und von einer vollständigen Abzugsfähigkeit des Transferpaktes im Ausland ausgegangen wird. Wie in Abbildung 50 dargestellt, ist die Steuerbelastung aus der Verlagerung und aus der Funktionsausübung im Inland konstant. Der Steuervorteil aus der Funktionsverlagerung ändert sich lediglich auf Grund

---

1 Vgl. Kapitel 6.3, S. 199.

2 Vgl. Abbildung 36, S. 204 im Kapitel 6.3.

einer Änderung der Steuerbelastung aus der Funktionsausübung im Ausland, die bei teilweise fehlender Anerkennung des Transferpaketpreises steigt.

Unter den getroffenen Annahmen entspricht in der Ausgangssituation der Grenzpreis des funktionsaufnehmenden Unternehmens dem des funktionsabgebenden Unternehmens und somit dem Transferpaketpreis. Infolgedessen entspricht der derivative Geschäfts- oder Firmenwert dem originären Geschäftswert aus der Funktionsausübung im Inland und eine Normierung der Variable γ_2 auf null entfaltet keine Wirkung. Eine Doppelbesteuerung in Höhe des originären Geschäfts- oder Firmenwertes aus der Funktionsausübung im Inland, infolge der zusätzlichen Normierung der Variable γ_1 auf null, führt zu einem negativen relativen Steuervorteil bzw. einem relativen Steuernachteil aus der Funktionsverlagerung von -6,42 % ($\Delta S^{VorFVerl}$). Eine zusätzliche Doppelbesteuerung in Höhe der übertragenen immateriellen Wirtschaftsgüter ($\beta = 0$) führt zu einer zusätzlichen Erhöhung des relativen Steuernachteils um -7,50 Prozentpunkte ($\Delta S^{VorFVerlRel}$) und zu einem kumulierten relativen Steuernachteil in Höhe von -13,91 %.[1]

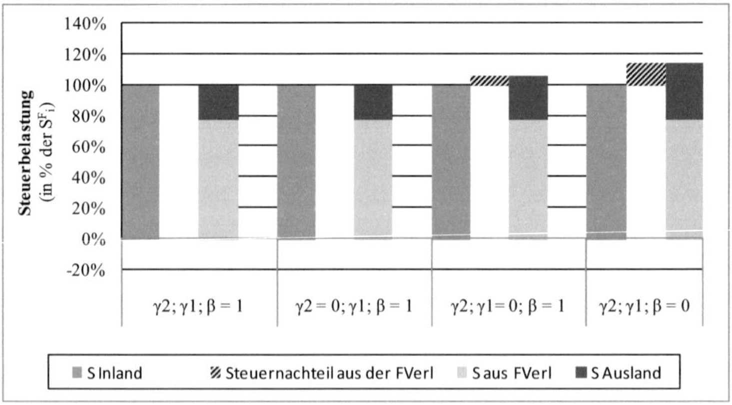

Abbildung 50: Relativer Steuervorteil einer Funktionsverlagerung bei fehlender Anerkennung des Transferpaketpreises im Ausland

Der ausländische Indifferenzsteuersatz sinkt infolge einer fehlenden Abzugsmöglichkeit des Geschäfts- oder Firmenwertes im Ausland von 8,44 % auf 5,55 % und infolge einer zusätzlich fehlenden Abzugsmöglichkeit der Fremdvergleichspreise der immateriellen

[1] Zu den genannten Werten vgl. Tabelle 23, S. 285 im Anhang XIX.

Wirtschaftsgüter auf 3,97 %.[1] Da keines der in Abbildung 35 aufgeführten Länder einen niedrigeren Steuersatz als 10 % aufweist,[2] ist unter den getroffenen Annahmen eine Funktionsverlagerung infolge einer Doppelbesteuerung steuerlich immer nachteilhaft.

6.5 Einfluss der Besteuerung auf die Vorteilhaftigkeit einer Funktionsverlagerung

Das Ziel der Steuerlastminimierung ist kein absolutes Ziel in rationalen unternehmerischen Kalkülen, sondern dem Ziel der Maximierung der Zahlungsmittelüberschüsse nach Steuern untergeordnet.[3] Ziel der quantitativen Steuerwirkungslehre ist deshalb nicht nur, die Zusammensetzung der Steuerlast und die Entwicklung der steuerlichen Vorteilhaftigkeit in Abhängigkeit verschiedener Parameter zu untersuchen, sondern auch den Einfluss der Besteuerung auf die Vorteilhaftigkeit bestehender Handlungsalternativen. Im Folgenden wird deshalb die Annahme identischer Zahlungsmittelüberschüsse aus der Funktionsausübung im Inland und im Ausland aufgeben und die Wirkung der steuerlichen Konsequenzen auf die Entscheidung untersucht, eine – unter Vernachlässigung steuerlicher Aspekte – betriebswirtschaftlich vorteilhafte Funktionsverlagerung durchzuführen. Des Weiteren wird der ausländische Steuersatz mit 29,825 % dem inländischen Steuersatz gleichgesetzt und folglich von einer Funktionsverlagerung in ein Land ausgegangen, das die gleichen steuerlichen Rahmenbedingungen wie Deutschland aufweist. Die weiteren Annahmen des voranstehenden Kapitels werden beibehalten.[4]

Die Vorteilhaftigkeit einer Funktionsverlagerung wird anhand des Bruttokapitalwertes[5] der Funktionsausübung analysiert werden. Der Bruttokapitalwert der Funktionsausübung im Inland (BW_i) wird dabei definiert als der Barwert der Zahlungsmittelüber-

---

1 Zur Ermittlung der Indifferenzsteuersätze vgl. die formale Herleitung des Indifferenzsteuersatzes im Anhang XVI, S. 270.

2 Vgl. Abbildung 35, S. 192.

3 Vgl. Kapitel 6.1, S. 189.

4 Vgl. Kapitel 6.4.1, S. 206.

5 Der Bruttokapitalwert ist im Gegensatz zum Nettokapitalwert einer Investition nicht um die Anschaffungskosten gemindert. Vgl. bspw. *Ballwieser, W.*, Unternehmensbewertung, 2011, S. 14. Vom Bruttokapitalwert der Funktionsausübung im Inland sind keine Anschaffungskosten abzuziehen, da die Funktion bereits existiert. Im Falle einer Funktionsausübung im Ausland entspricht der Transferpaketpreis den Anschaffungskosten. Da dieser jedoch von einer Konzerneinheit an eine andere Konzerneinheit zu zahlen ist, stellt er keine finanzielle Belastung auf der Konzernebene dar und kann vernachlässigt werden.

schüsse aus der Funktionsausübung; der Bruttokapitalwert der Funktionsausübung nach Steuern (BW_i^{nS}) wird definiert als Barwert der Zahlungsmittelüberschüsse abzüglich der Steuerlast. Im Konzern wird eine Funktionsverlagerung ausgeführt, wenn der Bruttokapitalwert nach Steuern aus der Funktionsausübung im Ausland (BW_a^{nS}) höher ist als der Bruttokapitalwert nach Steuern aus der Funktionsausübung im Inland (BW_i^{nS}).[1] Vom Bruttokapitalwert aus der Funktionsausübung im Ausland muss die Steuerlast abgezogen werden, die infolge einer Funktionsausübung im Ausland anfällt; diese setzt sich zusammen aus der Steuerlast aus der Verlagerung und der Steuerlast aus der Funktionsausübung im Ausland. Der Bruttokapitalwert nach Steuern der Funktionsausübung im Inland ist um die Steuerlast aus der Funktionsausübung im Inland gekürzt.[2]

$$BW_i = CF_i\, RBF(i, n_F) \tag{6-26}$$

$$BW_a = CF_a\, RBF(i, n_F) \tag{6-27}$$

$$BW_i^{nS} = CF_i\, RBF(i, n_F) - S_i^F \tag{6-28}$$

$$BW_a^{nS} = CF_a\, RBF(i, n_F) - (S_a^F + S_i^{FVerl}) \tag{6-29}$$

Der Vorteil aus einer Funktionsverlagerung ($BW_{ns}^{VorFVerl}$) entspricht der Differenz aus dem Bruttokapitalwert nach Steuern aus der Funktionsausübung im Ausland und dem Bruttokapitalwert nach Steuern aus der Funktionsausübung im Inland. Der relative Vorteil aus der Funktionsverlagerung ($BW_{ns}^{RelVorFVerl}$) entspricht der Differenz aus den jeweiligen Bruttokapitalwerten nach Steuern dividiert durch den Bruttokapitalwert nach Steuern aus der Funktionsausübung im Inland:

$$BW_{ns}^{VorFVerl} = BW_a^{nS} - BW_i^{nS} \tag{6-30}$$

$$BW_{ns}^{RelVorFVerl} = \frac{BW_a^{nS} - BW_i^{nS}}{BW_i^{nS}} \tag{6-31}$$

---

[1] Kapitel 5.5, S. 161.

[2] Eine ausführliche formale Darstellung der Bruttokapitalwerte ist dem Anhang XX, S. 286 zu nehmen.

Die Zahlungsmittelüberschüsse aus der Funktionsausübung im Ausland werden in Prozent der Zahlungsmittelüberschüsse aus der Funktionsausübung im Inland angegeben:

$$CF_a = z \cdot CF_i \qquad (6\text{-}32)$$

$$mit\ CF_a = 100;\ z \geq 100\ \% \qquad (6\text{-}33)$$

Sofern die Zahlungsmittelüberschüsse aus der Funktionsausübung im Ausland höher sind als die Zahlungsmittelüberschüsse aus der Funktionsausübung im Inland, ist der Bruttokapitalwert der Funktionsausübung im Ausland größer als der Bruttokapitalwert der Funktionsausübung im Inland und eine Verlagerung der Funktion unter Vernachlässigung der steuerlichen Konsequenzen vorteilhaft.[1]

Im Folgenden wird zunächst gezeigt, wie sich der Vorteil aus der Funktionsverlagerung auf Grund höherer Zahlungsmittelüberschüsse aus der Funktionsausübung im Ausland unter Berücksichtigung der steuerlichen Konsequenzen entwickelt. Zudem wird eine gleichzeitige Veränderung der Einflussfaktoren „Zahlungsmittelüberschüsse im Ausland" und „Verhandlungsmacht des Auslands" sowie „Zahlungsmittelüberschüsse im Ausland" und „Anerkennung der Bestandteile des Transferpaketes durch die ausländische Finanzverwaltung" untersucht, da die Wirkung der jeweils letztgenannten Einflussfaktoren von der Größe des Einigungsbereiches abhängt. Abschließend wird der ausländische Indifferenzsteuersatz in Abhängigkeit der Zahlungsmittelüberschüsse aus der Funktionsausübung im Ausland berechnet und gezeigt, wie hoch die Zahlungsmittelüberschüsse mindestens sein müssen, damit eine Verlagerung der Funktion auch unter Berücksichtigung der steuerlichen Konsequenzen vorteilhaft ist.

Während ohne Berücksichtigung der steuerlichen Konsequenzen eine Verlagerung der Funktion vorteilhaft ist, wenn die Zahlungsmittelüberschüsse aus der Funktionsausübung im Ausland über den Zahlungsmittelüberschüssen im Inland liegen, entsteht unter Berücksichtigung der steuerlichen Konsequenzen erst dann eine Vorteilhaftigkeit der Funktionsverlagerung, wenn die Zahlungsmittelüberschüsse im Ausland größer als 110,73 % der Zahlungsmittelüberschüsse aus der Funktionsausübung im Inland sind.[2]

---

[1] Verlagerungskosten werden wie auch im vorangegangenen Kapitel vernachlässigt.

[2] Der Indifferenzwert der Zahlungsmittelüberschüsse im Ausland von 110,73 % wurde durch Gleichsetzen des Vorteils aus der Funktionsverlagerung ($BW_{ns}^{VorFVerl}$) mit null mit Hilfe der „Solver-Funktion" in Excel berechnet.

Die Gegenüberstellung der Bruttokapitalwerte ist der nachstehenden Abbildung zu entnehmen:[1]

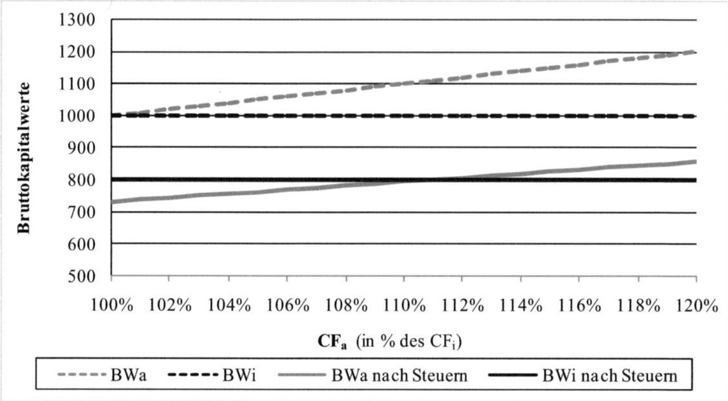

Abbildung 51: Gegenüberstellung der Bruttokapitalwerte aus der Funktionsausübung

Die steuerlichen Konsequenzen haben unter den getroffenen Annahmen bei Zahlungsmittelüberschüssen aus der Funktionsausübung im Ausland kleiner als 110,73 % eine Auswirkung auf die absolute Vorteilhaftigkeit einer Funktionsverlagerung und es kommt zu dem von *Schreiber* beschriebenen Lock-In Effekt[2]: Ohne Berücksichtigung der Steuern ist die Handlungsalternative Verlagerung vorzuziehen, mit Berücksichtigung von Steuern ist die Handlungsalternative Funktionsfortführung im Inland vorzuziehen.

Die Wirkung des Steuersatzeffekts und die steuerliche Vorteilhaftigkeit einer Funktionsverlagerung hängen von der Verhandlungsmacht der beteiligten Parteien ab, die die Aufteilung des Einigungsbereiches bestimmen. Da die Größe des aufzuteilenden Einigungsbereiches durch die Variation der Zahlungsmittelüberschüsse aus der Funktionsausübung im Ausland verändert wird, wird in Abbildung 52 die Wirkung einer Veränderung der Verhandlungsmacht in Kombination mit der Veränderung der ausländischen Zahlungsmittelüberschüsse dargestellt. Für Zahlungsmittelüberschüsse im Ausland von 110,73 % entfaltet eine Veränderung der Verhandlungsmacht keine Wirkung auf den

---

[1] Die der Abbildung 51 zugrunde liegenden Daten sind der Tabelle 24, S. 292 im Anhang XXII zu entnehmen.

[2] Vgl. *Schreiber, U.*, Besteuerung, 2008, S. 809.

Vorteil der Funktionsverlagerung, da für diesen Wert kein aufzuteilender Einigungsbereich besteht. Mit steigenden Zahlungsmittelüberschüssen aus der Funktionsausübung im Ausland nimmt die Wirkung einer Änderung der Verhandlungsmacht stetig zu. Bei Zahlungsmittelüberschüssen im Ausland von 120 % und einer Verhandlungsmacht des funktionsaufnehmenden Unternehmens von 0 % beträgt der relative Vorteil einer Funktionsverlagerung 6,61 %, bei einer Verhandlungsmacht von 50 % : 7,32 % und bei einer Verhandlungsmacht von 100 % : 8,02 %.[1] Unter den getroffenen Annahmen beträgt der maximale Unterschied des relativen Vorteils aus der Funktionsverlagerung bei Zahlungsmittelüberschüssen im Ausland von 120 % auf Grund einer Änderung der Verhandlungsmacht 1,41 Prozentpunkte bzw. 21,33 % des relativen Vorteils aus der Funktionsverlagerung für $\alpha = 0$.[2]

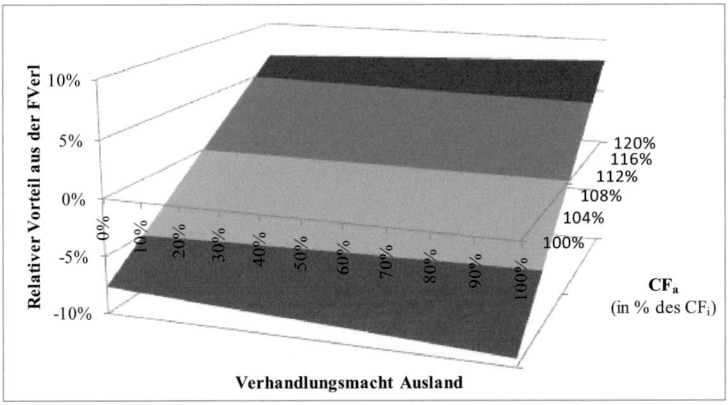

Abbildung 52: Relativer Vorteil einer Funktionsverlagerung in Abhängigkeit der Verhandlungsmacht und der Zahlungsmittelüberschüsse aus der Funktionsausübung im Ausland

Einleitend wurde die Relevanz der Untersuchung der Verteilung der Verhandlungsmacht damit begründet, dass von Seiten des Gesetzgebers eine klare Vorgabe fehlt, wie ein bestimmter Preis im Einigungsbereich zu verifizieren ist.[3] Da die Festsetzung eines Preises aus dem Einigungsbereich – wie voranstehend dargestellt – insbesondere bei höheren Zahlungsmittelüberschüssen im Ausland und somit betriebswirtschaftlich sinnvollen Funktionsverlagerungen an Bedeutung gewinnt und den Vorteil aus der Funkti-

---

[1] Zu den genannten Werten vgl. Tabelle 25, S. 293 im Anhang XXII.

[2] 8,02 % – 6,61 % = 1,41 %; 1,41 % / 6,61 % = 21,33 %.

[3] Vgl. Kapitel 6.2, S. 193.

onsverlagerung deutlich prägt, sind klare Vorschriften seitens des Gesetzgebers zu fordern, wie ein bestimmter Preis aus dem Einigungsbereich nachzuweisen ist.

Im Rahmen der Steuerbarwertanalyse hat die Versagung der steuerlichen Abzugsfähigkeit verschiedener Bestandteile des Transferpaketes zum Teil nur geringe oder keine Wirkung gezeigt, da in der Ausgangssituation kein Einigungsbereich bestand. In Abbildung 53 wird deshalb die Wirkung einer Veränderung der Variablen β, γ_1 und γ_2 in Kombination mit steigenden Zahlungsmittelüberschüssen aus der Funktionsausübung im Ausland dargestellt. Mit steigenden Zahlungsmittelüberschüssen aus der Funktionsausübung im Ausland und somit mit einem wachsenden Einigungsbereich nimmt die Wirkung einer fehlenden Anerkennung des – bei einem α von 50 % hälftig im Transferpaketpreis enthaltenen – originären Geschäfts- oder Firmenwertes des funktionsaufnehmenden Unternehmens ($\gamma_2 = 0$) zu. Der relative Vorteil aus der Verlagerung fällt bei Zahlungsmittelüberschüssen im Ausland in Höhe von 120 % von 7,32 % auf 6,62 % bzw. um 9,56 % des Ausgangswertes.[1] Die Wirkung einer fehlenden Anerkennung des originären Geschäfts- oder Firmenwertes des funktionsabgebenden Unternehmens ($\gamma_1 = 0$) sowie einer fehlenden Anerkennung der Fremdvergleichspreise der immateriellen Wirtschaftsgüter ($\beta = 0$) ist unabhängig von der Höhe der Zahlungsmittelüberschüsse beim funktionsaufnehmenden Unternehmen und stellt eine Parallelverschiebung des relativen Vorteils der Funktionsverlagerung für $\gamma_2 = 0$ um 5,70 bzw. 12,36 Prozentpunkte dar.[2]

Die Untersuchung des Bemessungsgrundlageneffekts erfolgte, da in dem Transferpaketansatz eine Abkehr vom international anerkannten Fremdvergleichsgrundsatz gesehen sowie die Akzeptanz eines pauschalen Mittelwertansatzes durch die ausländische Finanzverwaltung bezweifelt wird und deshalb von einer erhöhten Gefahr der Doppelbesteuerung von Funktionsverlagerungen ausgegangen wird.[3] Aus der Abbildung 53 wird deutlich, dass eine Funktionsverlagerung mit dem Ziel, höhere Zahlungsmittelüberschüsse im Ausland zu generieren, infolge einer Doppelbesteuerung auf Grund der fehlenden Anerkennung der Gesamtbewertung der Funktion ($\gamma_1; \gamma_2 = 0$) unvorteilhaft

---

1 Zu den genannten Werten vgl. Tabelle 26, S. 293 im Anhang XXII. 9,56 % = (6,62 % – 7,32 %) / 7,32 %.

2 5,71 % = 6,62 % – 0,91 %; 12,37 % = 6,62 % – (–5,75 %). Zu den genannten Werten vgl. Tabelle 26, S. 293 im Anhang XXII.

3 Vgl. Kapitel 6.2, S. 193.

werden kann. Vor dem Hintergrund, dass in den OECD-Verrechnungspreisrichtlinien lediglich eine Gesamtbewertung bei der Verlagerung einer „activity“ gefordert wird und somit die internationale Akzeptanz der Gesamtbewertung einer singulären Funktion fraglich ist,[1] ist eine Annäherung der Regelungen des AStG an die OECD-Verrechnungspreisrichtlinien zu fordern, um eine Doppelbesteuerung und deren negative Auswirkungen auf die Vorteilhaftigkeit einer Funktionsverlagerung zu beseitigen. Da bereits die fehlende Anerkennung des ausländischen originären Geschäfts- oder Firmenwertes als Bestandteil des Transferpaketes ($\gamma_2 = 0$) für hohe Zahlungsmittelüberschüsse im Ausland eine deutliche Auswirkung auf die Vorteilhaftigkeit der Funktionsverlagerung hat, sollte von einem unbegründeten, pauschalen Ansatz des Mittelwertes des Einigungsbereiches durch die Finanzverwaltung abgesehen werden.

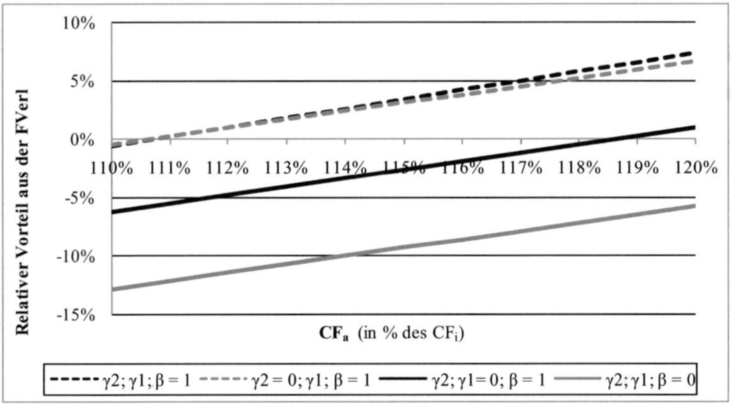

Abbildung 53: Relativer Vorteil einer Funktionsverlagerung bei fehlender Anerkennung des Transferpaketpreises im Ausland

Abschließend wird der ausländische Indifferenzsteuersatz in Abhängigkeit der Zahlungsmittelüberschüsse aus der Funktionsausübung im Ausland dargestellt und gezeigt, bei welcher Steigerung der Zahlungsmittelüberschüsse eine Verlagerung in die – in Abbildung 35[2] – dargestellten Länder steuerneutral möglich ist.[3] Die Indifferenzsteuersätze

[1] Vgl. Kapitel 4.2.6, S. 95.

[2] Vgl. Abbildung 35, S. 192.

[3] Die Berechnung der Indifferenzsteuersätze erfolgt durch die Gleichsetzung der Gleichung (6-30) mit null und deren Auflösung nach s_a^u. Da für s_a^u eine quadratische Gleichung resultiert, wird diese durch Anwendung der a-b-c-Formel (Mitternachtsformel) gelöst. Für die Darstellung der quadratischen Gleichung und der Parameter a, b, c vgl. Anhang XXI, S. 288.

in Abhängigkeit der Zahlungsmittelüberschüsse aus der Funktionsausübung im Ausland sind in Abbildung 54 dargestellt; sie steigen mit zunehmenden Zahlungsmittelüberschüssen im Ausland, da der Vorteil aus der Funktionsverlagerung mit zunehmenden Zahlungsmittelüberschüssen im Ausland wächst.[1]

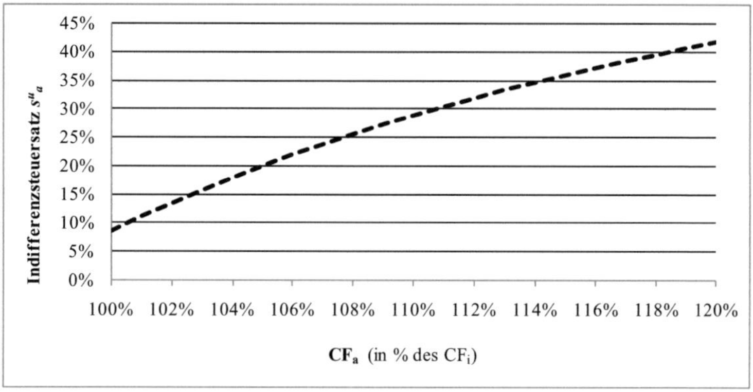

Abbildung 54: Ausländischer Indifferenzsteuersatz in Abhängigkeit der Zahlungsmittelüberschüsse aus der Funktionsverlagerung im Ausland

In Abbildung 55 sind die jeweiligen Indifferenzsteuersätze, die für eine bestimmte Höhe der Zahlungsmittelüberschüsse aus der Funktionsausübung im Ausland gelten, den tariflichen Steuerbelastungen der Gewinne von Kapitalgesellschaften in verschiedenen Ländern gegenübergestellt. Der Darstellung kann entnommen werden, in welche Länder eine Funktion verlagert werden kann, wenn eine bestimmte Erhöhung der Zahlungsmittelüberschüsse möglich ist. Unter den getroffenen Annahmen ist bei einer Steigerung der Zahlungsmittelüberschüsse um 10 % eine Funktionsverlagerung in 22 der genannten 32 Länder vorteilhaft. Eine Verlagerung in die Länder USA (New York) und Japan ist nur vorteilhaft, wenn die Zahlungsmittelüberschüsse um ca. 19 % im Vergleich zur Funktionsausübung im Inland gesteigert werden können.

---

[1] Vgl. Abbildung 51, S. 230.

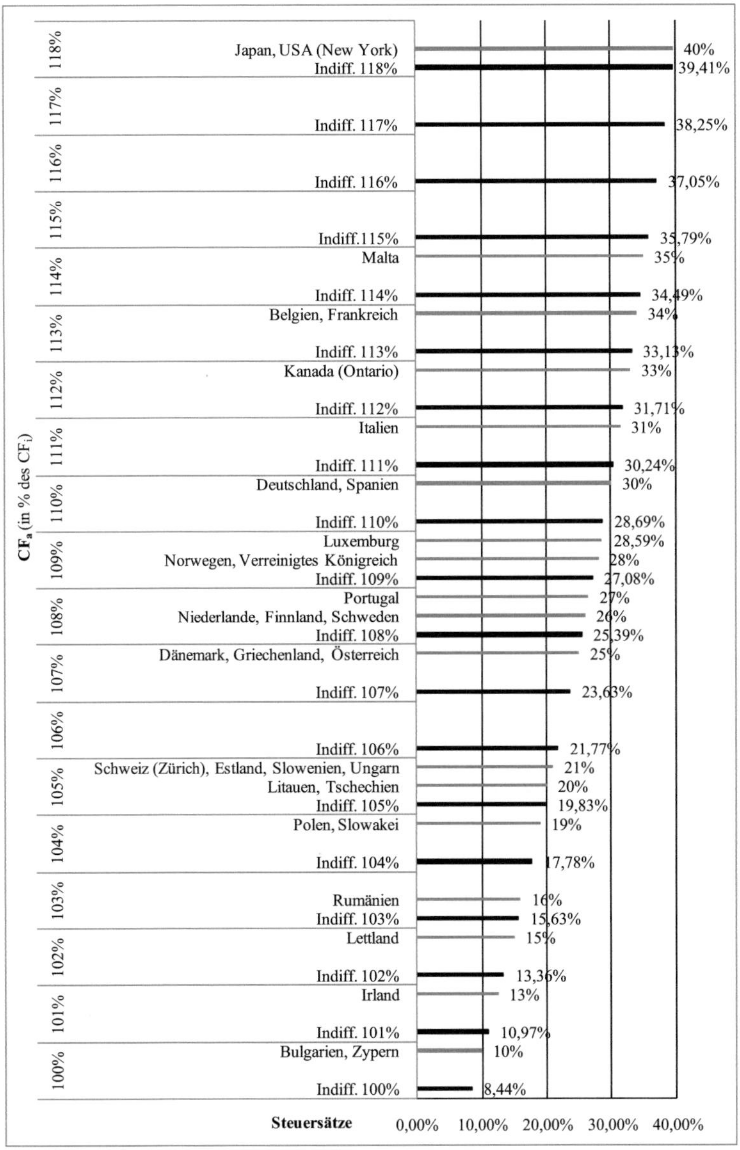

Abbildung 55: Potenzielle Zielländer in Abhängigkeit der Zahlungsmittelüberschüsse aus der Funktionsausübung im Ausland

6.6 Ergebnisse

Der Steuervorteil der Funktionsverlagerung wird von einer Reihe von Einflussfaktoren geprägt, die in Abbildung 56 zusammengefasst sind. Die Darstellung zeigt die Wirkung der Variablen auf den relativen Steuervorteil der Funktionsverlagerung infolge einer isolierten Erhöhung der Ausgangswerte um jeweils 20 %.[1]

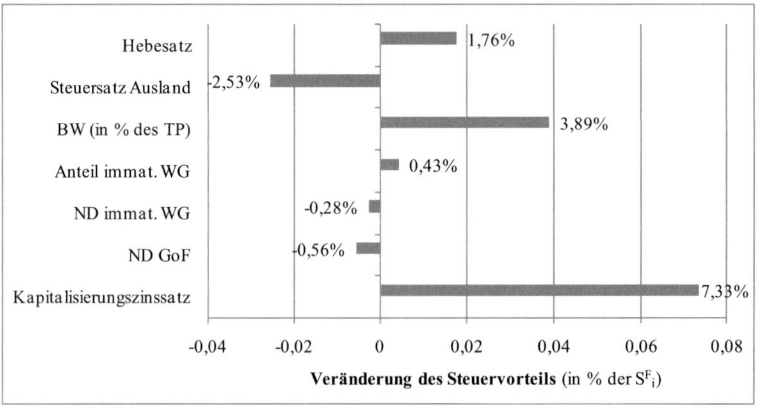

Abbildung 56: Veränderung des relativen Steuervorteils einer Funktionsverlagerung infolge einer Erhöhung der Ausgangswerte der Einflussfaktoren um 20 %

Der vergleichsweise hohe Wirkungsgrad des Anteils der Buchwerte am Transferpaketpreis (BW) steht einer steuerneutralen Verlagerung von Funktionen entgegen, die einen hohen Anteil selbst erstellter, immaterieller Wirtschaftsgüter umfassen. Insbesondere die Verlagerung von Forschungs- und Entwicklungsfunktionen kann somit unter der Berücksichtigung der steuerlichen Konsequenzen unvorteilhaft werden. Die Unterschiede in der Verteilung der stillen Reserven infolge der Kaufpreisaufteilung beim funktionsaufnehmenden Unternehmen (Anteil immat. WG) entfalten unter den getroffenen Annahmen eine vergleichsweise geringe Wirkung, die jedoch in Abhängigkeit der Unterschiede in den Nutzungsdauern der einzelnen Bestandteile des Transferpaketes variiert. Auf Grund des Transferpaketansatzes im Rahmen von Funktionsverlagerungen wurde – im Gegensatz zur Annahme eines exogen bestimmten Verrechnungspreises – eine positive Korrelation der steuerlichen Vorteilhaftigkeit der Funktionsverlagerung

[1] Die Werte können den jeweiligen Tabellen im Anhang entnommen werden, die bei der Gegenüberstellung der einzelnen Parameter angeführt wurden.

und dem Kapitalisierungszinssatz festgestellt. Eine Veränderung des Zinssatzes entfaltet die größte Wirkung auf den Steuervorteil der Funktionsverlagerung. Der Vergleich der errechneten ausländischen Indifferenzsteuersätze mit den nominalen Steuersätzen der in Abbildung 35 zusammengefassten Länder legt den Schluss nahe,[1] dass eine steuerlich vorteilhafte Funktionsverlagerung nur selten möglich ist und rein steuerlich motivierte Funktionsverlagerungen in Zukunft die Ausnahme darstellen werden.

Die Analyse der Vorteilhaftigkeit einer Funktionsverlagerung auf Basis der Bruttokapitalwerte der Handlungsalternativen hat gezeigt, dass Funktionsverlagerungen, die die Nutzung höherer Zahlungsmittelüberschüsse aus der Funktionsausübung im Ausland zum Ziel haben, auf Grund der steuerlichen Konsequenzen unvorteilhaft werden können und ein Lock-In Effekt entstehen kann. Die Akzeptanz eines pauschalen Mittelwertansatzes durch die ausländische Finanzverwaltung ist ebenso mit Unsicherheit behaftet, wie die Akzeptanz der Gesamtbewertung einzelner Funktionen, die in den OECD-Verrechnungspreisrichtlinien nicht gefordert ist. Da eine fehlende Akzeptanz der Gesamtbewertung und auch des pauschalen Mittelwertansatzes die Vorteilhaftigkeit einer Funktionsverlagerung wesentlich beeinträchtigen bzw. eine Funktionsverlagerung unvorteilhaft werden lassen können, sollte der Gesetzgeber die bestehenden Regelungen des AStG und der FVerlV in diesen Punkten an die OECD-Verrechnungspreisrichtlinien anpassen bzw. klare Vorschriften zur Glaubhaftmachung eines bestimmten Wertes aus dem Einigungsbereich formulieren. Aus Unternehmenssicht bleibt festzuhalten, dass die steuerlichen Konsequenzen einer Funktionsverlagerung von einer Vielzahl von Faktoren abhängen und einen erheblichen Einfluss auf die Vorteilhaftigkeit einer Funktionsverlagerung entfalten können. Die Vorteilhaftigkeit einer Funktionsverlagerung ist durch eine intensive Analyse der steuerlichen Konsequenzen einer Funktionsverlagerung im Einzelfall zu prüfen.

[1] Vgl. Abbildung 35, S. 192.

7 Schlussbetrachtung

Bei Funktionsverlagerungen muss nach dem AStG eine Gesamtbewertung der Funktion erfolgen. Die Analyse des Funktionsbegriffes und der Rechtfertigungsgründe der Gesamtbewertung hat gezeigt, dass der Transferpaketansatz fremdvergleichskonform ist, da Funktionen einen anteiligen Geschäfts- oder Firmenwert tragen können.

Die Funktion ist als organisatorische Einheit definiert und deshalb von einem bloßen Bündel von Wirtschaftsgütern abgegrenzt; zugleich stellt sie in der Regel eine Untereinheit eines Teilbetriebs dar. Trotz dieser bestehenden Ober- und Untergrenze wird die Identifizierung von Funktionen in Unternehmen und folglich die Identifizierung von Funktionsverlagerungen in Zukunft eine Herausforderung für Steuerpflichtige und die Finanzverwaltung darstellen, da Funktionen auf unterschiedlichen Aggregationsstufen angesiedelt sein können. Durch den Rückgriff auf die steuerlichen Konsequenzen einer Funktionsverlagerung im Sinne des AStG wurde gezeigt, dass nur eine exakte und detaillierte Funktionsabgrenzung und Funktionsbeschreibung eine sachgerechte Differenzierung zwischen einer Funktionsverlagerung und einer Funktionsverdoppelung ermöglicht. Grundsätzlich sollte deshalb die niedrigste Ebene der Einheiten des internen oder externen Rechnungswesens den Ausgangspunkt der Beurteilung bilden, ob eine Funktionsverlagerung im Sinne des AStG gegeben ist. Ist der Verlagerungsgegenstand keine Einheit des internen und externen Rechnungswesens und ist dessen Ergebnis nicht anderweitig eindeutig abgrenzbar, liegt keine Funktionsverlagerung im Sinne des AStG vor.

Das Abstellen auf die Einschränkung anstelle der Einstellung der Funktionsausübung im Inland als zweite Tatbestandsvoraussetzung der Funktionsverlagerung hat zur Folge, dass Funktionsausgliederungen, Funktionsabspaltungen und Funktionsabschmelzungen die Tatbestandsvoraussetzung der Verlagerung erfüllen; „Teilfunktionsausgliederungen“ und Funktionsverdoppelungen hingegen nicht. In der FVerlV werden keine Kriterien genannt, anhand derer eine Einschränkung der Funktionsausübung beurteilt werden kann. Die Entwicklung des Umsatzes, der Absatzzahlen oder der Mitarbeiterzahlen lässt einen Rückschluss auf eine Einschränkung der Tätigkeit zu und sollten zur Beurteilung herangezogen werden, der eine Durchschnittsbetrachtung zugrunde liegen sollte.

Eine Funktionsverlagerung im Sinne des AStG liegt schließlich nur dann vor, wenn ein Transferpaket übergeht; dies ist der Fall, wenn neben der Funktion auch Wirtschaftsgüter *und* sonstige Vorteile übergehen. Die Funktionsabspaltung und die Verlagerung von Routinefunktionen werden durch diese Voraussetzung aus dem Geltungsbereich des § 1 Abs. 3 S. 9 AStG ausgenommen, da bei solchen Verlagerungen in der Regel keine sonstigen Vorteile und somit kein Geschäfts- oder Firmenwert übergehen. Die Ausnahme der Funktionsabspaltung und Verlagerung von Routinefunktionen aus dem Anwendungsbereich des Transferpaketansatzes entspricht der Interpretation des Fremdvergleichsgrundsatzes in den OECD-Verrechnungspreisrichtlinien.

Die Ausgestaltung der Tatbestandsvoraussetzungen hat zur Konsequenz, dass Funktionsausgliederungen und Funktionsabschmelzungen unter den Anwendungsbereich des § 1 Abs. 3 S. 9 AStG fallen, Funktionsverdoppelungen, „Teilfunktionsausgliederungen", Funktionsabspaltungen und die Verlagerungen von Routinefunktionen hingegen nicht. Da somit nur Reallokationen erfasst werden, die zu einer Übertragung eines Geschäfts- oder Firmenwertes führen können, ist die Ausgestaltung der Tatbestandsvoraussetzungen grundsätzlich als fremdvergleichskonform anzusehen. Allerdings ist in den Tatbestandsvoraussetzungen eine wesentliche Abweichung von den OECD-Verrechnungspreisrichtlinien enthalten, da in diesen eine Gesamtbewertung nur infolge einer Verlagerung einer „activity" für notwendig erachtet wird. Der Vergleich der Begriffe der „activity" und der Funktion führt zu dem Ergebnis, dass eine Funktion lediglich eine Untereinheit der „activity" ist, die wiederum mit einem Teilbetrieb vergleichbar ist. Die Gesamtbewertung einer singulären Funktion bringt folglich ein erhöhtes Risiko der Doppelbesteuerung mit sich. Die quantitative Steuerwirkungsanalyse hat gezeigt, dass eine Doppelbesteuerung zu einer wesentlichen Beeinträchtigung der Vorteilhaftigkeit einer Funktionsverlagerung führen kann, die Wettbewerbsfähigkeit der Unternehmen beeinträchtigt und betriebswirtschaftlich sinnvollen Funktionsverlagerungen entgegenstehen kann. Der Gesetzgeber sollte die nationalen Tatbestandsvoraussetzungen an die OECD-Verrechnungspreisrichtlinien anpassen, um Doppelbesteuerungskonflikte und deren negative Auswirkungen für die Unternehmen zu vermeiden.

Die Abgrenzung eines Einigungsbereiches durch subjektive Entscheidungswerte und dessen Aufteilung zwischen den Vertragsparteien führt dazu, dass ausländische Standortvorteile und Synergieeffekte in Deutschland besteuert werden; dies ist fremdvergleichskonform und insofern nicht zu beanstanden. Subjektive Entscheidungswerte sind allerdings nur bedingt nachprüfbar, weshalb deren Ansatz nicht immer möglich sein wird. Die Regelungen der FVerlV bezüglich der Grenzpreisermittlung sollten für die Verlagerung einer gewinnbringenden und einer verlustbringenden Funktion einheitlich ausgestaltet werden; zudem sollte spezifiziert werden, dass in beiden Fällen alle durch die Verlagerung zusätzlich entstehenden Kosten zu berücksichtigen sind. Ferner sollte die Funktionsbewertung auf Basis zukünftiger Zahlungsmittelzuflüsse anstelle zukünftiger Reingewinne zugelassen werden. Die Steuerwirkungsanalyse hat gezeigt, dass die Wahl eines bestimmten Preises – insbesondere bei Funktionsverlagerungen zur Nutzung höherer Zahlungsmittelüberschüsse aus der Funktionsausübung im Ausland – bzw. dessen fehlende Anerkennung durch die ausländische Finanzverwaltung deutliche Auswirkungen auf die Vorteilhaftigkeit einer Funktionsverlagerung haben kann. Im AStG wird derzeit ein quantitativer Nachweis eines bestimmten Preises gefordert. Da dieser auf Grund fehlender beobachtbarer Häufigkeiten der hypothetischen Werte nicht erbracht werden kann und ein qualitativer Nachweis eines bestimmten Preises nicht frei von Kritik ist, werden konkrete Vorschriften benötigt, die dem Steuerpflichtigen tatsächliche Möglichkeiten aufzeigen, einen bestimmten Wert glaubhaft zu machen. Die Regelungen zur nachträglichen Preisanpassungsklausel sind bezüglich der Definition einer erheblichen Gewinnabweichung und des gesetzlich vorgeschriebenen 10-jährigen Anpassungszeitraums nicht fremdvergleichskonform und sollten in Anlehnung an die OECD-Verrechnungspreisrichtlinien überarbeitet werden.

Mit der jüngsten Reform des AStG wurde das Ziel verfolgt, durch die Einführung der dritten Escapeklausel die negativen Konsequenzen der Funktionsverlagerungsregelung auf den Forschungsstandort Deutschland zu beseitigen.[1] Diese Zielsetzung ist zu begrüßen, da die quantitative Steuerwirkungsanalyse gezeigt hat, dass der vergleichsweise hohe Wirkungsgrad der Buchwerte der funktionseigenen Wirtschaftsgüter der Vorteilhaftigkeit einer Verlagerung von Forschungs- und Entwicklungsfunktionen entgegensteht. Die Analyse der Escapeklauseln – der Regelungen zum Ansatz von Einzelverrechnungspreisen – hat jedoch gezeigt, dass diese keinen ersichtlichen Vorteil für den Steuerpflichtigen bringen und nach derzeitiger Ausgestaltung nicht zur Anwendung

---

[1] Vgl. *Deutscher Bundestag*, BT-Drs. 17/939, 2010, S. 16.

kommen werden. Das Ziel, den Forschungsstandort Deutschland zu stärken, wurde damit verfehlt.

Die Regelungen des AStG zur grenzüberschreitenden Verlagerung von Funktionen sind in den Grundzügen fremdvergleichskonform. Bei genauerer Betrachtung der einzelnen Regelungen wird jedoch deutlich, dass an einigen Stellen von der Interpretation des Fremdvergleichsgrundsatzes durch die OECD abgewichen wird, infolgedessen eine internationale Akzeptanz der Regelungen angezweifelt werden muss und von einem erhöhten Risiko der Doppelbesteuerung auszugehen ist. Die quantitative Steuerwirkungsanalyse hat gezeigt, dass eine steuerneutrale Verlagerung der Funktion nur in Ausnahmefällen möglich ist und zum Teil erhebliche Gewinnsteigerungen aus der Funktionsausübung im Ausland notwendig sind, um einen Vorteil aus der Verlagerung zu generieren.

Anhang

I. Indifferenz zwischen der Fortführung und der Verlagerung einer gewinnbringenden Funktion

Funktionsfortführung	
GWP_i	100

CF andere Funktionen	1.000
Steuerbelastung (mit s_i^u)	298,25
CF anderer Funktionen nach Steuern	701,75

CF Gesamt nach Steuern	801,75

GWP_i	100
BW_F	15
s_i^u $(= 0{,}15*1{,}055+h*0{,}035)$	29,825%
VK_i	10
$GP_i = \dfrac{GWP_i - BW_F s_i^u + VK_i(1-s_i^u)}{(1-s_i^u)}$	146,13

Weitere Annahmen:

$h =$ 400%

„CF andere Funktionen" entspricht der steuerlichen BMG

$GWP_i > LG_i$

Funktionsverlagerung	
CF andere Funktionen	1.000
GP_i	146,13
VK_i	10
Steuerbelastung* (mit s_i^u)	334,38

CF Gesamt nach Steuern	801,75

* BMG = 1.000 + 146,13 -10 -15

II. Indifferenz zwischen der Liquidation und der Verlagerung einer gewinnbringenden Funktion

Funktionsliquidation	
LE_i	200
SK_i^L	20
BW_F	15
s_i^u (= 0,15*1,055+h*0,035)	29,825%
$LG_i = LE_i - SK_i^L - (LE_i - SK_i^L - BW_F)\, s_i^u$	130,79

CF andere Funktionen	1.000
Steuerbelastung (mit s_i^u)	298,25
CF anderer Funktionen nach Steuern	701,75

CF Gesamt nach Steuern	832,54

LE_i	200
SK_i^L	20
VK_i	10
$GP_i = LE_i - SK_i^L + VK_i$	190

Funktionsverlagerung	
CF andere Funktionen	1.000
GP_i	190
VK_i	10
Steuerbelastung* (mit s_i^u)	347,46

CF Gesamt nach Steuern	832,54

* BMG = 1.000 + 190 -10 -15

Weitere Annahmen:

$h =$ 400%

„CF andere Funktionen" entspricht der steuerlichen BMG

$LG_i > GWP_i$

III. Grenzpreis des funktionsabgebenden Unternehmens unter Berücksichtigung der Steuerlast aus der Funktionsveräußerung und der Verlagerungskosten

Herleitung des Grenzpreises bei Fortführung der Funktion:

$GP_i = GWP_i + (GP_i - BW_F)\, s_i^u + VK\,(1 - s_i^u)$	(III-01)
$GP_i = \frac{GWP_i - BW_F\, s_i^u + VK_i\,(1 - s_i^u)}{(1 - s_i^u)}$	(III-02)

Herleitung des Grenzpreises bei Liquidation der Funktion:

$GP_i = \frac{GWP_i - BW_F\, s_i^u + VK_i\,(1 - s_i^u)}{(1 - s_i^u)}$	(III-03)
$GWP_i = (LE_i - SK_i^L) - (LE_i - SK_i^L - BW_F)\, s_i^u$	(III-04)
Aus (III-03) & (III-04) folgt:	
$GP_i = \frac{(LE_i - SK_i^L) - (LE_i - SK_i^L - BW_F)\, s_i^u - BW_F\, s_i^u + VK_i\,(1 - s_i^u)}{(1 - s_i^u)}$	(III-05)
$GP_i = LE_i - SK_i^L + VK_i$	(III-06)
Mit: $VK_i = SK_i^{FVerl} + TK_i$	(III-07)
und $SK_i^{\Delta} = SK_i^L - SK_i^{FVerl}$ folgt:	(III-08)
$GP_i = LE_i - SK_i^{\Delta} + TK_i$	(III-09)

IV. Herleitung der Bedingungen für einen negativen Grenzpreis unter Annahme der Liquidation einer gewinnbringenden Funktion in Abhängigkeit von LE_i

$GP_i = LE_i - SK_i^L + VK_i$	(IV-01)

Bedingung für negativen Grenzpreis:

$GP_i < 0$	(IV-02)
$LE_i - SK_i^L + VK_i < 0$	(IV-03)
$LE_i < SK_i^L - VK_i$	(IV-04)
Wegen $LE_i \geq 0$: Nur möglich, wenn: $\{SK_i^L \in \mathbb{R}_{>0} \vert SK_i^L > VK_i\}\ mit\ VK_i \in \mathbb{R}_{\geq 0}$	(IV-05)
Mit $VK_i = SK_i^{FVerl} + TK_i$ folgt:	(IV-06)
$LE_i < SK_i^{\Delta} - TK_i$	(IV-07)
Wegen $LE_i \geq 0$: Nur möglich, wenn: $\{SK_i^{\Delta} \in \mathbb{R}_{>0} \vert SK_i^{\Delta} > TK_i\}\ mit\ TK_i \in \mathbb{R}_{\geq 0}$	(IV-08)

Nebenbedingung I (aus der Annahme der Liquidation der Funktion):

$(LE_i - SK_i^L) - (LE_i - SK_i^L - BW_F)\, s_i^u > GWP_i$	(IV-09)
$LE_i > \dfrac{GWP_i - BW_F\, s_i^u}{(1 - s_i^u)} + SK_i^L$	(IV-10)

Nebenbedingung II (aus der Annahme einer gewinnbringenden Funktion):

$GWP_i > 0$	(IV-11)

Auf Grund der transitiven Ordnungsrelation gilt für (IV-04) & (IV-10):

$\frac{GWP_i - BW_F\, s_i^u}{\left(1 - s_i^u\right)} + SK_i^L < LE_i < SK_i^L - VK_i$	(IV-12)
$VK_i < \frac{BW_F\, s_i^u - GWP_i}{(1 - s_i^u)}$	(IV-13)
Wegen $VK_i > 0$ nur möglich, wenn: $\left\{BW_F \in \mathbb{R}_{>0} \middle\| BW_F > \frac{GWP_i}{s_i^u}\right\}$ mit $GWP_i \in \mathbb{R}_{>0}$; und $\{\, s_i^u \in \mathbb{R}_{>0} \mid s_i^u < 1\}$	(IV-14)
Mit: $VK_i = SK_i^{FVerl} + TK_i$	(IV-15)
$TK_i < \frac{BW_F\, s_i^u - GWP_i}{(1 - s_i^u)} - SK_i^{\mathrm{FVerl}}$	(IV-16)
Nur möglich, wenn: $\left\{BW_F \in \mathbb{R}_{>0} \middle\| BW_F > \frac{SK_i^{\mathrm{FVerl}}\,(1 - s_i^u) + GWP_i}{s_i^u}\right\} mit$ $SK_i^{\mathrm{FVerl}} \in \mathbb{R}_{\geq 0};\ GWP_i,\ s_i^u \in \mathbb{R}_{>0}$ und $\{\, s_i^u \in \mathbb{R}_{>0} \mid s_i^u < 1\}$	(IV-17)

Zusammenfassung:

<table>
<tr><td>$GP_i < 0$ gilt für alle:</td><td></td></tr>
<tr><td>$$\left\{LE_i \in \mathbb{R}_{\geq 0} \left| \frac{GWP_i - BW_F\, s_i^u}{\left(1 - s_i^u\right)} + SK_i^L < LE_i < SK_i^\Delta - TK_i \right.\right\} \; mit$$

$$\left\{SK_i^\Delta \in \mathbb{R}_{>0} \middle| SK_i^\Delta > TK_i\right\};$$

$$\left\{SK_i^L \in \mathbb{R}_{>0} \middle| SK_i^L > VK_i\right\};$$

$$\left\{\, s_i^u \in \mathbb{R}_{>0} \middle|\, s_i^u < 1\right\};$$

$$\left\{TK_i \in \mathbb{R}_{\geq 0} \left| TK_i < \frac{BW_F\, s_i^u - GWP_i}{(1 - s_i^u)} - SK_i^{\mathrm{FVerl}} \right.\right\} \; mit$$

$$\left\{BW_F \in \mathbb{R}_{>0} \left| BW_F > \frac{SK_i^{\mathrm{FVerl}}\,(1 - s_i^u) + GWP_i}{s_i^u} \right.\right\};$$

$$SK_i^{\mathrm{FVerl}} \in \mathbb{R}_{\geq 0};\; GWP_i \in \mathbb{R}_{>0}$$</td><td>(IV-18)</td></tr>
</table>

V. Herleitung der Bedingungen für einen negativen Grenzpreis unter Annahme der Fortführung einer gewinnbringenden Funktion in Abhängigkeit von GWP_i

$GP_i = \frac{GWP_i - BW_F\, s_i^u + VK_i\,(1 - s_i^u)}{(1 - s_i^u)}$	(V-01)

Bedingung für negativen Grenzpreis:

$GP_i < 0$	(V-02)
$\frac{GWP_i - BW_F\, s_i^u + VK_i\,(1 - s_i^u)}{(1 - s_i^u)} < 0$	(V-03)
$GWP_i < BW_F\, s_i^u - VK_i\,(1 - s_i^u)$	(V-04)

Nebenbedingung I (aus der Annahme der Fortführung der Funktion):

$GWP_i > (LE_i - SK_i^L) - (LE_i - SK_i^L - BW_F)\, s_i^u$	(V-05)

Nebenbedingung II (aus der Annahme einer gewinnbringenden Funktion):

$GWP_i > 0$	(V-06)

Auf Grund der transitiven Ordnungsrelation gilt bezüglich (V-04), (V-05) & (V-06):

$\max\left[LE_i(1-s_i^u) - SK_i^L(1-s_i^u) + BW_F\, s_i^u; 0\right] < GWP_i$ $< BW_F\, s_i^u - VK_i\,(1-s_i^u)$	(V-07)
Mit $VK_i = SK_i^{FVerl} + TK_i$ folgt:	(V-08)
$\max\left[LE_i(1-s_i^u) - SK_i^L(1-s_i^u) + BW_F\, s_i^u; 0\right] < GWP_i$ $< BW_F\, s_i^u - TK_i\,(1-s_i^u) - SK_i^{FVerl}\,(1-s_i^u)$	(V-09)

Als Bedingung für die Existenz von GWP_i gilt bezüglich (V-04) & (V-05):

$LE_i(1-s_i^u) - SK_i^L(1-s_i^u) + BW_F\, s_i^u < BW_F\, s_i^u - VK_i\,(1-s_i^u)$	(V-10)
$LE_i + VK_i < SK_i^L$	(V-11)
$VK_i < SK_i^L - LE_i$	(V-12)
Wegen $VK_i \geq 0$ nur möglich, wenn $\{SK_i^L \in \mathbb{R}_{>0} \mid SK_i^L > LE_i\}$ mit $LE_i \in \mathbb{R}_{\geq 0}$	(V-13)
Mit $VK_i = SK_i^{FVerl} + TK_i$ folgt:	(V-14)
$TK_i < SK_i^{\Delta} - LE_i$	(V-15)
Wegen $TK_i \geq 0$ nur möglich, wenn $\{SK_i^{\Delta} \in \mathbb{R}_{>0} \mid SK_i^{\Delta} > LE_i\}$ mit $LE_i \in \mathbb{R}_{\geq 0}$	(V-16)

Als Bedingung für die Existenz von GWP_i gilt bezüglich (V-04) & (V-06):

$0 < BW_F\, s_i^u - VK_i\,(1 - s_i^u)$	(V-17)
$VK_i\,(1 - s_i^u) < BW_F\, s_i^u$	(V-18)
$VK_i < \dfrac{BW_F\, s_i^u}{(1 - s_i^u)}$	(V-19)
Wegen $VK_i \geq 0$ nur möglich, wenn: $BW_F \in \mathbb{R}_{>0}$; $\{\, s_i^u \in \mathbb{R}_{>0} \mid s_i^u < 1\}$	(V-20)
Mit $VK_i = SK_i^{FVerl} + TK_i$ folgt:	(V-21)
$TK_i < \dfrac{BW_F\, s_i^u}{(1 - s_i^u)} - SK_i^{\mathrm{FVerl}}$	(V-22)
Wegen $TK_i \geq 0$ nur möglich, wenn: $\left\{BW_F \in \mathbb{R}_{>0} \middle\vert BW_F > \dfrac{SK_i^{\mathrm{FVerl}}\,(1 - s_i^u)}{s_i^u}\right\} mit\ SK_i^{\mathrm{FVerl}} \in \mathbb{R}_{\geq 0}$ und $\{\, s_i^u \in \mathbb{R}_{>0} \mid s_i^u < 1\}$	(V-23)

Zusammenfassung:

<table>
<tr><td>$GP_i < 0$ gilt für alle:</td><td></td></tr>
<tr><td>

$$\left\{ GWP_i \in \mathbb{R} \middle| \begin{array}{c} \max\left[LE_i(1-s_i^u) - SK_i^L(1-s_i^u) + BW_F\, s_i^u; 0\right] \\ < GWP_i < \\ BW_F\, s_i^u - TK_i\,(1-s_i^u) - SK_i^{FVerl}\,(1-s_i^u) \end{array} \right\} mit$$

$$\left\{ TK_i \in \mathbb{R}_{\geq 0} \middle| TK_i < \min\left(SK_i^{\Delta} - LE_i\,;\, \frac{BW_F\, s_i^u}{(1-s_i^u)} - SK_i^{\mathrm{FVerl}}\right) \right\} mit$$

$$\{SK_i^{\Delta} \in \mathbb{R}_{>0} | SK_i^{\Delta} > LE_i\};$$

$$\left\{ BW_{\mathrm{F}} \in \mathbb{R}_{>0} \middle| \frac{BW_F\, s_i^u}{(1-s_i^u)} > SK_i^{\mathrm{FVerl}} \right\};$$

$$\{SK_i^L \in \mathbb{R}_{>0} | SK_i^L > LE_i\};$$

$$\{ s_i^u \in \mathbb{R}_{>0} |\, s_i^u < 1\};$$

$$LE_i,\, SK_i^{FVerl} \in \mathbb{R}_{\geq 0}$$

</td><td>(V-24)</td></tr>
</table>

VI. Indifferenz zwischen der Fortführung und der Verlagerung einer verlustbringenden Funktion

Funktionsfortführung

GWP_i	-100

CF andere Funktionen	1.000
Steuerbelastung (mit s_i^u)	298,25
CF anderer Funktionen nach Steuern	701,75

CF Gesamt nach Steuern	601,75

GWP_i	-100
BW_F	15
s_i^u (= 0,15*1,055+h*0,035)	29,825%
VK_i	10

$$GP_i = \frac{GWP_i - BW_F s_i^u + VK_i(1 - s_i^u)}{(1 - s_i^u)} \quad -138{,}88$$

Weitere Annahmen:

$h =$ 400%

„CF andere Funktionen" entspricht der steuerlichen BMG

$GWP_i > LG_i$

Funktionsverlagerung

CF andere Funktionen	1.000
GP_i	-138,88
VK_i	10
Steuerbelastung* (mit s_i^u)	249,37

CF Gesamt nach Steuern	601,75

* BMG = 1.000 - 138,88 -10 -15

VII. Indifferenz zwischen der Liquidation und der Verlagerung einer verlustbringenden Funktion

Funktionsliquidation

LE_i	15
SK_i^L	50
BW_F	15
s_i^u (= 0,15*1,055+h*0,035)	29,825%
$LG_i = LE_i - SK_i^L - (LE_i - SK_i^L - BW_F)\, s_i^u$	-20,09

CF andere Funktionen	1.000
Steuerbelastung (mit s_i^u)	298,25
CF anderer Funktionen nach Steuern	701,75

CF Gesamt nach Steuern	681,66

LE_i	15
SK_i^L	50
VK_i	10
$GP_i = LE_i - SK_i^L + VK_i$	-25

Weitere Annahmen:

h = 400%

„CF andere Funktionen" entspricht der steuerlichen BMG

$LG_i > GWP_i$

Funktionsverlagerung

CF andere Funktionen	1.000
GP_i	-25
VK_i	10
Steuerbelastung* (mit s_i^u)	283,34

CF Gesamt nach Steuern	681,66

* BMG = 1.000 - 25 -10 -15

VIII. Herleitung der Bedingungen für einen positiven Grenzpreis unter Annahme der Fortführung einer verlustbringenden Funktion in Abhängigkeit von *GWP*$_i$

$GP_i = \frac{GWP_i - BW_F\, s_i^u + VK_i\,(1 - s_i^u)}{(1 - s_i^u)}$	(VIII-01)

Bedingung für positiven Grenzpreis:

$GP_i > 0$	(VIII-02)
$\frac{GWP_i - BW_F\, s_i^u + VK_i\,(1 - s_i^u)}{(1 - s_i^u)} > 0$	(VIII-03)
$GWP_i > BW_F\, s_i^u - VK_i\,(1 - s_i^u)$	(VIII-04)

Nebenbedingung I (aus der Annahme der Fortführung der Funktion):

$GWP_i > (LE_i - SK_i^L) - (LE_i - SK_i^L - BW_F)\, s_i^u$	(VIII-05)

Nebenbedingung II (aus der Annahme einer verlustbringenden Funktion):

$GWP_i < 0$	(VIII-06)

Auf Grund der transitiven Ordnungsrelation gilt für (VIII-04), (VIII-05) & (VIII-06):

$\max \begin{bmatrix} LE_i(1 - s_i^u) - SK_i^L(1 - s_i^u) + BW_F\, s_i^u; \\ BW_F\, s_i^u - VK_i\,(1 - s_i^u) \end{bmatrix} < GWP_i < 0$	(VIII-07)
Mit $VK_i = SK_i^{FVerl} + TK_i$ folgt:	(VIII-08)
$\max \begin{bmatrix} LE_i(1 - s_i^u) - SK_i^L(1 - s_i^u) + BW_F\, s_i^u; \\ BW_F\, s_i^u - TK_i(1 - s_i^u) - SK_i^{FVerl}(1 - s_i^u) \end{bmatrix} < GWP_i < 0$	(VIII-09)

Als Bedingung für die Existenz von GWP_i gilt bezüglich (VIII-05) & (VIII-06):

$(LE_i - SK_i^L) - (LE_i - SK_i^L - BW_F)\, s_i^u < 0$	(VIII-10)
$LE_i - SK_i^L < -\dfrac{BW_F\, s_i^u}{(1 - s_i^u)}$	(VIII-11)
$LE_i < SK_i^L - \dfrac{BW_F\, s_i^u}{(1 - s_i^u)}$	(VIII-12)
Wegen $LE_i \geq 0$ nur möglich, wenn: $\left\{SK_i^{\mathrm{L}} \in \mathbb{R}_{>0} \middle| SK_i^{\mathrm{L}} > \dfrac{BW_F\, s_i^u}{(1 - s_i^u)}\right\}$ mit $BW_F \in \mathbb{R}_{\geq 0}$ und $\{\, s_i^u \in \mathbb{R}_{>0} \mid s_i^u < 1\}$	(VIII-13)

Als Bedingung für die Existenz von GWP_i gilt bezüglich (VIII-04) & (VIII-06):

$BW_F\, s_i^u - VK_i\,(1 - s_i^u) < 0$	(VIII-14)
$VK_i\,(1 - s_i^u) > BW_F\, s_i^u$	(VIII-15)
$VK_i > \dfrac{BW_F\, s_i^u}{(1 - s_i^u)}$	(VIII-16)
Nur möglich, wenn: $\{\, s_i^u \in \mathbb{R}_{>0} \mid s_i^u < 1\}$	(VIII-17)
Mit $VK_i = SK_i^{FVerl} + TK_i$ folgt:	(VIII-18)
$TK_i > \dfrac{BW_F\, s_i^u}{(1 - s_i^u)} - SK_i^{\mathrm{FVerl}}$	(VIII-19)
Nur möglich, wenn: $\{\, s_i^u \in \mathbb{R}_{>0} \mid s_i^u < 1\}$	(VIII-20)

Zusammenfassung:

$GP_i > 0$ gilt für alle:	
$\left\{GWP_i \in \mathbb{R} \middle\| \max\begin{bmatrix} LE_i(1-s_i^u) - SK_i^L(1-s_i^u) + BW_F\, s_i^u; \\ BW_F\, s_i^u - TK_i(1-s_i^u) - SK_i^{FVerl}(1-s_i^u) \end{bmatrix} < GWP_i < 0 \right\}$ *mit* $\left\{LE_i \in \mathbb{R}_{\geq 0} \middle\| LE_i < SK_i^L - \frac{BW_F\, s_i^u}{(1-s_i^u)}\right\}$ *mit* $\left\{SK_i^{\mathrm{L}} \in \mathbb{R}_{>0} \middle\| SK_i^{\mathrm{L}} > \frac{BW_F\, s_i^u}{(1-s_i^u)}\right\};$ $\left\{TK_i \in \mathbb{R}_{\geq 0} \middle\| TK_i > \frac{BW_F\, s_i^u}{(1-s_i^u)} - SK_i^{\mathrm{FVerl}}\right\}$ *mit* $\{ s_i^u \in \mathbb{R}_{>0} \| s_i^u < 1\};$ $BW_{\mathrm{F}}, SK_i^{\mathrm{FVerl}} \in \mathbb{R}_{\geq 0}$	(VIII-21)

IX. Herleitung der Bedingungen für einen positiven Grenzpreis unter Annahme der Liquidation einer verlustbringenden Funktion in Abhängigkeit von LE_i

$GP_i = LE_i - SK_i^L + VK_i$	(IX-01)

Bedingung für positiven Grenzpreis:

$GP_i > 0$	(IX-02)
$LE_i - SK_i^L + VK_i > 0$	(IX-03)
$LE_i > SK_i^L - VK_i$	(IX-04)
Mit $VK_i = SK_i^{FVerl} + TK_i$ folgt:	(IX-05)
$LE_i > SK_i^{\Delta} - TK_i$	(IX-06)

Nebenbedingung I (aus der Annahme der Liquidation der Funktion):

$(LE_i - SK_i^L) - (LE_i - SK_i^L - BW_F)\, s_i^u > GWP_i$	(IX-07)
$LE_i > SK_i^L + \dfrac{GWP_i - BW_F\, s_i^u}{(1 - s_i^u)}$	(IX-08)
Nur möglich, wenn: $\{ s_i^u \in \mathbb{R}_{>0} \mid s_i^u < 1\}$	(IX-09)

Nebenbedingung II (aus der Annahme einer verlustbringenden Funktion):

$GWP_i < 0$	(IX-10)

Als Bedingung für die Existenz von LE_i gilt bezüglich (IX-06) & (IX-08):

$LE_i > max\left[SK_i^L + \frac{GWP_i - BW_F\ s_i^u}{(1 - s_i^u)};\ SK_i^L - VK_i\right]$	(IX-11)

Zusammenfassung:

$GP_i < 0$ gilt für alle:	
$\left\{LE_i \in \mathbb{R}_{\geq 0} \middle\vert LE_i > max\left[SK_i^L + \frac{GWP_i - BW_F\ s_i^u}{(1 - s_i^u)};\ SK_i^L - VK_i\right]\right\}$ mit $\{ s_i^u \in \mathbb{R}_{>0} \vert\ s_i^u < 1\}$; $SK_i^L, BW_F,\ SK_i^{\mathrm{FVerl}}, VK_i \in \mathbb{R}_{\geq 0}\ , GWP_i \in \mathbb{R}_{<0}$	(IX-12)

X. Indifferenz zwischen der Fortführung des Unternehmens ohne und mit Aufnahme der Funktion

ohne Funktionsausübung

CF andere Funktionen	1.000
Steuerbelastung (mit $s_a^{\,u}$)	150
CF anderer Funktionen nach Steuern	850

CF Gesamt nach Steuern	850

$GWP_a^{\,oAFA}$	100
$s_a^{\,u}$	15%
$GP_a = GWP_a^{\,oAFA} / (1 - s_a^{\,u}) =$	117,65

mit Funktionsausübung

CF andere Funktionen	1.000
$GWP_a^{\,oAFA}$	100
GP_a	117,65
Steuerbelastung* (mit $s_a^{\,u}$)	132,35

CF Gesamt nach Steuern	850

Weitere Annahmen:

„CF andere Funktionen" entspricht der steuerlichen BMG

GP_a ist steuerlich sofort abzugsfähig

* BMG = 1.000 -117,65
($GWP_a^{\,oAFA}$ nicht in BMG, da bereits Nachsteuergröße)

XI. Indifferenz zwischen der Fortführung des Unternehmens ohne und mit Aufnahme der Funktion – ausgeübt durch eine Tochterkapitalgesellschaft – aus Sicht der nationalen Mutterkapitalgesellschaft

ohne Funktionsausübung

CF andere Funktionen	1.000
Steuerbelastung (mit s_i^u)	298,25
CF anderer Funktionen nach Steuern	701,75

CF Gesamt nach Steuern	701,75

mit Funktionsausübung

GWP_a^{oAFA}	100

CF andere Funktionen	1.000
Steuerbelastung (mit s_i^u)	298,25
GWP_a^{oAFA}	100
GP_a	115,59
Steuerbelastung* (mit s_a^u)	-17,34
Steuerbelastung Ausschüttung** (mit s_i^u)	1,75

CF Gesamt nach Steuern	701,75

GWP_a^{oAFA}	100
s_a^u	15%
s_i^u $(= 0,15*1,055+h*0,035)$	29,825%

$$GP_a = \frac{GWP_a^{oAFA}\ (1 - s_a^u)}{1 - s_a^u\ (1 - 0,05\ s_a^u)} = 115,59$$

Weitere Annahmen:

$h =$ 400%

„CF andere Funktionen" entspricht der steuerlichen BMG

GP_a ist steuerlich sofort abzugsfähig

* BMG = -115,59
(GWP_a^{oAFA} nicht in BMG, da bereits Nachsteuergröße. Steuervorteil aus Berücksichtigung des GP_a *(-17,34)* ist mit Steuerbelastung aus GWP_a^{oAFA} verrechenbar.)

** BMG = 100+115,59*0,15
Ausschüttung unterliegt nach § 8 b Abs. 1 S. 1 i. V. m. Abs. 5 S. 2 KStG zu 5 % der Besteuerung im Inland.

XII. Erhebliche positive Abweichung der tatsächlichen von der erwarteten Gewinnentwicklung

$TP^{neu} > GP_a^{alt}$	(XII-01)
$TP^{neu} = \alpha\, GP_i^{neu} + (1-\alpha)\, GP_a^{neu}$ Mit: $0 \leq \alpha \leq 1$	(XII-02)
$GP_i^{neu} = GP_i^{alt}$	(XII-03)
Aus (XII-02) & (XII-03) folgt:	
$TP^{neu} = \alpha\, GP_i^{alt} + (1-\alpha)\, GP_a^{neu}$	(XII-04)
Aus (XII-01) & (XII-04) folgt:	
$\alpha\, GP_i^{alt} + (1-\alpha) GP_a^{neu} > GP_a^{alt}$	(XII-05)
$GP_a^{neu} > \frac{GP_a^{alt} - \alpha\, GP_i^{alt}}{(1-\alpha)}$	(XII-06)
$GP_a^{alt} = (1+x)\, GP_i^{alt}$ Mit: $0 \leq x \leq 1$	(XII-07)
Aus (XII-06) & (XII-07) folgt:	
$GP_a^{neu} > \frac{GP_a^{alt} - \frac{\alpha\, GP_a^{alt}}{(1+x)}}{(1-\alpha)}$	(XII-08)
$GP_a^{neu} > \frac{GP_a^{alt}\left[1 - \frac{\alpha}{(1+x)}\right]}{(1-\alpha)}$	(XII-09)

α	100%	90%	80%	70%	60%	50%	40%	30%	20%	10%	0%
$\Delta GP_a = \left[\frac{GP_a^{neu}}{GP_a^{alt}} - 1\right]$	-/-	300%	133%	78%	50%	33%	22%	14%	8%	4%	0%

Tabelle 6: Erhebliche positive Abweichung der Gewinnentwicklung in Abhängigkeit von α

x	0%	10%	20%	30%	40%	50%	60%	70%	80%	90%	100%
$\Delta GP_a = \left[\frac{GP_a^{neu}}{GP_a^{alt}} - 1\right]$	0%	9%	17%	23%	29%	33%	38%	41%	44%	47%	50%

Tabelle 7: Erhebliche positive Abweichung der Gewinnentwicklung in Abhängigkeit von x

XIII. Erhebliche positive Abweichung der tatsächlichen von der erwarteten Gewinnentwicklung mit angepasstem inländischen Grenzpreis

$TP^{neu} > GP_a^{alt}$	(XIII-01)
$TP^{neu} = \alpha\, GP_i^{neu} + (1-\alpha)\, GP_a^{neu}$ Mit: $0 \leq \alpha \leq 1$	(XIII-02)
$GP_i^{neu} \neq GP_i^{alt}$	(XIII-03)
Aus (XIII-02) & (XIII-03) folgt:	
$TP^{neu} = \alpha\, GP_i^{neu} + (1-\alpha)\, GP_a^{neu}$	(XIII-04)
Aus (XIII-01) & (XIII-04) folgt:	
$\alpha\, GP_i^{neu} + (1-\alpha) GP_a^{neu} > GP_a^{alt}$	(XIII-05)
$GP_a^{neu} > \frac{GP_a^{alt} - \alpha\, GP_i^{neu}}{(1-\alpha)}$	(XIII-06)
$GP_a^{alt} = (1+x)\, GP_i^{alt}$ Mit: $0 \leq x \leq 1$	(XIII-07)
$GP_i^{neu} = GP_i^{alt} \frac{GP_a^{neu}}{GP_a^{alt}}$	(XIII-08)
Aus (XIII-06), (XIII-07) & (XIII-08) folgt:	
$GP_a^{neu} > \frac{GP_a^{alt} - \frac{\alpha\, GP_a^{neu}}{(1+x)}}{(1-\alpha)}$	(XIII-09)
$GP_a^{neu} > \frac{GP_a^{alt}}{(1-\alpha) + \frac{\alpha}{(1+x)}}$	(XIII-10)

x	0%	10%	20%	30%	40%	50%	60%	70%	80%	90%	100%
$\Delta GP_a = \left[\frac{GP_a^{neu}}{GP_a^{alt}} - 1\right]$; mit $GP_i^{neu} = GP_i^{alt}$	0%	9%	17%	23%	29%	33%	38%	41%	44%	47%	50%
$\Delta GP_a = \left[\frac{GP_a^{neu}}{GP_a^{alt}} - 1\right]$; mit $GP_i^{neu} \neq GP_i^{alt}$	0%	5%	9%	13%	17%	20%	23%	26%	29%	31%	33%
$\frac{\Delta GP_a \text{ ; mit } GP_i^{neu} = GP_i^{alt}}{\Delta GP_a \text{ ; mit } GP_i^{neu} \neq GP_i^{alt}}$	-/-	52%	55%	57%	58%	60%	62%	63%	64%	66%	67%

Tabelle 8: Erhebliche positive Abweichung der Gewinnentwicklung bei fixem und angepasstem inländischen Grenzpreis

XIV. Erhebliche negative Abweichung der tatsächlichen von der erwarteten Gewinnentwicklung

Ohne Anpassung des inländischen Grenzpreises:

$TP^{neu} < GP_i^{alt}$	(XIV-01)
$TP^{neu} = \alpha\, GP_i^{neu} + (1-\alpha)\, GP_a^{neu}$ Mit: $0 \leq \alpha \leq 1$	(XIV-02)
$GP_i^{neu} = GP_i^{alt}$	(XIV-03)
Aus (XIV-04) & (XIV-03) folgt:	
$TP^{neu} = \alpha\, GP_i^{alt} + (1-\alpha)\, GP_a^{neu}$	(XIV-04)
Aus (XIV-01) & (XIV-04) folgt:	
$\alpha\, GP_i^{alt} + (1-\alpha) GP_a^{neu} < GP_i^{alt}$	(XIV-05)
$GP_a^{neu} < \frac{GP_i^{alt} - \alpha\, GP_i^{alt}}{(1-\alpha)}$	(XIV-06)
$GP_a^{neu} < GP_i^{alt}$	(XIV-07)
$GP_a^{alt} = (1+x)\, GP_i^{alt}$ Mit: $0 \leq x \leq 1$	(XIV-08)
Aus (XIV-07) & (XIV-08) folgt:	
$GP_a^{neu} < \frac{GP_a^{alt}}{(1+x)}$	(XIV-09)

Mit Anpassung des inländischen Grenzpreises:

$TP^{neu} < GP_i^{alt}$	(XIV-10)
$TP^{neu} = \alpha\, GP_i^{neu} + (1-\alpha)\, GP_a^{neu}$ Mit: $0 \leq \alpha \leq 1$	(XIV-11)
$GP_i^{neu} \neq GP_i^{alt}$	(XIV-12)
Aus (XIV-11) & (XIV-12) folgt:	
$TP^{neu} = \alpha\, GP_i^{neu} + (1-\alpha)\, GP_a^{neu}$	(XIV-13)
Aus (XIV-10) & (XIV-13) folgt:	
$\alpha\, GP_i^{neu} + (1-\alpha) GP_a^{neu} < GP_i^{alt}$	(XIV-14)
$GP_a^{neu} < \frac{GP_i^{alt} - \alpha\, GP_i^{neu}}{(1-\alpha)}$	(XIV-15)
$GP_a^{alt} = (1+x)\, GP_i^{alt}$ Mit: $0 \leq x \leq 1$	(XIV-16)
$GP_i^{neu} = GP_i^{alt} \frac{GP_a^{neu}}{GP_a^{alt}}$	(XIV-17)
Aus (XIV-15), (XIV-16) & (XIV-17) folgt:	
$GP_a^{neu} < \frac{GP_a^{alt}}{(1+x)(1-\alpha)+\alpha}$	(XIV-18)

Gegenüberstellung der erheblichen Abweichung der Gewinnentwicklung bei fixem und angepasstem inländischen Grenzpreis in Abhängigkeit der Größe des Einigungsbereiches unter der Annahme α=0,5:

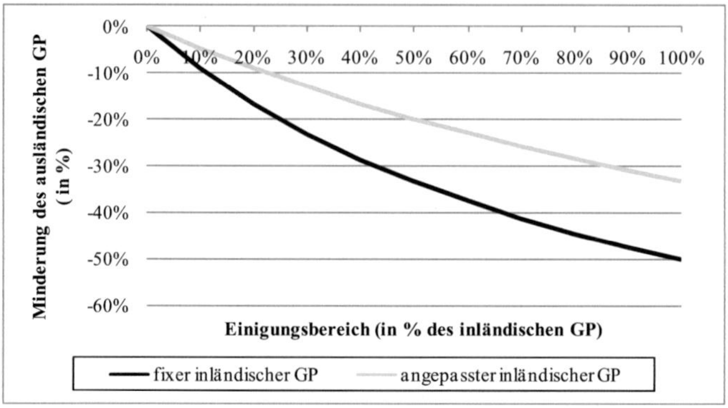

Abbildung 57: Erhebliche negative Abweichung der Gewinnentwicklung bei fixem und angepasstem inländischen Grenzpreis

x	0%	10%	20%	30%	40%	50%	60%	70%	80%	90%	100%
$\Delta\, GP_a = \left[\frac{GP_a^{neu}}{GP_a^{alt}} - 1\right]$; mit $GP_i^{neu} = GP_i^{alt}$	0%	-9%	-17%	-23%	-29%	-33%	-38%	-41%	-44%	-47%	-50%
$\Delta\, GP_a = \left[\frac{GP_a^{neu}}{GP_a^{alt}} - 1\right]$; mit $GP_i^{neu} \neq GP_i^{alt}$	0%	-5%	-9%	-13%	-17%	-20%	-23%	-26%	-29%	-31%	-33%
$\frac{\Delta\, GP_a \text{ ; mit } GP_i^{neu} = GP_i^{alt}}{\Delta\, GP_a \text{ ; mit } GP_i^{neu} \neq GP_i^{alt}}$	-/-	52%	55%	57%	58%	60%	62%	63%	64%	66%	67%

Tabelle 9: Erhebliche negative Abweichung der Gewinnentwicklung bei fixem und angepasstem inländischen Grenzpreis

XV. Formale Darstellung des Steuervorteils einer Funktionsverlagerung

$$S^{VorFVerl} = S_i^F - (S_a^F + S_i^{FVerl}) \qquad \text{(XV-01)}$$

$$\begin{aligned}
&S^{VorFVerl} = \\
&CF_i\, RBF(i,n_F)\, s_i^u - \frac{BW_F}{n_{BW}}\, RBF(i,n_{BW})\, s_i^u \\
&-\Bigg[CF_a\, RBF(i,n_F) - \frac{FP_{mat}}{n_{mat}}\, RBF(i,n_{mat}) \\
&\qquad -\beta\, \frac{FP_{imat}}{n_{imat}}\, RBF(i,n_{imat}) \\
&\qquad -\gamma_1\, \frac{GP_i - (FP_{mat} + FP_{imat})}{n_{GoF}}\, RBF(i,n_{GoF}) \\
&\qquad -\gamma_2\, \frac{TP - GP_i}{n_{GoF}}\, RBF(i,n_{GoF})\Bigg]\, s_a^u \\
&\quad -\Bigg[CF_a\, RBF(i,n_F)\,(1 - s_a^u) + \frac{FP_{mat}}{n_{mat}}\, RBF(i,n_{mat})\, s_a^u \\
&\qquad +\beta\, \frac{FP_{imat}}{n_{imat}}\, RBF(i,n_{imat})\, s_a^u \\
&\qquad +\gamma_1\, \frac{GP_i - (FP_{mat} + FP_{imat})}{n_{GoF}}\, RBF(i,n_{GoF})\, s_a^u \\
&\qquad +\gamma_2\, \frac{TP - GP_i}{n_{GoF}}\, RBF(i,n_{GoF})\, s_a^u\Bigg]\, 0{,}05\, s_i^u \\
&-\alpha\, \frac{CF_i\, RBF(i,n_F)\,(1 - s_i^u) + \frac{BW_F}{n_{BW}}\, RBF(i,n_{BW})\, s_i^u - BW_F\, s_i^u}{(1 - s_i^u)}\, s_i^u \\
&\quad -(1-\alpha)\Bigg[CF_a\, RBF(i,n_F)(1 - s_a^u) + \frac{FP_{mat}\, RBF(i,n_{mat})\, s_a^u}{n_{mat}} \\
&\qquad + \frac{FP_{imat}\, RBF(i,n_{imat})\, s_a^u}{n_{imat}} - \frac{(FP_{mat} + FP_{imat})\, RBF(i,n_{GoF})\, s_a^u}{n_{GoF}}\Bigg] \\
&\qquad\qquad \frac{(1 - 0{,}05\, s_i^u)\, n_{GoF}}{n_{GoF} - RBF(i,n_{GoF})\, s_a^u\, \left(1 - 0{,}05\, s_i^u\right)}\, s_i^u \\
&\quad + BW_F\, s_i^u
\end{aligned} \qquad \text{(XV-02)}$$

XVI. Formale Darstellung des ausländischen Indifferenzsteuersatzes in Abhängigkeit des Steuervorteils einer Funktionsverlagerung

$S^{VorFVerl} = S_i^F - (S_a^F + S_i^{FVerl})$	(XVI-01)
$0 = S_i^F - (S_a^F + S_i^{FVerl})$	(XVI-02)
$0 =$ $-\left[CF_a\, RBF(i,n_F) - \frac{FP_{mat}}{n_{mat}} RBF(i,n_{mat}) - \beta \frac{FP_{imat}}{n_{imat}} RBF(i,n_{imat}) -\gamma_1 \frac{GP_i - (FP_{mat} + FP_{imat})}{n_{GoF}} RBF(i,n_{GoF})\right] [-RBF(i,n_{GoF})(1 - 0{,}05\, s_i^u)]\, s_a^{u2}$ $+\alpha \left[\frac{CF_i\, RBF(i,n_F)\,(1 - s_i^u) + \frac{BW_F}{n_{BW}} RBF(i,n_{BW})\, s_i^u - BW_F\, s_i^u}{(1 - s_i^u)}\right]$ $\gamma_2 \frac{RBF(i,n_{GoF})}{n_{GoF}} [-RBF(i,n_{GoF})\,(1 - 0{,}05\, s_i^u)]\, s_a^{u2}$ $-\left[\gamma_2 \frac{GP_i}{n_{GoF}} RBF(i,n_{GoF})\right] [-RBF(i,n_{GoF})\,(1 - 0{,}05\, s_i^u)] s_a^{u2}$ $-\left[-CF_a\, RBF(i,n_F) + \frac{FP_{mat}}{n_{mat}} RBF(i,n_{mat}) + \beta \frac{FP_{imat}}{n_{imat}} RBF(i,n_{imat}) +\gamma_1 \frac{GP_i - (FP_{mat} + FP_{imat})}{n_{GoF}} RBF(i,n_{GoF})\right]$ $0{,}05\, s_i^u\, [-RBF(i,n_{GoF})\,(1 - 0{,}05\, s_i^u)] s_a^{u2}$ $-\alpha \left[\frac{CF_i\, RBF(i,n_F)\,(1 - s_i^u) + \frac{BW_F}{n_{BW}} RBF(i,n_{BW})\, s_i^u - BW_F\, s_i^u}{(1 - s_i^u)}\right]$ $\gamma_2 \frac{RBF(i,n_{GoF})}{n_{GoF}} 0{,}05\, s_i^u\, [-RBF(i,n_{GoF})\,(1 - 0{,}05\, s_i^u)] s_a^{u2}$ $+\left[\gamma_2 \frac{GP_i}{n_{GoF}} RBF(i,n_{GoF})\right] 0{,}05\, s_i^u [-RBF(i,n_{GoF})\,(1 - 0{,}05\, s_i^u)] s_a^{u2}$ $+(1-\alpha)\left[-CF_a\, RBF(i,n_F) + \frac{FP_{mat}\, RBF(i,n_{mat})}{n_{mat}} + \frac{FP_{imat}\, RBF(i,n_{imat})}{n_{imat}} - \frac{(FP_{mat} + FP_{imat})\, RBF(i,n_{GoF})}{n_{GoF}}\right]$ $(1 - 0{,}05\, s_i^u)\, n_{GoF}\, \gamma_2 \frac{RBF(i,n_{GoF})}{n_{GoF}} s_a^{u2} \ldots$	(XVI-03)

...

$$- (1-\alpha)\left[-CF_a\, RBF(i,n_F) + \frac{FP_{mat}\, RBF(i,n_{mat})}{n_{mat}} + \frac{FP_{imat}\, RBF(i,n_{imat})}{n_{imat}} - \frac{(FP_{mat} + FP_{imat})\, RBF(i,n_{GoF})}{n_{GoF}}\right]$$

$$(1 - 0{,}05\, s_i^u)\, n_{GoF}\, \gamma_2\, \frac{RBF(i,n_{GoF})}{n_{GoF}} 0{,}05\, s_i^u\, {s_a^u}^2$$

$$-\left[CF_a\, RBF(i,n_F) - \frac{FP_{mat}}{n_{mat}} RBF(i,n_{mat}) - \beta\, \frac{FP_{imat}}{n_{imat}} RBF(i,n_{imat}) - \gamma_1\, \frac{GP_i - (FP_{mat} + FP_{imat})}{n_{GoF}} RBF(i,n_{GoF})\right] n_{GoF}\, s_a^u$$

$$+\alpha\left[\frac{CF_i\, RBF(i,n_F)\,(1-s_i^u) + \frac{BW_F}{n_{BW}} RBF(i,n_{BW})\, s_i^u - BW_F\, s_i^u}{(1-s_i^u)}\right]$$

$$\gamma_2\, \frac{RBF(i,n_{GoF})}{n_{GoF}}\, n_{GoF}\, s_a^u$$

$$+ (1-\alpha)\, CF_a\, RBF(i,n_F)\,(1 - 0{,}05\, s_i^u)\, n_{GoF}\, \gamma_2\, \frac{RBF(i,n_{GoF})}{n_{GoF}}\, s_a^u$$

$$-\left[\gamma_2\, \frac{GP_i}{n_{GoF}} RBF(i,n_{GoF})\right] n_{GoF}\, s_a^u$$

$$-\left[-CF_a\, RBF(i,n_F) + \frac{FP_{mat}}{n_{mat}} RBF(i,n_{mat}) + \beta\, \frac{FP_{imat}}{n_{imat}} RBF(i,n_{imat}) + \gamma_1\, \frac{GP_i - (FP_{mat} + FP_{imat})}{n_{GoF}} RBF(i,n_{GoF})\right] 0{,}05\, s_i^u\, n_{GoF}\, s_a^u$$

$$-\alpha\left[\frac{CF_i\, RBF(i,n_F)\,(1-s_i^u) + \frac{BW_F}{n_{BW}} RBF(i,n_{BW})\, s_i^u - BW_F\, s_i^u}{(1-s_i^u)}\right]$$

$$\gamma_2\, \frac{RBF(i,n_{GoF})}{n_{GoF}} 0{,}05\, s_i^u\, n_{GoF}\, s_a^u$$

$$- (1-\alpha)\, CF_a\, RBF(i,n_F)\,(1 - 0{,}05\, s_i^u)\, n_{GoF}\, \gamma_2\, \frac{RBF(i,n_{GoF})}{n_{GoF}} 0{,}05\, s_i^u\, s_a^u$$

$$+\left[\gamma_2\, \frac{GP_i}{n_{GoF}} RBF(i,n_{GoF})\right] 0{,}05\, s_i^u\, n_{GoF}\, s_a^u$$

...

(XVI-03)

$\ldots$ $+\left[CF_i\, RBF(i,n_F)\, s_i^u - \frac{BW_F}{n_{BW}}\, RBF(i_i,n_{BW})\, s_i^u\right][-RBF(i,n_{GoF})\,(1-\ 0{,}05\, s_i^u)]s_a^u$ $-\, CF_a\, RBF(i,n_F)\, 0{,}05\, s_i^u\, [-RBF(i,n_{GoF})\,(1-\ 0{,}05\, s_i^u)]s_a^u$ $-\alpha \left[\frac{CF_i\, RBF(i,n_F)\,(1-s_i^u) + \frac{BW_F}{n_{BW}}\, RBF(i,n_{BW})\, s_i^u -\, BW_F\, s_i^u}{(1-s_i^u)}\right]$ $s_i^u\, [-RBF(i,n_{GoF})\,(1-\ 0{,}05\, s_i^u)]s_a^u$ $+\, BW_F\, s_i^u\, [-RBF(i,n_{GoF})\,(1-\ 0{,}05\, s_i^u)]s_a^u$ $-\,(1-\alpha)\left[-\, CF_a\, RBF(i,n_F) + \frac{FP_{mat}\, RBF(i,n_{mat})}{n_{mat}} + \frac{FP_{imat}\, RBF(i,n_{imat})}{n_{imat}}\right.$ $\left. - \frac{(FP_{mat} +\ FP_{imat})\, RBF(i,n_{GoF})}{n_{GoF}}\right](1-\ 0{,}05\, s_i^u)\, n_{GoF}\, s_i^u s_a^u$ $+\left[CF_i\, RBF(i,n_F)\, s_i^u - \frac{BW_F}{n_{BW}}\, RBF(i,n_{BW})\, s_i^u\right] n_{GoF}$ $-\, CF_a\, RBF(i,n_F)\, 0{,}05\, s_i^u\, n_{GoF}$ $-\alpha \left[\frac{CF_i\, RBF(i,n_F)\,(1-s_i^u) + \frac{BW_F}{n_{BW}}\, RBF(i,n_{BW})\, s_i^u -\, BW_F\, s_i^u}{(1-s_i^u)}\right] s_i^u\, n_{GoF}$ $+\, BW_F\, s_i^u\, n_{GoF}$ $-\,(1-\alpha)\, CF_a\, RBF(i,n_F)\,(1-\ 0{,}05\, s_i^u)\, n_{GoF}\, s_i^u$	(XVI-03)

Die voranstehende Gleichung entspricht der quadratischen Gleichung (XVI-04):

$0 = a\, {s_a^u}^2 +\, b\, s_a^u + c$	(XVI-04)
Lösung der quadratischen Gleichung mit Hilfe der a-b-c-Formel:	
$s_{a\,1;2}^u = \frac{-b \pm \sqrt{b^2 - 4ac}}{2a}$ $mit\ s_a^u \geq 0$	(XVI-05)

XVII. Steuersatzeffekt

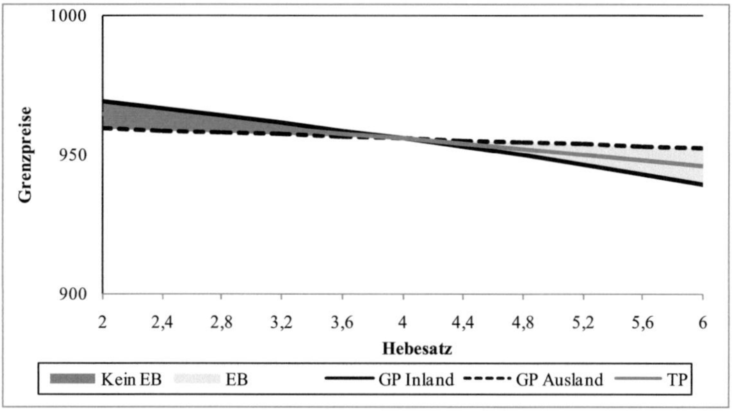

Abbildung 58: Einigungsbereich in Abhängigkeit des Hebesatzes

Zu einer Übersicht der einzelnen Werte vgl. Tabelle 10, S. 274.

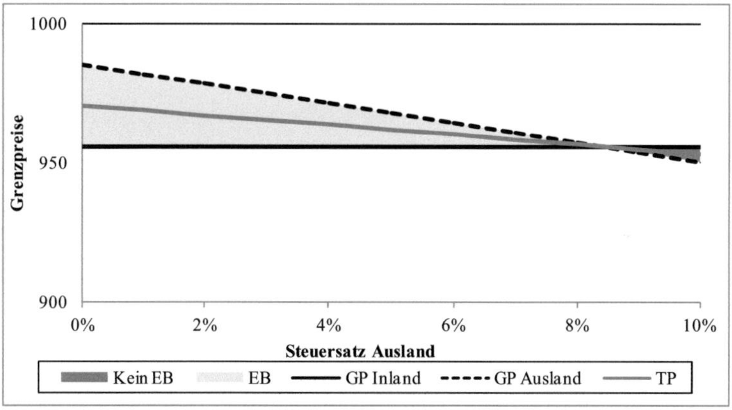

Abbildung 59: Einigungsbereich in Abhängigkeit des ausländischen Steuersatzes

Zu einer Übersicht der einzelnen Werte vgl. Tabelle 11, S. 275.

Hebesatz	200%	240%	280%	320%	360%	400%	440%	480%	520%	560%	600%
GP_i	969,24	966,75	964,17	961,49	958,70	955,80	952,79	949,64	946,37	942,95	939,38
GP_a	959,35	958,64	957,93	957,22	956,51	955,80	955,09	954,38	953,68	952,97	952,26
TP	964,30	962,70	961,05	959,35	957,61	955,80	953,94	952,01	950,02	947,96	945,82
positiver EB	NEIN	NEIN	NEIN	NEIN	NEIN	NEIN	JA	JA	JA	JA	JA
S_i^F	153,84	163,27	172,71	182,15	191,58	201,02	210,45	219,89	229,33	238,76	248,20
S_i^{FVerl}	121,95	129,05	136,08	143,06	149,97	156,82	163,60	170,31	176,94	183,49	189,95
S_a^F	40,44	41,19	41,94	42,69	43,44	44,20	44,96	45,72	46,48	47,24	48,01
$S_i^{FVerl} + S_a^F$	162,40	170,24	178,02	185,75	193,41	201,02	208,56	216,02	223,42	230,73	237,96
$S^{vorFVerl}$	-8,56	-6,96	-5,31	-3,60	-1,83	0,00	1,90	3,87	5,91	8,03	10,23
$S^{vorFVerlRel}$	-5,56%	-4,26%	-3,07%	-1,98%	-0,96%	0,00%	0,90%	1,76%	2,58%	3,36%	4,12%

ΔGP_i	-2,490	-2,583	-2,682	-2,787	-2,899	-3,017	-3,142	-3,275	-3,417	-3,569
ΔGP_a	-0,709	-0,709	-0,709	-0,709	-0,709	-0,709	-0,709	-0,709	-0,709	-0,709
ΔTP	-1,599	-1,646	-1,696	-1,748	-1,804	-1,863	-1,925	-1,992	-2,063	-2,139
ΔS_i^F	9,436	9,436	9,436	9,436	9,436	9,436	9,436	9,436	9,436	9,436
ΔS_i^{FVerl}	7,093	7,036	6,976	6,914	6,848	6,780	6,707	6,630	6,549	6,464
ΔS_a^F	0,747	0,749	0,751	0,753	0,755	0,758	0,760	0,763	0,766	0,769
$\Delta S_i^{FVerl} + S_a^F$	7,840	7,785	7,727	7,667	7,604	7,537	7,467	7,393	7,315	7,233
$\Delta S^{vorFVerl}$	1,596	1,651	1,709	1,769	1,832	1,899	1,969	2,043	2,121	2,203
$\Delta S^{vorFVerlRel}$	0,013	0,012	0,011	0,010	0,010	0,009	0,009	0,008	0,008	0,008

Tabelle 10: Steuervorteil einer Funktionsverlagerung in Abhängigkeit des Hebesatzes

Steuersatz Ausland	0%	1%	2%	3%	4%	5%	6%	7%	8%	9%	10%
GP_i	955,80	955,80	955,80	955,80	955,80	955,80	955,80	955,80	955,80	955,80	955,80
GP_a	985,09	981,75	978,38	974,97	971,53	968,05	964,54	960,99	957,40	953,78	950,12
TP	970,44	968,78	967,09	965,39	963,66	961,93	960,17	958,39	956,60	954,79	952,96
positiver EB	JA	JA	JA	JA	JA	JA	JA	JA	JA	NEIN	NEIN
S_i^F	201,02	201,02	201,02	201,02	201,02	201,02	201,02	201,02	201,02	201,02	201,02
S_i^{FVerl}	161,19	160,69	160,19	159,68	159,17	158,65	158,12	157,59	157,06	156,52	155,97
S_a^F	14,91	18,32	21,74	25,18	28,63	32,10	35,59	39,10	42,63	46,18	49,74
$S_i^{FVerl} + S_a^F$	176,10	179,01	181,92	184,85	187,80	190,75	193,72	196,70	199,69	202,70	205,72
$S^{vorFVerl}$	24,92	22,01	19,09	16,16	13,22	10,27	7,30	4,32	1,33	-1,68	-4,70
$S^{vorFVerlRel}$	12,40%	10,95%	9,50%	8,04%	6,58%	5,11%	3,63%	2,15%	0,66%	-0,83%	-2,34%

ΔGP_i	0,000	0,000	0,000	0,000	0,000	0,000	0,000	0,000	0,000	0,000
ΔGP_a	-3,339	-3,373	-3,407	-3,442	-3,477	-3,513	-3,549	-3,586	-3,624	-3,662
ΔTP	-1,670	-1,686	-1,704	-1,721	-1,739	-1,756	-1,775	-1,793	-1,812	-1,831
ΔS_i^F	0,000	0,000	0,000	0,000	0,000	0,000	0,000	0,000	0,000	0,000
ΔS_i^{FVerl}	-0,498	-0,503	-0,508	-0,513	-0,519	-0,524	-0,529	-0,535	-0,540	-0,546
ΔS_a^F	3,404	3,421	3,438	3,455	3,473	3,491	3,509	3,528	3,546	3,565
$\Delta S_i^{FVerl} + S_a^F$	2,906	2,918	2,930	2,942	2,954	2,967	2,980	2,993	3,006	3,019
$\Delta S^{vorFVerl}$	-2,906	-2,918	-2,930	-2,942	-2,954	-2,967	-2,980	-2,993	-3,006	-3,019
$\Delta S^{vorFVerlRel}$	-1,446%	-1,452%	-1,458%	-1,464%	-1,470%	-1,476%	-1,482%	-1,489%	-1,495%	-1,502%

Tabelle 11: Steuervorteil einer Funktionsverlagerung in Abhängigkeit des ausländischen Steuersatzes

prozentuale Änderung	50%	55%	60%	65%	70%	75%	80%	85%	90%	95%	100%
Hebesatz	200%	220%	240%	260%	280%	300%	320%	340%	360%	380%	400%
$S^{vorFVerlRel}$	-5,56%	-4,90%	-4,26%	-3,66%	-3,07%	-2,52%	-1,98%	-1,46%	-0,96%	-0,47%	0,00%
$\Delta S^{vorFVerlRel}$	0,66%	0,63%	0,61%	0,58%	0,56%	0,54%	0,52%	0,50%	0,49%	0,47%	0,46%
Steuersatz Ausland	4,22%	4,64%	5,07%	5,49%	5,91%	6,33%	6,75%	7,18%	7,60%	8,02%	8,44%
$S^{vorFVerlRel}$	6,25%	5,63%	5,01%	4,39%	3,77%	3,14%	2,51%	1,89%	1,26%	0,63%	0,00%
$\Delta S^{vorFVerlRel}$	-0,62%	-0,62%	-0,62%	-0,62%	-0,62%	-0,63%	-0,63%	-0,63%	-0,63%	-0,63%	-0,63%

prozentuale Änderung	100%	105%	110%	115%	120%	125%	130%	135%	140%	145%	150%
Hebesatz	400%	420%	440%	460%	480%	500%	520%	540%	560%	580%	600%
$S^{vorFVerlRel}$	0,00%	0,46%	0,90%	1,34%	1,76%	2,17%	2,58%	2,97%	3,36%	3,75%	4,12%
$\Delta S^{vorFVerlRel}$	0,46%	0,44%	0,43%	0,42%	0,41%	0,40%	0,40%	0,39%	0,38%	0,38%	
Steuersatz Ausland	8,44%	8,86%	9,29%	9,71%	10,13%	10,55%	10,98%	11,40%	11,82%	12,24%	13%
$S^{vorFVerlRel}$	0,00%	-0,63%	-1,26%	-1,90%	-2,53%	-3,17%	-3,81%	-4,45%	-5,09%	-5,73%	-6,37%
$\Delta S^{vorFVerlRel}$	-0,63%	-0,63%	-0,63%	-0,64%	-0,64%	-0,64%	-0,64%	-0,64%	-0,64%	-0,64%	

Tabelle 12: Gegenüberstellung der Wirkung der Variation des Hebesatzes und des ausländischen Steuersatzes

Hebesatz	200%	220%	240%	260%	280%	300%	320%	340%	360%	380%	400%
s^{u}_{a}	5,67%	5,92%	6,17%	6,43%	6,70%	6,98%	7,26%	7,54%	7,84%	8,14%	8,44%

Hebesatz	400%	420%	440%	460%	480%	500%	520%	540%	560%	580%	600%
s^{u}_{a}	8,44%	8,76%	9,08%	9,41%	9,74%	10,09%	10,44%	10,80%	11,17%	11,54%	11,93%

Tabelle 13: Ausländischer Indifferenzsteuersatz in Anhängigkeit des Hebesatzes

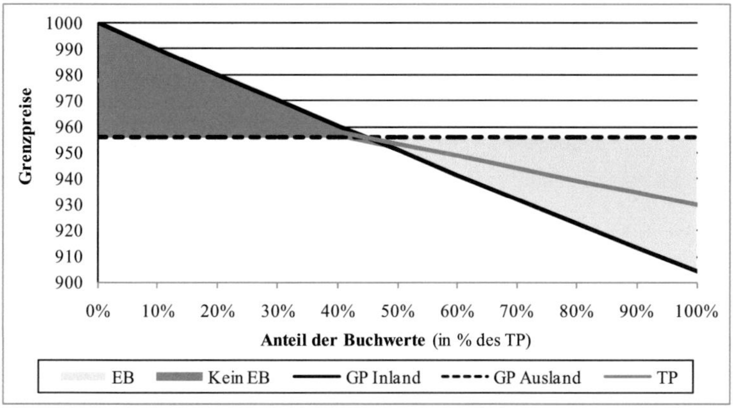

Abbildung 60: Einigungsbereich in Abhängigkeit des Anteils der Buchwerte am Transferpaketpreis

Zu einer Übersicht der einzelnen Werte vgl. die nachstehende Tabelle:

BW_F (in % des TP)	0%	10%	20%	30%	40%	50%	60%	70%	80%	90%	100%
GP_i	1000,00	990,00	980,10	970,30	960,60	951,00	941,50	932,08	922,76	913,54	904,40
GP_a	955,79	955,79	955,79	955,79	955,79	955,79	955,79	955,79	955,79	955,79	955,79
TP	977,89	972,89	967,95	963,05	958,20	953,40	948,64	943,94	939,28	934,66	930,09
positiver EB	NEIN	NEIN	NEIN	NEIN	NEIN	JA	JA	JA	JA	JA	JA
S_i^F	298,25	276,25	254,48	232,92	211,58	190,46	169,55	148,84	128,34	108,04	87,94
S_i^{FVerl}	291,66	261,15	230,95	201,06	171,47	142,18	113,17	84,46	56,03	27,88	0,00
S_a^F	42,96	43,25	43,53	43,80	44,08	44,35	44,61	44,88	45,14	45,40	45,66
$S_i^{FVerl} + S_a^F$	334,62	304,40	274,48	244,86	215,54	186,52	157,79	129,34	101,17	73,28	45,66
$S^{vorFVerl}$	-36,37	-28,15	-20,00	-11,94	-3,96	3,94	11,76	19,50	27,17	34,76	42,28
$S^{vorFVerlRel}$	-12,20%	-10,19%	-7,86%	-5,13%	-1,87%	2,07%	6,94%	13,10%	21,17%	32,17%	48,08%
ΔGP_i	-10,000	-9,898	-9,798	-9,699	-9,602	-9,506	-9,412	-9,319	-9,228	-9,137	
ΔGP_a	0,000	0,000	0,000	0,000	0,000	0,000	0,000	0,000	0,000	0,000	
ΔTP	-5,000	-4,949	-4,899	-4,850	-4,801	-4,753	-4,706	-4,660	-4,614	-4,569	
ΔS_i^F	-21,999	-21,775	-21,555	-21,338	-21,124	-20,913	-20,706	-20,501	-20,300	-20,102	
ΔS_i^{FVerl}	-30,508	-30,197	-29,892	-29,591	-29,294	-29,002	-28,714	-28,431	-28,152	-27,876	
ΔS_a^F	0,282	0,279	0,276	0,273	0,271	0,268	0,265	0,263	0,260	0,258	
$\Delta S_i^{FVerl} + S_a^F$	-30,226	-29,918	-29,616	-29,317	-29,024	-28,734	-28,449	-28,168	-27,891	-27,619	
$\Delta S^{vorFVerl}$	8,227	8,143	8,061	7,980	7,900	7,821	7,743	7,667	7,591	7,517	
$\Delta S^{vorFVerlRel}$	2,007%	2,328%	2,733%	3,254%	3,940%	4,868%	6,167%	8,067%	11,004%	15,903%	

Tabelle 14: Steuervorteil einer Funktionsverlagerung in Anhängigkeit des Anteils der Buchwerte am Transferpaketpreis

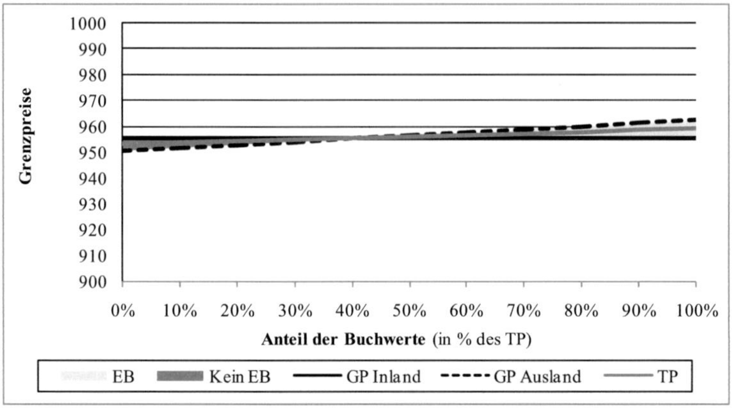

Abbildung 61: Einigungsbereich in Abhängigkeit des Anteils der stillen Reserven in immateriellen Wirtschaftsgütern

Zu einer Übersicht der einzelnen Werte vgl. die nachstehende Tabelle:

Anteil der StR in imat WG	0%	10%	20%	30%	40%	50%	60%	70%	80%	90%	100%
GP_i	955,80	955,80	955,80	955,80	955,80	955,80	955,80	955,80	955,80	955,80	955,80
GP_a	950,59	951,77	952,96	954,14	955,34	956,53	957,73	958,93	960,13	961,33	962,54
TP	953,19	953,79	954,38	954,97	955,57	956,17	956,76	957,36	957,96	958,57	959,17
positiver EB	NEIN	NEIN	NEIN	NEIN	NEIN	JA	JA	JA	JA	JA	JA
S_i^F	201,02	201,02	201,02	201,02	201,02	201,02	201,02	201,02	201,02	201,02	201,02
S_i^{FVerl}	156,04	156,22	156,40	156,57	156,75	156,93	157,11	157,29	157,47	157,65	157,83
S_a^F	49,30	48,15	46,98	45,82	44,65	43,49	42,31	41,14	39,96	38,78	37,60
$S_i^{FVerl} + S_a^F$	205,35	204,36	203,38	202,39	201,41	200,41	199,42	198,43	197,43	196,43	195,43
$S^{vorFVerl}$	-4,33	-3,35	-2,36	-1,38	-0,39	0,60	1,60	2,59	3,59	4,59	5,59
$S^{vorFVerlRel}$	-2,15%	-1,66%	-1,17%	-0,68%	-0,19%	0,30%	0,79%	1,29%	1,79%	2,28%	2,78%

ΔGP_i	0,000	0,000	0,000	0,000	0,000	0,000	0,000	0,000	0,000	0,000
ΔGP_a	1,184	1,186	1,189	1,191	1,194	1,197	1,199	1,202	1,204	1,207
ΔTP	0,592	0,593	0,594	0,596	0,597	0,598	0,600	0,601	0,602	0,604
ΔS_i^F	0,000	0,000	0,000	0,000	0,000	0,000	0,000	0,000	0,000	0,000
ΔS_i^{FVerl}	0,176	0,177	0,177	0,178	0,178	0,178	0,179	0,179	0,180	0,180
ΔS_a^F	-1,159	-1,161	-1,164	-1,166	-1,169	-1,171	-1,174	-1,176	-1,179	-1,182
$\Delta S_i^{FVerl} + S_a^F$	-0,982	-0,984	-0,986	-0,989	-0,991	-0,993	-0,995	-0,997	-0,999	-1,002
$\Delta S^{vorFVerl}$	0,982	0,984	0,986	0,989	0,991	0,993	0,995	0,997	0,999	1,002
$\Delta S^{vorFVerlRel}$	0,489%	0,490%	0,491%	0,492%	0,493%	0,494%	0,495%	0,496%	0,497%	0,498%

Tabelle 15: Steuervorteil einer Funktionsverlagerung in Abhängigkeit des Anteils der stillen Reserven in immateriellen Wirtschaftsgütern

prozentuale Änderung	50%	55%	60%	65%	70%	75%	80%	85%	90%	95%	100%
BW_F (in % des TP)	22,50%	24,75%	27,00%	29,25%	31,50%	33,75%	36,00%	38,25%	40,50%	42,75%	45,00%
$S^{vorFVerlRel}$	-7,22%	-6,62%	-6,00%	-5,35%	-4,68%	-3,97%	-3,25%	-2,49%	-1,69%	-0,87%	0,00%
$\Delta S^{vorFVerlRel}$	0,60%	0,62%	0,65%	0,67%	0,70%	0,73%	0,76%	0,79%	0,83%	0,86%	
Anteil imat WG	21,94%	24,13%	26,32%	28,52%	30,71%	32,90%	35,10%	37,29%	39,48%	41,68%	43,87%
$S^{vorFVerlRel}$	-1,08%	-0,97%	-0,86%	-0,76%	-0,65%	-0,54%	-0,43%	-0,33%	-0,22%	-0,11%	0,00%
$\Delta S^{vorFVerlRel}$	0,11%	0,11%	0,11%	0,11%	0,11%	0,11%	0,11%	0,11%	0,11%	0,11%	

prozentuale Änderung	100%	105%	110%	115%	120%	125%	130%	135%	140%	145%	150%
BW_F (in % des TP)	45,00%	47,25%	49,50%	51,75%	54,00%	56,25%	58,50%	60,75%	63,00%	65,25%	67,50%
$S^{vorFVerlRel}$	0,00%	0,90%	1,85%	2,84%	3,89%	4,98%	6,13%	7,35%	8,63%	9,98%	11,41%
$\Delta S^{vorFVerlRel}$	0,90%	0,95%	0,99%	1,04%	1,10%	1,15%	1,21%	1,28%	1,35%	1,43%	
Anteil imat WG	43,87%	46,06%	48,26%	50,45%	52,64%	54,84%	57,03%	59,22%	61,42%	63,61%	65,81%
$S^{vorFVerlRel}$	0,00%	0,11%	0,21%	0,32%	0,43%	0,54%	0,65%	0,76%	0,86%	0,97%	1,08%
$\Delta S^{vorFVerlRel}$	0,11%	0,11%	0,11%	0,11%	0,11%	0,11%	0,11%	0,11%	0,11%	0,11%	

Tabelle 16: Gegenüberstellung der Wirkung der Variation des Anteils der Buchwerte am Transferpaketpreis und des Anteils der stillen Reserven in immateriellen Wirtschaftsgütern

	0%	10%	20%	30%	40%	50%	60%	70%	80%	90%	100%
BW_F (in % des TP)											
s^u_a	-4,70%	-1,46%	1,58%	4,45%	7,15%	9,70%	12,12%	14,41%	16,59%	18,65%	20,62%
Anteil StR in imat WG											
s^u_a	7,21%	7,46%	7,73%	8,01%	8,32%	8,65%	9,01%	9,40%	9,82%	10,29%	10,80%

Tabelle 17: Ausländischer Indifferenzsteuersatz in Abhängigkeit des Anteils der Buchwerte am Transferpaketpreis und des Anteils der stillen Reserven in immateriellen Wirtschaftsgütern

XVIII. Zeiteffekt

Diskontierungszinssatz	7%	8%	9%	10%	11%	12%	13%	14%	14,40%
GP_i	1395,68	1213,18	1070,53	955,80	861,42	782,34	715,03	657,01	636,23
GP_a	1369,10	1196,51	1062,63	955,80	868,60	796,09	734,85	682,45	663,77
TP	1382,39	1204,84	1066,58	955,80	865,01	789,21	724,94	669,73	650,00
positiver EB	NEIN	NEIN	NEIN	NEIN	JA	JA	JA	JA	JA
S_i^F	320,90	270,40	231,62	201,02	176,34	156,08	139,21	124,98	119,96
S_i^{FVerl}	284,05	231,10	189,86	156,82	129,74	107,14	87,97	71,50	65,62
S_a^F	58,80	53,10	48,30	44,20	40,63	37,50	34,73	32,27	31,37
$S_i^{FVerl} + S_a^F$	342,85	284,20	238,16	201,02	170,37	144,64	122,70	103,77	96,98
$S^{vorFVerl}$	-21,95	-13,79	-6,54	0,00	5,96	11,44	16,51	21,21	22,98
$S^{vorFVerlRel}$	-6,84%	-5,10%	-2,82%	0,00%	3,38%	7,33%	11,86%	16,97%	19,16%

ΔGP_i	-182,500	-142,656	-114,725	-94,377	-79,088	-67,302	-58,021
ΔGP_a	-172,597	-133,876	-106,827	-87,199	-72,511	-61,238	-52,401
ΔTP	-177,549	-138,266	-110,776	-90,788	-75,800	-64,270	-55,211
ΔS_i^F	-50,502	-38,780	-30,603	-24,680	-20,257	-16,873	-14,229
ΔS_i^{FVerl}	-52,954	-41,238	-33,039	-27,078	-22,607	-19,169	-16,467
ΔS_a^F	-5,699	-4,794	-4,107	-3,567	-3,130	-2,769	-2,466
$\Delta S_i^{FVerl} + S_a^F$	-58,653	-46,032	-37,146	-30,644	-25,737	-21,937	-18,933
$\Delta S^{vorFVerl}$	8,151	7,252	6,543	5,965	5,479	5,064	4,704
$\Delta S^{vorFVerlRel}$	1,737%	2,277%	2,825%	3,382%	3,950%	4,527%	5,114%

Tabelle 18: Steuervorteil einer Funktionsverlagerung in Abhängigkeit des Zinssatzes

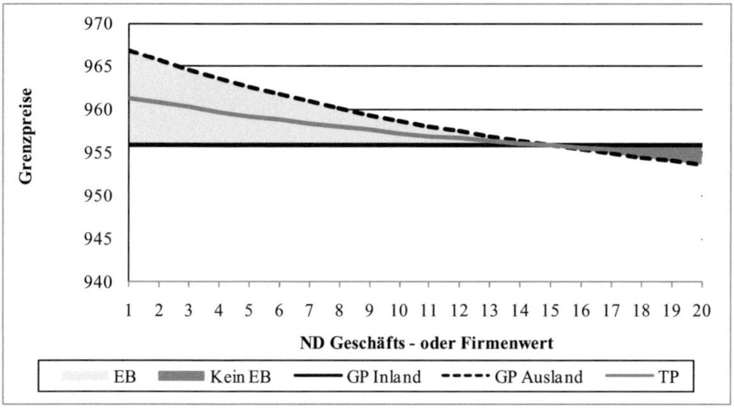

Abbildung 62: Einigungsbereich in Abhängigkeit der Nutzungsdauer des Geschäfts- oder Firmenwertes

Zu einer Übersicht der einzelnen Werte vgl. Tabelle 19, S. 282.

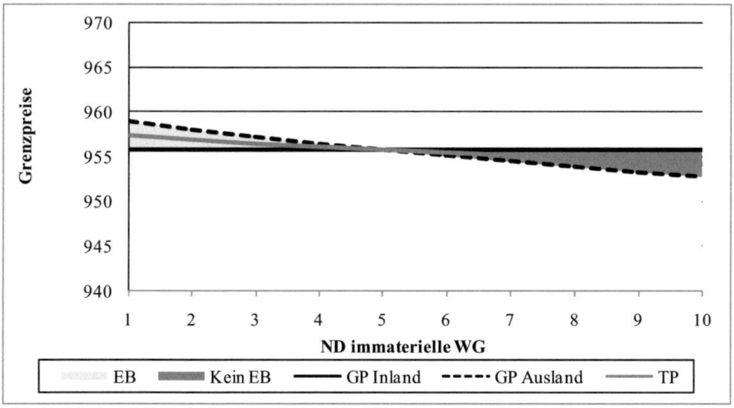

Abbildung 63: Einigungsbereich in Abhängigkeit der Nutzungsdauer der immateriellen Wirtschaftsgüter

Zu einer Übersicht der einzelnen Werte vgl. Tabelle 20, S. 283.

ND GoF	1	2	3	4	5	6	7	8	9	10
GP_i	955,80	955,80	955,80	955,80	955,80	955,80	955,80	955,80	955,80	955,80
GP_a	966,86	965,69	964,59	963,57	962,62	961,72	960,89	960,10	959,37	958,68
TP	961,33	960,75	960,20	959,69	959,21	958,76	958,35	957,95	957,59	957,24
positiver EB	JA	JA	JA	JA	JA	JA	JA	JA	JA	JA
S_i^F	201,02	201,02	201,02	201,02	201,02	201,02	201,02	201,02	201,02	201,02
S_i^{FVerl}	158,47	158,29	158,13	157,98	157,84	157,70	157,58	157,46	157,35	157,25
S_a^F	33,56	34,67	35,71	36,68	37,60	38,45	39,26	40,01	40,72	41,39
$S_i^{FVerl} + S_a^F$	192,03	192,96	193,84	194,66	195,43	196,16	196,84	197,48	198,08	198,64
$S^{vorFVerl}$	8,99	8,06	7,18	6,36	5,58	4,86	4,18	3,54	2,94	2,38
$S^{vorFVerl}$	4,47%	4,01%	3,57%	3,16%	2,78%	2,42%	2,08%	1,76%	1,46%	1,18%
ΔGP_i	0,000	0,000	0,000	0,000	0,000	0,000	0,000	0,000	0,000	0,000
ΔGP_a	-1,174	-1,095	-1,022	-0,955	-0,893	-0,836	-0,783	-0,735	-0,690	-0,648
ΔTP	-0,587	-0,547	-0,511	-0,477	-0,447	-0,418	-0,392	-0,367	-0,345	-0,324
ΔS_i^F	0,000	0,000	0,000	0,000	0,000	0,000	0,000	0,000	0,000	0,000
ΔS_i^{FVerl}	-0,175	-0,163	-0,152	-0,142	-0,133	-0,125	-0,117	-0,110	-0,103	-0,097
ΔS_a^F	1,112	1,041	0,975	0,914	0,857	0,805	0,756	0,710	0,668	0,629
$\Delta S_i^{FVerl} + S_a^F$	0,937	0,878	0,822	0,771	0,724	0,680	0,639	0,601	0,565	0,532
$\Delta S^{vorFVerl}$	-0,937	-0,878	-0,822	-0,771	-0,724	-0,680	-0,639	-0,601	-0,565	-0,532
$\Delta S^{vorFVerl}$	-0,466%	-0,437%	-0,409%	-0,384%	-0,360%	-0,338%	-0,318%	-0,299%	-0,281%	-0,265%

ND GoF	11	12	13	14	15	16	17	18	19	20
GP_i	955,80	955,80	955,80	955,80	955,80	955,80	955,80	955,80	955,80	955,80
GP_a	958,03	957,42	956,85	956,31	955,80	955,32	954,87	954,44	954,04	953,66
TP	956,92	956,61	956,33	956,06	955,80	955,56	955,34	955,12	954,92	954,73
positiver EB	JA	JA	JA	JA	NEIN	NEIN	NEIN	NEIN	NEIN	NEIN
S_i^F	201,02	201,02	201,02	201,02	201,02	201,02	201,02	201,02	201,02	201,02
S_i^{FVerl}	157,15	157,06	156,98	156,90	156,82	156,75	156,68	156,62	156,56	156,50
S_a^F	42,02	42,61	43,17	43,70	44,20	44,67	45,11	45,53	45,93	46,31
$S_i^{FVerl} + S_a^F$	199,18	199,68	200,15	200,60	201,02	201,42	201,79	202,15	202,49	202,81
$S^{vorFVerl}$	1,84	1,34	0,87	0,42	0,00	-0,40	-0,77	-1,13	-1,47	-1,79
$S^{vorFVerl}$	0,92%	0,67%	0,43%	0,21%	0,00%	-0,20%	-0,39%	-0,56%	-0,73%	-0,89%
ΔGP_i	0,000	0,000	0,000	0,000	0,000	0,000	0,000	0,000	0,000	
ΔGP_a	-0,609	-0,573	-0,540	-0,509	-0,480	-0,453	-0,428	-0,404	-0,382	
ΔTP	-0,305	-0,287	-0,270	-0,254	-0,240	-0,226	-0,214	-0,202	-0,191	
ΔS_i^F	0,000	0,000	0,000	0,000	0,000	0,000	0,000	0,000	0,000	
ΔS_i^{FVerl}	-0,091	-0,085	-0,080	-0,076	-0,072	-0,067	-0,064	-0,060	-0,057	
ΔS_a^F	0,593	0,559	0,527	0,497	0,470	0,444	0,420	0,398	0,377	
$\Delta S_i^{FVerl} + S_a^F$	0,502	0,473	0,446	0,422	0,398	0,377	0,356	0,337	0,320	
$\Delta S^{vorFVerl}$	-0,502	-0,473	-0,446	-0,422	-0,398	-0,377	-0,356	-0,337	-0,320	
$\Delta S^{vorFVerl}$	-0,250%	-0,235%	-0,222%	-0,210%	-0,198%	-0,187%	-0,177%	-0,168%	-0,159%	

Tabelle 19: Steuervorteil einer Funktionsverlagerung in Abhängigkeit der Nutzungsdauer des Geschäfts- oder Firmenwertes

ND immaterielle WG	1	2	3	4	5	6	7	8	9	10
GP_i	955,80	955,80	955,80	955,80	955,80	955,80	955,80	955,80	955,80	955,80
GP_a	958,93	958,08	957,27	956,51	955,80	955,13	954,50	953,91	953,35	952,82
TP	957,37	956,94	956,54	956,16	955,80	955,47	955,15	954,86	954,58	954,31
positiver EB	JA	JA	JA	JA	NEIN	NEIN	NEIN	NEIN	NEIN	NEIN
S_i^F	201,02	201,02	201,02	201,02	201,02	201,02	201,02	201,02	201,02	201,02
S_i^{FVerl}	157,29	157,16	157,04	156,93	156,82	156,72	156,63	156,54	156,45	156,38
S_a^F	41,13	41,97	42,76	43,50	44,20	44,85	45,47	46,05	46,60	47,12
$S_i^{FVerl} + S_a^F$	198,42	199,13	199,80	200,43	201,02	201,57	202,10	202,59	203,05	203,49
$S^{vorFVerl}$	2,60	1,89	1,22	0,59	0,00	-0,56	-1,08	-1,57	-2,04	-2,47
$S^{vorFVerlRel}$	1,29%	0,94%	0,61%	0,29%	0,00%	-0,28%	-0,54%	-0,78%	-1,01%	-1,23%

ΔGP_i	0,000	0,000	0,000	0,000	0,000	0,000	0,000	0,000	0,000
ΔGP_a	-0,858	-0,806	-0,757	-0,712	-0,670	-0,631	-0,594	-0,560	-0,528
ΔTP	-0,429	-0,403	-0,379	-0,356	-0,335	-0,315	-0,297	-0,280	-0,264
ΔS_i^F	0,000	0,000	0,000	0,000	0,000	0,000	0,000	0,000	0,000
ΔS_i^{FVerl}	-0,128	-0,120	-0,113	-0,106	-0,100	-0,094	-0,089	-0,083	-0,079
ΔS_a^F	0,839	0,789	0,741	0,697	0,656	0,617	0,581	0,548	0,517
$\Delta S_i^{FVerl} + S_a^F$	0,712	0,668	0,628	0,591	0,556	0,523	0,493	0,464	0,438
$\Delta S^{vorFVerl}$	-0,712	-0,668	-0,628	-0,591	-0,556	-0,523	-0,493	-0,464	-0,438
$\Delta S^{vorFVerlRel}$	-0,004	-0,003	-0,003	-0,003	-0,003	-0,003	-0,002	-0,002	-0,002

Tabelle 20: Steuervorteil einer Funktionsverlagerung in Abhängigkeit der Nutzungsdauer der immateriellen Wirtschaftsgüter

prozentuale Änderung	70%	75%	80%	85%	90%	95%	100%
ND imat WG	3,50	3,75	4,00	4,25	4,50	4,75	5,00
$S^{vorFVerlRel}$	0,45%	0,37%	0,29%	0,22%	0,14%	0,07%	0,00%
$\Delta S^{vorFVerlRel}$	-0,08%	-0,08%	-0,08%	-0,07%	-0,07%	-0,07%	-0,07%
ND GoF	10,50	11,25	12,00	12,75	13,50	14,25	15,00
$S^{vorFVerlRel}$	1,05%	0,85%	0,67%	0,49%	0,32%	0,16%	0,00%
$\Delta S^{vorFVerlRel}$	-0,19%	-0,19%	-0,18%	-0,17%	-0,16%	-0,16%	-0,15%
Diskontierungszinssatz	7,00%	7,50%	8,00%	8,50%	9,00%	9,50%	10,00%
$S^{vorFVerlRel}$	-6,84%	-6,04%	-5,10%	-4,03%	-2,82%	-1,48%	0,00%
$\Delta S^{vorFVerlRel}$	0,80%	0,94%	1,07%	1,21%	1,34%	1,48%	1,62%

prozentuale Änderung	100%	105%	110%	115%	120%	125%	130%	135%	140%
ND imat WG	5,00	5,25	5,50	5,75	6,00	6,25	6,50	6,75	7,00
$S^{vorFVerlRel}$	0,00%	-0,07%	-0,14%	-0,21%	-0,28%	-0,34%	-0,41%	-0,47%	-0,54%
$\Delta S^{vorFVerlRel}$	-0,07%	-0,07%	-0,07%	-0,07%	-0,07%	-0,07%	-0,06%	-0,06%	
ND GoF	15,00	15,75	16,50	17,25	18,00	18,75	19,50	20,25	21,00
$S^{vorFVerlRel}$	0,00%	-0,15%	-0,29%	-0,43%	-0,56%	-0,69%	-0,81%	-0,93%	-1,04%
$\Delta S^{vorFVerlRel}$	-0,15%	-0,14%	-0,14%	-0,13%	-0,13%	-0,12%	-0,12%	-0,11%	
Diskontierungszinssatz	10,00%	10,50%	11,00%	11,50%	12,00%	12,50%	13,00%	13,50%	14,00%
$S^{vorFVerlRel}$	0,00%	1,62%	3,38%	5,29%	7,33%	9,52%	11,86%	14,34%	16,97%
$\Delta S^{vorFVerlRel}$	1,62%	1,76%	1,90%	2,05%	2,19%	2,34%	2,48%	2,63%	

Tabelle 21: Gegenüberstellung der Wirkung der Parameter des Zeiteffekts

Diskontierungszinssatz

	s^u_a	7%	8%	9%	10%	11%	12%	13%	14%
ND GoF	15	2,66%	4,51%	6,42%	8,44%	10,58%	12,85%	15,27%	17,85%
	14	2,74%	4,62%	6,56%	8,58%	10,71%	12,96%	15,34%	17,86%
	13	2,83%	4,75%	6,71%	8,74%	10,86%	13,08%	15,41%	17,87%
	12	2,93%	4,89%	6,88%	8,91%	11,02%	13,21%	15,49%	17,88%
	11	3,04%	5,05%	7,06%	9,10%	11,19%	13,35%	15,58%	17,89%
	10	3,16%	5,23%	7,26%	9,31%	11,39%	13,50%	15,67%	17,90%
	9	3,31%	5,43%	7,49%	9,54%	11,60%	13,67%	15,78%	17,92%
	8	3,47%	5,65%	7,75%	9,80%	11,83%	13,86%	15,89%	17,93%
	7	3,66%	5,91%	8,04%	10,09%	12,09%	14,06%	16,01%	17,95%
	6	3,88%	6,21%	8,38%	10,42%	12,39%	14,29%	16,14%	17,96%
	5	4,14%	6,56%	8,76%	10,80%	12,71%	14,54%	16,29%	17,98%
	4	4,45%	6,97%	9,20%	11,22%	13,08%	14,82%	16,45%	18,00%
	3	4,83%	7,47%	9,73%	11,72%	13,50%	15,13%	16,63%	18,03%
	2	5,31%	8,06%	10,35%	12,29%	13,99%	15,48%	16,83%	18,05%
	1	5,92%	8,81%	11,10%	12,97%	14,54%	15,88%	17,05%	18,07%

Diskontierungszinssatz

Δs^u_a	7%	14%
15	0,08%	0,01%
14	0,09%	0,01%
13	0,10%	0,01%
12	0,11%	0,01%
11	0,13%	0,01%
10	0,14%	0,01%
9	0,16%	0,01%
8	0,19%	0,02%
7	0,22%	0,02%
6	0,26%	0,02%
5	0,31%	0,02%
4	0,38%	0,02%
3	0,48%	0,02%
2	0,61%	0,03%

	Δs^u_a	7%	8%	9%	10%	11%	12%	13%
ND GoF	15	1,85%	1,92%	2,02%	2,14%	2,27%	2,42%	2,58%
	1	2,89%	2,29%	1,87%	1,57%	1,34%	1,17%	1,03%

Tabelle 22: Ausländischer Indifferenzsteuersatz in Abhängigkeit der Nutzungsdauer des Geschäfts- oder Firmenwertes und des Kapitalisierungszinssatzes

XIX. Bemessungsgrundlageneffekt

Anerkennung TP im Ausland	$\gamma_2; \gamma_1; \beta = 1$	$\gamma_2 = 0; \gamma_1; \beta = 1$	$\gamma_2; \gamma_1 = 0; \beta = 1$	$\gamma_2; \gamma_1; \beta = 0$
GP_i	955,80	955,80	955,80	955,802
GP_a	955,80	955,80	955,80	955,802
TP	955,80	955,80	955,80	955,802
S_i^F	201,02	201,02	201,02	201,018
S_i^{FVerl}	156,82	156,82	156,82	156,821
S_a^F	44,20	44,20	57,09	72,163
$S_i^{FVerl} + S_a^F$	201,02	201,02	213,91	228,984
$S^{vorFVerl}$	0,00	0,00	-12,90	-27,965
$S^{vorFVerlRel}$	0,00%	0,00%	-6,42%	-13,91%

ΔS_i^F	0,000	0,000	0,000
ΔS_i^{FVerl}	0,000	0,000	0,000
ΔS_a^F	0,000	12,896	15,069
$\Delta S_i^{FVerl} + S_a^F$	0,000	12,896	15,069
$\Delta S^{vorFVerl}$	0,000	-12,896	-15,069
$\Delta S^{vorFVerlRel}$	0,00%	-6,42%	-7,50%

Tabelle 23: Relativer Steuervorteil einer Funktionsverlagerung bei fehlender Anerkennung des Transferpaketpreises im Ausland

XX. Formale Darstellung der Bruttokapitalwerte aus der Funktionsausübung

$$BW_a^{nS} = CF_a\, RBF(i,n_F) - (S_a^F + S_i^{FVerl}) \quad \text{(XX-01)}$$

$$\begin{aligned}
BW_a^{nS} = {} & \\
& CF_a\, RBF(i,n_F) \\
& -\Bigg[CF_a\, RBF(i,n_F) - \frac{FP_{mat}}{n_{mat}}\, RBF(i,n_{mat}) \\
& \qquad -\beta\, \frac{FP_{imat}}{n_{imat}}\, RBF(i,n_{imat}) \\
& \qquad -\gamma_1\, \frac{GP_i - (FP_{mat} + FP_{imat})}{n_{GoF}}\, RBF(i,n_{GoF}) \\
& \qquad -\gamma_2\, \frac{TP - GP_i}{n_{GoF}}\, RBF(i,n_{GoF})\Bigg]\, s_a^u \\
& -\Bigg[CF_a\, RBF(i,n_F)\,(1-s_a^u) + \frac{FP_{mat}}{n_{mat}}\, RBF(i,n_{mat})\, s_a^u \\
& \qquad +\beta\, \frac{FP_{imat}}{n_{imat}}\, RBF(i,n_{imat})\, s_a^u \\
& \qquad +\gamma_1\, \frac{GP_i - (FP_{mat} + FP_{imat})}{n_{GoF}}\, RBF(i,n_{GoF})\, s_a^u \\
& \qquad +\gamma_2\, \frac{TP - GP_i}{n_{GoF}}\, RBF(i,n_{GoF})\, s_a^u\Bigg]\, 0{,}05\, s_i^u \\
& -\alpha\, \frac{CF_i\, RBF(i,n_F)\,(1-s_i^u) + \frac{BW_F}{n_{BW}}\, RBF(i,n_{BW})\, s_i^u - BW_F\, s_i^u}{(1-s_i^u)}\, s_i^u \\
& -(1-\alpha)\Bigg[CF_a\, RBF(i,n_F)(1-s_a^u) + \frac{FP_{mat}\, RBF(i,n_{mat})\, s_a^u}{n_{mat}} \\
& \qquad + \frac{FP_{imat}\, RBF(i,n_{imat})\, s_a^u}{n_{imat}} - \frac{(FP_{mat} + FP_{imat})\, RBF(i,n_{GoF})\, s_a^u}{n_{GoF}}\Bigg] \\
& \qquad \frac{(1 - 0{,}05\, s_i^u)\, n_{GoF}}{n_{GoF} - RBF(i,n_{GoF})\, s_a^u\,(1 - 0{,}05\, s_i^u)}\, s_i^u \\
& + BW_F\, s_i^u
\end{aligned} \quad \text{(XX-02)}$$

$BW_i^{nS} = CF_i\ RBF(i, n_F) - S_i^F$	(XX-03)
$BW_i^{nS} = CF_i\ RBF(i, n_F) - \left[CF_i\ RBF(i, n_F)\ s_i^u - \frac{BW_F}{n_{BW}}\ RBF(i, n_{BW})\ s_i^u\right]$	(XX-04)

XXI. Formale Darstellung des ausländischen Indifferenzsteuersatzes in Abhängigkeit der Vorteilhaftigkeit einer Funktionsverlagerung

$BW_{ns}^{VorFVerl} = BW_a^{nS} - BW_i^{nS}$	(XXI-01)
$BW_{ns}^{VorFVerl} = CF_a\,RBF(i,n_F) - (S_a^F + S_i^{FVerl})$ $-(CF_i\,RBF(i,n_F) - S_i^F)$	(XXI-02)
$BW_{ns}^{VorFVerl} = 0$	(XXI-03)
$0 =$ $-\Big[CF_a\,RBF(i,n_F) - \frac{FP_{mat}}{n_{mat}}\,RBF(i,n_{mat}) - \beta\,\frac{FP_{imat}}{n_{imat}}\,RBF(i,n_{imat})$ $-\gamma_1\,\frac{GP_i - (FP_{mat} + FP_{imat})}{n_{GoF}}\,RBF(i,n_{GoF})\Big]$ $[-RBF(i,n_{GoF})(1 - 0{,}05\,s_i^u)]\,s_a^{u\,2}$ $+\alpha\left[\frac{CF_i\,RBF(i,n_F)\,(1 - s_i^u) + \frac{BW_F}{n_{BW}}\,RBF(i,n_{BW})\,s_i^u - BW_F\,s_i^u}{(1 - s_i^u)}\right]$ $\gamma_2\,\frac{RBF(i,n_{GoF})}{n_{GoF}}\,[-RBF(i,n_{GoF})\,(1 - 0{,}05\,s_i^u)]\,s_a^{u\,2}$ $-\left[\gamma_2\,\frac{GP_i}{n_{GoF}}\,RBF(i,n_{GoF})\right][-RBF(i,n_{GoF})\,(1 - 0{,}05\,s_i^u)]s_a^{u\,2}$ $-\Big[-CF_a\,RBF(i,n_F) + \frac{FP_{mat}}{n_{mat}}\,RBF(i,n_{mat}) + \beta\,\frac{FP_{imat}}{n_{imat}}\,RBF(i,n_{imat})$ $+\gamma_1\,\frac{GP_i - (FP_{mat} + FP_{imat})}{n_{GoF}}\,RBF(i,n_{GoF})\Big]$ $0{,}05\,s_i^u\,[-RBF(i,n_{GoF})\,(1 - 0{,}05\,s_i^u)]s_a^{u\,2}$ $-\,\alpha\left[\frac{CF_i\,RBF(i,n_F)\,(1 - s_i^u) + \frac{BW_F}{n_{BW}}\,RBF(i,n_{BW})\,s_i^u - BW_F\,s_i^u}{(1 - s_i^u)}\right]$ $\gamma_2\,\frac{RBF(i,n_{GoF})}{n_{GoF}}\,0{,}05\,s_i^u\,[-RBF(i,n_{GoF})\,(1 - 0{,}05\,s_i^u)]s_a^{u\,2}$ $+\left[\gamma_2\,\frac{GP_i}{n_{GoF}}\,RBF(i,n_{GoF})\right]0{,}05\,s_i^u[-RBF(i,n_{GoF})\,(1 - 0{,}05\,s_i^u)]s_a^{u\,2}$ …	(XXI-04)

$$+ (1-\alpha)\Bigg[-CF_a\, RBF(i,n_F) + \frac{FP_{mat}\, RBF(i,n_{mat})}{n_{mat}}$$

$$+ \frac{FP_{imat}\, RBF(i,n_{imat})}{n_{imat}} - \frac{(FP_{mat} + FP_{imat})\, RBF(i,n_{GoF})}{n_{GoF}}\Bigg]$$

$$(1 - 0{,}05\, s_i^u)\, n_{GoF}\, \gamma_2\, \frac{RBF(i,n_{GoF})}{n_{GoF}}\, {s_a^u}^2$$

$$- (1-\alpha)\Bigg[-CF_a\, RBF(i,n_F) + \frac{FP_{mat}\, RBF(i,n_{mat})}{n_{mat}}$$

$$+ \frac{FP_{imat}\, RBF(i,n_{imat})}{n_{imat}} - \frac{(FP_{mat} + FP_{imat})\, RBF(i,n_{GoF})}{n_{GoF}}\Bigg]$$

$$(1 - 0{,}05\, s_i^u)\, n_{GoF}\, \gamma_2\, \frac{RBF(i,n_{GoF})}{n_{GoF}} 0{,}05\, s_i^u\, {s_a^u}^2$$

$$-\Bigg[CF_a\, RBF(i,n_F) - \frac{FP_{mat}}{n_{mat}}\, RBF(i,n_{mat}) - \beta\, \frac{FP_{imat}}{n_{imat}}\, RBF(i,n_{imat})$$

$$-\gamma_1\, \frac{GP_i - (FP_{mat} + FP_{imat})}{n_{GoF}}\, RBF(i,n_{GoF})\Bigg]\, n_{GoF}\, s_a^u$$

$$+\alpha\left[\frac{CF_i\, RBF(i,n_F)\,(1 - s_i^u) + \frac{BW_F}{n_{BW}}\, RBF(i,n_{BW})\, s_i^u - BW_F\, s_i^u}{(1 - s_i^u)}\right]$$

$$\gamma_2\, \frac{RBF(i,n_{GoF})}{n_{GoF}}\, n_{GoF}\, s_a^u$$

$$+ (1-\alpha)\, CF_a\, RBF(i,n_F)\,(1 - 0{,}05\, s_i^u)\, n_{GoF}\, \gamma_2\, \frac{RBF(i,n_{GoF})}{n_{GoF}}\, s_a^u$$

$$-\left[\gamma_2\, \frac{GP_i}{n_{GoF}}\, RBF(i,n_{GoF})\right] n_{GoF}\, s_a^u$$

$$-\Bigg[-CF_a\, RBF(i,n_F) + \frac{FP_{mat}}{n_{mat}}\, RBF(i,n_{mat}) + \beta\, \frac{FP_{imat}}{n_{imat}}\, RBF(i,n_{imat})$$

$$+\gamma_1\, \frac{GP_i - (FP_{mat} + FP_{imat})}{n_{GoF}}\, RBF(i,n_{GoF})\Bigg] 0{,}05\, s_i^u\, n_{GoF}\, s_a^u$$

$$-\alpha\left[\frac{CF_i\, RBF(i,n_F)\,(1 - s_i^u) + \frac{BW_F}{n_{BW}}\, RBF(i,n_{BW})\, s_i^u - BW_F\, s_i^u}{(1 - s_i^u)}\right]$$

$$\gamma_2\, \frac{RBF(i,n_{GoF})}{n_{GoF}} 0{,}05\, s_i^u\, n_{GoF}\, s_a^u \ldots \qquad \text{(XXI-04)}$$

$$
\begin{aligned}
&\dots \\
&-(1-\alpha)\, CF_a\, RBF(i,n_F)\ (1-\ 0{,}05\, s_i^u)\, n_{GoF}\, \gamma_2\, \frac{RBF(i,n_{GoF})}{n_{GoF}} 0{,}05\, s_i^u\, s_a^u \\
&+ \left[\gamma_2\, \frac{GP_i}{n_{GoF}}\, RBF(i,n_{GoF})\right] 0{,}05\, s_i^u\, n_{GoF}\, s_a^u \\
&+ \left[CF_i\, RBF(i,n_F)\, s_i^u - \frac{BW_F}{n_{BW}}\, RBF(i_i,n_{BW})\, s_i^u\right] \\
&\qquad\qquad [-RBF(i,n_{GoF})\,(1-\ 0{,}05\, s_i^u)] s_a^u \\
&- CF_a\, RBF(i,n_F)\, 0{,}05\, s_i^u\, [-RBF(i,n_{GoF})\,(1-\ 0{,}05\, s_i^u)] s_a^u \\
&-\alpha \left[\frac{CF_i\, RBF(i,n_F)\,(1-s_i^u) + \frac{BW_F}{n_{BW}}\, RBF(i,n_{BW})\, s_i^u - BW_F\, s_i^u}{(1-s_i^u)}\right] \\
&\qquad\qquad s_i^u\, [-RBF(i,n_{GoF})\,(1-\ 0{,}05\, s_i^u)] s_a^u \\
&+ BW_F\, s_i^u\, [-RBF(i,n_{GoF})\,(1-\ 0{,}05\, s_i^u)] s_a^u \\
&-(1-\alpha)\left[-CF_a\, RBF(i,n_F) + \frac{FP_{mat}\, RBF(i,n_{mat})}{n_{mat}} + \frac{FP_{imat}\, RBF(i,n_{imat})}{n_{imat}}\right. \\
&\qquad\left. - \frac{(FP_{mat} + FP_{imat})\, RBF(i,n_{GoF})}{n_{GoF}}\right] (1-\ 0{,}05\, s_i^u)\, n_{GoF}\, s_i^u s_a^u \\
&+ CF_a\, RBF(i_a,n_F)\, [-RBF(i_a,n_{GoF})\,(1-\ 0{,}05\, s_i^u)] s_a^u \\
&- CF_i\, RBF(i_i,n_F) [-RBF(i_a,n_{GoF})\,(1-\ 0{,}05\, s_i^u)] s_a^u \\
&\\
&+ \left[CF_i\, RBF(i,n_F)\, s_i^u - \frac{BW_F}{n_{BW}}\, RBF(i,n_{BW})\, s_i^u\right] n_{GoF} \\
&- CF_a\, RBF(i,n_F)\, 0{,}05\, s_i^u\, n_{GoF} \\
&-\alpha \left[\frac{CF_i\, RBF(i,n_F)\,(1-s_i^u) + \frac{BW_F}{n_{BW}}\, RBF(i,n_{BW})\, s_i^u - BW_F\, s_i^u}{(1-s_i^u)}\right] s_i^u\, n_{GoF} \\
&+ BW_F\, s_i^u\, n_{GoF} \\
&-(1-\alpha)\, CF_a\, RBF(i,n_F)\,(1-\ 0{,}05\, s_i^u)\, n_{GoF}\, s_i^u \\
&+ CF_a\, RBF(i,n_F) n_{GoF} \\
&- CF_i\, RBF(i,n_F)\, n_{GoF}
\end{aligned}
\qquad \text{(XXI-04)}
$$

Die voranstehende Gleichung entspricht der quadratischen Gleichung:

$0 = a\, {s_a^u}^2 + b\, s_a^u + c$	(XXI-05)
Lösung der quadratischen Gleichung mit Hilfe der a-b-c-Formel:	
$s_{a\,1;2}^u = \frac{-b \pm \sqrt{b^2 - 4ac}}{2a}$ $mit\ s_a^u \geq 0$	(XXI-06)

XXII. Vorteilhaftigkeit einer Funktionsverlagerung

CF_a in (% des CF_i)	100%	101%	102%	103%	104%	105%	106%	107%	108%	109%	110%
GP_i	955,72	955,72	955,72	955,72	955,72	955,72	955,72	955,72	955,72	955,72	955,72
GP_a	868,58	876,70	884,83	892,95	901,07	909,19	917,31	925,44	933,56	941,68	949,80
TP	912,15	916,21	920,27	924,33	928,40	932,46	936,52	940,58	944,64	948,70	952,76
positiver EB	NEIN	NEIN	NEIN	NEIN	NEIN	NEIN	NEIN	NEIN	NEIN	NEIN	NEIN
S_i^F	200,99	200,99	200,99	200,99	200,99	200,99	200,99	200,99	200,99	200,99	200,99
S_i^{FVerl}	143,80	145,01	146,22	147,44	148,65	149,86	151,07	152,28	153,49	154,70	155,91
S_a^F	124,85	127,33	129,81	132,29	134,78	137,26	139,74	142,22	144,70	147,19	149,67
$S_i^{FVerl} + S_a^F$	268,65	272,34	276,04	279,73	283,42	287,12	290,81	294,50	298,20	301,89	305,58
BW_i	999,92	999,92	999,92	999,92	999,92	999,92	999,92	999,92	999,92	999,92	999,92
BW_a	999,92	1009,92	1019,92	1029,92	1039,92	1049,92	1059,92	1069,91	1079,91	1089,91	1099,91
$BW^{RelVorFVerl}$	0,00%	1,00%	2,00%	3,00%	4,00%	5,00%	6,00%	7,00%	8,00%	9,00%	10,00%
BW_i^{nS}	798,93	798,93	798,93	798,93	798,93	798,93	798,93	798,93	798,93	798,93	798,93
BW_a^{nS}	731,27	737,58	743,88	750,19	756,49	762,80	769,11	775,41	781,72	788,02	794,33
$BW_{nS}^{VorFVerlRel}$	-8,47%	-7,68%	-6,89%	-6,10%	-5,31%	-4,52%	-3,73%	-2,94%	-2,15%	-1,36%	-0,58%

CF_a in (% des CF_i)	110%	111%	112%	113%	114%	115%	116%	117%	118%	119%	120%
GP_i	955,72	955,72	955,72	955,72	955,72	955,72	955,72	955,72	955,72	955,72	955,72
GP_a	949,80	957,93	966,05	974,17	982,29	990,42	998,54	1006,66	1014,78	1022,91	1031,03
TP	952,76	956,82	960,89	964,95	969,01	973,07	977,13	981,19	985,25	989,31	993,38
positiver EB	NEIN	JA	JA	JA	JA	JA	JA	JA	JA	JA	JA
S_i^F	200,99	200,99	200,99	200,99	200,99	200,99	200,99	200,99	200,99	200,99	200,99
S_i^{FVerl}	155,91	157,13	158,34	159,55	160,76	161,97	163,18	164,39	165,60	166,82	168,03
S_a^F	149,67	152,15	154,63	157,11	159,59	162,08	164,56	167,04	169,52	172,00	174,49
$S_i^{FVerl} + S_a^F$	305,58	309,27	312,97	316,66	320,35	324,05	327,74	331,43	335,13	338,82	342,51
BW_i	999,92	999,92	999,92	999,92	999,92	999,92	999,92	999,92	999,92	999,92	999,92
BW_a	1099,91	1109,91	1119,91	1129,91	1139,91	1149,91	1159,91	1169,91	1179,91	1189,91	1199,90
$BW^{RelVorFVerl}$	10,00%	11,00%	12,00%	13,00%	14,00%	15,00%	16,00%	17,00%	18,00%	19,00%	20,00%
BW_i^{nS}	798,93	798,93	798,93	798,93	798,93	798,93	798,93	798,93	798,93	798,93	798,93
BW_a^{nS}	794,33	800,64	806,94	813,25	819,55	825,86	832,17	838,47	844,78	851,09	857,39
$BW_{nS}^{VorFVerlRel}$	-0,58%	0,21%	1,00%	1,79%	2,58%	3,37%	4,16%	4,95%	5,74%	6,53%	7,32%

Tabelle 24: Gegenüberstellung der Bruttokapitalwerte aus der Funktionsausübung

$BW_{nS}^{VorFVerlRel}$	CF$_a$ in (% des CF$_i$)	100%	102%	104%	106%	108%	110%	112%	114%	116%	118%	120%
α	0%	-7,66%	-6,23%	-4,80%	-3,37%	-1,95%	-0,52%	0,91%	2,33%	3,76%	5,19%	6,61%
	10%	-7,82%	-6,36%	-4,90%	-3,45%	-1,99%	-0,53%	0,93%	2,38%	3,84%	5,30%	6,75%
	20%	-7,98%	-6,49%	-5,01%	-3,52%	-2,03%	-0,54%	0,94%	2,43%	3,92%	5,41%	6,90%
	30%	-8,14%	-6,63%	-5,11%	-3,59%	-2,07%	-0,55%	0,96%	2,48%	4,00%	5,52%	7,04%
	40%	-8,31%	-6,76%	-5,21%	-3,66%	-2,11%	-0,56%	0,98%	2,53%	4,08%	5,63%	7,18%
	50%	-8,47%	-6,89%	-5,31%	-3,73%	-2,15%	-0,58%	1,00%	2,58%	4,16%	5,74%	7,32%
	60%	-8,63%	-7,02%	-5,41%	-3,81%	-2,20%	-0,59%	1,02%	2,63%	4,24%	5,85%	7,46%
	70%	-8,79%	-7,16%	-5,52%	-3,88%	-2,24%	-0,60%	1,04%	2,68%	4,32%	5,96%	7,60%
	80%	-8,96%	-7,29%	-5,62%	-3,95%	-2,28%	-0,61%	1,06%	2,73%	4,40%	6,07%	7,74%
	90%	-9,12%	-7,42%	-5,72%	-4,02%	-2,32%	-0,62%	1,08%	2,78%	4,48%	6,18%	7,88%
	100%	-9,28%	-7,55%	-5,82%	-4,09%	-2,36%	-0,63%	1,10%	2,83%	4,56%	6,29%	8,02%

Tabelle 25: Relativer Vorteil einer Funktionsverlagerung in Abhängigkeit der Verhandlungsmacht und der Zahlungsmittelüberschüsse aus der Funktionsausübung im Ausland

	CF$_a$ in (% des CF$_i$)	110%	111%	112%	113%	114%	115%	116%	117%	118%	119%	120%
$\gamma_2; \gamma_1; \beta = 1$	$BW_{nS}^{VorFVerlRel}$	-0,58%	0,21%	1,00%	1,79%	2,58%	3,37%	4,16%	4,95%	5,74%	6,53%	7,32%
	$\Delta BW_{nS}^{VorFVerlRel}$	0,79%	0,79%	0,79%	0,79%	0,79%	0,79%	0,79%	0,79%	0,79%	0,79%	
$\gamma_2 = 0; \gamma_1; \beta = 1$	$BW_{nS}^{VorFVerlRel}$	-0,52%	0,19%	0,91%	1,62%	2,33%	3,05%	3,76%	4,47%	5,19%	5,90%	6,62%
	$\Delta BW_{nS}^{VorFVerlRel}$	0,71%	0,71%	0,71%	0,71%	0,71%	0,71%	0,71%	0,71%	0,71%	0,71%	
$\gamma_2; \gamma_1 = 0; \beta = 1$	$BW_{nS}^{VorFVerlRel}$	-6,22%	-5,51%	-4,80%	-4,08%	-3,37%	-2,65%	-1,94%	-1,23%	-0,51%	0,20%	0,91%
	$\Delta BW_{nS}^{VorFVerlRel}$	0,71%	0,71%	0,71%	0,71%	0,71%	0,71%	0,71%	0,71%	0,71%	0,71%	
$\gamma_2; \gamma_1; \beta = 0$	$BW_{nS}^{VorFVerlRel}$	-12,89%	-12,17%	-11,46%	-10,75%	-10,03%	-9,32%	-8,60%	-7,89%	-7,18%	-6,46%	-5,75%
	$\Delta BW_{nS}^{VorFVerlRel}$	0,71%	0,71%	0,71%	0,71%	0,71%	0,71%	0,71%	0,71%	0,71%	0,71%	

Tabelle 26: Relativer Vorteil einer Funktionsverlagerung bei fehlender Anerkennung des Transferpaketpreises im Ausland

CF_a in (% des CF_i)	100%	101%	102%	103%	104%	105%	106%	107%	108%	109%	110%
GP_i	8,44%	10,97%	13,36%	15,63%	17,78%	19,83%	21,77%	23,63%	25,39%	27,08%	28,69%

CF_a in (% des CF_i)	110%	111%	112%	113%	114%	115%	116%	117%	118%	119%	120%
GP_i	28,69%	30,24%	31,71%	33,13%	34,49%	35,79%	37,05%	38,25%	39,41%	40,53%	41,61%

Tabelle 27: Ausländischer Indifferenzsteuersatz in Abhängigkeit der Zahlungsmittelüberschüsse aus der Funktionsverlagerung im Ausland

Literaturverzeichnis

Ahlert, Dieter/Franz, Klaus-Peter/Göppl, Hermann (Hrsg.) [Finanz- und Rechnungswesen, 1990]: Finanz- und Rechnungswesen als Führungsinstrument – Festschrift zum 65. Geburtstag von H. Vormbaum, Wiesbaden: Gabler, 1990

Andresen, Ulf [Einkünftekorrektur, 2005]: Keine Einkünftekorrektur nach § 1 Abs. 1 AStG bei Begebung eines zinslosen Darlehens an eine inländische GmbH mit schweizer Betriebsstätte, in: IStR 14 (2005), S. 123-124

Anzinger, Heribert M. (Bearb.) [H/H/R, § 5 EStG]: § 5 EStG, in: *Hey, Johanna/Wendt, Michael/Prinz, Ulrich* (Hrsg.), H/H/R, 2010, Stand: 230.-237. EL, 2008-2009

Bakker, Anuschka J. (Hrsg.) [Business Restructuring, 2009]: Transfer Pricing and Business Restructuring, Amsterdam: IBFD, 2009

Ballwieser, Wolfgang [Unternehmensbewertung, 2011]: Unternehmensbewertung – Prozeß, Methoden und Probleme, 3. Aufl., Stuttgart: Schäffer-Poeschel, 2011

Ballwieser, Wolfgang [Kaufpreisgestaltung, 2008]: Bewertung von Unternehmen und Kaufpreisgestaltung, in: *Ballwieser, Wolfgang/Beyer, Sven/Zelger, Hansjörg* (Hrsg.), Unternehmenskauf, 2008, S. 83-100

Ballwieser, Wolfgang [IFRS-Rechnungslegung, 2009]: IFRS-Rechnungslegung – Konzept, Regeln und Wirkungen, 2. Aufl., München: Vahlen, 2009

Ballwieser, Wolfgang (Bearb.) [Handbuch der Rechnungslegung, B 131]: B 131, in: *Castan, Edgar et al.* (Hrsg.), Handbuch der Rechnungslegung, 2010, Stand: 31. EL, 2009

Ballwieser, Wolfgang/Beyer, Sven/Zelger, Hansjörg (Hrsg.) [Unternehmenskauf, 2008]: Unternehmenskauf nach IFRS und US-GAAP – Purchase Price Allocation, Goodwill in Impairment-Test, 2. Aufl., Stuttgart: Schäffer-Poeschel, 2008

Ballwieser, Wolfgang/Kruschwitz, Lutz/Löffler, Andreas [Unternehmensbewertung, 2007]: Einkommensteuer und Unternehmensbewertung – Probleme mit der Steuerreform 2008, in: WPg 60 (2007), S. 765-769

Ballwieser, Wolfgang/Leuthier, Rainer [Unternehmensbewertung (Teil I), 1986]: Betriebswirtschaftliche Steuerberatung: Grundprinzipien, Verfahren und Probleme der Unternehmensbewertung (Teil I), in: DStR 24 (1986), S. 545-551

Bär, Ulrike [Verständigungen, 2009]: Verständigungen über Verrechnungspreise verbundener Unternehmen im deutschen Steuerrecht, in: *Lang, Joachim/Meincke, Jens Peter* (Hrsg.), Schriften zum Steuerrecht – Band 104, Berlin: Duncker & Humblot, 2009 (zugl. Diss. Univ. Köln, 2008)

Bauer, Michael E. [Verrechnungspreise, 2000]: Verrechnungspreise für immaterielle Wirtschaftsgüter des Anlagevermögens, Frankfurt am Main: Peter Lang, 2000 (zugl. Diss. Univ. Würzburg, 2000)

Baumhoff, Hubertus [Dienstleistungen, 1986]: Verrechnungspreise für Dienstleistungen – Die steuerliche Einkunftsabgrenzung bei international verbundenen Unternehmen auf der Grundlage des Fremdvergleichs, in: *Mössner, Jörg Manfred/Seeger, Siegbert/Wachweger, Dieter* (Hrsg.), Abhandlungen zum Steuer- und Abgabenrecht – Band 2, Köln/ Berlin/Bonn/München: Carl Heymanns, 1986 (zugl. Diss. Univ. der Bundeswehr Hamburg, 1985)

Baumhoff, Hubertus [Transferpakete, 2009]: Die steuerliche Bewertung von Transferpaketen bei grenzüberschreitenden Funktionsverlagerungen, in: *Spindler, Wolfgang/Tipke, Klaus/Rödder, Thomas* (Hrsg.), Rechtsberatung, 2009, S. 541-558

Baumhoff, Hubertus/Bodenmüller, Ralph [Verlagerung, 2003]: Verrechnungspreispolitik bei der Verlagerung betrieblicher Funktionen ins Ausland, in: *Grotherr, Siegfried* (Hrsg.), Steuerplanung, 2003, S. 345-384

Baumhoff, Hubertus/Ditz, Xaver/Greinert, Markus [Funktionsverlagerung, 2007]: Auswirkungen des Unternehmensteuerreformgesetzes 2008 auf die Besteuerung grenzüberschreitender Funktionsverlagerungen, in: DStR 45 (2007), S. 1649-1655

Baumhoff, Hubertus/Ditz, Xaver/Greinert, Markus [Verrechnungspreise, 2007]: Auswirkungen des Unternehmensteuerreformgesetzes 2008 auf die Ermittlung internationaler Verrechnungspreise, in: DStR 45 (2007), S. 1461-1467

Baumhoff, Hubertus/Ditz, Xaver/Greinert, Markus [Funktionsverlagerungsverordnung, 2008]: Die Besteuerung von Funktionsverlagerungen nach der Funktionsverlagerungsverordnung vom 12.8.2008, in: DStR 46 (2008), S. 1945-1952

Baumhoff, Hubertus/Ditz, Xaver/Greinert, Markus [Änderungen, 2010]: Die Besteuerung von Funktionsverlagerungen nach den Änderungen des § 1 Abs. 3 AStG durch das EU-Umsetzungsgesetz, in: IStR 19 (2010), S. 1309-1315

Baumhoff, Hubertus/Greinert, Markus [Standortvorteile, 2006]: Aufteilung von Standortvorteilen bei der Verrechnungspreisermittlung gegenüber Lohnfertigern – Anmerkungen zum Urteil des FG Münster vom 16.3.2006, in: IStR 15 (2006), S. 789-793

Baumhoff, Hubertus/Greinert, Markus [Funktionsverlagerungen, 2009]: Angemessene Lizenzsätze bei grenzüberschreitenden Funktionsverlagerungen, in: Ubg 2 (2009), S. 544-548

Baumhoff, Hubertus/Puls, Michael [OECD-Diskussionsentwurf, 2009]: Der OECD-Diskussionsentwurf zu Verrechnungspreisaspekten von "Business Restructuring" – Analyse und erster Vergleich mit den deutschen Funktionsverlagerungsregeln nach § 1 Abs. 3 AStG, in: IStR 18 (2009), S. 73-81

Bea, Franz Xaver/Friedl, Birgit/Schweitzer, Marcell (Hrsg.) [Betriebswirtschaftslehre, 2005]: Allgemeine Betriebswirtschaftslehre, Band 2: Führung, 9. Aufl., Stuttgart: Lucius & Lucius, 2005

Becker, Katharina (Bearb.) [Haase, Art. 9 OECD-MA]: Art. 9 OECD-MA, in: *Haase, Florian* (Hrsg.), Haase, 2009

Bernhardt, Lorenz/van der Ham, Susann/Kluge, Sven [Verhältnis, 2007]: Das Verhältnis von § 1 AStG n. F. und verdeckter Einlage – Können Wirtschaftsgüter grenzüberschreitend noch immer ausschließlich verdeckt eingelegt werden?, in: IStR 16 (2007), S. 717-756

Bernhardt, Lorenz/van der Ham, Susann/Kluge, Sven [Preisanpassungsklausel, 2008]: Die gesetzliche Preisanpassungsklausel im § 1 AStG – Bestimmung der Anpassung der Höhe nach und weitere praktische Anwendungsprobleme, in: IStR 17 (2008), S. 844-849

Bernhardt, Lorenz/van der Ham, Susann/Kluge, Sven [Vertriebsabspaltung, 2008]: Die Expansion deutscher Unternehmen ins Ausland: Steuerliche Implikationen der Gründung von Vertriebstochtergesellschaften – Die Besteuerung von Funktionsverlagerungen im Fall von "Vertriebsabspaltungen", in: IStR 17 (2008), S. 1-11

Betge, Peter/Theisen, Manuel R. (Hrsg.) [Besteuerung, 1991]: Finanzierung und Besteuerung der Unternehmung des Konzerns, Stuttgart: C. E. Poeschel, 1991

Beyer, Sven/Mackenstedt, Andreas [Bewertung, 2008]: Grundsätze zur Bewertung immaterieller Vermögenswerte (IDW S5), in: WPg 61 (2008), S. 338-349

Blumers, Wolfgang [Transferpaket, 2007]: Funktionsverlagerung per Transferpaket, in: BB 62 (2007), S. 1757-1763

Blumers, Wolfgang [Funktionsverlagerungen, 2010]: Funktionsverlagerungen und ihre Grenzen, in: DStR 48 (2010), S. 17-21

BMF [Vergleich, 2010]: Die wichtigsten Steuern im internationalen Vergleich 2009, http://www.bundesfinanzministerium.de/DE/BMF__Startseite/Service/Broschueren__Bestellservice/Steuern/000__wichtigste__steuern__vergleich__09,templateId=raw,property=publicationFile.pdf (abgerufen am 03.09.2010)

BMF [Verwaltungsgrundsätze, 1983]: Grundsätze für die Prüfung der Einkünfteabgrenzung bei international verbundenen Unternehmen (Verwaltungsgrundsätze), Schr. v. 23.02.1983, BStBl I 1983, S. 218-233

BMF [Nichtanwendungserlass, 2002]: Auslegung des Begriffs "Geschäftsbeziehung" in § 1 AStG – Nichtanwendung des BFH-Urteils vom 29.11.2000, I R 85/99 (BStBl 2002 II S. 720), Schr. v. 17.10.2002, BStBl I 2002, S. 1025

BMF [Korrektur, 2002]: Korrektur einer verdeckten Gewinnausschüttung innerhalb oder außerhalb der Steuerbilanz, Schr. v. 28.03.2002, BStBl I 2002, S. 603-609

BMF [Grundsätze, 2004]: Grundsätze zur Anwendung des Außensteuergesetzes, Schr. v. 14.05.2004, BStBl I 2004, Sondernummer 1, S. 1-67

BMF [Einbringung, 2004]: Behandlung der Einbringung zum Privatvermögen gehörender Wirtschaftsgüter in das betriebliche Gesamthandsvermögen einer Personengesellschaft, Schr. v. 26.11.2004, BStBl I 2004, S. 1190-1191

BMF [Verwaltungsgrundsätze – Verfahren, 2005]: Grundsätze für die Prüfung der Einkunftsabgrenzung zwischen nahe stehenden Personen mit grenzüberschreitenden Geschäftsbeziehungen in Bezug auf Ermittlungs- und Mitwirkungspflichten, Berichtigungen sowie auf Verständigungs- und EU-Schiedsverfahren (Verwaltungsgrundsätze – Verfahren), Schr. v. 12.04.2005, BStBl I 2005, S. 570-599

BMF [Nichtanwendungserlass, 2005]: Geschäftsbeziehungen zum Ausland i. S. von § 1 Abs. 1 und 4 AStG; BFH-Urteil vom 28. April 2004 I R 5, 6/02 (BStBl 2005 II S. 516), Schr. v. 22.07.2005, BStBl I 2005, S. 818

BMF [Verwaltungsgrundsätze Funktionsverlagerung, 2010]: Grundsätze für die Prüfung der Einkunftsabgrenzung zwischen nahe stehenden Personen in Fällen von grenzüberschreitenden Funktionsverlagerungen (Verwaltungsgrundsätze Funktionsverlagerung), Schr. v. 13.10.2010, BStBl I 2010, S. 774-805

Bodenmüller, Ralf/Hülster, Thomas [Handlungsalternative, 2010]: Handlungsalternativen bei der Bewertung von Transferpaketen – Besonderheiten bei erzwungenen Funktionsverlagerungen und bei der Verlagerung von Verlustfunktionen, in: IStR 19 (2010), S. 650-658

Bodenmüller, Ralph [Funktionsverlagerungen, 2004]: Steuerplanung bei Funktionsverlagerungen ins Ausland, Düsseldorf: IDW, 2004 (zugl. Diss. Univ. Köln, 2003)

Böhrs, Hermann [Organisation, 1963]: Organisation des Industriebetriebes, Wiesbaden: Gabler, 1963

Borstell, Thomas [Verrechnungspreisprobleme, 2002]: Verrechnungspreisprobleme bei Funktionsverlagerungen, in: *Herzig, Norbert/Günkel, Manfred/Niemann, Ursula* (Hrsg.), Steuerberater-Jahrbuch, 2002, S. 201-237

Borstell, Thomas [Grundsätze, 2004]: Grundsätze, in: *Vögele, Alexander/Borstell, Thomas/Engler, Gerhard* (Hrsg.), Handbuch der Verrechnungspreise, 2004, S. 174-199

Borstell, Thomas [Funktionsverdoppelungen, 2009]: Funktionsverdoppelungen, in: IStR 18 (2009), S. 329-336

Borstell, Thomas/Jamin, Claudia [Verlagerung, 2008]: Grenzüberschreitende Verlagerung von Aktivitäten, in: *Kessler, Wolfgang/Kröner, Michael/Köhler, Stefan* (Hrsg.), Konzernsteuerrecht, 2008, S. 772-819

Borstell, Thomas/Schäperclaus, Jens [Funktion, 2008]: Was ist eigentlich eine Funktion?, in: IStR 17 (2008), S. 275-284

Brähler, Gernot [Steuerbelastungsvergleiche, 2008]: Statische versus dynamische Steuerbelastungsvergleiche – Vorteilhaftigkeitsüberlegungen anhand einer empirischen Untersuchung der Steuergesetzgebung in Deutschland, in: DBW 68 (2008), S. 654-670

Brähler, Gernot [Steuerrecht, 2010]: Internationales Steuerrecht – Grundlagen für Studium und Steuerberaterprüfung, 6. Aufl., Wiesbaden: Gabler, 2010

Brähler, Gernot/Lösel, Christian (Hrsg.) [Steuerrecht, 2008]: Deutsches und internationales Steuerrecht – Gegenwart und Zukunft – Festschrift für Christiana Djanani, Wiesbaden: Gabler, 2008

Brüninghaus, Dirk/Bodenmüller, Ralf [Funktionsverlagerung, 2009]: Tatbestandsvoraussetzungen der Funktionsverlagerung, in: DStR 47 (2009), S. 1285-1290

Burkert, Manfred [Reallokation, 1999]: Reallokation von betrieblichen Funktionen und Risiken im international tätigen Konzern, in: *Kleineidam, Hans-Jochen* (Hrsg.), Unternehmenspolitik, 1999, S. 509-538

Burkert, Manfred [Funktionsverlagerungen (Teil I), 2003]: Funktionsverlagerungen im internationalen Konzern – Management der Steuerfolgen in Deutschland – Teil I, in: IStR 12 (2003), S. 320-324

Burkert, Manfred [Funktionsverlagerungen (Teil II), 2003]: Funktionsverlagerungen im internationalen Konzern – Management der Steuerfolgen in Deutschland – Teil II, in: IStR 12 (2003), S. 356-360

Castan, Edgar et al. (Hrsg.) [Handbuch der Rechnungslegung, 2010]: Beck'sches Handbuch der Rechnungslegung, Stand: 33. EL, 2010, München: C.H. Beck

Cauwenbergh, Patrick/Lucas Mas, Mayra O. [Functions, 2008]: The New German Transfer Pricing Rules on Cross-Border Relocation of Functions: A Preliminary Analysis, in: ET 48 (2008), S. 514-526

Coenenberg, Adolf G./Fischer, Thomas M./Günther, Thomas [Kostenrechnung, 2009]: Kostenrechnung und Kostenanalyse, 7. Aufl., Stuttgart: Schäffer-Poeschel, 2009

Coenenberg, Adolf G./Haller, Axel/Schultze, Wolfgang [Jahresabschluss, 2009]: Jahresabschluss und Jahresabschlussanalyse, 21. Aufl., Stuttgart: Schäffer-Poeschel, 2009

Debatin, Helmut/Wassermeyer, Franz (Hrsg.) [Debatin/Wassermeyer, 2010]: Debatin/Wassermeyer: Doppelbesteuerungsabkommen – Kommentar, Stand: 111. EL, 2010, München: C.H. Beck

Deutscher Bundesrat [BR-Drs. 352/08, 2008]: Verordnung zur Anwendung des Fremdvergleichsgrundsatzes nach § 1 Abs. 1 des Außensteuergesetzes in Fällen grenzüberschreitender Funktionsverlagerungen (Funktionsverlagerungsverordnung – FVerlV), in: BR-Drs. 352/08, 2008

Deutscher Bundestag [BT-Drs. 220/07, 2007]: Entwurf eines Unternehmensteuerreformgesetzes 2008, in: BT-Drs. 220/07, 2007

Deutscher Bundestag [BT-Drs. 17/939, 2010]: Entwurf eines Gesetzes zur Umsetzung steuerlicher EU-Vorgaben sowie zur Änderung steuerlicher Vorschriften, in: BT-Drs. 17/939, 2010

Dierkes, Stefan [Profit Center-Steuerung, 2004]: Absatz- und kapitalmarktorientierte Profit Center-Steuerung, Stuttgart: Schäffer-Poeschel, 2004 (zugl. Habil. Univ. Leipzig, 2004)

Ditz, Xaver [Funktionsverlagerung, 2006]: Funktionsverlagerung, in: *Wassermeyer, Franz/Andresen, Ulf/Ditz, Xaver* (Hrsg.), Betriebsstätten Handbuch, 2006, S. 189-312

Ditz, Xaver [Geschäftschancen 2006]: Übertragung von Geschäftschancen bei Funktionsverlagerung ins Ausland – Darstellung in ausgewählten Bereichen, in: DStR 44 (2006), S. 1625-1631

Ditz, Xaver [Verrechnungspreisprüfung, 2009]: Praxisfall einer Verrechnungspreisprüfung und Funktionsverlagerung – Anmerkungen zum Beitrag von Zech, IStR 2009, 418, in: IStR 18 (2009), S. 421-424

Ditz, Xaver/Just, Daniel [Produktionsverlagerung, 2009]: Besteuerung einer Produktionsverlagerung nach der Funktionsverlagerungsverordnung – Praxisbeispiel, in: DB 62 (2009), S. 141-145

Dobler, Michael/Kurz, Gerhard [Aktivierungspflicht, 2008]: Aktivierungspflicht für immaterielle Vermögensgegenstände in der Entstehung nach dem RegE eines BilMoG – Kritische Würdigung der F&E-Bilanzierung im HGB-Abschluss de lege ferenda, in: KoR 8 (2008), S. 485-493

Dörschell, Andreas/Franken, Lars/Schulte, Jörn [Kapitalisierungszinssatz, 2009]: Der Kapitalisierungszinssatz in der Unternehmensbewertung, Düsseldorf: IDW, 2009

Dötsch, Ewald et al. (Hrsg.) [D/J/P/W, 2010]: Dötsch/Jost/Pung/Witt: Körperschaftsteuer – Kommentar, Stand: 69. EL, 2010, Stuttgart: Schäffer-Poeschel

Drenseck, Walter (Hrsg.) [Schmidt, 2010]: Schmidt: Einkommensteuergesetz – Kommentar, 29. Aufl., München: C.H. Beck, 2010

Drukarczyk, Jochen/Schüler, Andreas [Unternehmensbewertung, 2009]: Unternehmensbewertung, 6. Aufl., München: Vahlen, 2009

Eigelshoven, Axel (Bearb.) [Vogel/Lehner, Art. 9 OECD-MA]: Art. 9 OECD-MA, in: *Lehner, Moris* (Hrsg.), Vogel/Lehner, 2008

Eigelshoven, Axel/Ebering, Alexander (Bearb.) [Kroppen, Vorbemerkung OECD-RL]: Vorbemerkung OECD-RL, in: *Kroppen, Heinz-Klaus* (Hrsg.), Kroppen, 2010, Stand: 11. EL, 2010

Eigelshoven, Axel/Nientimp, Axel [Änderungen, 2010]: Funktionsverlagerung und kein Ende – Die Änderungen bei der Besteuerung von Funktionsverlagerungen nach dem EU-Umsetzungsgesetz, in: Ubg 3 (2010), S. 233-236

Eisele, Florian [Funktionsverlagerung, 2003]: Grenzüberschreitende Funktionsverlagerung: Recht und Besteuerung im Einheitsunternehmen und Konzern, Herne/Berlin: nwb, 2003 (zugl. Diss. Univ. München, 2002)

Ellrott, Helmut et al. (Hrsg.) [Beck'scher Bilanzkommentar, 2010]: Beck'scher Bilanz-Kommentar, 7. Aufl., München: C.H. Beck, 2010

Endres, Dieter/Oestreicher, Andreas [Funktionsverlagerung, 2009]: Die Besteuerung von Funktionsverlagerungen in zehn Fällen – Zugleich eine Stellungnahme zum Entwurf der Verwaltungsgrundsätze-Funktionsverlagerung, in: IStR 18 (2009), S. 1*-20*, Beihefter zu Heft 20/2009

Ernst & Young (Hrsg.) [E&Y, 2010]: Ernst & Young: Körperschaftsteuer – Kommentar, Stand: 77. EL, 2010, Bonn/Berlin: Stollfuß

Fischer, Lutz/Kleineidam, Hans-Jochen/Warneke, Perygrin [Steuerlehre, 2005]: Internationale Betriebswirtschaftliche Steuerlehre, 5. Aufl., Berlin: E. Schmidt, 2005

Förster, Hartmut [OECD-Verrechnungspreisleitlinien, 2009]: Der Entwurf zur Aktualisierung der Kapitel I und III der OECD-Verrechnungspreisleitlinien, in: IStR 18 (2009), S. 720-727

Frese, Erich [Profit-Center-Konzept, 1990]: Das Profit-Center-Konzept im Spannungsfeld von Organisation und Rechnungswesen, in: *Ahlert, Dieter/Franz, Klaus-Peter/Göppl, Hermann* (Hrsg.), Finanz- und Rechnungswesen, 1990, S. 137-155

Frese, Erich [Geschäftssegmentierung, 1993]: Geschäftssegmentierung als organisatorisches Konzept – zur Leitbildfunktion mittelständischer Strukturen für Großunternehmen, in: zfbf 45 (1993), S. 999-1024

Frese, Erich [Motivation, 1995]: Profit Center – Motivation durch internen Marktdruck, in: *Reichwald, Ralf/Wildemann, Horst* (Hrsg.), Unternehmen, 1995, S. 77-93

Frese, Erich [Profit Center, 1995]: Profit Center und Verrechnungspreise – Organisationstheoretische Analyse eines aktuellen Problems, in: zfbf 47 (1995), S. 942-955

Frese, Erich [Organisation, 2005]: Grundlagen der Organisation, 9. Aufl., Wiesbaden: Gabler, 2005

Freudenberg, Michael/Peters, Holger M. [Funktionsverlagerungen, 2008]: Steuerliche Allokation von Restrukturierungsaufwendungen im Kontext von Funktionsverlagerungen, in: BB 63 (2008), S. 1424-1430

Frischmuth, Markus [Funktionsverlagerungsbesteuerung, 2007]: Die Konzeption der Funktionsverlagerungsbesteuerung nach dem UntStRefG 2008, in: StuB 9 (2007), S. 386-392

Frischmuth, Markus [UntStRefG, 2007]: UntStRefG 2008 und Verrechnungspreise nach § 1 AStG n. F., in: IStR 16 (2007), S. 485-489

Frischmuth, Markus [Funktionsverlagerung, 2008]: Wann genau liegt eine Funktionsverlagerung nach der FVerlV vor?, in: StuB 10 (2008), S. 864-871

Frischmuth, Markus [§ 1 AStG, 2009]: Die Leiden des jungen § 1 AStG aus Unternehmenssicht, in: *Spindler, Wolfgang/Tipke, Klaus/Rödder, Thomas* (Hrsg.), Rechtsberatung, 2009, S. 647-685

Frischmuth, Markus [Funktionsverlagerungsbesteuerung, 2010]: Zurück zum Regelungszweck und Erfordernis einer Neuausrichtung – Funktionsverlagerungsbesteuerung, in: StuB 12 (2010), S. 91-97

Frotscher, Gerrit (Hrsg.) [Frotscher/Maas, 2010]: Frotscher/Maas: KStG – GewStG – UmwStG – Kommentar, Stand: 103. EL, 2010, Freiburg: Haufe

Frotscher, Gerrit [Funktionsverlagerung, 2008]: Grundfragen der Funktionsverlagerung, in: FR 90 (2008), S. 49-57

Frotscher, Gerrit [Steuerrecht, 2009]: Internationales Steuerrecht, 3. Aufl., München: C.H. Beck, 2009

Frotscher, Gerrit (Bearb.) [Frotscher/Maas, § 8 KStG]: § 8 KStG, in: *Frotscher, Gerrit* (Hrsg.), Frotscher/Maas, 2010, Stand: 53.-95. EL, 1998-2009

Frotscher, Gerrit (Bearb.) [Frotscher/Maas, Anhang zu § 8 KStG]: Anhang zu § 8 KStG, in: *Frotscher, Gerrit* (Hrsg.), Frotscher/Maas, 2010, Stand: 66.-95. EL, 2002-2009

Frotscher, Gerrit/Oestreicher, Andreas [Restructurings, 2009]: The German Approach to Taxing Business Restructurings: An Arm's Length Ahead, in: INTERTAX 37 (2009), S. 375-381

Gassner, Wolfgang et al. (Hrsg.) [Besteuerungsrechte, 2005]: Die Verteilung der Besteuerungsrechte zwischen Ansässigkeits- und Quellenstaat im Recht der Doppelbesteuerungsabkommen, Wien: Linde, 2005

Geissler, Michael (Bearb.) [H/H/R, § 16 EStG]: § 16 EStG, in: *Hey, Johanna/Wendt, Michael/Prinz, Ulrich* (Hrsg.), H/H/R, 2010, Stand: 232. EL, 2008

Greil, Stefan [Funktionsverlagerung, 2009]: Funktionsverlagerung – Darstellung anhand eines Beispielfalls, in: StuB 19 (2009), S. 716-721

Greil, Stefan [Gewinnpotenzial, 2009]: Das Gewinnpotenzial als manifestierte Geschäftschance, in: IStR 18 (2009), S. 202-206

Greil, Stefan [Preisanpassung, 2009]: Die Preisanpassung nach § 1 Abs. 3 Satz 11 und 12 AStG i. V. m. der Funktionsverlagerungsverordnung, in: IStR 18 (2009), S. 567-573

Greil, Stefan [Ausnahmen, 2010]: Ausnahmen von der Gesamtbewertung des Transferpakets – Zugleich Neufassung des § 1 Abs. 3 Sätze 9 und 10 AStG, in: IStR 19 (2010), S. 479-482

Greinert, Markus [Pensionszusage, 2004]: Bewertung immaterieller Wirtschaftsgüter für die Prüfung der Finanzierbarkeit einer Pensionszusage, in: DB 57 (2004), S. 2113-2117

Greinert, Markus [Verrechnungspreise, 2007]: Verrechnungspreise und Funktionsverlagerungen, in: *Schaumburg, Harald/Rödder, Thomas* (Hrsg.), Unternehmensteuerreform 2008, 2007, S. 541-582

Greinert, Markus [Funktionsverlagerungen, 2009]: Maßgebende Überschussgröße zur Bewertung eines Transferpakets bei grenzüberschreitenden Funktionsverlagerungen, in: DB 62 (2009), S. 755-758

Greinert, Markus [Bewertung, 2010]: Steuerliche Besonderheiten bei der Bewertung immaterieller Wirtschaftsgüter im Rahmen von grenzüberschreitenden Transaktionen im Konzern, in: Ubg 3 (2010), S. 101-110

Günkel, Manfred/Lieber, Bettina [Geschäftsbeziehung, 2004]: Zur Änderung des Begriffes der "Geschäftsbeziehung" in § 1 Abs. 4 AStG, in: IStR 13 (2004), S. 229-231

Günter, Simone [Funktionsverlagerung, 2007]: Die ertragsteuerliche Behandlung grenzüberschreitender Funktionsverlagerungen, in: WPg 60 (2007), S. 1082-1089

Günther, Thomas/Ott, Christian [Ressourcen, 2008]: Behandlung immaterieller Ressourcen bei Purchase Price Allocations – Ergebnisse einer explorativen empirischen Studie, in: WPg 61 (2008), S. 917-926

Haarmann, Wilhelm [Teilbetrieb, 2000]: Der Begriff des Teilbetriebs im deutschen Steuerrecht, in: *Wassermeyer, Franz/Mayer, Dieter/Rieger, Norbert* (Hrsg.), Umwandlungen, 2000, S. 375-391

Haas, Wolfgang [Funktionsverlagerung, 2008]: Funktionsverlagerungen nach dem Erlass der Funktionsverlagerungsverordnung, in: Ubg 1 (2008), S. 517-524

Haas, Wolfgang [DBA, 2009]: Funktionsverlagerung – Verhältnis zu DBAs, in: *Spindler, Wolfgang/Tipke, Klaus/Rödder, Thomas* (Hrsg.), Rechtsberatung, 2009, S. 715-740

Haase, Florian (Hrsg.) [Haase, 2009]: Haase: Außensteuergesetz – Doppelbesteuerungsabkommen – Kommentar, Heidelberg: C.F. Müller, 2009

Haase, Florian [Steuerrecht, 2009]: Internationales und Europäisches Steuerrecht, 2. Aufl., Heidelberg: C.F. Müller, 2009

Hachmeister, Dirk [Impairment-Test, 2008]: Impairment-Test nach IFRS und US-GAAP, in: *Ballwieser, Wolfgang/Beyer, Sven/Zelger, Hansjörg* (Hrsg.), Unternehmenskauf, 2008, S. 229-266

Hacker, Bernd/Dobler, Michael [Segmentpublizität, 2000]: Empirische Untersuchung der Segmentpublizität in Deutschland, in: WPg 53 (2000), S. 811-819

Haller, Axel [Segmentberichterstattung, 2000]: Segmentberichterstattung, in: *Haller, Axel/Raffournier, Bernhard/Walton, Peter* (Hrsg.), Unternehmenspublizität, 2000, S. 755-805

Haller, Axel/Park, Peter [Segmentberichterstattung, 1994]: Grundsätze ordnungsmäßiger Segmentberichterstattung, in: zfbf 46 (1994), S. 499-524

Haller, Axel/Raffournier, Bernhard/Walton, Peter (Hrsg.) [Unternehmenspublizität, 2000]: Unternehmenspublizität im internationalen Wettbewerb, Stuttgart: Schäffer-Poeschel, 2000

Heining, Bernd [Funktionsverlagerung, 2009]: Funktionsverlagerung ins Ausland – Entscheidungsfindung aus investitionstheoretischer Sicht, in: *Bischoff, Georg et al.* (Hrsg.), Reihe: Steuer, Wirtschaft und Recht – Band 296, Lohmar/Köln: Josef Eul, 2009 (zugl. Diss. Univ. Hohenheim, 2009)

Herzig, Norbert/Günkel, Manfred/Niemann, Ursula (Hrsg.) [Steuerberater-Jahrbuch, 1998]: Steuerberater-Jahrbuch 1997/98, Köln: O. Schmidt, 1998

Herzig, Norbert/Günkel, Manfred/Niemann, Ursula (Hrsg.) [Steuerberater-Jahrbuch, 2002]: Steuerberater-Jahrbuch 2001/2002, Köln: O. Schmidt, 2002

Heuermann, Bernd (Hrsg.) [Blümich, 2010]: Blümich: EStG – KStG – GewStG – Kommentar, Stand: 106. EL, 2010, München: Vahlen

Hey, Johanna [Unternehmensbesteuerung, 2004]: Perspektiven der Unternehmensbesteuerung in Europa, in: StuW 81 (2004), S. 193-211

Hey, Johanna [Gegenfinanzierungsmaßnahmen, 2007]: Verletzung fundamentaler Besteuerungsprinzipien durch die Gegenfinanzierungsmaßnahmen des Unternehmensteuerreformgesetzes 2008, in: BB 62 (2007), S. 1303-1309

Hey, Johanna [Körperschaftsteuer, 2010]: Körperschaftsteuer, in: *Tipke, Klaus/Lang, Joachim* (Hrsg.), Steuerrecht, 2010, S. 423-466

Hey, Johanna/Wendt, Michael/Prinz, Ulrich (Hrsg.) [H/H/R, 2010]: Herrmann/Heuer/Raupach: Einkommensteuer- und Körperschaftsteuergesetz – Kommentar, Stand: 241. EL, 2010, Köln: O. Schmidt

Hochhold, Stefanie/Rudolph, Bernd [Principal-Agent-Theorie, 2009]: Principal-Agent-Theorie, in: *Schwaiger, Manfred/Meyer, Anton* (Hrsg.), Theorien, 2009, S. 131-145

Hofacker, Matthias (Bearb.) [Haase, § 1 AStG]: § 1 AStG, in: *Haase, Florian* (Hrsg.), Haase, 2009

Hundsdoerfer, Jochen/Kiesewetter, Dirk/Sureth, Caren [Betriebswirtschaftliche Steuerlehre, 2008]: Forschungsergebnisse in der Betriebswirtschaftlichen Steuerlehre – eine Bestandsaufnahme, in: ZfB 78 (2008), S. 61-138

IDW [IDW S 5, 2007]: IDW Standard: Grundsätze zur Bewertung immaterieller Vermögenswerte (IDW S 5), Stand: 12.07.2007, in: WPg (Supplement 4/2007) 60 (2007), S. 64-75

IDW [IDW S 1, 2008]: IDW Standard: Grundsätze zur Durchführung von Unternehmensbewertungen (IDW S 1 i. d. F. 2008), in: WPg (Supplement 3/2008) 61 (2008), S. 68-89

Ihli, Uwe [Restructuring, 2008]: Transfer Pricing, Restructuring, Apportionment and Other Challenges for Tax Directors, in: INTERTAX 36 (2008), S. 346-358

Jacobs, Otto H. [Unternehmensbesteuerung, 2007]: Internationale Unternehmensbesteuerung – Deutsche Investitionen im Ausland, Ausländische Investitionen im Inland, 6. Aufl., München: C.H. Beck, 2007

Jahndorf, Christian [Funktionsverlagerung, 2008]: Besteuerung der Funktionsverlagerung, in: FR 90 (2008), S. 101-111

Jenzen, Holger [Funktionsverlagerungen, 2007]: Internationale Funktionsverlagerungen: Die Besteuerung von Gewinnpotenzialen bei grenzüberschreitenden Funktionsverlagerungen im Konzern, in: NWB o. Jg. (2007), Fach 2, S. 9419-9438

Kahle, Holger [Funktionsverlagerung, 2007]: Die Ertragsbesteuerung von Funktionsverlagerungen nach der Unternehmensteuerreform 2008, in: Der Konzern 5 (2007), S. 647-657

Kahle, Holger [Funktionsverlagerung, 2009]: Ertragsteuerliche Abgrenzung der Funktionsverlagerung, in: StuB 11 (2009), S. 557-564

Kahle, Holger [Preisanpassungsklauseln, 2009]: Preisanpassungsklauseln bei der Ertragsbesteuerung von Funktionsverlagerungen, in: StuB 11 (2009), S. 383-389

Kahle, Holger/Dahlke, Andreas/Schulz, Sebastian [Unternehmensbesteuerung, 2008]: Zunehmende Bedeutung der IFRS für die Unternehmensbesteuerung?, in: StuW 85 (2008), S. 266-279

Kajüter, Peter/Barth, Daniela [IFRS 8, 2007]: Segmentberichterstattung nach IFRS 8 – Übernahme des Management Approach, in: BB 62 (2007), S. 428-434

Kaminski, Bert [Verrechnungspreisermittlung, 2001]: Verrechnungspreisermittlung bei fehlendem Fremdvergleichspreis, Neuwied/Kriftel: Luchterhand, 2001

Kaminski, Bert [Unternehmensteuerreform, 2007]: Änderungen im Bereich der internationalen Einkunftsabgrenzung durch die Unternehmensteuerreform 2008, in: RIW 53 (2007), S. 594-603

Kaminski, Bert [Einkünftekorrektur, 2008]: Die Festlegung von Maßstäben zur internationalen Einkünftekorrektur durch § 1 Außensteuergesetz – Systematik des § 1 AStG und sein Verhältnis zum innerstaatlichen Recht, zum DBA-Recht und zum Europarecht, in: StuW 85 (2008), S. 337-347

Kaminski, Bert (Bearb.) [S/K/K, Art. 9 OECD-MA]: Art. 9 OECD-MA, in: *Strunk, Günther/Kaminski, Bert/Köhler, Stefan* (Hrsg.), S/K/K, 2010, Stand: 11. EL, 2007

Kaminski, Bert (Bearb.) [S/K/K, § 1 AStG n. F.]: § 1 AStG n. F., in: *Strunk, Günther/Kaminski, Bert/Köhler, Stefan* (Hrsg.), S/K/K, 2010, Stand: 11. EL, 2007

Kaminski, Bert (Bearb.) [S/K/K, § 1 AStG]: § 1 AStG, in: *Strunk, Günther/Kaminski, Bert/Köhler, Stefan* (Hrsg.), S/K/K, 2010, Stand: 1.-11. EL, 2004-2007

Kempermann, Michael (Bearb.) [K/S/M, § 5 EStG]: § 5 EStG, in: *Kirchhof, Paul/Söhn, Hartmut/Mellinghoff, Rudolf* (Hrsg.), K/S/M, 2010, Stand: 54.-171. EL, 1994-2007

Kessler, Wolfgang/Kröner, Michael/Köhler, Stefan (Hrsg.) [Konzernsteuerrecht, 2008]: Konzernsteuerrecht: National – International, 2. Aufl., München: C.H. Beck, 2008

Kiesewetter, Dirk/Mugler, Jörg [Gewinnverlagerung 2007]: Gewinnverlagerung im EU-Konzern bei Besteuerung nach dem Trennungs- und nach dem Einheitsprinzip, in: DBW 67 (2007), S. 503-518

Kirchhof, Paul (Hrsg.) [Einkommensteuergesetz, 2008]: Einkommensteuergesetz – Kompaktkommentar, 8. Aufl., Heidelberg: C.F. Müller, 2008

Kirchhof, Paul/Söhn, Hartmut/Mellinghoff, Rudolf (Hrsg.) [K/S/M, 2010]: Kirchhof/Söhn/Mellinghoff: Einkommensteuergesetz – Kommentar, Stand: 211. EL, 2010, Heidelberg: C.F. Müller

Kleineidam, Hans-Jochen (Hrsg.) [Unternehmenspolitik 1999]: Unternehmenspolitik und internationale Besteuerung – Festschrift für Lutz Fischer, Berlin: E. Schmidt, 1999

Knirsch, Deborah [Steuerplanung, 2007]: Lohnt sich eine detaillierte Steuerplanung für Unternehmen, in: zfbf 59 (2007), S. 487-507

Knobbe-Keuk, Brigitte [Unternehmenssteuerrecht, 1993]: Bilanz- und Unternehmensteuerrecht, 9. Aufl., Köln: O. Schmidt, 1993

Knobbe-Keuk, Brigitte/Klein, Franz/Moxter, Adolf (Hrsg.) [Steuerrecht, 1988]: Handelsrecht und Steuerrecht – Festschrift für Dr. Dr. h. c. Georg Döllerer, Düsseldorf: IDW, 1988

König, Rolf/Wosnitza, Michael [Steuerwirkungslehre, 2004]: Betriebswirtschaftliche Steuerplanungs- und Steuerwirkungslehre, Heidelberg: Physica, 2004

Kosiol, Erich [Organisation, 1976]: Organisation der Unternehmung, 2. Aufl., Wiesbaden: Gabler, 1976

Kraft, Gerhard (Hrsg.) [Kraft, 2009]: Kraft: Außensteuergesetz – Kommentar, München: C.H. Beck, 2009

Kraft, Gerhard (Bearb.) [Kraft, § 1 AStG]: § 1 AStG, in: *Kraft, Gerhard* (Hrsg.), Kraft, 2009

Kroppen, Heinz-Klaus (Hrsg.) [Kroppen, 2010]: Kroppen: Handbuch Internationale Verrechnungspreise, Stand: 11. EL, 2010, Köln: O. Schmidt

Kroppen, Heinz-Klaus [Funktionsverlagerung, 2009]: Funktionsverlagerung nach dem neuen § 1 Abs. 3 AStG, in: *Spindler, Wolfgang/Tipke, Klaus/Rödder, Thomas* (Hrsg.), Rechtsberatung, 2009, S. 857-877

Kroppen, Heinz-Klaus (Bearb.) [Kroppen, FVerlV]: FVerlV, in: *Kroppen, Heinz-Klaus* (Hrsg.), Kroppen, 2010, Stand: 10. EL, 2009

Kroppen, Heinz-Klaus/Rasch, Stephan [Funktionsverlagerungsverordnung, 2008]: Die Funktionsverlagerungsverordnung, in: IWB o. Jg. (2008), Fach 3, Gruppe 1, S. 2339-2354

Kroppen, Heinz-Klaus/Rasch, Stephan [Funktionsverlagerung, 2009]: Funktionsverlagerung – Entwurf der Verwaltungsgrundsätze (Teil I u. II), in: IWB o. Jg. (2009), Fach 3, Gruppe 1, S. 2439-2468

Kroppen, Heinz-Klaus/Rasch, Stephan [Funktionsverlagerung, 2010]: Funktionsverlagerung – der nächste Akt, in: IWB o. Jg. (2010), Fach 3, Gruppe 1, S. 316-324

Kroppen, Heinz-Klaus/Rasch, Stephan/Eigelshoven, Axel [Unternehmensteuerreform, 2007]: Die Behandlung der Funktionsverlagerungen im Rahmen der Unternehmensteuerreform 2008 und der zu erwartenden Verwaltungsgrundsätze – Funktionsverlagerung, in: IWB o. Jg. (2007), Fach 3, Gruppe 1, S. 2201-2230

Kroppen, Heinz-Klaus/Roeder, Achim (Bearb.) [Kroppen, FVerlV]: FVerlV, in: *Kroppen, Heinz-Klaus* (Hrsg.), Kroppen, 2010, Stand: 10. EL, 2009

Krüger, Wilfried [Organisation, 2005]: Organisation, in: *Bea, Franz Xaver/Friedl, Birgit/Schweizer, Marcell* (Hrsg.), Betriebswirtschaftslehre, 2005, S. 140-234

Kruschwitz, Lutz/Löffler, Andreas [Discounted Cash Flow, 2006]: Discounted Cash Flow – A Theory of Valuation of Firms, West Sussex: John Wiley & Sons, 2006

Kuckhoff, Harald/Schreiber, Rolf [Betriebsprüfung (Teil I), 1999]: Grenzüberschreitende Funktionsverlagerung aus Sicht der Betriebsprüfung (Teil I), in: IStR 8 (1999), S. 321-330

Kuckhoff, Harald/Schreiber, Rolf [Betriebsprüfung (Teil II), 1999]: Grenzüberschreitende Funktionsverlagerung aus Sicht der Betriebsprüfung (Teil II), in: IStR 8 (1999), S. 353-362

Kühn, Joachim [Produktionsverlagerung, 2007]: Die ertragsteuerlichen Auswirkungen der grenzüberschreitenden Produktionsverlagerung, nicht veröffentlicht, 2007 (zugl. Diss. Univ. Würzburg, 2007)

Küpper, Hans-Ulrich [Controlling, 2008]: Controlling – Konzeption, Aufgaben, Instrumente, 5. Aufl., Stuttgart: Schäffer-Poeschel, 2008

Lang, Bianca (Bearb.) [E&Y, § 8 KStG]: § 8 KStG, in: *Ernst & Young* (Hrsg.), E&Y, 2010, Stand: 9.-77. EL, 1998-2010

Lang, Joachim [Rechtsanwendung, 2010]: Rechtsanwendung im Steuerrecht, in: *Tipke, Klaus/Lang, Joachim* (Hrsg.), Steuerrecht, 2010, S. 139-172

Laux, Helmut/Liermann, Felix [Grundlagen, 2005]: Grundlagen der Organisation – Die Steuerung von Entscheidungen als Grundproblem der Betriebswirtschaftslehre, 6. Aufl., Berlin/Heidelberg/New York: Springer, 2005

Lehner, Moris (Hrsg.) [Vogel/Lehner, 2008]: Vogel/Lehner: Doppelbesteuerungsabkommen – Kommentar, 5. Aufl., München: C.H. Beck, 2008

Lenz, Martin/Rautenstrauch, Gabriele [Öffnungsklausel, 2010]: Die neue Öffnungsklausel bei der Funktionsverlagerung in § 1 Abs. 3 Satz 10 Hs. 2 AStG, in: DB 63 (2010), S. 696-699

Linn, Alexander [Missbrauchsverhinderungsnormen, 2006]: Missbrauchsverhinderungsnormen und Standortwahl: Eine rechtsvergleichende und modelltheoretische Analyse des Einflusses von CFC-Regeln und Unterkapitalisierungsregeln, Wiesbaden: DUV, 2006 (zugl. Diss. Univ. München, 2006)

Looks, Christian/Freudenberg, Michael [Konfliktfelder, 2009]: Zukünftige Konfliktfelder zwischen Finanzverwaltung und Steuerpflichtigen als Ergebnis des Entwurfes der Verwaltungsgrundsätze-Funktionsverlagerung, in: BB 64 (2009), S. 2514-2519

Looks, Christian/Scholz, Christian M. [Funktionsverlagerungen, 2007]: Funktionsverlagerungen nach der Neufassung des § 1 Abs. 3 AStG, in: BB 62 (2007), S. 2541-2545

Luckhaupt, Hagen [Preisanpassungsklausel, 2009]: Steuerplanung im Hinblick auf die Preisanpassungsklausel im Rahmen der Funktionsverlagerung, in: BB 64 (2009), S. 2358-2362

Menck, Thomas (Bearb.) [Blümich, § 1 AStG]: § 1 AStG, in: *Heuermann, Bernd* (Hrsg.), Blümich, 2010, Stand: 99.-103. EL, 2008-2009

Meyer-Scharenberg, Dirk [Gewinnchancen, 2008]: Besteuerung von geschäftswertähnlichen Gewinnchancen wegen Funktionsverlagerung ins Ausland?, in: *Brähler, Gernot/Lösel, Christian* (Hrsg.), Steuerrecht, 2008, S. 225-259

Moser, Ulrich/Hüttche, Tobias [Goodwill, 2009]: Begründung der Nutzungsdauer des Goodwill – Überlegungen vor dem Hintergrund des BilMoG, in: FB 11 (2009), S. 394-404

Moxter, Adolf [Unternehmensbewertung, 1983]: Grundsätze ordnungsmäßiger Unternehmensbewertung, 2. Aufl., Wiesbaden: Gabler, 1983

Moxter, Adolf [Bewertbarkeit, 1987]: Selbständige Bewertbarkeit als Aktivierungsvoraussetzung, in: BB 42 (1987), S. 1846-1851

Moxter, Adolf [Rechnungslegung, 2003]: Grundsätze ordnungsgemäßer Rechnungslegung, Düsseldorf: IDW, 2003

Müller, Stefan/Peskes, Markus [Segmentberichterstattung 2006]: Konsequenzen der geplanten Änderungen der Segmentberichterstattung nach IFRS für Abschlusserstellung und Unternehmenssteuerung, in: BB 61 (2006), S. 819-825

OECD [Transfer Pricing Guidelines, 2010]: OECD Transfer Pricing Guidelines for Multinational Enterprises and Tax Administrations, OECD-Publishing, 2010

Oestreicher, Andreas [Gewinnabgrenzung, 2003]: Entwicklung und Rechtfertigung des Arm's length principle im Rahmen der Gewinnabgrenzung internationaler Konzerne, in: *Oestreicher, Andreas* (Hrsg.), Verrechnungspreise, 2003, S. 2-51

Oestreicher, Andreas (Hrsg.) [Verrechnungspreise, 2003]: Internationale Verrechnungspreise – Beiträge zu einer Ringveranstaltung an der Universität Göttingen im Sommersemester 2002, Herne/Berlin: nwb, 2003

Oestreicher, Andreas [Funktionsverlagerung, 2009]: Die (reformbedürftige) Regelungen zur Ermittlung der Verrechnungspreise in Fällen der Funktionsverlagerung, in: Ubg 2 (2009), S. 80-95

Oestreicher, Andreas/Hundeshagen, Christian [Bewertung (Teil 1), 2008]: Bewertung von Transferpaketen bei der Funktionsverlagerung – Teil 1, in: DB 61 (2008), S. 1637-1643

Oestreicher, Andreas/Hundeshagen, Christian [Bewertung (Teil 2), 2008]: Bewertung von Transferpaketen bei der Funktionsverlagerung – Teil 2, in: DB 61 (2008), S. 1693-1700

Oestreicher, Andreas/Hundeshagen, Christian [Transferpakete, 2009]: Ertragswertorientierte Gesamtbewertung von Transferpaketen, in: Ubg 2 (2009), S. 830-843

Oestreicher, Andreas/Hundeshagen, Christian [Verlagerung, 2009]: Weder Wirtschaftsgut noch Unternehmen – die Bewertung von Transferpaketen anlässlich der grenzüberschreitenden Verlagerung von Unternehmensfunktionen, in: IStR 18 (2009), S. 145-151

Oestreicher, Andreas/Wilcke, Dirk [Berichtigung, 2010]: Die Berichtigung von Einkünften wegen abweichender Gewinne, in: DB 63 (2010), S. 467-472

Oestreicher, Andreas/Wilcke, Dirk [Einzelbewertung, 2010]: Die Einzelbewertung des Firmenwerts – Verrechnungspreise in Fällen einer Funktionsverlagerung nach dem Gesetz zur Umsetzung steuerlicher EU-Vorgaben sowie zur Änderung steuerlicher Vorschriften, in: Ubg 3 (2010), S. 225-324

Pellens, Bernhard et al. [Impairment Test, 2005]: Goodwill Impairment Test – ein empirischer Vergleich der IFRS- und US-GAAP-Bilanzierer im deutschen Prime Standard, in: BB 60 (2005), BB-Special 10, S. 10-18

Pellens, Bernhard et al. [Rechnungslegung, 2008]: Internationale Rechnungslegung, 7. Aufl., Stuttgart: Schäffer-Poeschel, 2008

Peter, Markus/Spohn, Patrick/Hogg, Rebekka [Preisanpassungsklauseln, 2008]: Preisanpassungsklauseln bei Funktionsverlagerungen nach deutschem sowie US-amerikanischem Steuerrecht, in: IStR 17 (2008), S. 864-869

Picot, Arnold/Dietl, Helmut/Franck, Egon [Organisation, 2008]: Organisation – Eine ökonomische Perspektive, 5. Aufl., Stuttgart: Schäffer-Poeschel, 2008

Pohl, Carsten [Ergänzung, 2010]: Ergänzung der Funktionsverlagerungsregelungen durch das Gesetz zur Umsetzung steuerlicher EU-Vorgaben sowie zur Änderung steuerlicher Vorschriften, in: IStR 19 (2010), S. 357-360

Pohl, Carsten [Preisanpassungsregelung, 2010]: Zur Anwendung der Preisanpassungsregelung (§ 1 Abs. 3 Satz 11 und 12 AStG) außerhalb der Funktionsverlagerung, in: IStR 19 (2010), S. 690-691

Pöllath, Reinhard/Rädler, Albert J. [Gewinnberichtigung (Teil I), 1982]: Gewinnberichtigungen zwischen verbundenen Unternehmen ohne Rücksicht auf Abkommensrecht? (Teil I), in: DB 35 (1982), S. 617-620

Popp, Peter/Theisen, Manuel R. [Verrechnungspreisermittlung, 1987]: Verrechnungspreisermittlung bei internationalen Konzernen – Ergebnisse einer empirischen Untersuchung steuerlicher Verrechnungspreisbildung, in: DB 40 (1987), S. 1949-1954

Puls, Michael [Funktionsverlagerungsbesteuerung, 2010]: Funktionsverlagerungsbesteuerung: Schadensersatz-, Entschädigungs- und Ausgleichsansprüche als „Transferpaket"-Ersatz nach § 8 FVerlV, in: IStR 19 (2010), S. 89-95

Rasch, Stephan [Konzernverrechnungspreise, 2001]: Konzernverrechnungspreise im nationalen, bilateralen und europäischen Steuerrecht, Köln: O. Schmidt, 2001 (zugl. Diss. Univ. Bochum, 1999)

Rasch, Stephan/Schmidtke, Richard [hypothetischer Fremdvergleich, 2009]: Routinefunktionen, Gewinnverlagerungen und das Versagen des hypothetischen Fremdvergleichs, in: IStR 18 (2009), S. 92-97

Raßhofer, Martin [Kapitalstruktur, 2010]: Der Einfluss von Ertragsteuern auf die Kapitalstruktur von personenbezogenen Kapitalgesellschaften, in: *Bischoff, Georg et al.* (Hrsg.), Reihe: Steuer, Wirtschaft und Recht, Lohmar/Köln: Josef Eul, 2010 (zugl. Diss. Univ. München, 2010)

Raupach, Arndt [Besteuerung, 1998]: Wechselwirkung zwischen der Organisationsstruktur und der Besteuerung multinationaler Konzernunternehmungen, in: *Theisen, Manuel R.* (Hrsg.), Konzern, 1998, S. 59-167

Reichl, Alexander [Funktionsverlagerung, 2009]: Der zeitliche Anwendungsbereich der Regelungen zur Funktionsverlagerung – Kritische Anmerkungen zu den Ausführungen des Entwurfs der Verwaltungsgrundsätze – Funktionsverlagerung vom 17.7.2009, in: IStR 18 (2009), S. 680-685

Reichwald, Ralf/Wildemann, Horst (Hrsg.) [Unternehmen, 1995]: Kreative Unternehmen – Spitzenleistungen durch Produkt- und Prozeßinnovation, Stuttgart: Schäffer-Poeschel, 1995

Reiß, Wolfram (Bearb.) [K/S/M, § 16 EStG]: § 16 EStG, in: *Kirchhof, Paul/Söhn, Hartmut/Mellinghoff, Rudolf* (Hrsg.), K/S/M, 2010, Stand: 28.-36. EL, 1991-1992

Rengers, Jutta (Bearb.) [Blümich, § 8 KStG]: § 8 KStG, in: *Heuermann, Bernd* (Hrsg.), Blümich, 2010, Stand: 88.-102. EL, 2005-2009

Ritter, Wolfgang [Verrechnungspreise, 1983]: Steuerliche Prüfung internationaler Verrechnungspreise – Verwaltungsgrundsätze, Prüfungsrahmen und Grenzen des Fremdvergleichs, in: BB 38 (1983), S. 1677-1687

Rödder, Thomas [Problemfälle, 1998]: Aktuelle Problemfälle verdeckter Gewinnausschüttung im Konzern – Produktionsverlagerung, Markterschließung, Verlagerung von Vertriebsfunktionen, in: *Herzig, Norbert/Günkel, Manfred/Niemann, Ursula* (Hrsg.), Steuerberater-Jahrbuch 1997/98, 1998, S. 115-139

Roeder, Achim [Aspekte, 2008]: Ökonomische Aspekte des hypothetischen Fremdvergleichs, in: Ubg 1 (2008), S. 202-208

Rose, Gerd [Internationales Steuerrecht, 2004]: Internationales Steuerrecht, 6. Aufl., Berlin: E. Schmidt, 2004

Rupp, Thomas (Bearb.) [D/J/P/W, IntGA]: IntGA, in: *Dötsch, Ewald et al.* (Hrsg.), D/J/P/W, 2010, Stand: 26.-68. EL, 1995-2010

Salzberger, Wolfgang [Konzernunternehmung, 1994]: Die steuerliche Gewinnermittlung einer Konzernunternehmung in der Europäischen Union – Eine betriebswirtschaftliche Analyse, Köln: O. Schmidt, 1994 (zugl. Diss. Univ. Mannheim, 1994)

Schaumburg, Harald (Hrsg.) [Verrechnungspreise, 1994]: Internationale Verrechnungspreise zwischen Kapitalgesellschaften, Forum der Internationalen Besteuerung, Band 6, Köln: O. Schmidt, 1994

Schaumburg, Harald [Internationales Steuerrecht, 1998]: Internationales Steuerrecht – Außensteuerrecht, Doppelbesteuerungsrecht, 2. Aufl., Köln: O. Schmidt, 1998

Schaumburg, Harald [Anpassungsklausel, 2009]: Anpassungsklausel, in: IStR 18 (2009), S. 877-882

Schaumburg, Harald/Rödder, Thomas (Hrsg.) [Unternehmensteuerreform, 2007]: Unternehmensteuerreform 2008, München: C.H. Beck, 2007

Scheffler, Wolfram [Unternehmensteuerreform, 2008]: Berichtigung von Verrechnungspreisen nach der Unternehmensteuerreform 2008, in: WiSt 37 (2008), S. 135-140

Scheffler, Wolfram [Steuerlehre, 2009]: Internationale betriebswirtschaftliche Steuerlehre, 3. Aufl., München: Vahlen, 2009

Scheffler, Wolfram/Eickhorst, Daniel [Funktionsverlagerung, 2004]: Funktionsverlagerung in das Ausland: Einschränkung der steuerlichen Vorteile durch Auflösung von stillen Reserven?, in: BB 59 (2004), S. 818-823

Scheipers, Thomas/Linn, Alexander [Einkünfteberichtigung, 2010]: Einkünfteberichtigung nach § 1 Abs. 1 AStG bei Nutzungsüberlassungen im Konzern – Auswirkungen des EuGH-Urteils SGI, in: IStR 19 (2010), S. 469-474

Scheunemann, Marc/Dennisen, Andre [Forschung, 2010]: Steuerliche Strukturierung von Forschung und Entwicklung im internationalen Konzern, in: DB 63 (2010), S. 408-413

Schmalenbach, Eugen [Verrechnungspreise, 1908/1909]: Über Verrechnungspreise, in: ZfhF 3 (1908/1909), S. 165-185

Schneeloch, Dieter [Steuerlehre, 2009]: Betriebswirtschaftliche Steuerlehre – Band 2: Betriebliche Steuerpolitik, 3. Auflage, München: Vahlen, 2009

Schneider, Dieter [Investition, 1970]: Investition und Finanzierung, 1. Aufl., Köln/Opladen: Westdeutscher Verlag, 1970

Schneider, Dieter [Steuerwirkung, 2002]: Steuerlast und Steuerwirkung – Einführung in die steuerliche Betriebswirtschaftslehre, München/Wien: Oldenbourg, 2002

Schnitger, Arne [Aspekte, 2003]: Internationale Aspekte des Entwurfes eines Gesetzes zum Abbau von Steuervergünstigungen und Ausnahmeregelungen (Steuervergünstigungsabbaugesetz – StVergAbG), in: IStR 12 (2003), S. 73-78

Scholz, Christian M. [Preisanpassungsklausel, 2007]: Die Fremdüblichkeit einer Preisanpassungsklausel nach dem Entwurf zu § 1 Abs. 3 AStG, in: IStR 16 (2007), S. 521-526

Schreiber, Rolf [Funktionsverlagerung, 2008]: Funktionsverlagerung im Konzern – Neue Rechtsgrundlagen durch die Unternehmensteuerreform 2008, in: Ubg 1 (2008), S. 433-443

Schreiber, Rolf (Bearb.) [Kroppen, FVerlV]: FVerlV, in: *Kroppen, Heinz-Klaus* (Hrsg.), Kroppen, 2010, Stand: 10. EL, 2009

Schreiber, Ulrich [Unternehmensbesteuerung, 1987]: Rechtsformabhängige Unternehmensbesteuerung?, Köln: P. Deubner, 1987 (zugl. Habil. Univ. Mannheim, 1985)

Schreiber, Ulrich [Besteuerung, 2008]: Besteuerung der Unternehmung – Eine Einführung in Steuerrecht und Steuerwirkung, 2. Aufl., Berlin/Heidelberg: Springer, 2008

Schreiber, Ulrich [Gewinnverlagerungen, 2009]: Internationale Gewinnverlagerungen, in: DBW 69 (2009), S. 535-550

Schreyögg, Georg [Organisation, 2003]: Organisation: Grundlagen moderner Organisationsgestaltung, 4. Aufl., Wiesbaden: Gabler, 2003

Schwaiger, Manfred/Meyer, Anton (Hrsg.) [Theorien, 2009]: Theorien und Methoden der Betriebswirtschaft, München: Vahlen, 2009

Seer, Roman (Bearb.) [Tipke/Kruse, § 93 AO]: § 93 AO, in: *Tipke, Klaus/Kruse, Wilhelm* (Hrsg.), Tipke/Kruse, 2010, Stand: 115.-119. EL, 2008-2009

Serg, Oliver [Funktionsverlagerungen, 2005]: Die Behandlung von Geschäftschancen bei grenzüberschreitenden Funktionsverlagerungen, in: DStR 43 (2005), S. 1916-1920

Serg, Oliver [Funktionsverlagerungen, 2006]: Optimierung der Konzernsteuerquote durch internationale Funktionsverlagerungen, Köln: Josef Eul, 2006 (zugl. Diss. Univ. European Business School (EBS) Oestrich-Winkel, 2006)

Sieben, Günter/Schildbach, Thomas [Bewertung, 1979]: Zum Stand der Entwicklung der Lehre von der Bewertung ganzer Unternehmen, in: DStR 17 (1979), S. 455-461

Söffing, Günter [Geschäfts- oder Firmenwert, 1988]: Der Geschäfts- oder Firmenwert, in: *Knobbe-Keuk, Brigitte/Klein, Franz/Moxter, Adolf* (Hrsg.), Steuerrecht, 1988, S. 593-614

Spengel, Christoph [Unternehmensbesteuerung, 2003]: Internationale Unternehmensbesteuerung in der Europäischen Union – Steuerwirkungsanalyse – Empirische Befunde – Reformüberlegungen, Düsseldorf: IDW, 2003 (zugl. Habil. Univ. Mannheim, 2002)

Spindler, Wolfgang/Tipke, Klaus/Rödder, Thomas (Hrsg.) [Rechtsberatung, 2009]: Steuerzentrierte Rechtsberatung – Festschrift für Harald Schaumburg zum 65. Geburtstag, Köln: O. Schmidt, 2009

Strunk, Günther/Kaminski, Bert [Geschäftsbeziehungen, 2006]: Anmerkungen zum BMF-Schreiben zum Vorliegen von Geschäftsbeziehungen im Sinne von § 1 Abs. 4 AStG – Neue Gestaltungsmöglichkeiten infolge der Nichtanwendung des BFH-Urteils vom 28.4.2004?, in: IStR 15 (2006), S. 141-144

Strunk, Günther/Kaminski, Bert/Köhler, Stefan (Hrsg.) [S/K/K, 2010]: Strunk/Kaminski/Köhler: Außensteuergesetz – Doppelbesteuerungsabkommen – Kommentar, Stand: 21. EL, 2010, Bonn: Stollfuß

Stuffer, Werner/Hiller, Nadine [Introduction, 2009]: Introduction, in: *Bakker, Anuschka J.* (Hrsg.), Business Restructuring, 2009, S. 3-12

Theisen, Manuel R. [Konzernunternehmungslehre, 1988]: Vorüberlegungen zu einer Konzernunternehmungslehre, in: DBW 48 (1988), S. 279-297

Theisen, Manuel R. [Grundlagen, 1990]: Die theoretischen Grundlagen der "neuen Methoden" in betriebswirtschaftlicher Sicht, in: *Vogel, Klaus* (Hrsg.), Verrechnungspreise, 1990, S. 21-37

Theisen, Manuel R. [Veräußerung, 1991]: Steuerliche Probleme und Risiken bei der Veräußerung mittelständischer Unternehmen, in: *Betge, Peter/Theisen, Manuel R.* (Hrsg.), Besteuerung, 1991, S. 105-119

Theisen, Manuel R. [Unternehmensveräußerung, 1996]: Die Planung der Unternehmensveräußerung unter Berücksichtigung steuerrechtlicher Rückwirkungen, in: WPg 49 (1996), S. 1996

Theisen, Manuel R. (Hrsg.) [Konzern, 1998]: Der Konzern im Umbruch – Organisation, Besteuerung, Finanzierung und Überwachung, Stuttgart: Schäffer-Poeschel, 1998

Theisen, Manuel R. [Konzern, 2000]: Der Konzern – Betriebswirtschaftliche und rechtliche Grundlagen der Konzernunternehmung, 2. Aufl., Stuttgart: Schäffer-Poeschel, 2000

Theisen, Manuel R./Wenz, Martin [Besteuerungsrechte, 2005]: Die abkommensrechtliche Verteilung der Besteuerungsrechte zwischen Ansässigkeits- und Quellenstaat aus betriebswirtschaftlicher Sicht, in: *Gassner, Wolfgang et al.* (Hrsg.), Besteuerungsrechte, 2005, S. 29-47

Theisen, Manuel R./Wenz, Martin (Hrsg.) [Europäische Aktiengesellschaft, 2005]: Die Europäische Aktiengesellschaft, Stuttgart, Recht, Steuern und Betriebswirtschaft der Societas Europaea (SE): Schäffer-Poeschel, 2005

Thömmes, Otmar [Besteuerung, 2005]: Besteuerung, in: *Theisen, Manuel R./Wenz, Martin* (Hrsg.), Europäische Aktiengesellschaft, 2005, S. 505-615

Tiedchen, Susanne (Bearb.) [H/H/R, § 5 EStG]: § 5 EStG, in: *Hey, Johanna/Wendt, Michael/Prinz, Ulrich* (Hrsg.), H/H/R, 2010, Stand: 204.-218. EL, 2001-2005

Tipke, Klaus/Kruse, Wilhelm (Hrsg.) [Tipke/Kruse, 2010]: Tipke/Kruse: Abgabenordnung – Finanzgerichtsordnung – Kommentar, Stand: 123. EL, 2010, Köln: O. Schmidt

Tipke, Klaus/Lang, Joachim (Hrsg.) [Steuerrecht, 2010]: Steuerrecht, 20. Aufl., Köln: O. Schmidt, 2010

Velte, Patrick [Geschäfts- oder Firmenwert, 2010]: Handels- und steuerbilanzielle Qualifikation des derivativen Geschäfts- oder Firmenwerts, in: StuW 87 (2010), S. 93-99

Vogel, Klaus (Hrsg.) [Dienstleistungen, 1990]: Verrechnungspreise bei Lizenzen und Dienstleistungen, München: C.H. Beck, 1990

Vogel, Klaus (Bearb.) [Vogel/Lehner, Einleitung]: Einleitung, in: *Lehner, Moris* (Hrsg.), Vogel/Lehner, 2008

Vögele, Alexander [Transferpakete, 2010]: Bewertung von Transferpaketen bei der Funktionsverlagerung, in: DStR 48 (2010), S. 418-423

Vögele, Alexander/Borstell, Thomas/Engler, Gerhard (Hrsg.) [Verrechnungspreise, 2004]: Handbuch der Verrechnungspreise: Betriebswirtschaft, Steuerrecht, OECD- und US-Verrechnungspreisrichtlinien, 2. Aufl., München: C.H. Beck, 2004

Wagner, Franz W. [Einfluß, 1972]: Der Einfluß der Einkommensteuer auf die Entscheidung über den Verkauf einer Unternehmung, in: DB 25 (1972), S. 1637-1642

Wagner, Franz W. [Steuerforschung, 2004]: Gegenstand und Methoden betriebswirtschaftlicher Steuerforschung, in: StuW 81 (2004), S. 237-250

Wagner, Franz W. [Steuerforschung, 2008]: Steuerforschung: Welche Probleme finden Ökonomen interessant, und welche sind relevant?, in: StuW 85 (2008), S. 97-116

Wagner, Franz W./Dirrigl, Hans [Steuerplanung, 1980]: Die Steuerplanung der Unternehmung, Stuttgart/New York: Fischer, 1980

Wagner, Franz W./Rümmele, Peter [Unternehmensbewertung, 1995]: Ertragsteuern in der Unternehmensbewertung: Zum Einfluß von Steuerrechtsänderungen, in: WPg 48 (1995), S. 433-441

Wälzholz, Eckhard [Teilbetriebsbegriff, 1999]: Der Teilbetriebsbegriff im Steuerrecht, Würzburg: Ergon, 1999 (zugl. Diss. Univ. Würzburg, 1999)

Wang, Huili [Direktinvestitionen, 2006]: Besteuerung deutscher Direktinvestitionen in China: Laufende Besteuerung, Unternehmenskauf, -veräußerung und -umstrukturierung, Herne/Berlin: nwb, 2006 (zugl. Diss. Univ. München, 2005)

Wassermeyer, Franz [Verrechnungspreise, 1994]: Sind Verrechnungspreise justitiabel?, in: *Schaumburg, Harald* (Hrsg.), Verrechnungspreise, 1994, S. 123-134

Wassermeyer, Franz [Veranlassung, 1998]: Veranlassung im Gesellschaftsverhältnis – Grundprobleme der verdeckten Gewinnausschüttung, in: *Herzig, Norbert/Günkel, Manfred/Niemann, Ursula* (Hrsg.), Steuerberater-Jahrbuch 1997/98, 1998, S. 79-95

Wassermeyer, Franz [Einkünftekorrekturnormen, 2001]: Einkünftekorrekturnormen im Steuersystem, in: IStR 10 (2001), S. 633-638

Wassermeyer, Franz [Gesetzgebungsniveau, 2007]: Modernes Gesetzgebungsniveau am Beispiel des Entwurfs zu § 1 AStG, in: DB 60 (2007), S. 535-539

Wassermeyer, Franz (Bearb.) [F/W/B, § 1 AStG]: § 1 AStG, in: *Wassermeyer, Franz/Baumhoff, Hubertus/Schönfeld, Jens* (Hrsg.), F/W/B, 2009, Stand: 47.-62. EL, 2000-2008

Wassermeyer, Franz (Bearb.) [Debatin/Wassermeyer, Art. 1 OECD-MA]: Art. 1 OECD-MA, in: *Debatin, Helmut/Wassermeyer, Franz* (Hrsg.), Debatin/Wassermeyer, 2010, Stand: 82.-106. EL, 2000-2009

Wassermeyer, Franz (Bearb.) [Debatin/Wassermeyer, Art. 9 OECD-MA]: Art. 9 OECD-MA, in: *Debatin, Helmut/Wassermeyer, Franz* (Hrsg.), Debatin/Wassermeyer, 2010, Stand: 93. EL, 2004

Wassermeyer, Franz/Andersen, Ulf/Ditz, Xaver (Hrsg.) [Betriebsstätten, 2006]: Betriebsstätten Handbuch, Köln: O. Schmidt, 2006

Wassermeyer, Franz/Baumhoff, Hubertus/Greinert, Markus (Bearb.) [F/W/B, § 1 AStG]: § 1 AStG, in: *Wassermeyer, Franz/Baumhoff, Hubertus/Schönfeld, Jens* (Hrsg.), F/W/B, 2009, Stand: 62. EL, 2008

Wassermeyer, Franz/Baumhoff, Hubertus/Schönfeld, Jens (Hrsg.) [F/W/B, 2009]: Flick/Wassermeyer/Baumhoff: Außensteuerrecht – Kommentar, Stand: 64. EL, 2009, Köln: O. Schmidt

Wassermeyer, Franz/Mayer, Dieter/Rieger, Norbert (Hrsg.) [Umwandlungen, 2000]: Umwandlungen im Zivil- und Steuerrecht, Bonn/Berlin: Stollfuß, 2000

Watermeyer, Heinrich Jürgen (Bearb.) [H/H/R, § 8 KStG]: § 8 KStG, in: *Hey, Johanna/Wendt, Michael/Prinz, Ulrich* (Hrsg.), H/H/R, 2010, Stand: 229. EL, 2007

Weber-Grellet, Heinrich [Geschäftswert, 2010]: Behandlung des Geschäftswerts/Kundenstamms bei Fortführung eines Einzelunternehmens durch eine GmbH – Anmerkung zum BFH-Urteil vom 26.11.2009 – III R 40/07, in: StuB 12 (2010), S. 354-357

Weber-Grellet, Heinrich (Bearb.) [Schmidt, § 5 EStG]: § 5 EStG, in: *Drenseck, Walter* (Hrsg.), Schmidt, 2010

Wehnert, Oliver [Verrechnungspreise, 2007]: Generalthema I: Verrechnungspreise und immaterielle Wirtschaftsgüter, in: IStR 16 (2007), S. 558-561

Wehnert, Oliver/Sano, Yukika [Funktionsverlagerung, 2010]: Internationale Regelung zu Funktionsverlagerungen, in: IStR 19 (2010), S. 53-57

Wellens, Ludger [Fremdvergleichsgrundsatz, 2010]: Fremdvergleichsgrundsatz nach OECD und nach deutschem Recht – Gleichzeitig Vorstellung des Diskussionsentwurfs der OECD hinsichtlich der Überarbeitung der Kapitel I und III der OECD-Verrechnungspreisrichtlinie, in: IStR 19 (2010), S. 153-157

Welling, Berthold [Funktionsverlagerungsbesteuerung, 2009]: Die Funktionsverlagerungsbesteuerung im Licht der OECD-Äußerungen, in: *Spindler, Wolfgang/Tipke, Klaus/Rödder, Thomas* (Hrsg.), Rechtsberatung, 2009, S. 985-994

Welling, Berthold/Tiemann, Konstantin [Funktionsverlagerungsverordnung, 2008]: Funktionsverlagerungsverordnung im Widerstreit mit internationalen Grundsätzen, in: FR 90 (2008), S. 68-71

Werndl, Josef (Bearb.) [K/S/M, § 6 EStG]: § 6 EStG, in: *Kirchhof, Paul/Söhn, Hartmut/Mellinghoff, Rudolf* (Hrsg.), K/S/M, 2010, Stand: 51.-94. EL, 1994-2009

Werra, Matthias [Verrechnungspreise (Teil I), 1995]: Der 1995-OECD-Bericht zu den Verrechnungspreisen (Teil I), in: IStR 4 (1995), S. 457-463

Werra, Matthias [Verrechnungspreise, 2009]: Verrechnungspreise bei der Restrukturierung internationaler Unternehmensgruppen – Zum Stand der Diskussion in der OECD, in: IStR 18 (2009), S. 81-87

Wiese, Jörg/Gampenrieder, Peter [Basiszins, 2008]: Marktorientierte Ableitung des Basiszinses mit Bundesbank- und EZB-Daten, in: BB 63 (2008), S. 1722-1726

Winkeljohann, Norbert/Büssow, Thomas (Bearb.) [Beck'scher Bilanz-Kommentar, § 252 HGB]: § 252 HGB, in: *Ellrott, Helmut et al.* (Hrsg.), Beck'scher Bilanz-Kommentar, 2010

Wöhe, Günter/Döring, Ulrich [Betriebswirtschaftslehre, 2010]: Einführung in die Allgemeine Betriebswirtschaftslehre, 24. Aufl., München: Vahlen, 2010

Wolffgang, Hans-Michael (Bearb.) [K/S/M, § 5 EStG]: § 5 EStG, in: *Kirchhof, Paul/Söhn, Hartmut/Mellinghoff, Rudolf* (Hrsg.), K/S/M, 2010, Stand: 79. EL, 1998

Wolter, Hartmut/Pitzal, Christian [Funktion, 2008]: Der Begriff der "Funktion" in den neuen Regelungen zur Funktionsverlagerung in § 1 Abs. 3 AStG, in: IStR 17 (2008), S. 793-800

Wulf, Martin [Außensteuerrecht, 2007]: Änderungen im Außensteuerrecht und Sonderregelungen zu Funktionsverlagerungen nach dem Unternehmensteuerreformgesetz 2008, in: DB 60 (2007), S. 2280-2285

Zech, Till [Funktionsverlagerung, 2009]: Funktionsverlagerung durch Zusammenlegung von Produktion und Vertrieb? – Praxisfall aus der Betriebsprüfung, in: IStR 18 (2009), S. 418-421

Zech, Till [Verrechnungspreise, 2009]: Verrechnungspreise und Funktionsverlagerung 2009 – Die steuerliche Behandlung von Verrechnungspreisen, insbesondere Funktionsverlagerungen, nach der Unternehmensteuerreform 2008, Baden-Baden: Nomos, 2009 (zugl. Diss. Univ. Münster, 2008)

Rechtsprechungsverzeichnis

I. Rechtsprechung des Bundesfinanzhofs

Gericht	Datum	Aktenzeichen	Fundstelle
BFH	Urt. v. 28.01.1954	IV 225/53 U	BStBl III 1954, S. 109-111
BFH	Urt. v. 22.02.1962	IV 58/59 U	BStBl III 1962, S. 367-368
BFH	Urt. v. 13.03.1964	IV 236/63 S	BStBl III 1964, S. 426-429
BFH	Urt. v. 29.04.1965	IV 403/62 U	BStBl III 1965, S. 414-416
BFH	Urt. v. 19.02.1970	I R 24/67	BStBl II 1970, S. 442-444
BFH	Urt. v. 07.10.1970	I R 1/68	BStBl II 1971, S. 69-71
BFH	Urt. v. 16.09.1970	I R 196/67	BStBl II 1971, S. 175-176
BFH	Urt. v. 05.08.1970	I R 180/66	BStBl II 1970, S. 804-806
BFH	Urt. v. 24.11.1974	I R 250/72	BStBl II 1975, S. 306-307
BFH	Urt. v. 14.08.1974	I R 168/72	BStBl II 1975, S. 123-124
BFH	Urt. v. 09.10.1974	I R 122/73	BStBl II 1975, S. 258-259
BFH	Urt. v. 18.06.1975	I R 24/73	BStBl II 1975, S. 809-811
BFH	Urt. v. 26.06.1975	VIII R 39/74	BStBl II 1975, S. 832-833
BFH	Urt. v. 26.02.1975	I R 72/73	BStBl II 1976, S. 13-16
BFH	Urt. v. 13.10.1976	I R 79/74	BStBl II 1977, S. 540-543
BFH	Urt. v. 17.03.1977	IV R 218/72	BStBl II 1977, S. 595-598
BFH	Urt. v. 26.04.1979	IV R 119/76	BStBl II 1979, S. 557-558
BFH	Urt. v. 25.01.1979	IV R 21/75	BStBl II 1979, S. 369-372
BFH	Urt. v. 12.09.1979	I R 146/76	BStBl II 1980, S. 51-53
BFH	Urt. v. 12.03.1980	I R 186/76	BStBl II 1980, S. 531-533
BFH	Urt. v. 25.11.1981	I R 54/77	BStBl II 1982, S. 189-192
BFH	Urt. v. 21.01.1981	I R 153/77	BStBl II 1981, S. 517-518
BFH	Urt. v. 29.07.1982	IV R 49/78	BStBl II 1982, S. 650-652
BFH	Urt. v. 26.05.1982	I R 180/80	BStBl II 1982, S. 695-696
BFH	Urt. v. 13.04.1983	I R 63/79	BStBl II 1983, S. 667-668
BFH	Urt. v. 24.11.1982	I R 123/78	BStBl II 1983, S. 113-114

Gericht	Datum	Aktenzeichen	Fundstelle
BFH	Urt. v. 14.11.1984	I R 50/80	BStBl II 1985, S. 227-230
BFH	Urt. v. 15.03.1984	IV R 189/81	BStBl II 1984, S. 486-487
BFH	Urt. v. 24.05.1984	I R 166/78	BStBl II 1984, S. 747-751
BFH	Urt. v. 07.11.1985	IV R 7/83	BStBl II 1986, S. 176-178
BFH	Urt. v. 09.07.1986	I R 218/82	BStBl II 1987, S. 14-16
BFH	Urt. v. 20.08.1986	I R 150/82	BStBl II 1987, S. 455-459
BFH	Urt. v. 24.03.1987	I R 202/83	BStBl II 1987, S. 705-707
BFH	Urt. v. 28.10.1987	II R 224/82	BStBl II 1988, S. 50-53
BFH	Bs. v. 26.10.1987	GrS 2/86	BStBl II 1988, S. 348-357
BFH	Urt. v. 13.04.1988	I R 104/86	BStBl II 1988, S. 892-895
BFH	Urt. v. 28.06.1989	I R 25/88	BStBl II 1989, S. 982-983
BFH	Urt. v. 01.02.1989	VIII R 33/85	BStBl II 1989, S. 458-460
BFH	Urt. v. 21.09.1989	IV R 115/88	BStBl II 1990, S. 86-88
BFH	Bs. v. 30.08.1989	I B 39/89	BFH/NV 6 (1990), S. 161-163
BFH	Urt. v. 22.02.1989	I R 9/85	BStBl II 1989, S. 631-633
BFH	Urt. v. 30.05.1990	I R 97/88	BStBl II 1990, S. 875-878
BFH	Bs. v. 16.02.1990	III B 90/88	BStBl II 1990, S. 794-795
BFH	Urt. v. 22.01.1992	I R 43/91	BStBl II 1992, S. 529-531
BFH	Urt. v. 12.02.1992	XI R 21/90	BFH/NV 1992, S. 516-518
BFH	Urt. v. 07.07.1992	VIII R 24/90	BStBl II 1993, S. 333-336
BFH	Urt. v. 14.12.1993	VIII R 13/93	BStBl II 1994, S. 992-925
BFH	Urt. v. 18.02.1993	IV R 40/92	BStBl II 1994, S. 224-226
BFH	Urt. v. 18.08.1993	II R 102/90	BStBl II 1994, S. 9-11
BFH	Urt. v. 13.07.1994	I R 120/93	BStBl II 1995, S. 129-130
BFH	Urt. v. 30.03.1994	I R 52/93	BStBl II 1994, S. 903-906
BFH	Urt. v. 05.04.1995	I R 81/94	BStBl II 1995, S. 629-632
BFH	Urt. v. 17.05.1995	I R 147/93	BStBl II 1996, S. 204-206
BFH	Urt. v. 06.12.1995	I R 88/94	BStBl II 1996, S. 383-385

Gericht	Datum	Aktenzeichen	Fundstelle
BFH	Urt. v. 13.02.1996	VIII R 39/92	BStBl II 1996 S. 409-413
BFH	Urt. v. 18.12.1996	I R 26/95	BFH/NV 13 (1997), S. 232-234
BFH	Urt. v. 08.02.1996	III R 76/90	BFH/NV 12 (1996), S. 643-644
BFH	Urt. v. 27.03.1996	I R 60/95	BStBl II 1996, S. 576-578
BFH	Urt. v. 21.05.1997	I R 79/96	BStBl II 1998, S. 113-114
BFH	Bs. v. 02.04.1997	X B 269/96	BFH/NV 1997, S. 481
BFH	Urt. v. 02.10.1997	IV R 84/96	BStBl II 1998, S. 104-106
BFH	Bs. v. 17.12.1997	I B 96/97	BStBl II 1998, S. 321-325
BFH	Urt. v. 19.03.1997	I R 75/96	BStBl II 1997, S. 577-579
BFH	Urt. v. 18.06.1998	IV R 56/97	BStBl II 1998, S. 735-738
BFH	Urt. v. 15.10.1997	I R 80/96	BFH/NV 14 (1998), S. 624-626
BFH	Urt. v. 19.05.1998	I R 54/97	BStBl II 1999, S. 277-278
BFH	Urt. v. 10.03.1998	VIII R 31/95	BFH/NV 14 (1998), S. 1209-1210
BFH	Urt. v. 28.11.2001	I B 169/00	BFH/NV 6 (2002), S. 774-775
BFH	Urt. v. 17.10.2001	I R 103/00	BStBl II 2004, S. 171-179
BFH	Urt. v. 27.03.2001	I R 42/00	BStBl II 2001, S. 771-773
BFH	Urt. v. 20.03.2002	I R 63/99	BStBl II 2003, S. 50-54
BFH	Urt. v. 05.06.2003	IV R 18/02	BStBl II 2003, S. 838-841
BFH	Urt. v. 06.11.2003	IV R 10/01	BStBl II 2004, S. 416-419
BFH	Urt. v. 15.09.2004	I R 7/02	BStBl II 2005, S. 867-873
BFH	Urt. v. 28.04.2004	I R 5, 6/02	BStBl II 2005, S. 516-518
BFH	Urt. v. 28.01.2004	I R 87/02	BFH/NV 20 (2004), S. 736-737
BFH	Urt. v. 16.06.2004	X R 34/03	BStBl II 2005, S. 378-383
BFH	Urt. v. 15.04.2004	IV R 51/02	BFH/NV 20 (2004), S. 1393-1395
BFH	Urt. v. 16.11.2005	X R 17/03	BFH/NV 22 (2006), S. 532-533
BFH	Urt. v. 20.07.2005	X R 22/02	BStBl II 2006, S. 457-461
BFH	Urt. v. 06.04.2005	I R 22/04	BStBl II 2007, S. 658-662
BFH	Urt. v. 23.02.2005	I R 70/04	BStBl II 2005, S. 882-884

Gericht	Datum	Aktenzeichen	Fundstelle
BFH	Urt. v. 15.03.2007	III R 53/06	BFH/NV 23 (2007), S. 1661-1663
BFH	Urt. v. 08.10.2008	I R 61/07	BFH/NV 25 (2009), S. 504-507
BFH	Urt. v. 23.09.2008	I R 62/07	BFH/NV 25 (2009), S. 297-299
BFH	Urt. v. 02.09.2008	X R 32/05	BFH/NV 25 (2009), S. 997-1001
BFH	Urt. v. 21.03.2010	IV R 41/07	DStR 48 (2010), S. 922-925
RFH	Urt. v. 21.10.1931	VI 2002/29	RStBl 1932, S. 305-308
RFH	Urt. v. 01.10.1936	III A 398/34	RStBl 1936, S. 1209-1210

II. Rechtsprechung der Finanzgerichte

Gericht	Datum	Aktenzeichen	Fundstelle
FG Köln	Urt. v. 22.08.2007	13 K 647/03	EFG 2008, S. 161-164
FG Münster	Urt. v. 16.03.2006	8 K 2348/02 E, rkr.	EFG 2006, S. 1562-1565
FG Rheinland-Pfalz	Urt. v. 24.10.2002	6 K 3031/98, rkr.	EFG 2002, S. 240-244

Quellenverzeichnis

I. Deutsche Gesetze

Abgabenordnung (AO) in der Fassung der Bekanntmachung vom 01.10.2002 (BGBl I, S. 3866, ber. 2003 S.61) zuletzt geändert durch Art. 2 Gesetz über die Internetversteigerung in der Zwangsvollstreckung und zur Änderung anderer Gesetze vom 30.07.2009 (BGBl I, S. 2474)

Gesetz über die Besteuerung von Auslandsbeziehungen (Außensteuergesetz – AStG) vom 08.09.1972 (BGBl I, S. 1713) zuletzt geändert durch Art. 11 Gesetz zur Umsetzung steuerlicher EU-Vorgaben sowie zur Änderung steuerlicher Vorschriften vom 08.04.2010 (BGBl I, S. 386)

Bewertungsgesetz (BewG) in der Fassung der Bekanntmachung vom 01.02.1991 (BGBl I, S. 230) zuletzt geändert durch Art. 2 Erbschaftsteuerreformgesetz 2009 vom 24.12.2008 (BGBl I, S. 3018)

Einkommensteuergesetz (EStG) in der Fassung der Bekanntmachung vom 08.10.2009 (BGBl I, S. 3366; ber. I 2009 S.3862) zuletzt geändert durch Art. 1 Gesetz zur Umsetzung steuerlicher EU-Vorgaben sowie zur Änderung steuerlicher Vorschriften vom 08.04.2010 (BGBl I, S. 386)

Erbschaftsteuer- und Schenkungssteuergesetz (ErbStG) in der Fassung der Bekanntmachung vom 27.02.1997 (BGBl I, S. 378) zuletzt geändert durch Art. 6 Gesetz zur Beschleunigung des Wirtschaftswachstums (Wachstumsbeschleunigungsgesetz) vom 22.12.2009 (BGBl I, S. 3950)

Gewerbesteuergesetz (GewStG) in der Fassung der Bekanntmachung vom 15.10.2002 (BGBl I, S. 4167) zuletzt geändert durch Art. 3 Gesetz zur Umsetzung steuerlicher EU-Vorgaben sowie zur Änderung steuerlicher Vorschriften vom 08.04.2010 (BGBl I, S. 386)

Handelsgesetzbuch (HGB) vom 10.05.1897 (RGBl, S. 219) zuletzt geändert durch Artikel 6a Gesetz zur Neuregelung der Rechtsverhältnisse bei Schuldverschreibungen aus Gesamtemissionen und zur verbesserten Durchsetzbarkeit von Ansprüchen von Anlegern aus Falschberatung vom 31. Juli 2009 (BGBl I, S. 2512)

Körperschaftsteuergesetz (KStG) in der Fassung der Bekanntmachung vom 15.10.2002 (BGBl I, S. 4144) zuletzt geändert durch Art. 2 Gesetz zur Umsetzung steuerlicher EU-Vorgaben sowie zur Änderung steuerlicher Vorschriften vom 08.04.2010 (BGBl I, S. 386)

Solidaritätszuschlagsgesetz 1995 (SolZG 1995) in der Fassung der Bekanntmachung vom 15.10.2002 (BGBl I, S. 4130) zuletzt geändert durch Art. 9 Gesetz zur Beschleunigung des Wirtschaftswachstums (Wachstumsbeschleunigungsgesetz) vom 22.12.2009 (BGBl I, S. 3950)

II. Änderungsgesetze

Unternehmensteuerreformgesetz 2008 vom 14.08.2007 (BGBl I, 2007 S. 1912)

Gesetze zur Umsetzung steuerlicher EU-Vorgaben sowie zur Änderung steuerlicher Vorschriften vom 08.04.2010 (BGBl I, S. 386)

III. Europäische Quellen

Übereinkommen Nr. 90/436/EWG über die Beseitigung der Doppelbesteuerung im Falle von Gewinnberichtigungen zwischen verbundenen Unternehmen vom 26.08.1993 (Schiedsverfahrenskonvention, BGBl II, S. 1308)

IV. Doppelbesteuerungsabkommen

OECD-Musterabkommen 2010 zur Vermeidung der Doppelbesteuerung auf dem Gebiet der Steuern vom Einkommen und Vermögen (OECD-MA), Stand: 22.07.2010

OECD-Musterabkommen Kommentar, Stand: Juli 2008

United Nations Model Double Taxation Convention between Developed and Developing Countries (UN-MA), Stand: 2001

United States Model Income Tax Convention (US-MA), Stand: 15.11 2006

V. Internationale Rechnungslegungsstandards

International Financial Reporting Standards (IFRS) in der Bekanntmachung vom 01.01.2010

STEUER, WIRTSCHAFT UND RECHT

Herausgegeben von vBP StB Prof. Dr. Johannes Georg Bischoff, Wuppertal, Dr. Alfred Kellermann, Vorsitzender Richter am BGH (a. D.), Karlsruhe, Prof. (em.) Dr. Günter Sieben, Köln, und WP StB Prof. Dr. Norbert Herzig, Köln

Band 304
Jan Moritz Felchner
Ertragsteuerliche Auswirkungen der grenzüberschreitenden Umwandlung von Kapitalgesellschaften in bzw. auf Personenunternehmen
Lohmar – Köln 2010 • 500 S. • € 73,- (D) • ISBN 978-3-89936-982-3

Band 305
Daniel Edelhoff
Zuverlässigkeit und Relevanz in der Immobilienbewertung – Eine Analyse der angelsächsischen Discounted Cash Flow-Methode und des deutschen Ertragswertverfahrens
Lohmar – Köln 2011 • 280 S. • € 58,- (D) • ISBN 978-3-8441-0005-1

Band 306
Miriam Rokitta
Implementierung der IFRS in der Europäischen Union – Eine Analyse aus Sicht der Neuen Institutionenökonomik
Lohmar – Köln 2011 • 396 S. • € 66,- (D) • ISBN 978-3-8441-0013-6

Band 307
Christoph Sommer
Separate Accounting or Unitary Apportionment? – The Fairy Tale of Arm's Length Pricing and General Equilibrium Analysis of Multinational Enterprise Behavior under the Formulary Taxation Alternative
Lohmar – Köln 2011 • 288 S. • € 58,- (D) • ISBN 978-3-8441-0014-3

Band 308
Axel von Bredow
Reallokation von Funktionen in grenzüberschreitend tätigen Konzernen – Eine Analyse der Ausgestaltung und Wirkung der Regelungen des Außensteuergesetzes
Lohmar – Köln 2011 • 360 S. • € 64,- (D) • ISBN 978-3-8441-0024-2

JOSEF EUL VERLAG